Moneke

Kunststoffwerkstoffe

Martin Moneke

Kunststoff-werkstoffe

Fachbuch für Lehre und Praxis

HANSER

Der Autor:
Prof. Dr.-Ing. Martin Moneke
Hochschule Darmstadt, Institut für Kunststofftechnik Darmstadt (ikd)
Haardtring 100, 64295 Darmstadt

MIX
Papier aus verantwortungsvollen Quellen
FSC® C083411

Bibliografische Information der Deutschen Nationalbibliothek:

Die Deutsche Nationalbibliothek verzeichnet diese Publikation in der Deutschen Nationalbibliografie; detaillierte bibliografische Daten sind im Internet über <*http://dnb.d-nb.de*> abrufbar.

www.hanser-fachbuch.de
Lektorat: Mark Smith
Herstellung: Cornelia Speckmaier
Coverconcept: Marc Müller-Bremer, www.rebranding.de, München
Titelbild: Foto und Molekül: Prof. Dr. Martin Moneke; FEM-Berechnung: Prof. Dr.-Ing. Beate Lauterbach
Coverrealisierung: Max Kostopoulos
Satz: Eberl & Koesel Studio, Altusried-Krugzell, Germany
Druck und Bindung: CPI books GmbH, Leck
Printed in Germany

ISBN: 978-3-446-47016-3
E-Book-ISBN: 978-3-446-47017-0

Inhaltsverzeichnis

Vorwort

Dieses Buch zur Werkstofftechnik der Kunststoffe richtet sich an Studierende und Praktiker:innen gleichermaßen. Bachelor- und Masterstudierende der Ingenieurdisziplinen an Universitäten und Hochschulen für angewandte Wissenschaften und insbesondere Studierende der Kunststofftechnik und des Maschinenbaus finden in ihm die Inhalte der Vorlesungen zur Werkstofftechnik der Kunststoffe. Praktiker:innen in der Industrie und hier vor allem Personen, die im Bereich der Produktentwicklung tätig sind, soll es sowohl einen schnellen Überblick über Kennwerte und deren Ermittlung als auch über die Hintergründe für das Verhalten von Kunststoffen verschaffen. Es werden aber auch viele gesellschaftlich relevante Aspekte beleuchtet, sodass auch allgemein interessierte Personen einen Nutzen aus diesem Buch ziehen können sollten.

Der Ansatz des Buches ist daher, das Wissen auf zwei Ebenen zu vermitteln: Es gibt z. B. Teile, in denen Wissen zu Werkstoffen und deren Prüfung für die Anwendung im Alltag von Ingenieurinnen und Ingenieuren auf dem durch Normen gegebenen Stand der Technik dargestellt wird. Und es gibt Teile in denen versucht wird, die ingenieur- und naturwissenschaftlichen Hintergründe zusammenzufassen und zu analysieren, die zu einem Verständnis des Verhaltens der Kunststoffwerkstoffe notwendig sind. Hier ist der Anspruch, die bekannten und vielfach dargestellten Zusammenhänge neu und sehr systematisch zu vermitteln. Zum Beispiel gibt es einen Abschnitt zur Einordnung von viskoelastischem und plastischem Verhalten sowie des Fließens, Begriffe die manchmal fälschlicherweise synonym verwendet werden. In Fußnoten werden tiefergehende Informationen vermittelt, die meist für eher fortgeschrittene Leser:innen interessant sein dürften.

Es wurde versucht, auch vermeintliche Kleinigkeiten, die Anfänger:innen in der Kunststofftechnik und gestandene Praktiker:innen mit Ausbildung im Bereich der Metalle typischerweise verwundern, zu erläutern. Grundlegende Begriffe der Fachsprache und Erläuterungen von wesentlichen Konzepten werden durch Kästen eingerahmt, sodass sie eindeutig erkannt werden können. Das Sachwortverzeichnis ist sehr umfangreich und verweist auf Stellen, an denen Begriffe definiert oder erläutert werden. Die referenzierten Wörter sind zum schnelleren Auffinden im Text kursiv gedruckt. Das Sachwortverzeichnis soll so als Nachschlagewerk dienen. An Stellen mit typisch kunststofftechnischer Terminologie wird auf die inhaltsgleichen Begriffe in der Welt der Metalle verwiesen.

Es gibt viele Verweise auf Datenbanken, Verweise auf Informationsangebote im Internet für die Kunststoffindustrie und darüber hinaus, Verweise auf Normen sowie Verweise auf die verwendete und weiterführende Literatur. Dabei sind viele Quellen direkt verlinkt, sodass Nutzer:innen digitaler Versionen des Buches die Angaben direkt weiterverfolgen, nachvollziehen und vertiefen können. Dies soll vor allem Personen helfen, die nicht den an Hochschulen und Universitäten üblichen kostenfreien und umfassenden Zugang zu Fachliteratur haben. Die wissenschaftliche Literatur wird angegeben, bevorzugt werden aber allgemein zugängliche Quellen und Bücher.

Ein ganzes Kapitel zur Nachhaltigkeit von Kunststoffen spannt den Bogen zwischen den beiden Seiten ein und derselben Medaille: einerseits Kunststoffe als Mikroplastik im Meer und andererseits Kunststoffe als die Enabler für die nachhaltige Entwicklung schlechthin. Dieses Kapitel enthält auch einen geschichtlichen Abriss der Nachhaltigkeit, behandelt die aktuelle Gesetzgebung und die Grundzüge von Ökobilanzen, um mit beispielhaften Beiträgen von Kunststoffen zur Nachhaltigen Entwicklung zu schließen.

Beim Schreiben wurde versucht, alle Methoden der geschlechtergerechten Sprache anzuwenden, die im Duden (*www.duden.de/sprachwissen/sprachratgeber/Geschlechtergerechter-Sprachgebrauch*) und von Journalistinnen (*www.genderleicht.de/schreibtipps/*) empfohlen werden. Die jüngeren Generationen, die unser Leben in den nächsten Jahren und Jahrzehnten gestalten werden, empfinden das nach Erfahrung des Autors als normal und angebracht.

Schließlich wurde versucht, das Buch „aus einem Guss“ zu gestalten. Alle Abbildungen wurden in einem einheitlichen Design erstellt, alle Kapitel wurden im gleichen Stil, vom gleichen Autor und mit dem gleichen didaktischen Anspruch geschrieben.

Ein großer Dank geht an die Personen, die auf vielfältige Art bei der Erstellung des Buches unterstützt haben: zuallererst Fabian Heer, der die allermeisten Abbildungen erstellt und dabei auf die formale Gestaltung geachtet hat, Katharina Malek für die Erstellung der REM-Aufnahmen, Felix Große-Aschhoff für die Erstellung der lichtmikroskopischen Aufnahmen sowie Christian Freiberger für die Erstellung der Strukturformeln und Abbildungen von Molekülen. Die sehr engagierten Studierenden der Vorlesung „Nachhaltige Kunststoffwerkstoffe“ haben das Kapitel zur Nachhaltigkeit kritisch reflektiert und durch ihre Beiträge verbessert. Für die Überlassung von Daten möchte ich auch der Conversio Market & Strategy GmbH in Person von Christoph Lindner und der Kunststoff Information Verlagsgesellschaft mbH in Person von Christian Preiser danken. Einige Kolleg:innen innerhalb und außerhalb der Hochschule Darmstadt haben ebenfalls mit ihren Antworten auf gestellte Fragen zu einer Schärfung der Betrachtung beigetragen und wertvollen Input geliefert.

Und schließlich wurde das Schreiben des Buches auch zu einem Familienprojekt. Neben dem ganz besonders großen Dank an meine Familie und meine Eltern für ihre Geduld mit und Rücksicht auf eine schreibende Person danke ich meiner Frau, Prof. Dr.-Ing. Beate Lauterbach, für die fachlichen Diskussionen insbesondere zur Mechanik, Charlotte und Marlene Moneke für die Unterstützung bei der Erstellung einiger Diagramme, Bernhard Moneke für das rigide Korrekturlesen sowie Katharina und Bernhard Moneke für die generöse Unterstützung im Vorfeld.

Und schließlich gilt mein Dank dem Carl Hanser Verlag und insbesondere Dr. Mark Smith für die Anregung zur Erstellung des Buches sowie Melanie Lindwurm-Giordani und Rebecca Wehrmann für die editorische Bearbeitung und allen für ihre Hilfe.

Darmstadt, im Mai 2022 *Martin Moneke*

1 Einleitung

1.1 Anwendungen der Kunststoffe

Kunststoffwerkstoffe sind moderne, ständig an Bedeutung zunehmende, nachhaltige und in vielen verschiedenen Anwendungen einsetzbare Werkstoffe. Sie kommen in allen Lebensbereichen vor und haben andere Materialien wegen ihres außerordentlichen Eigenschaftsspektrums ersetzt.

Im Leistungssport sind oft eine geringe Masse und die hohe mechanische Belastbarkeit eine Anforderung. Das gilt im Wintersport für Skier, Snowboards, Schutzhelme und Schutzbrillen. Im sommerlichen Wassersport bei den Kanuten [1], beim Rudern, Surfen und Segeln ist es das Gleiche. Extreme Anforderungen an Mensch und Material werden unter anderem beim America's Cup gestellt, vgl. Bild 1.1. Hier hatte das Team aus Neuseeland im Jahr 2012 die Foils bei einem Katamaran eingeführt, die das Boot buchstäblich zum Fliegen bringen [2]. Rumpf, Foils und Ruder sind wie die Aufbauten und der Mast bei Rennjachten aus Kohlenstofffaser-Epoxidharz-Verbund auf Schaumkernen, die Segel sind ebenfalls aus Carbon- oder Polyesterfasern.

Weniger dramatisch aber ähnlich anspruchsvoll sind Anforderungen an Spielzeugbausteine, die von Lego seit den 1960er-Jahren aus Acrylnitril-Butadien-Styrol Kunststoff (ABS) gefertigt werden, vgl. Bild 1.2. Bei diesen Bausteinen ist für einen dauerhaften Klemmmechanismus die sehr geringe Toleranz genauso wichtig wie die geringe, aber vorhandene Verformbarkeit von Noppen und Noppenaufnahmen. Hinzu kommen Anforderungen hinsichtlich der Beständigkeit gegen Bruch durch Schläge oder Fallenlassen, gegen UV-Strahlung, gegen Medieneinflüsse wie Kinderspeichel, gegen Kratzen und gegen Reibverschleiß. Auch nach Jahrzehnten funktioniert der Klemmmechanismus noch, wie man schnell selbst herausfinden kann.

Bild 1.1
Mechanisch stark belasteter und korrosionsfester Katamaran aus Kohlenstofffaser-Epoxidharz-Verbund (CFK) des Teams Emirates aus Neuseeland beim America's Cup 2013 auf seinen Foils (iStock.com/SteveDF)

Bild 1.2 Maßhaltige und belastbare Spielzeugbausteine aus Acrylnitril-Butadien-Styrol Kunststoff (ABS) (iStock.com/CTRPhotos)

Auf eine Einsatzdauer von 50 Jahren werden Wohngebäude und damit auch die Fußbodenheizungen in ihnen ausgelegt. Für Fußbodenheizungen kommen Rohre aus vernetztem Polyethylen mittlerer Dichte (PE-MD) mit Sauerstoffbarriere aus Ethylen-Vinylalkohol Kunststoff (EVOH) zum Einsatz, vgl. Bild 1.3. Weil sie leicht und flexibel sind, ist die Verlegung sehr effizient möglich und an verschiedene Raumformen schnell anpassbar. Die Anforderungen sind in Normen zusammen mit den Prüfmethoden gelistet. Sie umfassen die Beständigkeit gegen Wasser mit

Temperaturen bis 100 °C, die Druckbeständigkeit bei hohen Temperaturen, Maßhaltigkeit sowie die Sperrwirkung gegen Sauerstoff. Letzteres ist zum Schutz der metallischen Bauteile in Heizungssystemen wichtig.

Bild 1.3 50 Jahre haltbare, korrosionsbeständige, leichte und leicht zu verlegende Rohre einer Fußbodenheizung aus vernetztem Polyethylen mittlerer Dichte (PE-MD) mit Sauerstoffbarriere aus Ethylen-Vinylalkohol Kunststoff (EVOH) (iStock.com/romaset)

Ein Bereich, in dem Kunststoffe ebenfalls metallische Werkstoffe ersetzen und hohe Anforderungen erfüllen müssen, ist der Motorraum von Fahrzeugen, vgl. Bild 1.4. Fahrzeuge werden für eine Gebrauchsdauer von zehn Jahren ausgelegt. In dieser Zeit treten für Kunststoffbauteile relevante Temperaturen zwischen -40 °C in kalten Winternächten in nördlichen Ländern und 140 °C[1] beim Betrieb eines Verbrennungsmotors auf. Dazu kommt die chemische Beständigkeit gegen Medien wie Treibstoffe, Öle, Kühlmittel, Bremsflüssigkeit oder Streusalz. Ausgelegt werden die Bauteile auch für Belastungen durch Innendrücke und Vibrationen. Infrage kommen dafür je nach konkretem Bauteil verschiedene Kunststoffe wie Polyamide (PA), Polypropylen (PP) und Polyethylen (PE), letzteres z. B. für den Wischwasserbehälter links in Bild 1.4.

[1] Prüftemperatur für Kraftstoffschlauchleitungen nach DIN 73388.

Bild 1.4 Bauteile aus Polyamiden (PA), Polypropylen (PP) und Polyethylen (PE) sowie Elastomeren im Motorraum eines Toyota Mirai mit Wasserstoffbrennstoffzelle (iStock.com/Tramino)

Automobile [3] enthalten unabhängig von der Antriebsart einen hohen Anteil von Kunststoffen in der Karosserie für flächige Teile wie Stoßfänger und Kotflügel sowie Anbauteile wie Seitenspeigel oder aerodynamisch geformte Unterbodenabdeckungen zur Verringerung des Luftwiderstands. Der Vorteil von Kunststoffen ist dabei insbesondere die geringe Dichte gegenüber metallischen Werkstoffen. Auch in tragenden Strukturen der Karosserie bei Sport- und Luxuswagen kommen Kunststoffe zum Einsatz. Hier werden vor allem faserverstärkte Duromere eingesetzt. Der Fahrzeuginnenraum besteht überwiegend aus Kunststoffen wie Polypropylen (PP) und Acrylnitril-Butadien-Styrol Kunststoff (ABS). Für Verscheibungen und Lampen kommt Polycarbonat (PC) zum Einsatz. Bei Brennstoffzellen und Batterien werden Polymermembranen verwendet, für Batteriegehäuse kommen thermisch leitfähige, aber elektrisch isolierende Kunststoffe zum Einsatz.

Allgemein gilt, dass Kunststoffe immer häufiger eingesetzt werden, weil sie bei den Kriterien [3]

- Design,
- Maßhaltigkeit,
- Integration,
- Korrosion,
- Oberfläche,
- Bruchverhalten,
- Kosten und
- Gewicht

Vorteile gegenüber den Materialien Stahl, Aluminium und Magnesium bieten. Mit der Zunahme von alternativen Antrieben fallen einige klassische Anforderungen hinsichtlich der Motorkühlung und der Massenverteilung weg. Dies schafft neue Designmöglichkeiten. Das autonome Fahren wird weiter zu einer neuen Nutzung und Gestaltung des Automobils beitragen. Hierdurch wird der Trend zu mehr Kunststoffen im Automobil weiter steigen.

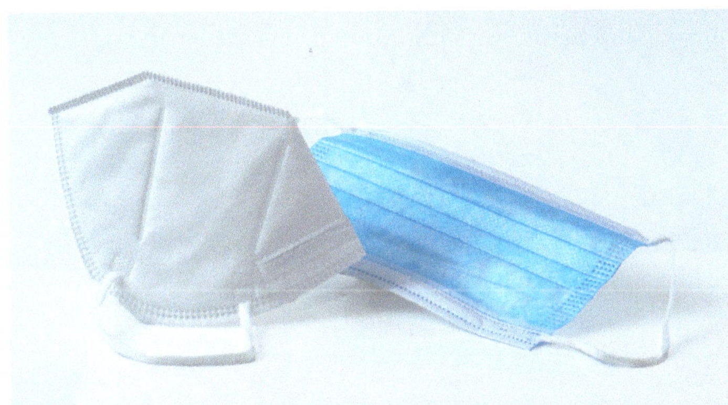

Bild 1.5 FFP2-Maske links mit zwei äußeren Schutzvliesen und einem virenfilternden Vlies aus Polypropylen (PP) sowie eine medizinische Maske rechts mit zwei Vlieslagen aus Polypropylen (PP) (iStock.com/Axel Goehns)

Vertraut sind wir alle mit Masken zum Schutz vor Viren, vgl. Bild 1.5. Diese Masken und die Filterwirkung der Vliese in ihnen sind überhaupt nur mit Kunststoffen möglich, siehe auch Kapitel 5. Die Feinheit der Fasern in ihnen und die den Kunststoffen eigene statische Aufladung sind ursächlich für den Filtereffekt bei gleichzeitig geringem Atemwiderstand. Der Einsatz von Kunststoffen führt zu leichten, tragbaren und günstig zu produzierenden Masken.

Die Medizintechnik ist ohnehin reich an Kunststoffen. Was wenigen bewusst sein dürfte, ist, dass Blutbeutel, also Produkte, die wegen des Kontakts mit Blut die höchsten Anforderungen an Produkt, Material und Herstellprozess erfüllen müssen, aus dem Kunststoff Polyvinylchlorid (PVC) hergestellt werden, vgl. Bild 1.6.

Diese wenigen Beispiele zeigen, dass Kunststoffe für sehr vielfältige Anwendungen verwendet werden. In Europa ging im Jahr 2020 mit 40,5 % der größte Anteil der 49,1 Millionen t verbrauchter Kunststoffe in den Verpackungsbereich, gefolgt von der Baubranche mit 20,4 % und der Fahrzeugindustrie mit 8,8 % [4], siehe Bild 1.7. Die Zahlen für Deutschland waren 2020 bei einem Gesamtverbrauch von 12,3 Millionen t sehr ähnlich [5], wobei in Deutschland der Anteil der Verpackungen mit 34 % geringer und der Anteil der Fahrzeugindustrie mit 12 % höher war als in Europa.

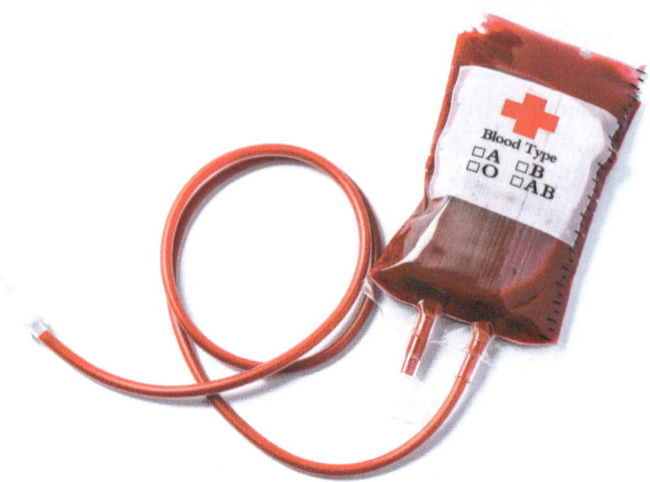

Bild 1.6 Steriler und reißfester Blutbeutel aus Polyvinylchlorid (PVC) (iStock.com/flyingv43)

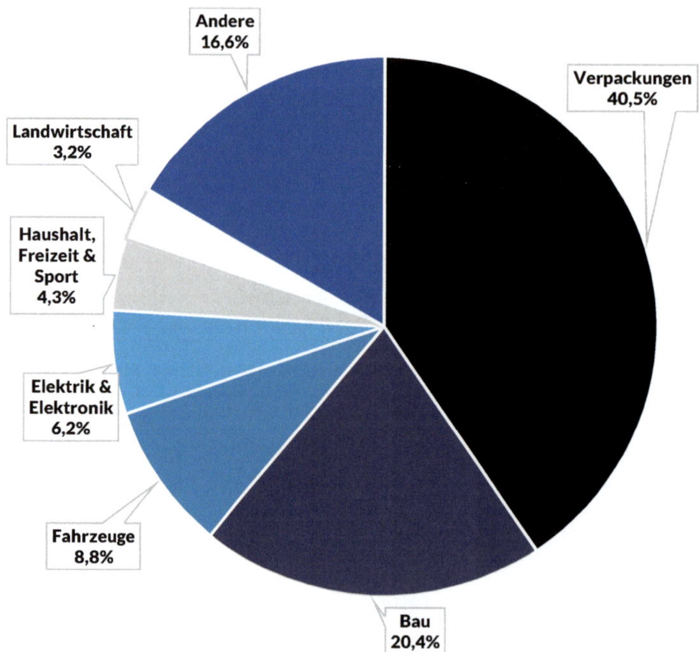

Bild 1.7 Anteil der verschiedenen Branchen am Kunststoffverbrauch in Europa 2020 [4]

Für die unterschiedlichen Anwendungen kommen verschiedene Polymere mit spezifischem chemischem Aufbau und daher auch mit spezifischen Eigenschaften zum Einsatz. Ihre Eigenschaften können dann weiter durch eine geschickte und zielorientierte Einstellung der *Rezeptur* der Kunststoffe gezielt an die jeweilige Anwendung angepasst werden. Dadurch ergibt sich eine große Anzahl verschiedener Kunststoffe:

- In ISO 1043 Teil 1 werden Kurzzeichen für 124 verschiedene, in der Kunststofftechnik verwendete Polymere definiert.
- In Teil 2 von ISO 1043 werden 17 Kategorien von Füll- und Verstärkungsstoffen wie Aramid, Glas, Kohlenstoff, Mineral, Holz, Calciumcarbonat, Glimmer und Talk, um die gebräuchlichsten zu nennen, aufgelistet. Diese wiederum werden in 23 Kategorien bezüglich Form und Struktur wie Kugel, Pulver, Faser, Mahlgut, Roving, Schnittmatte und Gewebe eingeteilt.

In der von vielen Kunststoffproduzenten getragenen und für Nutzer kostenlosen *CAMPUS*-Datenbank werden 9358 einzelne Kunststofftypen aufgelistet (Stand: März 2021). Dabei umfasst diese Datenbank nur die Thermoplaste und nicht alle Kunststoffhersteller weltweit. In der kostenpflichtigen Datenbank *Material Data Center* sind dagegen 55684 Typen von Thermoplasten, Elastomeren und Duromeren enthalten (Stand: März 2021).

Die Welt der Kunststoffe ist also auf jeden Fall vielfältig. Für fast jede Anwendung gibt es eine Kunststofflösung.

1.2 Wirtschaftliche Bedeutung der Kunststoffe

Seit Leo Baekeland 1907 das Phenol-Formaldehyd Harz erfand [6], sind Kunststoffwerkstoffe weltweit in ständig wachsenden Mengen produziert worden, vgl. Bild 1.8. Dabei ist die produzierte Kunststoffmenge zwischen den Jahren 1950 und 1980 weltweit exponentiell gewachsen, siehe die gelbe gepunktete Linie in Bild 1.8. Ab dem Jahr 2000 ist das Wachstum weltweit nur noch linear, wobei eine Rücksetzung aufgrund der Finanz- und Eurokrise in den Jahren 2008 und 2009 deutlich zu erkennen ist. Die Ölpreiskrisen in den Jahren 1973 und 1979 haben ebenfalls ihre Spuren hinterlassen. Genauso hat die Coronapandemie ab dem Jahr 2020 zu einem Rückgang bei der Kunststoffproduktion und -verarbeitung geführt.

Während bis ca. 1960 die weltweite Produktion hauptsächlich in den Ländern Deutschland, Japan und USA stattfand, ist die produzierte Menge in Deutschland seit den 1990er-Jahren konstant. In Europa gilt dies spätestens seit 2000. Das weltweite Wachstum ist hauptsächlich auf das in China zurückzuführen. Hier hat sich die produzierte Kunststoffmenge zwischen 2006 und 2019 mehr als verdreifacht. Die Kunststoffproduktion in Nordamerika, Lateinamerika und Asien (ohne China und Japan) ist im gleichen Zeitraum um jeweils 21, 50 und 50 % gewachsen.

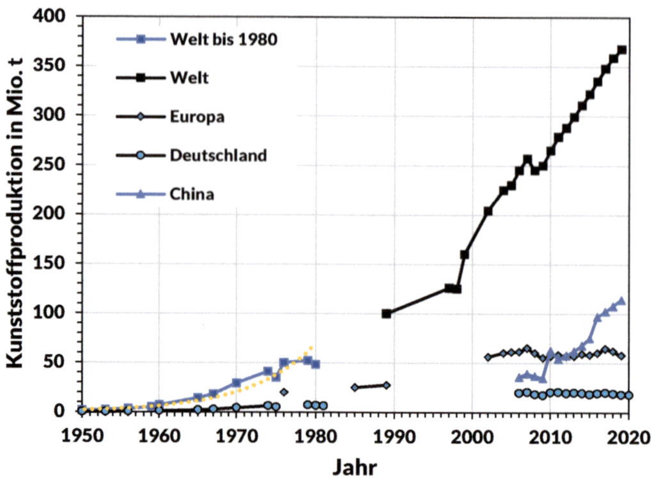

Bild 1.8 Zeitliche Entwicklung der weltweiten Kunststoffproduktion mit Daten aus [7, 8, 9, 10]

Bild 1.9 zeigt den Anteil der Regionen und der Länder China und Japan an der weltweiten Produktion von Kunststoffen im Jahr 2020 im Umfang von 367 Millionen t. Mit 52 % wird gut die Hälfte der Kunststoffe in Asien produziert. Zusammen mit der Tatsache, dass die USA und China in den letzten Jahren die größten Handelspartner Europas für Kunststoffe und Kunststoffprodukte waren, zeigt dies, wie international die Kunststoffbranche aufgestellt und vernetzt ist [4].

Die Kunststoffindustrie hat trotz der Verschiebung nach Asien in Europa und speziell auch in Deutschland immer noch eine große Bedeutung. Dies gilt insbesondere für die Hersteller von Gummi- und Kunststoffwaren, also den Teil der Industrie, in dem Ingenieur*innen der Kunststofftechnik überwiegend arbeiten. Zwar sind nur ca. 7 % der 47 638 Betriebe[2] mit 20 und mehr Beschäftigten und ca. 6 % der 6,3 Millionen Beschäftigten des verarbeitenden Gewerbes (inkl. Bergbau und Gewinnung von Steinen und Erden) den Herstellern von Gummi- und Kunststoffwaren zuzuordnen [11]. Bild 1.10 zeigt aber deutlich, wie robust und wachstumsstark die Hersteller von Gummi- und Kunststoffwaren sind. Zur besseren Vergleichbarkeit werden Indizes gebildet, indem die Zahlen der Betriebe und Beschäftigten jeweils auf die Zahlen des Jahres 2000 bezogen werden. Man sieht, dass das verarbeitende Gewerbe als Ganzes vor der Finanzkrise 2008 einen Abwärtstrend zeigte und sich in den letzten zehn wachstumsstarken Jahren wieder auf das Niveau des Jahres 2000 zurückbewegt hat. Demgegenüber haben die Zahlen der Betriebe und Beschäftigten in der Kunststoffverarbeitung von 2010 bis 2019 (das Jahr vor der Coronapandemie) um 9 bzw. 15 % zugenommen. Sie liegen damit deutlich, nämlich 8 bzw. 7 %, über den Werten für 2000.

[2] In der amtlichen Statistik ist ein Betrieb eine örtliche Niederlassung eines Unternehmens. Die Zahl der Unternehmen ist kleiner als die Zahl der Betriebe.

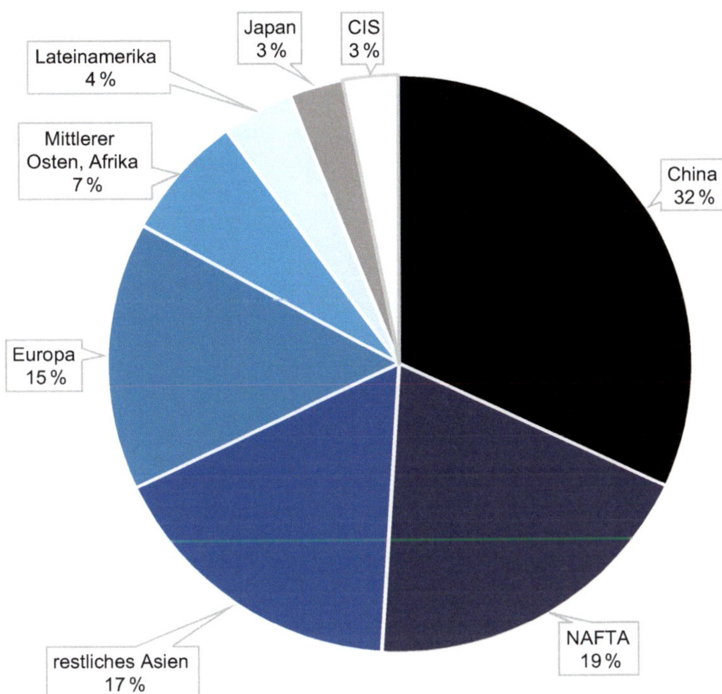

Bild 1.9 Anteil der Regionen und einzelner Länder an der weltweiten Produktion von Kunststoffen im Umfang von 367 Millionen t im Jahr 2020 [4][3]

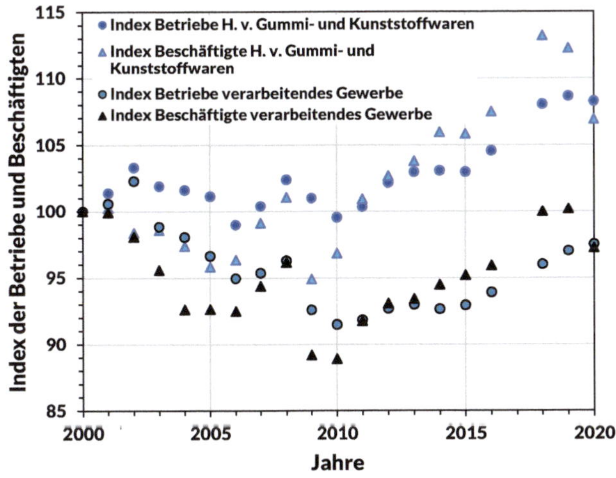

Bild 1.10 Index der Betriebe und Beschäftigten der Hersteller von Gummi- und Kunststoffwaren und des verarbeitenden Gewerbes insgesamt (Werte bezogen auf das Jahr 2000) [11]

---

3) NAFTA steht für „North American Free Trade Agreement" zwischen Kanada, USA und Mexiko. CIS ist die Abkürzung von „Commonwealth of Independent States", auf Deutsch GUS für „Gemeinschaft unabhängiger Staaten". Damit wird der Zusammenschluss von zwölf ehemaligen Sowjetrepubliken bezeichnet.

Die Gummi- und Kunststoffverarbeitung in Deutschland ist wie das verarbeitende Gewerbe insgesamt geprägt von kleinen und mittelständischen Unternehmen. Gut 90 % der Betriebe beschäftigen weniger als 250 Personen [11], vgl. Bild 1.11. Im Mittel arbeiten 116 Beschäftigte in den Betrieben der Kunststoffverarbeitung, im gesamten verarbeitenden Gewerbe sind es 131.

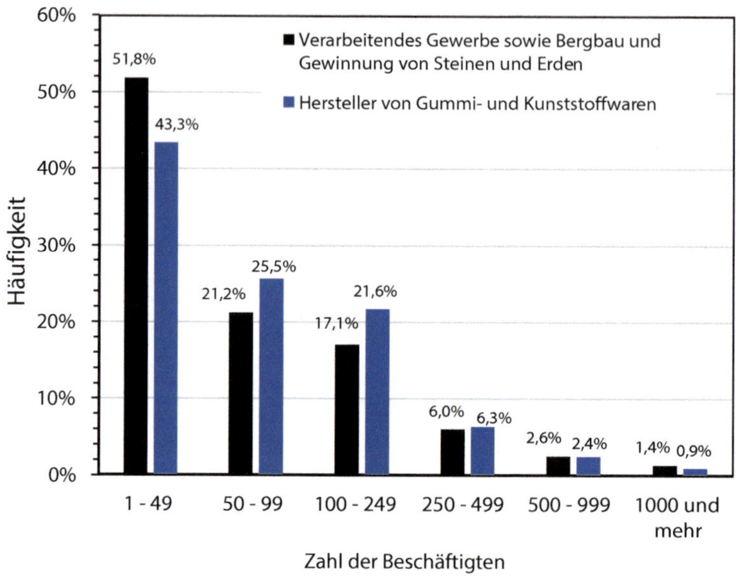

Bild 1.11 Verteilung der Betriebe der Gummi- und Kunststoffverarbeitung und des verarbeitenden Gewerbes insgesamt nach Beschäftigten in Deutschland 2020 [11]

Für die Erfassung der Daten durch das Statistische Bundesamt werden die Betriebe der Gummi- und Kunststoffverarbeitung in Deutschland sechs Klassen zugeordnet, siehe Bild 1.12. Die mit Abstand größte Klasse sind „Sonstige Kunststoffwaren“, zu der sowohl Automobilzulieferer wie auch Hersteller von Haushaltsartikeln, Medizinprodukten und weiteren Konsumgütern gehören.

Die „Herstellung von Platten, Folien, Schläuchen und Profilen aus Kunststoffen“ ist die zweitgrößte Sparte der Kunststoffverarbeitung. In ihr werden auch Halbzeuge, fertige Schläuche, Rohre und die Verbindungsstücke aus Kunststoffen produziert. Zu den „Verpackungsmitteln aus Kunststoffen“ zählen auch PET-Flaschen, Kisten und Beutel. Die „Herstellung von Baubedarfsartikeln aus Kunststoffen“ umfasst Fenster, Rollläden, Tanks, Spülkästen und Bodenbeläge.

Die beiden der Gummiverarbeitung zugeordneten Klassen „Herstellung und Runderneuerung von Bereifungen“ sowie „Sonstige Gummiwaren“ umfassen zusammen nur 11 % der gummi- und kunststoffverarbeitenden Betriebe. „Sonstige Gummiwaren“ beinhalten Dichtungen, Lagerungen und flexible Formteile aus Elastomeren.

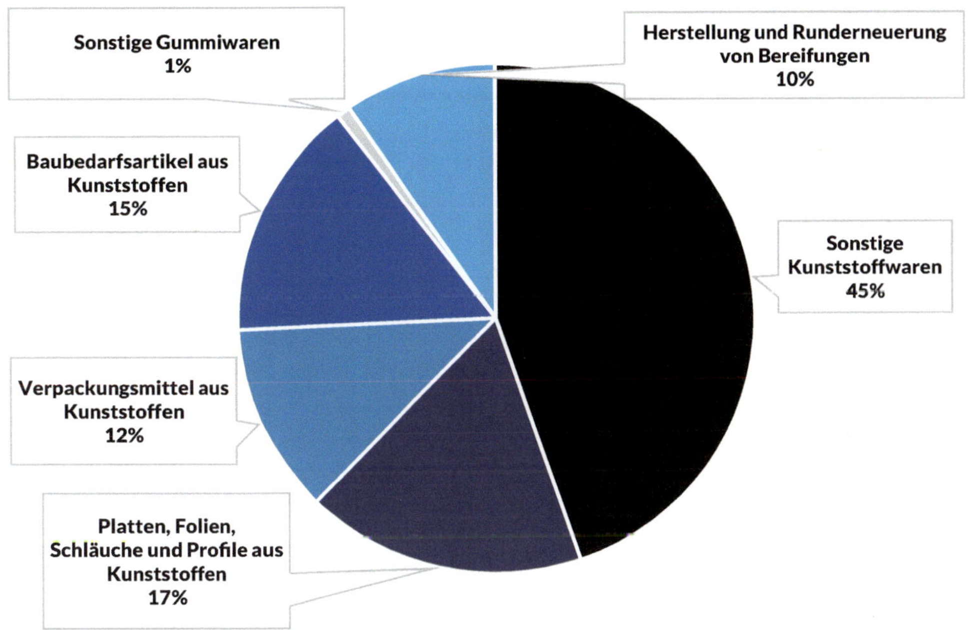

Bild 1.12 Anteil der Betriebe an den Sparten der Gummi- und Kunststoffverarbeitung in Deutschland 2020 [11]

1.3 Vergleich von Kunststoffwerkstoffen und metallischen Werkstoffen

Jeder Werkstoff hat seine Bedeutung. Es kommt auf die Anwendung an, welcher Werkstoff oder eher welche Werkstoffkombination am besten geeignet ist. Daher sollte jede Person, die in der Produktentwicklung tätig ist, einen guten Überblick über alle relevanten Werkstoffe haben. Kunststoffe gehören definitiv dazu. Leider spiegelt die Ausbildung von Ingenieur*innen in Deutschland das nicht ausreichend wider. Dieses Kapitel ist der Versuch, den oft als Widerstreit der Werkstoffe wahrgenommenen Wettbewerb um den bestmöglichen Einsatz von Ressourcen für nachhaltige Anwendungen zu entschärfen. Für Leser*innen, die aus ihrer Ausbildung keine große Kunststoffkompetenz mitbringen, sollen deshalb die grundsätzlichen Unterschiede zwischen den beiden Werkstoffgruppen, die im Maschinenbau gleich wichtig sind, schnell im Überblick dargestellt werden.

1.3.1 Zeitliche Zusammenhänge

Die Erfahrungen der Menschheit bei der Gewinnung und Verarbeitung von Metallen reichen weit zurück, vgl. Bild 1.13. Während Gold und Kupfer als reine Metalle vorkommen und sehr früh als solche verwendet wurden, wurden die Legierungen der Bronze- und Eisenzeit durch Sammeln von Erfahrungen und Probieren entwickelt [12]. Im 20. Jahrhundert spielten zunehmend wissenschaftliche Erkenntnisse für die Entwicklung der Werkstoffe – metallische wie polymere – eine Rolle.

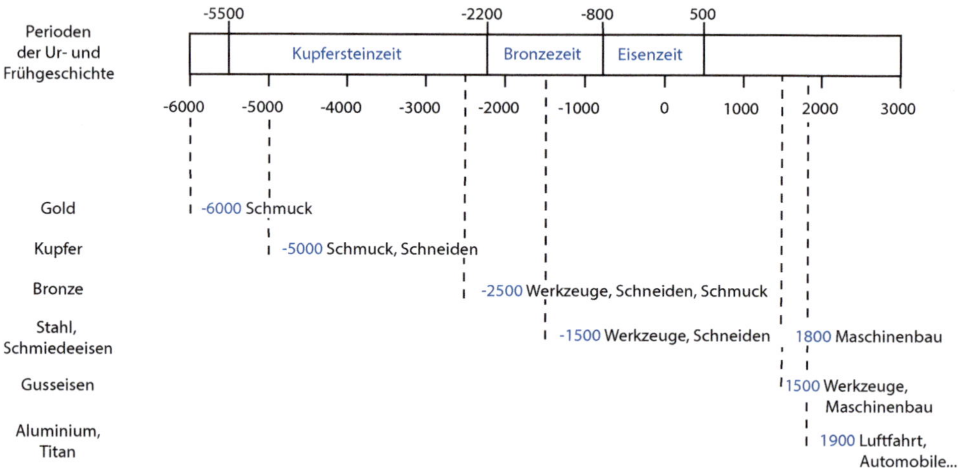

Bild 1.13 Zeitliche Entwicklung der technischen Verwendung der metallischen Werkstoffe [12]

Der Startpunkt für den Einsatz von Kunststoffen als Werkstoffe wird auf das Jahr 1907 [6, 13] datiert, als Leo Baekeland ein Phenol-Formaldehyd Harz erfand und in der Folge unter dem Handelsnamen Bakelit in den Markt einführte. In größerem Umfang und mit steigenden Mengen werden Kunststoffe erst seit dem Zweiten Weltkrieg eingesetzt, vgl. Abschnitt 1.2.

Mit dem Aufkommen der neuen Werkstoffklasse und der Erzeugung neuer Polymere und Kunststoffe stand in der zweiten Hälfte des 20. Jahrhunderts die Untersuchung dieser mit chemischen und physikalischen Methoden im Fokus, um ein Verständnis vom Aufbau und den Struktur-Eigenschafts-Beziehungen zu generieren. In der Welt der Metalle waren diese Themen zu diesem Zeitpunkt bereits weitgehend abgeschlossen, auch wenn natürlich auf allen Gebieten immer neue und auch grundlegende Fragen auftauchen und erforscht werden.

Aus diesem zeitlichen Versatz in der Erforschung und Nutzung von Metallen einerseits und Kunststoffen andererseits ergibt sich auch die heutige Situation. So gab es in der zweiten Hälfte des 20. Jahrhunderts im Bereich der Metalle und der Metallverarbeitung bereits viele nationale Normen, die den Stand der Technik wiedergaben und Ingenieur*innen bei der Arbeit unterstützten und leiteten. Im Bereich der Kunststoffe wurde auf diese Vorlagen zurückgegriffen und auf sie aufgebaut, weil die grundlegenden physikalischen Konzepte und Vorstellungen für beide Werkstoffklassen in gleicher Weise gelten sollten. Allerdings ergaben sich zwei Unterschiede:

- Während Normen für Metalle in der Zeit der Nationalstaaten entstanden und damit nationale Normen sind – der Maschinenbau in Deutschland ist von DIN-Normen geprägt – begann die Normungsarbeit für Kunststoffe in einer zunehmend globalisierten Welt. Der Bereich der Kunststoffe ist von international abgestimmten ISO-Normen geprägt.
- Methoden und Vorgehensweisen, die für metallische Werkstoffe entwickelt wurden, müssen angepasst oder grundsätzlich neu erarbeitet werden, um sinnvoll bei Kunststoffen anwendbar zu sein.

Die Kunststofftechnik ist sozusagen als eine Vertiefung des Maschinenbaus gestartet, um sich im Lauf der Zeit als verwandte, aber doch andere, eigenständige Disziplin zu entwickeln. So gibt es heute bei Studiengängen auch beide Ausprägungen: Kunststofftechnik als Vertiefungsrichtung oder als eigenständiger Bachelor- und Masterstudiengang wie z. B. an der Hochschule Darmstadt.

1.3.2 Werkstoffverhalten

Aufgrund der Unterschiede im molekularen Aufbau von Kunststoffen und Metallen ergeben sich fundamentale Unterschiede im Verhalten beider Werkstoffklassen, vgl. Tabelle 1.1.

Kunststoffe bestehen überwiegend aus Kohlenstoffatomen und Wasserstoffatomen und haben damit eine deutlich geringere Dichte als Metalle und insbesondere Eisenwerkstoffe, die vor allem im Maschinenbau eingesetzt werden.

Kunststoffe bestehen aus Makromolekülen, in denen die Atome durch starke kovalente Bindungen verknüpft sind, was hohe theoretische Festigkeiten ergibt. Diese werden bei der Belastung von Fasern in Faserrichtung auch annähernd erreicht, weil die Moleküle parallel zu den Fasern ausgerichtet sind. Bei der Beanspruchung der meisten Kunststoffartikel hingegen, in denen die Makromoleküle eher ungeordnet ineinander verschlungen sind, sind die Kräfte zwischen einzelnen Molekülen relevant. Diese wiederum sind deutlich schwächer als die kovalenten Bindungen in den Molekülen. Deshalb liegen Festigkeit und Steifigkeit unter den theoretisch erreichbaren Werten und unter den von Metallen bekannten Werten. Metalle bestehen hingegen überwiegend aus Kristallen, in denen die Atomrümpfe und das sie umgebende Elektronengas sehr große Bindungskräfte erzeugen. Hieraus resultieren hohe Steifigkeiten und Festigkeiten, vgl. Tabelle 1.1.

Bezieht man die beiden Kennwerte für Steifigkeit und Festigkeit, den E-Modul und die Zugfestigkeit, auf die Dichte der Werkstoffe, erhält man den spezifischen E-Modul und die spezifische Festigkeit. Bei Betrachtung dieser Größen werden die Unterschiede deutlich kleiner. Die spezifischen E-Moduln für die Metalle sind für alle Metalle fast gleich. Die spezifischen E-Moduln für die mit Glasfasern verstärkten Kunststoffe, und nur verstärkte Kunststoffe kommen für vergleichbare Anwendungen wie Metalle infrage, betragen ungefähr ein Viertel der Werte der Metalle. Die spezifische Festigkeit der Kunststoffe ist gleich der der meisten Metalle und wird nur von den hochfesten Legierungen der Metalle übertroffen.

Tabelle 1.1 Vergleich der Kennwerte von Kunststoffwerkstoffen und metallischen Werkstoffen bei Raumtemperatur

	Dichte in g/cm³	E-Modul in N/mm²	Festigkeit in N/mm²	Spezifischer E-Modul in 10^6 N mm/g	Spezifische Festigkeit in 10^3 N mm/g
Reinaluminium [14]	2,7	69 000	80–90	25,6	30–33
Aluminiumlegierungen [14]	2,3–2,8	68 000–76 000	140–590	24,5–33,1	50–257
Reinmagnesium [15]	1,74	44 300	100–130	25	57–75
Magnesiumlegierungen [15]	1,74	45 000	125–275	25	69–155
Titan [16]	4,49	120 000	250–700	27	56–156
Einfacher Baustahl [16]	7,87	210 000	350–700	27	44–89
Legierter Stahl [16]	7,87	210 000	1000–1500	27	127–191
Polypropylen [17]	0,9	1450	30	2	33
Polypropylen mit 30 % Glasfasern [17]	1,14	6300	88	6	77
Polyamid 6 [17]	1,13	1000	45	1	40
Polyamid 6 mit 30 % Glasfasern [17]	1,36	6200	115	5	85
Polyetheretherketon [17]	1,3	3600	96	3	74
Polyetheretherketon mit 10 % Glasfasern [17]	1,37	5700	97	4	71

Die Betrachtung der sogenannten spezifischen Kennwerte ist die einzig sinnvolle Betrachtung, weil bei der Produktentwicklung immer auch der Ressourceneinsatz eine Rolle spielt. Der Leichtbau hat dies im Besonderen im Fokus. Bei allen Anwendungen, in denen bewegte Massen zum Energieverbrauch während der Nutzungsdauer beitragen wie im Automobilbau, in der Luftfahrt oder beim Schienenverkehr, müssen Produkte mit möglichst kleiner Masse realisiert werden. Die Nachhaltigkeit gebietet zudem generell die Minimierung des Ressourcenverbrauchs.

1.3.3 (Teil-)Kristallinität

Sowohl in Metallen wie auch in Kunststoffen findet Kristallisation statt. Sie wird bei allen Werkstoffen als Abfolge der zwei Phasen Keimbildung und Wachstum aufgefasst. Es gibt aber einen wichtigen Unterschied im Ablauf der Phasen und damit im Ergebnis des Kristallisationsprozesses.

Metalle bilden in typischen technischen Anwendungen immer Kristalle. Diese werden als Körner bezeichnet und bilden ihrerseits das sogenannte Gefüge.[4] Dabei gibt es zwischen Körnern Korngrenzen. Kristalle sind wegen ihres regelmäßigen Aufbaus anisotrop, ein Gefüge ist in der Regel wegen der unterschiedlichen Orientierung der vielen Körner in ihm isotrop.

Von den Kunststoffen können nur die mit linearen Kettenmolekülen, die Thermoplaste, überhaupt kristallisieren.[5] Thermoplaste werden unter den üblichen Bedingungen technischer Prozesse, insbesondere hoher Abkühlraten, niemals vollständig kristallisieren. Es liegen immer amorphe und kristalline Bereiche nebeneinander vor, die Kristalle wachsen nicht in alle drei Raumrichtungen, sondern bilden zweidimensionale Lamellen. Daraus ergeben sich zwei prinzipielle Konsequenzen:

Erstens handelt es sich beim gleichzeitigen Vorhandensein von amorpher und kristalliner Phase bei einer Temperatur um einen thermodynamischen Ungleichgewichtszustand. Im Lauf der Zeit wird sich der Werkstoff also bei der Annäherung an das thermodynamische Gleichgewicht verändern, man spricht von physikalischer Alterung.

Zweitens muss bei der Beschreibung der Eigenschaften eines Kunststoffwerkstoffs immer der Beitrag beider Phasen, amorph und kristallin, und der Morphologie, also der räumlichen Anordnung der beiden Phasen, berücksichtigt werden. Das wiederum heißt erstens, dass das Verhalten von vielen Faktoren abhängt. So treten z. B. bei der plastischen Deformation und dem Versagen verschiedenste Effekte wie Mikrorissbildung, Rekristallisation und Orientierungsänderungen auf. Zweitens lassen sich, weil die Morphologie wie in Sphärolithen und im statistischen Knäul sehr komplex ist, keine technisch relevanten Berechnungsmethoden anwenden, um von der Struktur auf Werkstoffeigenschaften zu schließen. Bei Metallen wird

---

4) Im Bereich der Metalle spricht man bei der entstehenden Struktur von Gefüge, im Bereich der Kunststoffe von Morphologie.

5) Voraussetzung zur Bildung von Kristallen ist, dass es Molekülabschnitte gibt, die erstens innerhalb der Molekülabschnitte regelmäßig angeordnet sind und die sich zweitens mit anderen Molekülen bzw. Molekülabschnitten regelmäßig anordnen. Dies kann auch in Elastomeren der Fall sein.

dies bei der Betrachtung von Struktur-Eigenschafts-Beziehungen regelmäßig gemacht. Durch den Verzicht auf mathematische Beschreibungen zur Erfassung von Struktur-Eigenschafts-Beziehungen bei Kunststoffen werden diese eher qualitativ beschrieben. Dies lässt die Beschreibung der Kunststoffe einfacher erscheinen, obwohl das Verhalten komplexer ist.

Natürlich kann man argumentieren, dass auch technische Metalle nicht im thermodynamischen Gleichgewicht vorliegen und dass auch in Metallen die realen Strukturen komplex und nur aufwendig zu beschreiben sind. Das ist sicher richtig. Bei Kunststoffen sind diese Effekte aber stärker ausgeprägt.

Die Kristallisation von Kunststoffen wird in Abschnitt 2.5.6 näher beschrieben.

1.3.4 Glasübergang

Ein weiterer fundamentaler Unterschied zwischen Metallen und Kunststoffen ist die Existenz des sogenannten Glasübergangs in Kunststoffen. Wie der Name nahelegt, ist der Glasübergang von den anorganisch-nichtmetallischen Gläsern bzw. Silikatgläsern bekannt. Es gibt auch Legierungen mit Metallen, die amorphe Strukturen bilden und damit eine Glastemperatur aufweisen. Sowohl anorganische wie auch metallische Gläser spielen aber im Maschinenbau keine oder zumindest keine große Rolle.

Der Glasübergang wird dadurch charakterisiert, dass beim Abkühlen ein (amorpher) Kunststoff bei der Glasübergangstemperatur erstarrt. Bei niedrigeren Temperaturen als die Glasübergangstemperatur verhält sich ein Kunststoff eher wie ein starrer Festkörper, oberhalb neigt er eher zur Gummielastizität. Die Glastemperatur liegt dabei abhängig vom Aufbau der Kunststoffe ungefähr zwischen –100 °C für Polyethylen (PE) und 290 °C für Polyphenylensulfid (PPS).

- Bei Elastomeren liegt die Glasübergangstemperatur unterhalb der Raumtemperatur bzw. allgemeiner unterhalb des Anwendungstemperaturbereichs.
- Bei amorphen Thermoplasten liegt die Glasübergangstemperatur oberhalb des Anwendungstemperaturbereichs.
- Bei Duromeren und teilkristallinen Thermoplasten spielt der Glasübergang nur eine untergeordnete Rolle.

Die Eigenschaften einiger Kunststoffe werden also wesentlich vom Glasübergang geprägt. Dieser liegt in der Nähe des Anwendungstemperaturbereichs und muss daher immer mit betrachtet werden. Die Eigenschaften der Kunststoffe sind auch bei normalen Umgebungstemperaturen stark temperaturabhängig. Bei Metallen ist das nicht der Fall.

Der Glasübergang in Kunststoffen wird in Abschnitt 2.5.3 näher beschrieben.

1.3.5 Entropieelastizität

Bei Temperaturen größer als die Glasübergangstemperatur sind Moleküle in amorphen Kunststoffen oder in amorphen Bereichen von Kunststoffen beweglich. Verschlaufungen der Moleküle verhindern aber ein vollständiges Abgleiten wie in der Schmelze. Die Kunststoffe verhalten sich daher auch bei Temperaturen oberhalb der Glasübergangstemperatur wie elastische Festkörper, sie fließen nicht. Der Übergang zum Fließen einer Schmelze beginnt ungefähr bei Temperaturen, die etwa 100 °C größer als die Glastemperatur sind. Allerdings führen oberhalb der Glastemperatur vergleichsweise kleine Kräfte bereits zu deutlich größeren Verformungen des Festkörpers im Vergleich zu gleich großen Belastungen bei Temperaturen kleiner als die Glasübergangstemperatur. Dies liegt daran, dass nicht Bindungskräfte in den Kunststoffmolekülen die elastische Rückstellung bewirken, sondern das Bestreben der unter Belastung gestreckten Moleküle wieder in einen ungeordneten Zustand zurückzukehren. Da somit die Entropie die treibende Kraft für die Elastizität im gummielastischen Bereich von amorphen Thermoplasten und Elastomeren ist, spricht man von Entropieelastizität. Die großen elastischen Verformungen aufgrund von Entropieelastizität und ihre Erklärung sind im Bereich der Metalle nicht bekannt.

Modelle zur Beschreibung des mechanischen Verhaltens der Kunststoffe werden in Abschnitt 7.3 und die Entropieelastizität im Speziellen in Abschnitt 7.3.3 beschrieben.

1.3.6 Kräfte in und zwischen Molekülen

In Abschnitt 1.3.2 wurde bereits erläutert, dass nicht die innermolekularen Kräfte, sondern die Kräfte zwischen Molekülen für die mechanischen Kennwerte für Steifigkeit und Festigkeit von Kunststoffen verantwortlich sind. Wie erläutert, führt dies zu deutlich kleineren Werten im Vergleich zu den Werten für Metalle. Es führt auch dazu, dass die Kennwerte von der Streckung der Moleküle und ihrer Ausrichtung in Bezug zur wirkenden Kraft abhängen. In einer Kunststofffaser sind wegen des Spinnprozesses bei der Herstellung der Faser die Moleküle überwiegend in Faserrichtung orientiert. Die Kennwerte in Faserrichtung ergeben sich über die innermolekularen Bindungen und erreichen nahezu die theoretischen Werte. Wird senkrecht zur Faserrichtung belastet, was nur in Faser-Kunststoff-Verbunden tatsächlich real vorkommt, sind die Kennwerte der Faser deutlich kleiner, weil hier nur die schwachen Nebenvalenzkräfte der Beanspruchung entgegenwirken. Die Kennwerte für Kunststoffe sind also nicht nur kleiner als für Metalle, es ergibt sich auch eine Anisotropie, die mit zunehmender Orientierung der Moleküle größer wird. Die Orientierung der Moleküle ergibt sich bei Produktionsprozessen wie

Spritzgießen und Extrudieren abhängig von Bauteil- oder Halbzeuggeometrie und abhängig von den Prozessbedingungen. Sie ist also bei Bauteilen, die mit gleicher Geometrie im gleichen Prozess aus dem gleichen Kunststoff gefertigt werden, unterschiedlich, wenn die Prozessparameter unterschiedlich sind. Die Molekülorientierung ist auch innerhalb eines Bauteils abhängig vom Ort bzw. vom Weg des Moleküls zu diesem Ort.

Anisotropie und Inhomogenität sind auch bei Metallen bekannt. Beim Oberflächenhärten, bei Walztexturen und in Gradientenwerkstoffen spielen diese eine Rolle. In den meisten Fällen der Bauteilauslegung kann bei Metallen aber von homogenen und isotropen Werkstoffen ausgegangen werden, bei Kunststoffen ist das nur eine erste Betrachtung.

Die Kräfte innerhalb und zwischen Molekülen werden in Abschnitt 2.4 erläutert.

1.3.7 Zeitabhängiges Verhalten

Kunststoffe befinden sich prinzipiell im thermodynamischen Nichtgleichgewicht. In Abschnitt 1.3.3 wurde dies für teilkristalline Kunststoffe schon angesprochen. Für amorphe Kunststoffe bzw. amorphe Bereiche in Kunststoffen ist das ebenso der Fall, auch unterhalb der Glasübergangstemperatur. Daraus ergibt sich die sogenannte physikalische Alterung. Damit ist eine langsame Änderung von Form und Eigenschaften gemeint, auch ohne, dass äußere Kräfte oder andere Belastungen (Medien, Temperatur, ...) wirken. In Kunststoffen lässt sich die physikalische Alterung auf die Molekülbeweglichkeit zurückführen.

Die Molekülbeweglichkeit zeigt sich auch unter Einwirkung von äußeren Kräften. Bei den sehr großen Makromolekülen, aus denen Polymere und Kunststoffe bestehen, vergeht eine gewisse Zeit, bis Bewegungen von vollständigen Molekülen oder Teilen davon stattgefunden haben. Die Energie für die Bewegung stammt aus der thermischen Energie. Das Vermögen, sich zu bewegen, ist also temperaturabhängig. So kommt es, dass, abhängig von der Temperatur, Kunststoffe auf äußere Belastungen mehr oder weniger schnell reagieren. Bei hohen Temperaturen finden Verformungsvorgänge schneller statt, bei tieferen Temperaturen langsamer. Ein Kunststoffwerkstoff verhält sich bei hohen Temperaturen oder lange andauernden Belastungen eher duktil, bei niedrigen Temperaturen oder schnellen Beanspruchungen eher spröde. Sehr deutlich wird dies beim Kriechen, also bei Deformationen, die sich unter statischer Last über Wochen, Monate oder Jahre einstellen. Hier werden hohe bleibende Deformationen erreicht. Aber auch bei kurzzeitiger, quasistatischer Last und bei Wechselbeanspruchungen macht sich dies bemerkbar. Bei Wechselbeanspruchungen führt das zeitabhängige Verhalten dazu, dass die Moleküle sich während eines Belastungszyklus entsprechend der Beanspruchung ausrichten. Allerdings hinkt die Ausrichtung der Moleküle in der Regel der Änderung der Belastung hinterher. Daher verhalten sich Kunststoffe bei Wechselbeanspruchungen nicht rein elastisch. Ein Teil der eingebrachten Energie wird nicht zurückgewonnen, sondern in Wärme umgewandelt. Die Kunststoffe dämpfen daher Schwingungen.

Auch Kriechen und Dämpfung werden bei Metallen beobachtet. Aber wieder gilt, dass diese Effekte bei Kunststoffen deutlich stärker ausgeprägt sind und bei gewöhnlichen Artikeln und Anwendungen bereits berücksichtigt werden müssen.

Das zeitabhängige Verhalten von Kunststoffen wird in Abschnitt 7.2.3 betrachtet, das Zeit-Temperatur-Superpositionsprinzip in Abschnitt 7.3.4.

1.3.8 Rohstoffverbrauch

Es gibt zwei Prämissen beim Thema Rohstoffverbrauch:

- Die Erde ist endlich und Rohstoffvorkommen sind damit begrenzt. Es gibt nur die Ressourcen, die hier verfügbar sind. Versuche, Rohstoffe auf anderen Planeten oder Monden zu gewinnen, verschieben diese Grenze, ändern aber an ihrer Existenz nichts.
- Was heute verbraucht wird, steht in Zukunft nicht oder nur durch andere, vermutlich aufwendigere Rückgewinnungsprozesse zur Verfügung. Nachhaltiges Handeln berücksichtigt dabei die Bedürfnisse zukünftiger Generationen.

Daher lohnt ein Blick auf die Vorkommen der Rohstoffe für Metalle und Kunststoffe sowie den Energieeinsatz zu ihrer Herstellung. Die vollständige Betrachtung muss in Ökobilanzen erfolgen. Diese sind aber nicht nur aufwendig, sondern in ihrem Ergebnis vor allem von der Definition von Ziel, Betrachtungsgegenstand („funktionelle Einheit“) und Systemgrenzen abhängig, siehe Abschnitt 5.8.

Tabelle 1.2 zeigt die globalen Reserven für Eisenerz [18], genauer den Eisenanteil im Eisenerz, und Erdöl [19].

Reserven sind dabei definiert als Vorkommen, die heute bekannt und mit heute verfügbaren Technologien gewinnbar sind. In Abgrenzung dazu bezeichnet der Begriff *Ressourcen* die heute bekannten, aber nicht gewinnbaren Vorkommen.

Bei Erdöl und Erdgas gehörten z. B. in Schiefergesteinen enthaltene Vorkommen lange zu den Ressourcen, bis Technologien wie Fracking entwickelt wurden, die die Gewinnung möglich machten. Seitdem werden die Vorkommen zu den Reserven gezählt. Sie werden in Statistiken wegen dieser geschichtlichen Entwicklung oft als „nicht konventionelle Reserven“ bezeichnet. Beim Erdöl sind die globalen Ressourcen mit ca. 501 Milliarden t etwa doppelt so groß wie die globalen Reserven [19].

Tabelle 1.2 Globale Reserven für Eisenerz 2021 [18] und Erdöl 2020 [19]

Land	Eisenerz-reserven in Millionen t	Eisenerz-reserven in %	Land	Erdölreserven in Millionen t	Erdölreserven in %
Australien	25 000	29,6	Venezuela	47 385	19,3
Brasilien	15 000	17,7	Saudi-Arabien	39 617	16,2
Russland	14 000	16,6	Kanada	26 554	10,8
China	6900	8,2	Iran	21 657	8,8
Indien	3400	4,0	Irak	19 730	8,0
Kanada	2300	2,7	Russland	14 767	6,0
Ukraine	2300	2,7	Kuwait	13 810	5,6
Iran	1500	1,8	Vereinigte Arabische Emirate	13 306	5,4
Peru	1500	1,8	USA	8493	3,5
USA	1000	1,2	Libyen	6580	2,7
Kasachstan	900	1,1	Nigeria	5019	2,0
Südafrika	670	0,8	Kasachstan	4082	1,7
Schweden	600	0,7	China	3542	1,4
–	–	–	Katar	3435	1,4
–	–	–	Brasilien	1622	0,7
Rest	9500	11,2	Rest	15 581	6,4
Welt	**84 570**	**100**	**Welt**	**245 180**	**100**
Globale Fördermenge 2020 in Millionen t					
	1600			4163	
Statische Reichweite in Jahren					
	53			59	

Wie man Tabelle 1.2 entnehmen kann, sind beim Eisenerz ca. 89 % der globalen Reserven in 13 Ländern zu finden. Beim Erdöl liegen knapp 94 % der Reserven in 15 Ländern. Teilt man die Werte für die globalen Reserven durch die Fördermenge eines Jahres, erhält man die *statische Reichweite*. Diese beträgt für Eisenerz und Erdöl jeweils 53 bzw. 59 Jahre. Vom Erdöl weiß man allerdings, dass immer wieder neue Vorkommen gefunden und neue Fördertechnologien entwickelt werden. Auch der Verbrauch bzw. die Fördermenge kann sich ändern. Daher ist die statische Reichweite tatsächlich seit einigen Jahrzehnten etwa gleich groß geblieben. Trotzdem vermitteln die Zahlen einen guten Eindruck von der Endlichkeit der konventionellen Energierohstoffe und der metallischen Rohstoffe.

In Deutschland werden 15 % des Erdöls als Rohstoff in der chemischen Industrie genutzt [20]. Nur ein Teil davon wird zur Herstellung von Kunststoffen verwendet. 63 % werden zu Kraftstoffen verarbeitet und 22 % energetisch genutzt. Weltweit werden 5 % der Erdöl-, Erdgas- und Kohlefördermengen in der chemischen Industrie als Rohstoff verendet.

Aus diesen Zahlen ergeben sich zwei grundsätzliche Beobachtungen und daraus Forderungen:

- Es gibt keinen prinzipiellen Unterschied bei der Reichweite für die Rohstoffe, die im Maschinenbau und in der Kunststofftechnik genutzt werden. Rohstoffvorkommen, egal ob es sich um metallhaltige Erze oder konventionelle Kohlenstofflieferanten handelt, müssen durch den Ausbau der Kreislaufwirtschaft geschont werden.
- Nur ein sehr kleiner Teil des Erdöls und Erdgases wird für die Herstellung von Kunststoffen verwendet, der weitaus größte Teil wird zur Energiegewinnung verbrannt. Das darf nicht länger passieren, Erdöl und Erdgas sollten als Rohstofflieferant und nicht als Energielieferant eingesetzt werden. Zusätzlich sollte langfristig die Änderung der Rohstoffbasis für die Kunststoffindustrie umgesetzt werden, wie in Kapitel 5 thematisiert.

Beim Vergleich von Metallen und Kunststoffen wird die Bedeutung der jeweiligen Werkstoffe gerne durch die Produktionsmenge dargestellt, vgl. Bild 1.8 und Bild 1.14.

In Bild 1.14 ist zu erkennen, dass

- bereits 1950 weltweit mit 191 Millionen t signifikante Mengen Rohstahl erzeugt wurden (die historischen Daten gehen bis ins Jahr 1870 zurück [21]); und dass
- wie bei Kunststoffen, vgl. Bild 1.8, ab 2000 ein deutliches, überwiegend lineares weltweites Wachstum der Produktion eingesetzt hat, welches durch das Wachstum der Produktion in China getragen wird, während die Produktion in Europa leicht zurückgeht.

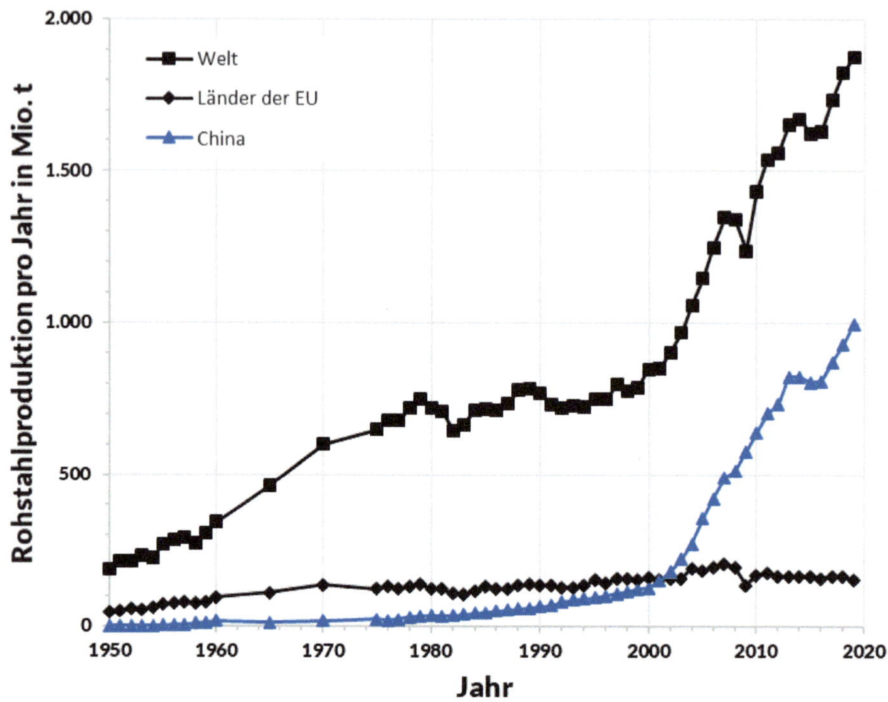

Bild 1.14 Zeitliche Entwicklung der Rohstahlproduktion [21]

Die absoluten Mengen in Millionen Tonnen sind bei Rohstahl ab dem Jahr 1990 nur noch um einen Faktor 7,8 größer als bei Kunststoffen, vgl. Bild 1.8. Berücksichtigt man die unterschiedlichen Dichten, vgl. Tabelle 1.1, kann man sagen, dass die Produktion von Kunststoffen die von Rohstahl weltweit bezogen auf das Produktionsvolumen ab dem Jahr 1990 überrundet hat. Allerdings haben diese Vergleiche der produzierten und letztlich verbrauchten Mengen nur einen begrenzten Wert, denn die Bedeutung von Werkstoffen lässt sich eher an der Verwendung festmachen. Erst wenn mit einem Werkstoff völlig neue Anwendungen möglich sind, prägt der Werkstoff eine zeitliche Periode. Das war in der Kupfersteinzeit, der Bronzezeit und der Eisenzeit so, vgl. Bild 1.13, weshalb die Werkstoffe diesen geschichtlichen Perioden den Namen gegeben haben. Das war auch mit der Einführung von Stahl um 1800 und von Aluminiumlegierungen ab 1900 so. Ebenso haben die Kunststoffe ab 1950 völlig neue Produkte und Anwendungen möglich gemacht. Allerdings wurde die zweite Hälfte des 20. Jahrhunderts wohl eher vom Werkstoff Silicium und den daraus herstellbaren Chips für Computer geprägt als von Kunststoffen oder Stahl.

Beispielhafte Anwendungen von Kunststoffen werden in Abschnitt 1.1 dargestellt. In Abschnitt 5.9 wird der Beitrag von Kunststoffen zu einer nachhaltigen Entwicklung hervorgehoben.

1.3.9 Energiebedarf

Es liegt nahe, die Werkstoffe zu beurteilen, indem die Energiebedarfe zu ihrer Herstellung oder der daraus resultierende CO_2-Fußabdruck verglichen werden.

Allerdings ist der Vergleich von Werkstoffen im Sinn von Ökobilanzen nur als Teil von Produkten (*Produktsysteme*) zulässig, vgl. Abschnitt 5.8. Denn nur bei der Betrachtung des gesamten Lebensweges und der Betrachtung eines konkreten Produktes bzw. Anwendungsfalls (*funktionelle Einheit*) ist ein Vergleich sinnvoll und wissenschaftlich fundiert. Dazu werden in Ökobilanzen Bilanzräume festgelegt und welche Stoff- und Energieströme betrachtet werden. Eingeschlossen werden dabei die Energiewandlungsprozesse z. B. bei der Stromerzeugung, um Werte für die sogenannte Primärenergie zu erhalten.

Primärenergie ist die Energie vor einer Wandlung in einen nutzbaren Energieträger. Sie wird bei Werkstoffen auf die Masse bezogen. ■

Die Primärenergie entspricht somit dem Energieinhalt in Rohöl, Erdgas, Kohle und Uran (*konventionelle Energie*) und der durch Sonne, Wind, Wasser und Biomasse gelieferten Energie (*erneuerbare Energie*).

Um einen qualitativen Eindruck von dem Unterschied der Energiebedarfe für die einzelnen Werkstoffe und für Produktion, Weiterverarbeitung und Recycling zu erhalten, ist eine Gegenüberstellung möglich. Tabelle 1.3 zeigt Werte für den Primärenergiebedarf zur Herstellung der Werkstoffe, für ihre Weiterverarbeitung und das Recycling. Die Daten entstammen überwiegend Publikationen der jeweiligen europäischen Wirtschaftsverbände, die dafür die Produktionsprozesse ihrer Mitgliedsunternehmen analysiert haben. Somit ergibt sich jeweils ein europaweiter Mittelwert für die eingesetzten Technologien und die dafür benötigten Energieträger. Es wird dabei auch der tatsächlich in der jeweiligen Industrie eingesetzte Strommix berücksichtigt, also die Aufteilung in die verschiedenen Primärenergieträger, vgl. Abschnitt 5.9.

Tabelle 1.3 Primärenergiebedarfe für die Erzeugung von 1 kg verschiedener Werkstoffe in Europa (wenn nicht anders genannt)

Werkstoff	Primärenergie für die Primärproduktion in MJ/kg	Primärenergie für das werkstoffliche Recycling in MJ/kg	Primärenergie für die Verarbeitung in MJ/kg
Kunststoff			
Polyethylen (PE-HE, PE-LD und PE-LLD)	81 [22] 56 [23]	–	Spritzgießen: 10 [24] Extrusion: 4 [24]
Polyethylenterephthalat (PET)	71 [25] 56 [23]	–	Spritzgießen: 10 [24] Extrusion: 4 [24]
Polyamid 66 (PA 66)	140 [26]	–	Spritzgießen: 10 [24] Extrusion: 4 [24]
Aluminium			
Aluminium in Barrenform	140 [27]	6 [27]	Bleche: 9 [27] Folien: 29 [27] Profile: 16 [27]
Primäraluminiummix als Halbzeug in Deutschland	204 [23]	16 [23]	–
Stahl			
Warmbandstahl (Oxygenstahl)	Ohne Schrottanteil: 21,6 [28] Mit Schrottanteil: 10,4 [28] Mix Deutschland: 22 [23]	15 [28] 10 [29]	–
Warmbandstahl (Elektrostahl)	4 [30] 9 [23]	–	–
Edelstahl (316), Warmbandstahl, (Oxygenstahl)	Ohne Schrottanteil: 51 [28] Mit Schrottanteil: 45 [28]	–	–

Die Werte für den Primärenergiebedarf für die Primärproduktion von Kunststoffen sind gleich oder niedriger als die für Aluminium und höher als die für Stahl. Dabei ist wieder zu berücksichtigen, dass die Dichte von Stahl ungefähr achtmal höher ist als die von Polyethylen. Eine volumenbezogene Betrachtung bzw. die für Ökobilanzen geforderte Betrachtung von funktionellen Einheiten, also Produktmengen, die den gleichen Nutzen haben, würde ein anderes Bild ergeben.

Für alle Materialien erkennt man, dass der Energiebedarf für Recycling bzw. Weiterverarbeitung deutlich kleiner ist als der Bedarf für die Primärproduktion.[6] Man kann daher werkstoffunabhängig die Aussage treffen, dass ein einmal produzierter Werkstoff so lange wie möglich verwendet oder durch Kreislaufwirtschaft wiederverwendet werden sollte.

Für Rohstahl werden zwei Werte angegeben, weil bereits bei der Primärproduktion von Rohstahl im integrierten Hüttenwerk bestehend aus Hochofen, Stahl- und Walzwerk Eisenschrott im Hochofen zum Einsatz kommt. Der Schrott wird beim sogenannten Frischen, dem Einblasen von Sauerstoff zur Oxidation von Kohlenstoff und anderen Elementen, zur Kühlung hinzugegeben. Der Schrottanteil liegt je nach Hersteller zwischen 10 und 30 % bezogen auf die erzeugte Menge Stahl. Der Wert ohne Schrottanteil ist somit nur ein theoretischer Wert. Primärstahl kann auch in Elektro- oder Lichtbogenstahlwerken erzeugt werden, diese werden aber häufiger zum Schmelzen von Schrott und der Erzeugung von Sekundärstahl eingesetzt. Im Elektrostahlwerk ist der Energiebedarf deutlich geringer als im klassischen Oxygenprozess.

Offensichtlich gibt es bei den Kunststoffen deutliche Unterschiede im Primärenergiebedarf für die Primärproduktion. Der *Energieinhalt* der Kunststoffe, also die bei der Verbrennung nutzbare Energie (*thermische Verwertung*), unterscheidet sich ebenfalls:

- Polyethylen: 46 MJ/kg [22]
- Polyethylenterephthalat: 24 MJ/kg [25]
- Polyamid 66: 35 MJ/kg [26]

Das Verhältnis von Energieinhalt zu Primärenergiebedarf ist bei den einzelnen Kunststoffen deutlich unterschiedlich. Daraus kann abgeleitet werden, dass sich das werkstoffliche Recycling von Polyamiden meistens energetisch lohnt, das von Polyethylen nicht immer. Hier ist die thermische Verwertung unter Energiegesichtspunkten eher sinnvoll.

1.3.10 Preise

In Bild 1.15 ist der sogenannte Referenzpreis für Standardkunststoffe und technische Thermoplaste ohne Verstärkungsstoffe oder besondere Bestandteile, die sogenannten Naturtypen, dargestellt. Referenzpreise sind die Listenpreise ohne Mehrwertsteuer ab Werk eines Erzeugers, Compoundeurs, Rezyklatherstellers oder

[6] Zahlenwerte für das Recycling von Kunststoffen liegen nicht vor, sind aber vermutlich in der gleichen Größenordnung wie Werte für die Extrusion. Zahlenwerte für die Weiterverarbeitung von Stahl lassen sich aus LCA-Datenbanken nur indirekt ermitteln und sind mit hohen Unsicherheiten behaftet, liegen aber vermutlich in der gleichen Größenordnung wie die Werte für Aluminium.

Händlers für größere und vertraglich vereinbarte Mengen [31]. Die Spannweite der Preise ergibt sich aus dem minimalen und dem maximalen Monatswert in den Jahren 2013–2019, also vor der Coronapandemie.

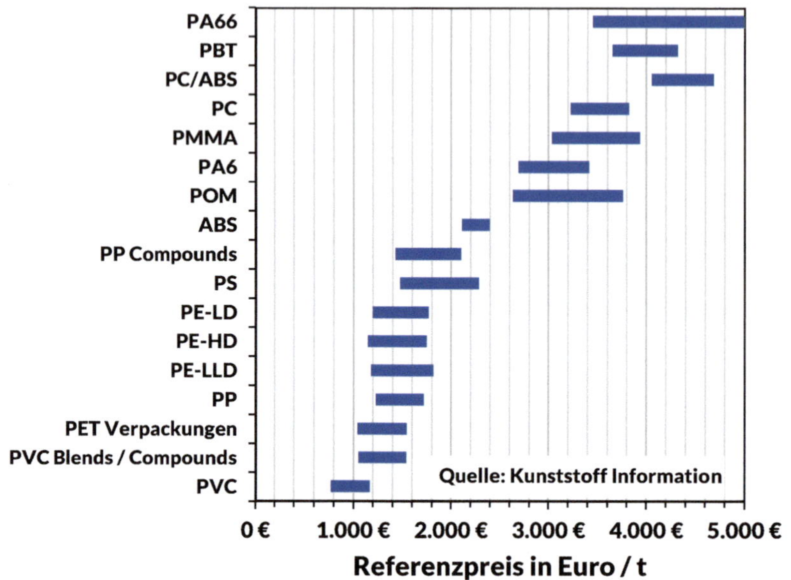

Bild 1.15 Preise der Jahre 2013–2019 für Kunststoffwerkstoffe (ohne Verstärkungsstoffe oder besondere Bestandteile) in Deutschland [31]

Man erkennt in Bild 1.15 die Unterschiede zwischen den Standardthermoplasten, die zwischen 800 Euro/t und 2200 Euro/t kosten, und den technischen Thermoplasten, bei denen die Preise zwischen 2100 Euro/t und 5000 Euro/t liegen.

Die Preise für die glasfaserverstärkten Typen liegen ungefähr 10–20 % über denen für die in Bild 1.15 aufgeführten Naturtypen [31].

Die *Preise für Rezyklate* liegen meist unter denen für die Primärkunststoffe. Dabei erzielen die glasklaren Rezyklate des z. B. für Flaschen verwendeten Polyethylenterephthalats (PET) in Granulatform fast die gleichen Preise wie primäres PET, während klare PET-Flakes bei 75 % und bunte PET-Flakes bei 55 % des Preises für die Primärkunststoffe liegen. Die Gründe sind, dass sich Flakes anders als Granulate nicht in jedem Prozess problemlos weiterverarbeiten lassen und dass ein Rezyklat nicht mehr universell anwendbar ist, wenn es Farbmittel enthält. Bei Polyamid 66 (PA 66) liegt der Preis des Rezyklats sowohl für verstärkte wie für unverstärkte Typen ca. 65 % unter dem des Primärkunststoffs. Die Preise schwarz eingefärbter Typen sind nochmal um 5–10 % geringer [31].

Es gibt also neben der grundsätzlichen Forderung nach nachhaltigem Handeln auch handfeste wirtschaftliche Gründe, vermehrt Rezyklate einzusetzen.

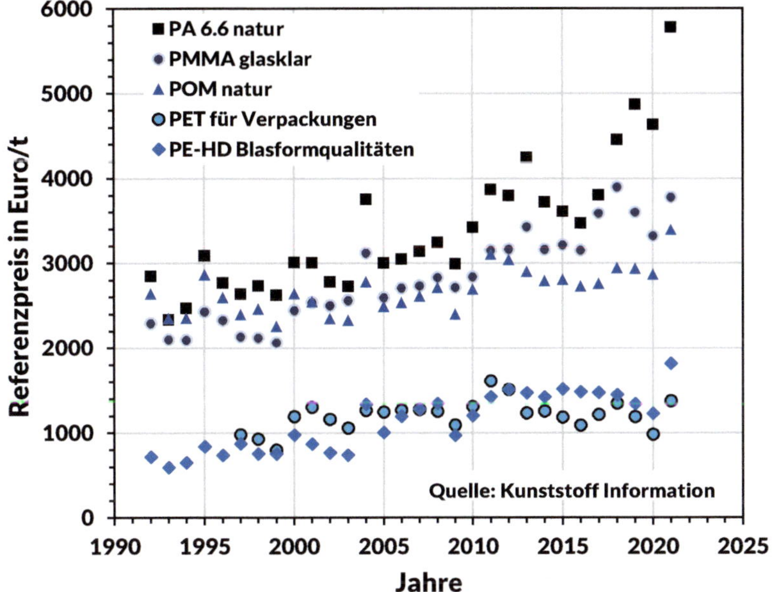

Bild 1.16 Zeitliche Entwicklung der Preise für ausgewählte Thermoplaste [31]

In Bild 1.16 ist der zeitliche Verlauf der Referenzpreise von fünf typischen und relevanten Thermoplasten in den 20 Jahren von 1999 bis 2019 dargestellt. In diesem Zeitraum stiegen die Preise im Mittel um ca. 60 %, mit 30 % am wenigsten für Polyoxymethylen (POM) und mit 85 % am meisten für Polyamid 66 (PA 66). Die Steigerung der Verbraucherpreise in Deutschland beträgt in diesem Zeitraum 34 %, was einer jährlichen Inflationsrate von 1,4 % entspricht [32]. Die Preis- und damit die Wertsteigerung der Kunststoffe ist also größer als die Inflationsrate.

Die zeitliche Entwicklung der Erzeugerpreise, vgl. Bild 1.17, zeigt eine starke Schwankung aber doch meist ähnliche Änderung der Preise für verschiedene Rohstoffe und Erzeugnisse aus diesen Rohstoffen. Eine starke Korrelation gibt es zwischen den Preisen für Erdöl und Primärkunststoffe nicht, weil weniger als ca. 5 % des Erdöls für die Herstellung von Kunststoffen verwendet werden.

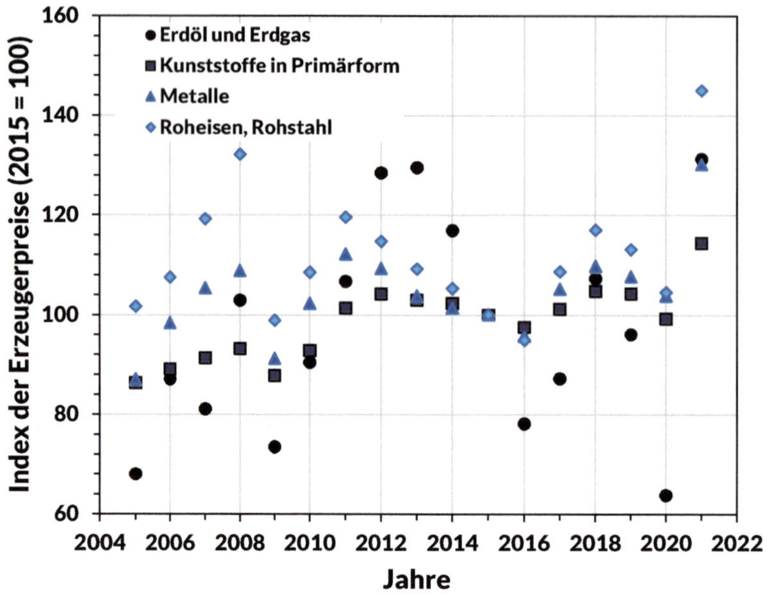

Bild 1.17 Zeitliche Entwicklung des Index der Erzeugerpreise von 2005 bis 2021 [33]

Während der Coronapandemie und mit dem Ukrainekrieg sind die Preise wie bei allen Rohstoffen und Energierohstoffen deutlich gestiegen. Bild 1.18 zeigt dies beispielhaft für Polyamid 66 [31], 99,7 % reines Aluminium in Barrenform [34] und Warmbandstahl in Nordeuropa [35]. Es ist zu vermuten, dass sich die Preise aller Rohstoffe nach 2022 auf einem höheren Niveau als noch bis 2019 üblich einpendeln werden.

Der Vergleich in Bild 1.18 zeigt auch, dass von „billigem Plastik“ nicht die Rede sein kann. Zwar handelt es sich bei den Preisen für Aluminium und Warmbandstahl um Börsenpreise für unlegierte Metalle bzw. Vorprodukte, die so nicht zum Einsatz kommen, aber der Abstand ist deutlich. Es ist nicht der Werkstoffpreis, sondern der vielfältige Nutzen gepaart mit sehr effizienten Verarbeitungsverfahren, der Produkte aus Kunststoffen im wahrsten Sinn des Wortes preiswert macht. Glasfaserverstärktes Polyamid 66 ersetzt daher zusammen mit Kohlenstofffasern verstärkten Epoxidharzen Metalle wie Aluminium und Stahl in einigen Anwendungen, siehe Abschnitt 1.1.

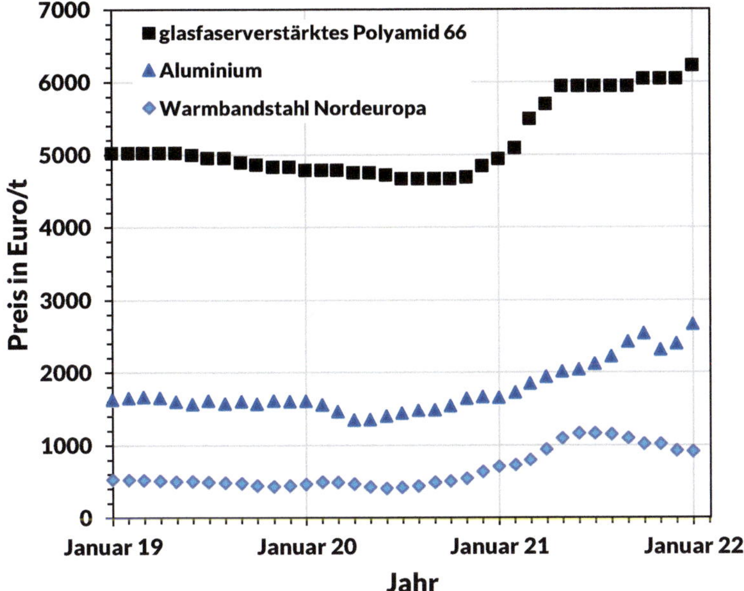

Bild 1.18 Vergleich der Preise für glasfaserverstärktes Polyamid 66 [31], Aluminium [34] und Warmbandstahl [35]

Quellen

[1] Deutscher Kanu-Verband. Team Kunststoff mit Kontinuität in schwierigen Zeiten [online], 5. Februar 2021 [Zugriff am: 11. März 2022]. Verfügbar unter: *https://www.kanu.de/Team-Kunststoff-mit-Kontinuitaet-in-schwierigen-Zeiten-77559.html*

[2] YouTube. The AC75 Designed to Fly [online] [Zugriff am: 14. März 2022]. Verfügbar unter: *https://www.youtube.com/watch?v=VQUl_hf6yo8*

[3] Pischinger S. und Seiffert U. Vieweg Handbuch Kraftfahrzeugtechnik. 9., erweiterte und ergänzte Auflage. Wiesbaden: Springer Vieweg, 2021. ATZ/MTZ-Fachbuch. ISBN 978-3-658-25556-5. DOI 10.1007/978-3-658-25557-2

[4] Plastics Europe. Plastics – the Facts 2021 [online] [Zugriff am: 25. Februar 2022]. Verfügbar unter: *https://plasticseurope.org/knowledge-hub/plastics-the-facts-2021/*

[5] Plastics Europe Deutschland. Geschäftsbericht 2020 [online] [Zugriff am: 25. Februar 2022]. Verfügbar unter: *https://plasticseurope.org/de/knowledge-hub/geschaftsbericht-2020/*

[6] Kunststoff-Museums-Verein (KMV) e. V. Leo Henrik Baekeland (1863–1944) [online] [Zugriff am: 10. März 2022]. Verfügbar unter: *https://www.deutsches-kunststoff-museum.de/kunststoff/erfinder/leo-henrik-baekeland/*

[7] Verband Kunststofferzeugende Industrie e. V. Forschungsprogramm Wiederverwertung von Kunststoffabfällen. Zusammenfassung Teilprojekte 1–8. Frankfurt am Main, 1981.

[8] Saechtling H. Kleine Kunststoffkunde. Hamburg: Schleicher-Verlag, 1962.

[9] Domininghaus, H. Kunststoffe I. Aufbau und Eigenschaften Kunststoffsorten Anwendungen. Düsseldorf: VDI-Verlag, 1969.

[10] PlasticsEurope. Market data [online] [Zugriff am: 26. Oktober 2021]. Verfügbar unter: *https://plasticseurope.org/resources/market-data/*

[11] Statistisches Bundesamt. Fachserie / 4 / 4 / 1 / 2: Ergebnisse der Betriebe, Beschäftigte, Umsätze nach Wirtschaftszweigen und Beschäftigtengrößenklassen [online] [Zugriff am: 25. Februar 2022]. Verfügbar unter: *https://www.statistischebibliothek.de/mir/receive/DESerie_mods_00000062*

[12] Hornbogen E., Eggeler G. und Werner E. Werkstoffe. Aufbau und Eigenschaften von Keramik-, Metall-, Polymer- und Verbundwerkstoffen. 12., aktualisierte Auflage. Berlin: Springer Vieweg, 2019. Lehrbuch. ISBN 978-3-662-58846-8.

[13] Braun D. Kleine Geschichte der Kunststoffe. 2. Auflage. München: Carl Hanser Verlag, 2017. ISBN 9783446452428.

[14] Ostermann F. Anwendungstechnologie Aluminium. 3., neu bearbeitete Auflage. Berlin u. a.: Springer Vieweg, 2014. VDI-Buch. ISBN 978-3-662-43806-0. DOI 10.1007/978-3-662-43807-7

[15] Mathaudhu S. N., Luo A. A., Neelameggham N., Nyberg E. A. und Sillekens W. H., Hrsg. Essential readings in magnesium technology. Hoboken, New Jersey: Wiley, 2014. ISBN 978-3-319-48588-1. DOI 10.1007/978-3-319-48099-2

[16] Seidel W. W. und Hahn F. Werkstofftechnik. Werkstoffe, Eigenschaften, Prüfung, Anwendung. 11., aktualisierte Auflage. München: Hanser, 2018. ISBN 9783446456884.

[17] M-Base Engineering + Software GmbH. CAMPUSplastics | Grade Names [online]. [Zugriff am: 10. März 2022]. Verfügbar unter: *https://www.campusplastics.com/campus/*

[18] U.S. Geological Survey. Mineral commodity summaries 2022. Reston, USA, 2022. DOI 10.3133/mcs2022

[19] Franke D., Ladage S., Lutz R., Pein M., Pletsch T., Rebscher D., Schauer M., Schmidt S. und von Goerne G. BGR Energiestudie 2021. Daten und Entwicklungen der deutschen und globalen Energieversorgung. Hannover: Bundesanstalt für Geowissenschaften und Rohstoffe, 2022. ISBN 978-3-9823438-3-9. DOI 10.25928/ES-2021

[20] Deutscher Bundestag. Erdölverbrauch in Deutschland. Sachstand WD 5 - 033/19. Berlin, 2019. Verfügbar unter: *https://www.bundestag.de/analysen*

[21] Wirtschaftsvereinigung Stahl. Statistisches Jahrbuch der Stahlindustrie 2020 / 2021. Berlin, 2021.

[22] PlasticsEurope. Eco-profile Polyethylene (PE). Brüssel, 2014.

[23] VDI 4600 Blatt 1 2015 Kumulierter Energieaufwand. Beispiele. Düsseldorf: Verein Deutscher Ingenieure

[24] Weiß P. Energieeffizienz und Abwärmenutzung in der Kunststoffverarbeitung. Dissertation. Duisburg, 2016.

[25] PlasticsEurope. Eco-profile Polyethylene Terephthalate (PET) bottle grade. Brüssel, 2017.

[26] PlasticsEurope. Eco-profile Polyamide 6.6 (PA 6.6). Brüssel, 2014.

[27] European Aluminium Association. Environmental Profile Report. Life-Cycle inventory data for aluminium production and transformation processes in Europe. Brüssel, 2018.

[28] World Steel Association. LCI data for steel products. Brüssel, 2020.

[29] Joost Vogtländer. Idemat 2021 Database. Delft, 2020.

[30] Worrell E. und Reuter M. A., Hrsg. Handbook of recycling. State-of-the-art for practitioners, analysts, and scientists. Waltham, Mass: Elsevier, 2014. ISBN 0123965063.

[31] Kunststoff Information – Business-Informationen der Kunststoffbranche [online] [Zugriff am: 25. Februar 2022]. Verfügbar unter: *https://www.kiweb.de/*

[32] Statistisches Bundesamt. Verbraucherpreisindex und Inflationsrate [online]. 10 September 2019 [Zugriff am: 20. März 2022]. Verfügbar unter: *https://www.destatis.de/DE/Themen/Wirtschaft/Preise/Verbraucherpreisindex/_inhalt.html*

[33] Statistisches Bundesamt. Erzeugerpreisindex gewerblicher Produkte [online] [Zugriff am: 18. März 2022]. Verfügbar unter: *https://www.destatis.de/DE/Themen/Wirtschaft/Preise/Erzeugerpreisindex-gewerbliche-Produkte/_inhalt.html#sprg238940*

[34] IndexMundi. Aluminum – Monthly Price (Euro per Metric Ton) [online] [Zugriff am: 18. März 2022]. Verfügbar unter: *https://www.indexmundi.com/commodities/?commodity=aluminum&months=120¤cy=eur*

[35] Fastmarkets. Steel and steel raw materials [online] [Zugriff am: 18. März 2022]. Verfügbar unter: *https://www.fastmarkets.com/steel*

2 Polymere

2.1 Stoffe, Verbindungen, Atome und Elemente

In der Chemie kennt man *Stoffe*, auch *Substanzen* genannt, vgl. Bild 2.1. In der Physik wird eher von Materie gesprochen. *Heterogene* Stoffe oder Stoffgemische liegen vor, wenn diese durch physikalische Trennverfahren entmischt werden können. Physikalische Trennverfahren nutzen dabei unterschiedliche physikalische Eigenschaften wie z. B. Dichte, elektrische Ladung oder Schmelztemperatur. Eine Entmischung aufgrund einer unterschiedlichen Dichte findet in Wasser-Öl-Mischungen statt. In Kunststoffrecyclinganlagen werden Trennverfahren genutzt, die ferromagnetische Metalle (Eisenwerkstoffe) über Magnetsortierung und andere, nicht magnetische, aber elektrisch leitende Metalle mittels Wirbelstromsortierung aussortieren; hier werden elektrische und magnetische Eigenschaften zur Trennung genutzt. Sobald ein Stoff nicht mehr weiter mittels physikalischer Trennverfahren in seine Bestandteile getrennt werden kann, liegt ein *homogener* Stoff vor. Homogene Stoffe enthalten chemische Verbindungen einzelner Elemente. Die Elemente sind somit in der Chemie die Grundbausteine der Stoffe. Die Elemente können wie im Fall der Edelgase Helium und Neon aus einem Helium- bzw. Neonatom bestehen oder wie in anderen Fällen (Wasserstoff, Stickstoff, Sauerstoff, ...) aus einer Verbindung von zwei Atomen. Verbindungen von Atomen heißen Moleküle.

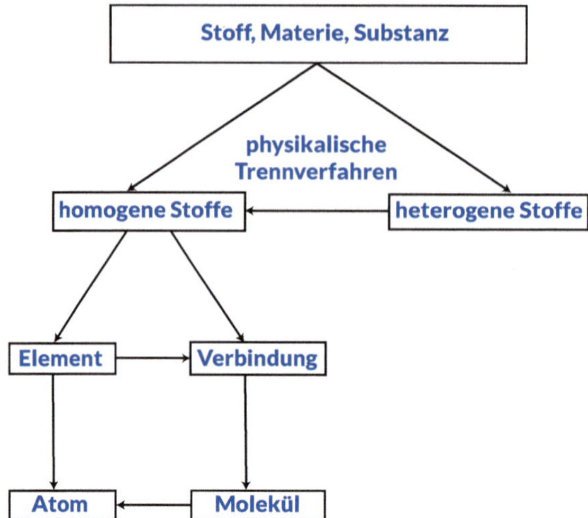

Bild 2.1
Vom Stoff zum Element nach [1]

Üblicherweise werden die Elemente im *Periodensystem der Elemente* in acht Haupt- und zehn Nebengruppen dargestellt, vgl. Bild 2.2. Die im Maschinenbau und in der Kunststofftechnik eher keine Rolle spielenden Lanthanoide und Actinoide werden hier nicht gezeigt. Die Elemente bestehen aus einzelnen Atomen bzw. Ionen bei Metallen und anderen Feststoffen oder aus chemischen Verbindungen zweier Atome bei Gasen. Die Atome wiederum bestehen aus dem positiv geladenen Atomkern und den ihn umgebenden, negativ geladenen Elektronen. Im Periodensystem der Elemente steigt die Zahl der positiv geladenen Protonen im Atomkern, auch *Kernladungszahl* oder *Ordnungszahl* genannt, in einer Zeile von links nach rechts und mit jeder weiter unten liegenden Zeile. Identisch mit der Ordnungszahl ist die Zahl der Elektronen im Atom, denn ein Atom ist als Ganzes elektrisch neutral. Mit zunehmender Zahl positiv geladener Protonen nimmt auch die Zahl an elektrisch neutralen Neutronen im Atomkern zu. Die Masse von Protonen und Neutronen macht den Großteil der Masse eines Atoms aus. Je weiter rechts und je weiter unten im Periodensystem ein Element aufgeführt wird, desto größer ist die Masse eines Atoms. Die Dichte des Elements, die Masse pro Volumeneinheit, hängt auch vom Volumen ab, das die Atome in den Kristallen oder Verbindungen einnehmen. Da gerichtete kovalente Bindungen, siehe Abschnitt 2.2, nicht zu einer so großen Nähe der Atome wie dichte Packungen der Metallatome in Kristallen führen, steigt die Dichte nicht analog zur Masse. Sie ist insbesondere bei den Nichtmetallen kleiner als die der Metalle links neben diesen im Periodensystem der Elemente. Auch eine andere Eigenschaft der Elemente, die *Elektronegativität* oder *Elektronenaffinität*, also die Kraft, mit der Elektronen von einem anderen Atom zum elektronegativeren Atom gezogen werden, hängt von der Position des Elements im Periodensystem ab. Die Elektronegativität steigt von links nach rechts und sinkt von oben nach unten.

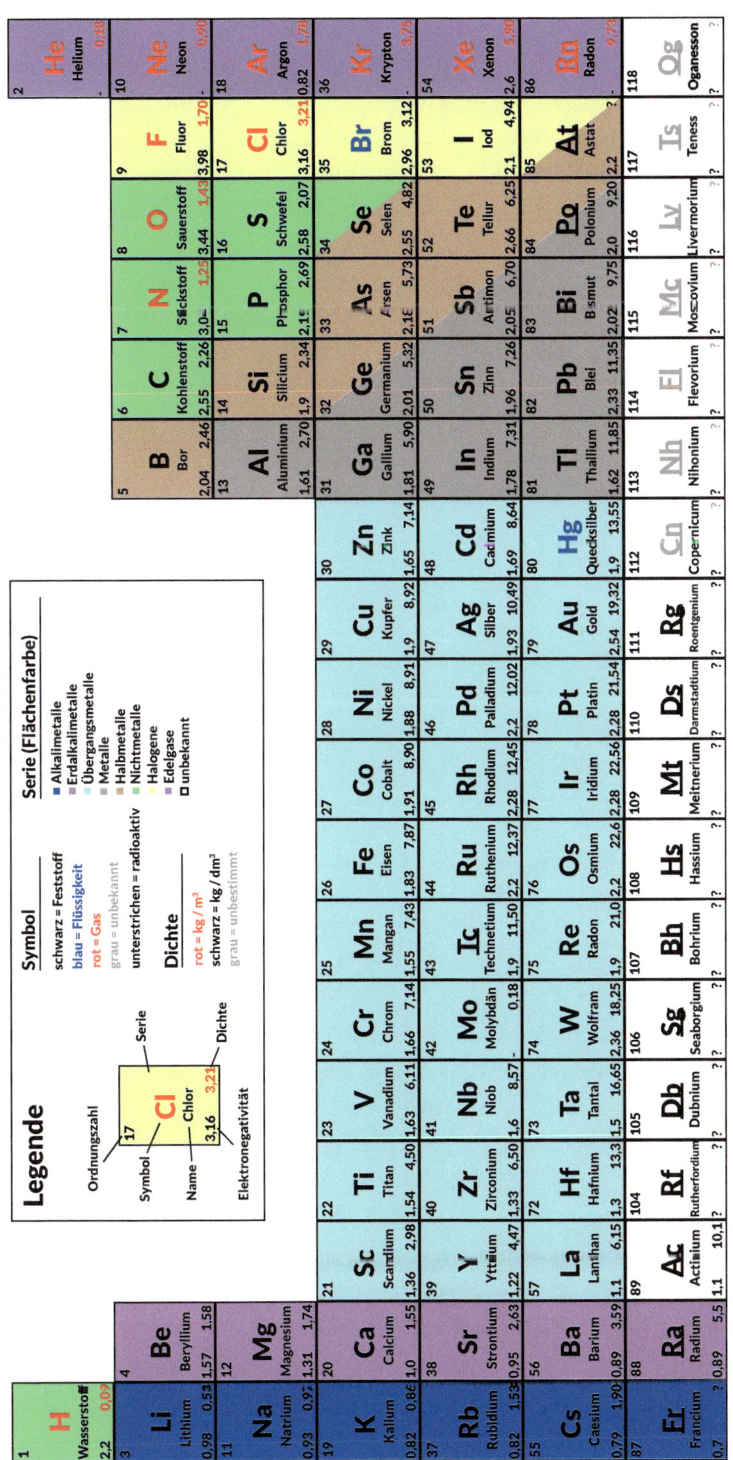

Bild 2.2 Das Periodensystem der Elemente (ohne Lanthanoide und Actinoide)

Da Atome aus positiv geladenen Atomkernen und negativ geladenen Elektronen bestehen, beruhen auch die Bindungen in chemischen Verbindungen verschiedener Elemente bzw. Atome grundsätzlich auf elektrostatischen Anziehungskräften. Da Atome elektrisch neutral sind, müssen für Bindungen zwischen Atomen zunächst einzelne Ladungen von Atomen ganz abgegeben, ganz aufgenommen oder zumindest verschoben werden. Dies passiert am leichtesten mit den äußeren Elektronen eines Atoms, da die elektrostatische Anziehungskraft stark mit dem Abstand der entgegengesetzten Ladungen, also von Kern und Elektronen, abnimmt. Man kann sich im bohrschen Atommodell vorstellen, dass Elektronen in Schalen um den Kern kreisen, die wie Schalen einer Zwiebel eine Dicke und einen Abstand vom Zentrum haben, siehe Bild 2.3. In der innersten, der ersten Schale, auch K-Schale genannt, können sich zwei Elektronen aufhalten, in der zweiten, der L-Schale, acht Elektronen, in der dritten, der M-Schale, 18 Elektronen. Die Schalen werden von innen nach außen gefüllt, mit aufsteigender Periode und Gruppe.

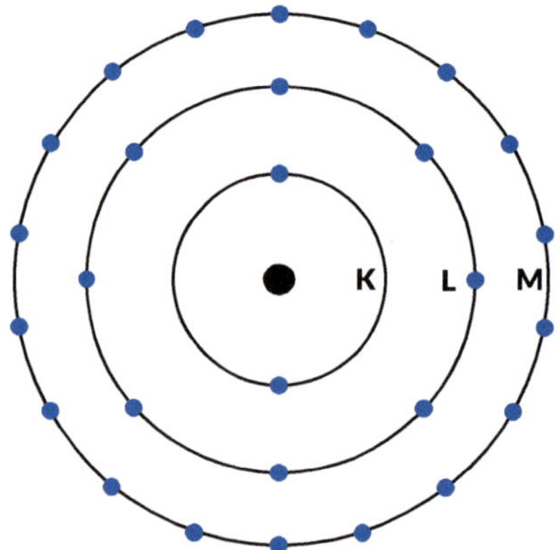

Bild 2.3
Bohrsches Atommodell mit dem Atomkern und den mit Elektronen vollständig besetzten K-, L- und M-Schalen

Präziser ist die Vorstellung von Elektronen, die sich nicht auf genau bekannten Bahnen in Schalen bewegen, sondern für die es eine Wahrscheinlichkeit gibt, dass sie sich in gewissen Bereichen, den Orbitalen, siehe Bild 2.4, die kugelsymmetrisch oder entlang der drei Raumachsen ausgerichtet sind, aufhalten.

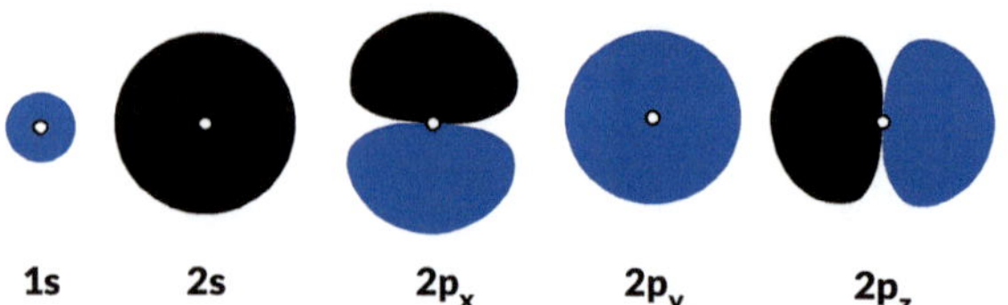

Bild 2.4 Orbitalmodell mit den kugelsymmetrischen s-Orbitalen und den entlang der drei Raumachsen ausgerichteten, sanduhrförmigen p-Orbitalen

Das Periodensystem der Elemente und die Eingruppierung der Elemente in Haupt- und Nebengruppen basieren auf der Beobachtung, dass

- in der Regel bei Verbindungen zwischen verschiedenen Elementen die Elemente der ersten und zweiten Hauptgruppe Elektronen eher abgeben und Verbindungen als positiv geladene Ionen eingehen (Ionenkristalle, Salze),
- sich die Elemente der Nebengruppen Elektronen in Form von nicht genau lokalisierbaren Elektronen, das sogenannte Elektronengas, teilen, welches positiv geladene Atomrümpfe umgibt (Übergangsmetalle),
- sich die Elemente der dritten bis sechsten Hauptgruppen Elektronen in Form von Elektronenpaarbindungen (Nichtmetalle, Polymere) teilen und
- die Elemente der siebten Hauptgruppe durch Aufnahme eines Elektrons negativ geladene Ionen bilden (Ionenkristalle, Salze), während die Elemente der achten Hauptgruppe wegen voll besetzter Schalen keine Bindungen eingehen (Edelgase).

Dabei gehen die Elemente der ersten und siebten Hauptgruppe, die nur ein Elektron abgeben oder aufnehmen müssen, um die Edelgaskonfiguration mit voll besetzen Schalen zu erhalten, am leichtesten Bindungen ein. Sie sind am reaktivsten. Die Edelgase selber sind wegen der bereits vollbesetzten Schale inert.

Die *Elektronenpaarbindung*, auch *kovalente*, *Hauptvalenz-* oder *homöopolare Bindung* genannt, ist die bei Polymeren häufigste Bindung. Sie tritt bei genauerer Betrachtung dann auf, wenn die Differenz der Elektronegativität kleiner als 1,7 ist [2]. Bei Werten über 1,7 werden ein oder mehrere Elektronen ganz von dem Atom mit der geringeren Elektronegativität abgezogen und gehen zu dem mit der größeren Elektronegativität über. Dies ist der Fall bei der ionischen Bindung.

2.2 Aufbau und Struktur von Polymeren

2.2.1 Monomer, Polymer und lineare Kette

Polymermoleküle bestehen hauptsächlich aus den Elementen Kohlenstoff und Wasserstoff. Je nach Polymer sind aber auch Sauerstoff, Stickstoff, Chlor, Schwefel und Fluor enthalten. Das Kohlenstoffatom spielt dabei die zentrale Rolle. Als Element der vierten Hauptgruppe kann es wegen der vier Elektronen in seiner äußersten Schale vier Einfachbindungen mit anderen Atomen bilden.

Dazu verteilen sich im Kohlenstoffatom die zwei Elektronen im 2s-Orbital und die zwei Elektronen in zwei 2p-Orbitalen neu und bilden sogenannte sp^3-Hybridorbitale.

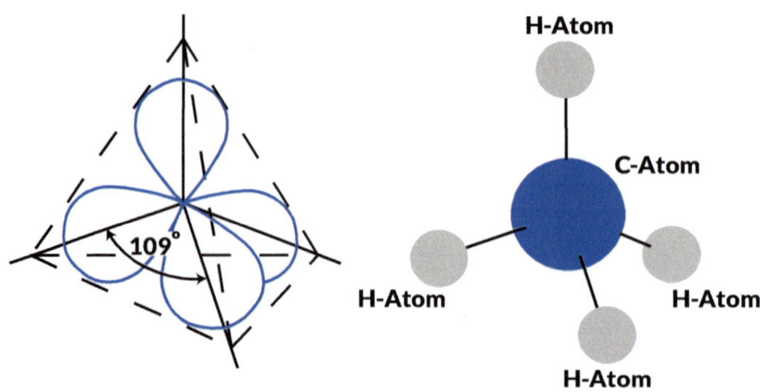

Bild 2.5 Grundbaustein der Polymere: Kohlenstoffatom mit vier Einfachbindungen in Tetraederanordnung, links als sp^3-Hybridorbitale und rechts im Methanmolekül nach [3]. Die gestrichelten Linien geben die Umrisse des Tetraeders wieder, die durchgezogenen die Bindungsachsen.

Die Form des Tetraeders, eines Körpers mit vier Flächen und vier Ecken, kommt zustande, weil sich die vier Elektronen in den vier sp^3-Hybridorbitalen wegen ihrer negativen Ladung abstoßen und sich daher im größtmöglichen Abstand zueinander befinden, vgl. Bild 2.5. Wichtig ist, dass sich dabei ein fester Winkel von ca. 109° zwischen zwei Einfachbindungen ergibt. Diese Anordnung kann auch im Methan beobachtet werden.

Die Ausgangsstoffe für Polymere sind aber nicht die einzelnen Atome, sondern Monomere genannte chemische Verbindungen aus wenigen Atomen. So wird das Polymer Polyethylen (chemisch korrekt: Polyethen) aus dem Monomer Ethen (früher Ethylen oder Äthylen) polymerisiert, vgl. Bild 2.6. Das Ethen besteht aus zwei Kohlenstoff- und vier Wasserstoffatomen. Ethen enthält eine Doppelbindung, die bei der *Polymerisation* in eine Einfachbindung umgewandelt wird. Die zwei weiteren an der Doppelbindung beteiligten Elektronen können nun ihrerseits Einfachbindungen mit weiteren Monomeren bilden. So entsteht eine *lineare Kette* aus vielen Wiederholeinheiten, das Polyethylen. Genauer entsteht aus n Monomermolekülen eine Kette mit n Wiederholeinheiten, was durch das n an der Klammer, die die Wiederholeinheit einschließt, symbolisiert wird.

Polymerisationsgrad

Der Polymerisationsgrad kennzeichnet die Anzahl an Wiederholeinheiten in einem Polymermolekül.

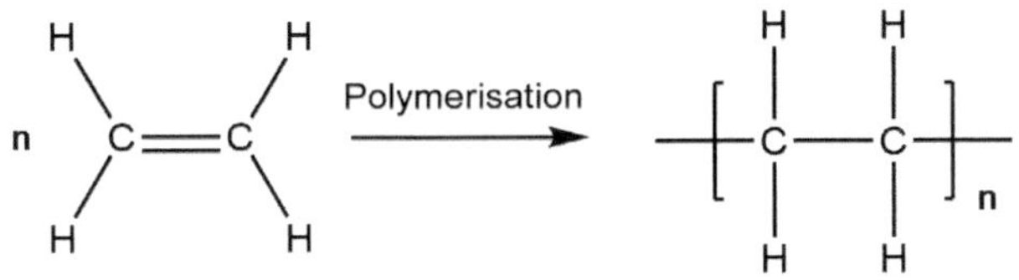

Bild 2.6 Strukturformeln des Monomers Ethen links und der Wiederholeinheit des Polyethylens (Polyethen) rechts[1]

Bei der Polymerisation sind Monomermolekül und Wiederholeinheit nicht identisch. Wie im Fall des Polyethylens zu sehen ist, bestehen beide zwar aus den gleichen Atomen, die Bindung zwischen den Kohlenstoffatomen aber ist eine Doppelbindung im Monomer und eine Einfachbindung in der Wiederholeinheit.

Bei den Polyamiden sind Wiederholeinheiten und Monomere noch deutlicher unterschiedlich, da bei einigen Polyamiden zwei verschiedene Monomere miteinander reagieren. Bei diesen Polyamiden sind also die Atome, die die Monomermoleküle und die Wiederholeinheit bilden, sowohl von ihrer Art als auch von ihrer Anzahl unterschiedlich. So verbinden sich im Fall des Polyamids 66 die Monomermoleküle Hexamethylendiamin und Hexandisäure (umgangssprachlich Adipinsäure) unter Abspaltung von Wasser zu einer Wiederholeinheit. Auch einige weitere Polyamide werden aus einem Diamin und einer Dicarbonsäure gebildet, siehe Bild 2.7. Weil die Diamine x C-Atome, alle in den x CH_2-Gruppen, den sogenannten Methylengruppen, und die Dicarbonsäuren y C-Atome, davon y-2 in den Methylengruppen und zwei in den COOH-Gruppen, den sogenannten Carboxygruppen, enthalten, werden die entstehenden Polyamide Polyamid xy genannt.

Die Reaktion zur Bildung von Polyamiden und noch weiterer Polymere wird wegen der Abspaltung von niedermolekularen Molekülen wie Wasser auch *Polykondensation* genannt.

Wiederholeinheiten können neben Kohlenstoff und Wasserstoff auch sogenannte *Heteroatome* wie Sauerstoff (O), Stickstoff (N), Chlor (Cl), Schwefel (S) und Fluor (F) enthalten. Wiederholeinheiten können zudem *Seitengruppen* an der Hauptkette aufweisen, die ihrerseits Heteroatome enthalten können, vgl. Tabelle 2.1.

[1] Bei dieser Art der Strukturformel, der *Valenzstrichformel*, werden die kovalenten Bindungen durch Striche dargestellt. Das Molekül liegt dabei vollständig in einer Ebene, Bindungswinkel werden nicht korrekt dargestellt.

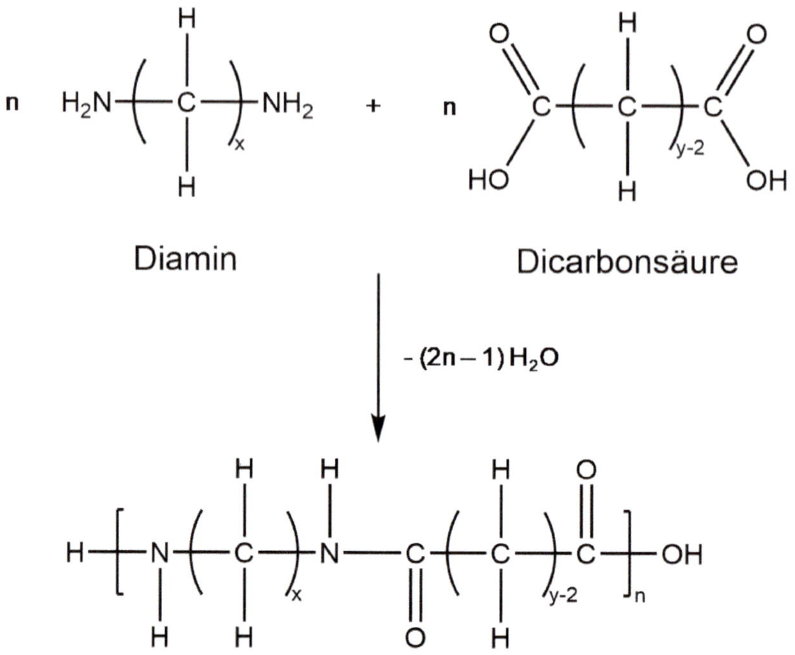

Diamin

Dicarbonsäure

$-(2n-1)\,H_2O$

Bild 2.7 Die Monomermoleküle Diamin und Dicarbonsäure reagieren unter Abspaltung von Wasser zum Polyamid xy

Tabelle 2.1 Typische Seitengruppen in Polymeren

Name	Atome in der Seitengruppe	Beispiele für Polymer
Chlor	-Cl	Polyvinylchlorid (PVC)
Sauerstoff in einer Carbonylgruppe	=O	Polycaprolacton (PCL), Polyetylenterephthalat (PET), Polybutylenterephthalat (PBT), Polyamid (PA), Polyurethan (PUR)
Fluor	-F	Polyvinylfluorid (PVF), Polyvinylidenfluorid (PVDF), Polytetrafluorethylen (PTFE)
Methylgruppe	$-CH_3$	Polypropylen (PP), Polymethylmethacrylat (PMMA)
Phenylgruppe	$-C_6H_5$	Polystyrol (PS)
Estergruppe	-COO-R	Polymethylmethacrylat (PMMA)
Nitrilgruppe	-C≡N	Polyacrylnitril (PAN)
Hydroxygruppe	-OH	Polyvinylalkohol (PVAL)

Der Sauerstoff ist doppelt an ein C-Atom in der Hauptkette gebunden, diese zwei Atome bilden die Carbonylgruppe.
R kennzeichnet einen organischen Rest, z. B. eine Methylgruppe wie im PMMA.
Die Hydroxygruppe wurde früher Hydroxylgruppe genannt.

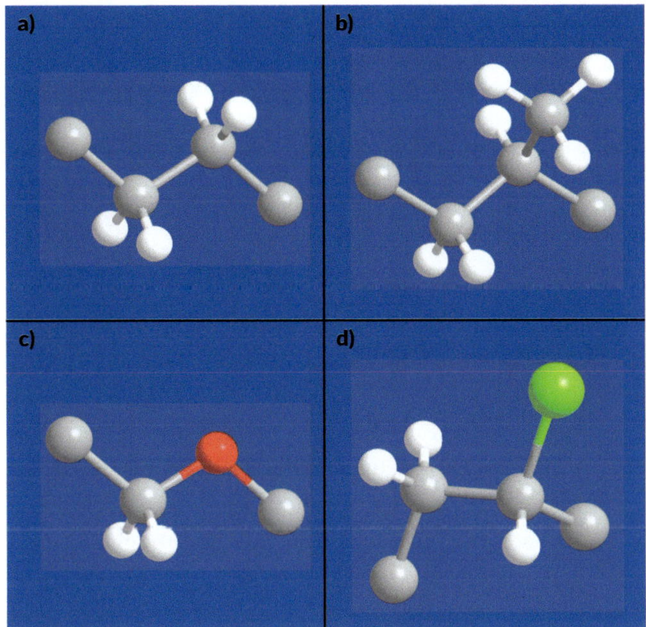

Bild 2.8 Wiederholeinheiten von a) Polyethylen, b) Polypropylen, c) Polyoxymethylen und d) Polyvinylchlorid als einfachste Beispiele für Polymere mit und ohne Heteroatome sowie mit und ohne Seitengruppen. Wasserstoffatome sind weiß dargestellt, Kohlenstoffatome grau, Chloratome grün und Sauerstoffatome rot. Die Kohlenstoffatome mit nur einer kovalenten Bindung sind Teil der weitergehenden Kette.

Die „International Union of Pure and Applied Chemistry (IUPAC)" ist die Organisation, die weltweit abgestimmt Begriffe der Chemie in einem Kompendium der chemischen Terminologie, dem sogenannten Gold Book definiert [4]. Hierin werden die Begriffe Monomer, Monomermolekül, Wiederholeinheit, Makromolekül, Polymermolekül und Polymer wie folgt definiert.

Monomermolekül

Ein Molekül, das polymerisieren kann und dabei zur Wiederholeinheit in Makro- bzw. Polymermolekülen beiträgt.

Das Wort „beitragen" verdeutlicht die Unterschiede zwischen Monomermolekülen und Wiederholeinheit und insbesondere, dass Molekülbestandteile in einem Monomer bei der Polymerisation abgegeben werden und in der Wiederholeinheit nicht vorkommen. Dies ist z. B. bei der *Polykondensation* der Fall, vgl. Bild 2.7.

Monomer

Eine Substanz bestehend aus Monomermolekülen.

Das Wort Monomer wird aus der griechischen Sprache abgeleitet: „monos" bedeutet einzig, allein und „meros" Teil, „poly" heißt viel.

Wiederholeinheit

Ein Atom oder eine Gruppe von Atomen mit angehängten Atomen oder Gruppen, die einen Teil der wesentlichen Struktur von Makromolekülen, Oligomermolekülen, Blöcken oder Ketten bilden.

Angehängt ist in den meisten Fällen wie beim Polyethylen und Polypropylen das Wasserstoffatom, im Polyvinylchlorid auch ein Chloratom, im Polytetrafluorethylen vier Fluoratome, siehe Bild 2.8. Angehängte Gruppen werden auch Seitengruppen genannt, wie die Methylgruppe im Polypropylen oder die Estergruppe im Polymethylmethacrylat. Der Begriff „wesentliche" Struktur schließt z.B. die Endgruppen aus. Diese werden in allen Darstellungen von Polymermolekülen und Wiederholeinheiten weggelassen, weil sie bei mehreren Zehntausend- oder Hunderttausend Wiederholeinheiten für die Eigenschaften des Makromoleküls unerheblich sind. Mit Oligomermolekülen sind Moleküle gemeint, die wie Makromoleküle aufgebaut sind, aber eine mittlere *Molmasse*, vgl. Abschnitt 2.3, aufweisen. Eine mittlere Molmasse, also mittlere Anzahl von Wiederholeinheiten, bedeutet, dass ein Hinzufügen oder ein Entfernen von Wiederholeinheiten die Eigenschaften des Moleküls verändert. Zum Beispiel ist das oft in der Pharmazie und in der Kosmetik als Emulgator eingesetzte Polyethylenglykol bei einer Molmasse bis 600 g/mol flüssig und bei größeren Molmassen fest.

Makromolekül/Polymermolekül

Ein Molekül mit relativ großer Molmasse, welches im Wesentlichen durch die mehrfache Wiederholung von Bausteinen gebildet wird, die aus Molekülen mit relativ geringer Molmasse abgeleitet werden. Im Fall eines linearen Makromoleküls spricht man auch von einer *Molekülkette*.

Dabei gibt es offenbar keinen exakten Wert für die „relativ große Molmasse". Groß genug ist die Molmasse, wenn das Hinzufügen oder Entfernen von einigen Bausteinen nicht zu einer wahrnehmbaren Veränderung der Eigenschaften des Moleküls führt. Polyethylen besteht aus Molekülen mit Molmassen von ca. 100 000 g/mol bis hin zu knapp 10 000 000 g/mol. Monomermoleküle haben dagegen eine relativ geringe Molmasse, z.B. beträgt die Molmasse des Ethens 28 g/mol. Auch wird nicht spezifiziert, ob die Bausteine gleich oder unterschiedlich sein müssen. So ist die Desoxyribonukleinsäure (DNS) ein Makromolekül aus vier verschiedenen Nukleotiden in wechselnder Reihenfolge, woraus sich gerade die Codierung von Genen ergibt. Im Unterschied hierzu ist das Polyethylen ein Makromolekül, das aus nur einer Wiederholeinheit besteht, weshalb das Molekül periodisch aufgebaut ist und an jeder Stelle gleich „aussieht". Dies war früher das Definitionsmerkmal für ein Polymermolekül, heute werden die Begriffe Makromolekül und Polymermolekül synonym verwendet. Dabei werden die Endgruppen, z. B. die OH-Gruppe, bei den Polymermolekülen nicht betrachtet und auch in den üblichen Darstellungen nicht aufgeführt, weil sie wie bereits geschrieben im Allgemeinen keinen Einfluss auf die Eigenschaften des Moleküls haben. Das ist aber nicht immer der Fall, z. B. bei der radikalischen Polymerisation nicht, bei der ein Initiatormolekül als Radikal die Reaktion startet und dann die Endgruppe bildet, und auch bei einigen Abbaureaktionen nicht, bei denen die Endgruppe ein Radikal bildet.

Polymer

Eine Substanz, die aus Makromolekülen zusammengesetzt ist.

Ein Polymer besteht also aus Polymermolekülen, die aus identischen Wiederholeinheiten aufgebaut sind, aber unterschiedliche Molmassen besitzen können. Die *Verteilung der Molmassen* einer Menge von Polymermolekülen spielt für die Verarbeitung und für die Eigenschaften des Polymers eine große Rolle.

2.2.2 Konstitution, Konfiguration und Konformation

Der Aufbau der Polymermoleküle sowie ihre Molmasse spielen also eine große Rolle beim Verständnis der Eigenschaften von Kunststoffen. Deshalb wird dies über drei Begriffe konkretisiert.

Konstitution

Meint die Art und Anzahl der Atome, ihre Abfolge im Molekül und die Art der kovalenten Bindung (Einfach-, Doppel- oder Dreifachbindung) zwischen ihnen.

Darin enthalten sind die Beschreibung von Seiten- und Endgruppen, aber auch Verzweigungen und Vernetzung sowie strukturelle Fehler. Unterschiedliche Anordnungen von gleichen Atomen werden in der Chemie auch *Strukturisomerie* genannt.

Die Konstitution wird in der Chemie anhand von *Strukturformeln* dargestellt, vgl. Bild 2.9. In der Chemie werden üblicherweise der Übersichtlichkeit halber nur die kovalenten Bindungen zwischen C-Atomen untereinander und zu Heteroatomen als Striche gezeigt. Kohlenstoffatome und an Kohlenstoffatome gebundene Wasserstoffatome werden wie auch die Bindungen zwischen Kohlenstoffatomen und Wasserstoffatomen nicht dargestellt. Dieser Typ von Strukturformel wird *Skelettformel* genannt, vgl. auch Bild 2.15. In Bild 2.9 und anderen sind diese Atome zur besseren Veranschaulichung allerdings enthalten. Die Wiederholeinheiten werden durch eckige Klammern eingefasst, die durch die Klammern gehenden Striche symbolisieren die Bindung zwischen zwei Wiederholeinheiten. Polyethylen (PE) enthält in einer Wiederholeinheit zwei Kohlenstoff- und vier Wasserstoffatome, Polypropylen (PP) drei Kohlenstoff- und sechs Wasserstoffatome.

a)

b)

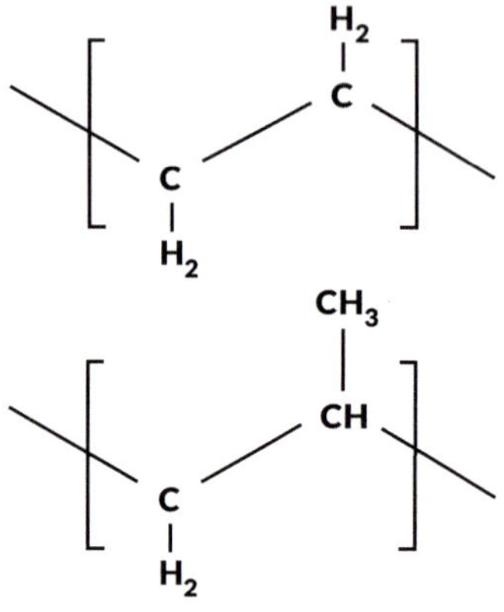

Bild 2.9
Strukturformel für a) Polyethylen (PE) und b) Polypropylen (PP)

Anhand von Strukturformeln kann eine unterschiedliche Konstitution dargestellt werden, wie man am Beispiel der Polymere Polyvinylalkohol (PVAL) und Polyethylenoxid (PEO) sehen kann, deren Wiederholeinheiten beide zwei Kohlenstoffatome, ein Sauerstoffatom und vier Wasserstoffatome enthalten, vgl. Bild 2.10. Art und Anzahl der Atome sowie der kovalenten Bindungen sind gleich, ihre Abfolge im Molekül nicht. Daher ist dies auch ein Beispiel für *Strukturisomerie*.

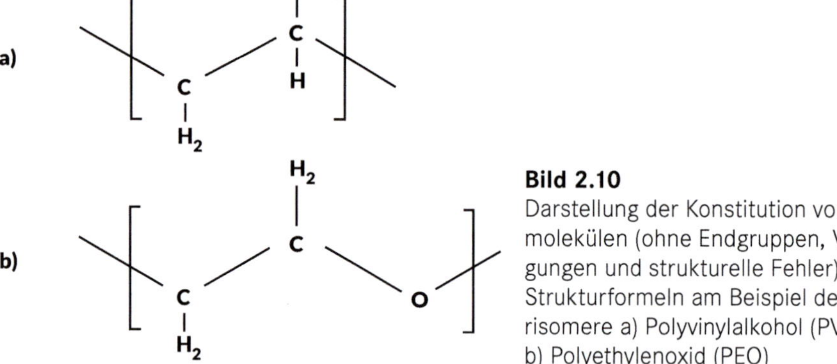

Bild 2.10
Darstellung der Konstitution von Polymermolekülen (ohne Endgruppen, Verzweigungen und strukturelle Fehler) durch Strukturformeln am Beispiel der Strukturisomere a) Polyvinylalkohol (PVAL) und b) Polyethylenoxid (PEO)

Konfiguration

Meint die räumliche Anordnung von Seitengruppen, auch Taktizität oder *Stereoisomerie* genannt.

Der Begriff Stereoisomerie wird in der Chemie nicht nur auf Seitengruppen von Polymermolekülen bezogen, sondern auch auf niedermolekulare organische Stoffe. Zum Beispiel sind links- und rechtsdrehende Milchsäuremoleküle Stereoisomere. Generell meint Stereoisomerie die unterschiedliche räumliche Gestalt von konstitutionell identisch aufgebauten Makromolekülen. Hier bezieht sich die räumliche Gestalt anders als bei der noch folgenden Konformation auf die Lage der Atome innerhalb eines Moleküls.

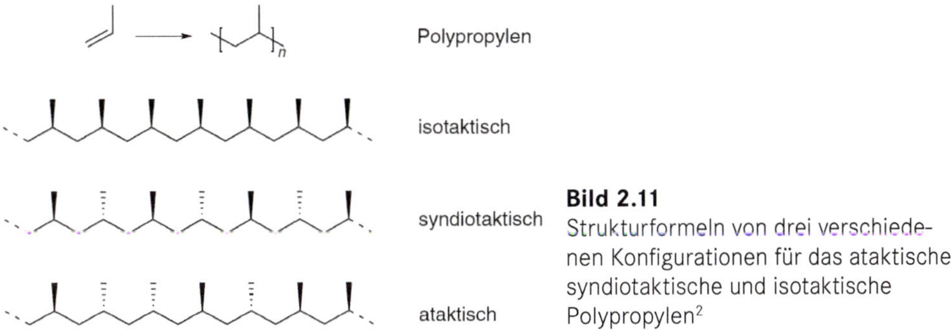

Bild 2.11
Strukturformeln von drei verschiedenen Konfigurationen für das ataktische, syndiotaktische und isotaktische Polypropylen[2]

In der Kunststofftechnik relevant ist die Konfiguration bei den Thermoplasten Polypropylen und Polystyrol sowie bei den Elastomeren Polybutadien und Isopren.

Wenn ein Polymermolekül durch Konstitution und Konfiguration schon vollständig beschrieben erscheint, kann es seine Gestalt immer noch durch Drehung um die Einfachbindungen zwischen zwei Kohlenstoffatomen entlang der Hauptkette ändern. Dabei bleiben Bindungswinkel und -abstand unverändert, siehe Bild 2.12.

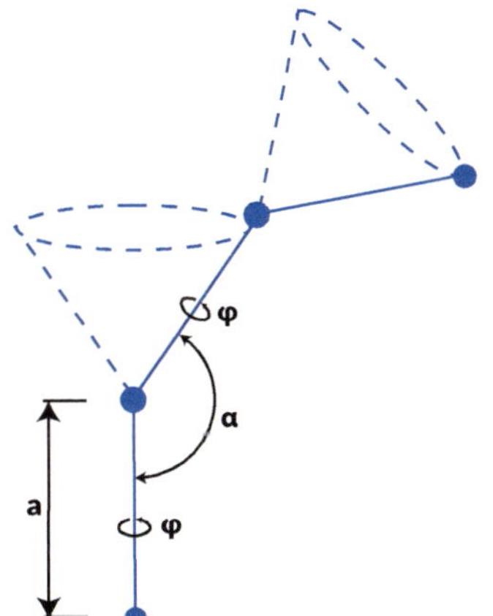

Bild 2.12
Mögliche Drehung um einen Winkel φ um Einfachbindungen zwischen zwei Kohlenstoffatomen in der Hauptkette eines Polymermoleküls, die Bindungslänge a und der Bindungswinkel α sind konstant [5]

[2] Bei diesen zweidimensionalen Strukturformeln, den sogenannten *Keilstrichformeln*, wird die räumliche Molekülgestalt angedeutet. Gefüllte Keile sollen aus der Zeicheneben herausragen, gestrichelte Keile hinter die Zeichenebene weisen.

Durch die mögliche Drehung um jede Bindungsachse zwischen zwei Kohlenstoffatomen in der Hauptkette entstehen sehr viele verschiedene räumliche Zustände, die ein Polymermolekül einnehmen kann, siehe Bild 2.13 für einen Abschnitt eines Polyethylenmoleküls.

Bild 2.13 *Kalottenmodell* eines Ausschnitts aus einem Polyethylenmolekül mit geraden und gekrümmten Abschnitten: eine von sehr vielen möglichen Konformationen[3]

Konformation

Meint die unterschiedliche räumliche Gestalt von Makromolekülen mit identischer Konstitution und Konfiguration.

Hier bezieht sich räumliche Gestalt anders als bei der Konfiguration auf die Ortskoordinaten der Atome in der Hauptkette, also die Lage aller Atome einer Kette in einem Volumen. Ein besonderer Fall ist die gestreckte Kette.

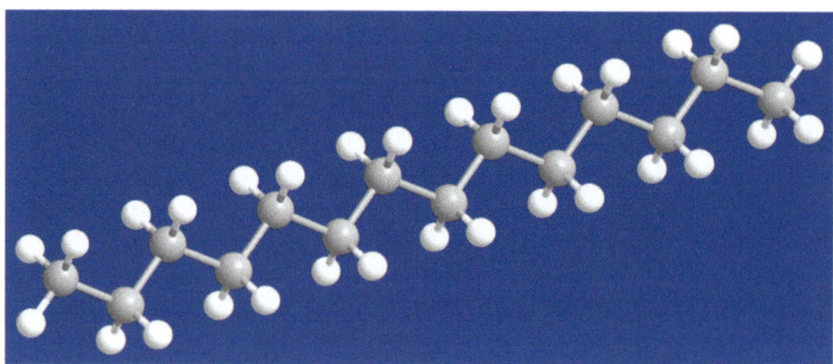

Bild 2.14 *Kugel-Stab-Modell* eines Ausschnitts aus einer gestreckten Kette (*all-trans-Konformation*) eines Polyethylenmoleküls[4]

[3] Das Kalottenmodell wird verwendet, wenn das Volumen des Moleküls hervorgehoben werden soll.

[4] Das Kugel-Stab-Modell wird verwendet, wenn die Bindungen zwischen Atomen mit ihren Längen und Richtungen von Interesse sind.

Der Ausdruck *gestreckte Kette* wird gewählt, weil ein Polymermolekül in dieser Konformation eine maximale Länge aufweist. Zwischen zwei kovalenten Bindungen von drei Kohlenstoffatome liegt dabei der Tetraederwinkel von ca. 109° vor. Alle Kohlenstoffatome in der Hauptkette liegen in einer Ebene. Zur Vereinfachung werden oft alle Atome weggelassen und im Fall der gestreckten Kette nur die Bindungen entlang der Hauptkette als Zickzacklinie wie in einer Strukturformel gezeigt, vgl. Bild 2.15.

Bild 2.15 Schematische Darstellung der gestreckten Kette als *Skelettformel*

Man erkennt bei der gestreckten Kette in Bild 2.14, dass die Wasserstoffatome an einem Kohlenstoffatom jeweils den größtmöglichen Abstand von den Wasserstoffatomen an dem nächsten Kohlenstoffatom haben. Damit ist die elektrostatische Abstoßung zwischen ihnen gering und somit auch die potenzielle Energie dieser Anordnung. Findet nun eine Drehung um eine Einfachbindung entlang der linearen Kette statt, ändert sich der Abstand zwischen den Wasserstoffatomen und damit die potenzielle Energie der Anordnung, vgl. Bild 2.16.

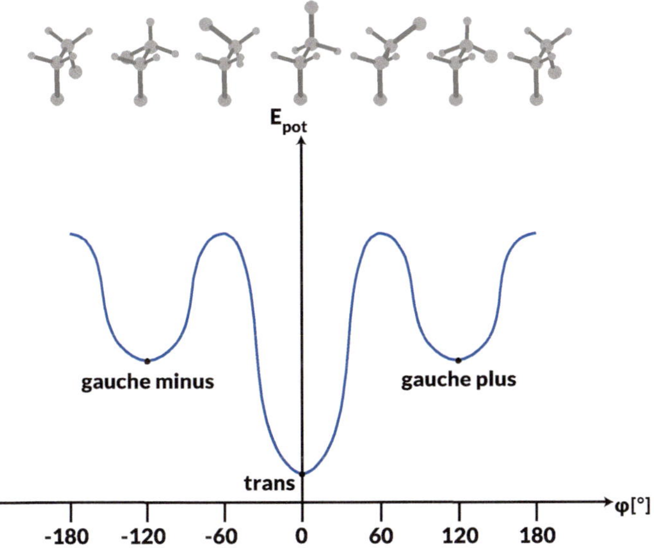

Bild 2.16 Potenzielle Energie E_{pot} der Einfachbindung zwischen zwei Kohlenstoffatomen in der Hauptkette eines Polyethylenmoleküls in Abhängigkeit vom Drehwinkel φ nach [6]

Bei einer ganzen Drehung um die Einfachbindung bzw. einer Drehung nach links um 180° und einer Drehung nach rechts um 180° treten drei Anordnungen auf, bei denen die Wasserstoffatome einen größeren Abstand voneinander haben als in allen anderen Anordnungen. Die potenzielle Energie weist somit drei Minima auf: ein absolutes und zwei relative. Die Anordnung, bei der die vier dargestellten Kohlenstoffatome in einer Ebene liegen, die 0°-Anordnung, heißt *trans*-Anordnung oder *trans*-Konformation. Die Anordnung mit Drehwinkel −120° heißt *gauche-minus*-Konformation, die bei +120° *gauche-plus*-Konformation. Liegen alle Kohlenstoffatome in einer Ebene, handelt es sich also um die gestreckte Kette, dann spricht man von einer *all-trans*-Konformation, vgl. Bild 2.14. In diesem Zustand ist die potenzielle Energie der gesamten linearen Kette im absoluten Minimum. Dieser Zustand ist daher energetisch bevorzugt.

Wechseln sich *trans*- und *gauche*-Konformationen statistisch ab, weicht die Konformation des Polymermoleküls deutlich von der gestreckten Kette ab und ähnelt eher der eines Knäuels. Dieses sogenannte statistische Knäuel hat in alle drei Raumrichtungen die gleiche Ausdehnung, passt also in eine Kugel.

Bild 2.17 Statistisches Knäuel

Der Radius dieser Kugel, auch *Gyrationsradius* r_g genannt, entspricht der kleinsten Ausdehnung, die das Polymermolekül aufweisen kann. Eine Kugel mit einem festen Gyrationsradius kann durch sehr viele Moleküle des gleichen Polymers gebildet werden, die die gleiche Konstitution und Konfiguration (also auch die gleiche Anzahl von Wiederholeinheiten) besitzen, bei denen aber die Konformation unterschiedlich ist. In der Thermodynamik entspricht dies einem Makrozustand (statistisches Knäuel mit Gyrationsradius r_g), der durch sehr viele Mikrozustände (die unterschiedlichen Konformationen derselben Kette) gebildet werden kann. Dass dieser Makrozustand vorliegt, ist somit sehr wahrscheinlich, man sagt daher, dass die Anordnung des statistischen Knäuels entropisch bevorzugt wird.

Im Fall des statistischen Knäuels wird auch auf die korrekte Darstellung der Bindungswinkel verzichtet, weil die Kette ein kugelförmiges Volumen einnimmt und die Projektion der im Raum angeordneten Kette auf eine Ebene dargestellt wird. Bei dieser Projektion können alle Winkel zwischen drei Kohlenstoffatomen auftreten.

2.2.3 Co- und Terpolymere

Bis hierhin wurden lineare Ketten mit identischen Wiederholeinheiten betrachtet. In der Kunststofftechnik spielen aber auch noch andere Polymermoleküle eine Rolle. Werden Polymere nicht aus einer Wiederholeinheit aufgebaut, sondern aus mehreren hinsichtlich ihrer Konstitution unterschiedlichen Wiederholeinheiten, spricht man unter anderem von Co- oder Terpolymeren, vgl. Bild 2.18.

Copolymere, Terpolymere

Copolymere bestehen aus zwei hinsichtlich ihrer Konstitution unterschiedlichen Wiederholeinheiten, Terpolymere aus dreien. Quater- und Qinterpolymere bestehen entsprechend aus vier bzw. fünf unterschiedlichen Wiederholeinheiten.

Die Wiederholeinheiten können unterschiedlich angeordnet sein.

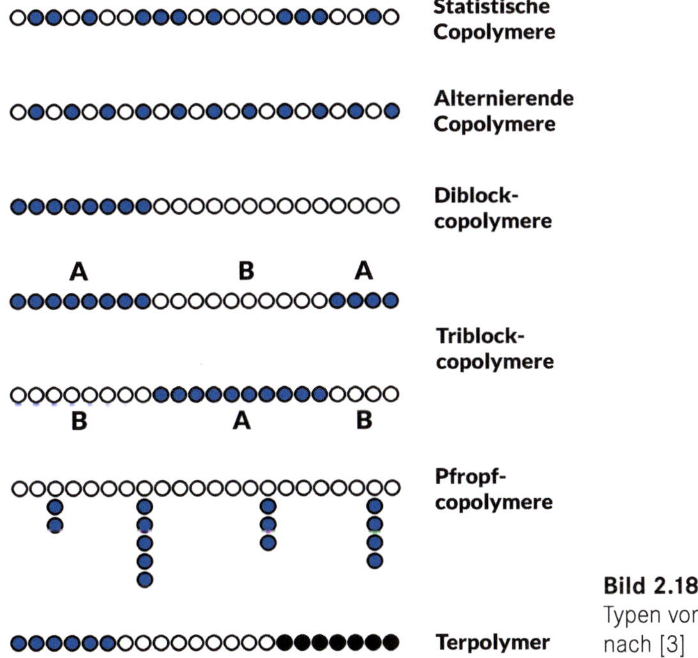

Bild 2.18
Typen von Co- und Terpolymeren nach [3]

Statistische Copolymere sind in der Abfolge der Wiederholeinheiten ungeordnet und können daher keine geordneten Strukturen wie Kristalle bilden. Diese Art von Copolymeren ist daher amorph.

Blockcopolymere können kovalente Verbindungen von Wiederholeinheiten sein, die unterschiedliche Eigenschaften haben und sich als einzelne Moleküle voneinander trennen würden (sogenannte Phasenseparation wie bei Öl und Wasser). Sind die unterschiedlichen Blöcke aber durch eine kovalente Bindung verknüpft, können die Blockcopolymere sozusagen zwischen Polymeren mit den gleichen Eigenschaften wie die einzelnen Blöcke vermitteln (Verträglichkeitsvermittler). Ein niedermolekulares Beispiel sind die Emulgatoren bzw. Tenside in Spülmitteln, die dafür sorgen, dass das Fett von Geschirr und Töpfen nicht oben auf dem Wasser schwimmt, sondern in Form kleiner Tropfen im Wasser verteilt wird, also eine Emulsion bildet.

Aber auch die mechanischen Eigenschaften von Kunststoffen lassen sich über den Aufbau von Co- und *Terpolymeren* steuern. Beispiele sind die Erhöhung der Schlagzähigkeit in Polystyrol (PS) oder gleichzeitige Erhöhung von Schlagzähigkeit und Festigkeit in Acrylnitril-Butadien-Styrol Kunststoff (ABS).[5]

Pfropfcopolymere sind in der Kunststofftechnik vor allem bei der Compoundierung der polaren Polyamide mit unpolarem Polypropylen im Einsatz. Hier wird oft ein mit Maleinsäureanhydrid gepfropftes Polypropylen als Verträglichkeitsvermittler verwendet.

Tabelle 2.2 Beispiele für Co- und Terpolymere

Art des Polymers	Polymer
Statistisches Copolymer	Poly(Styrol-*stat*-Acrylnitril) (SAN), Poly(Ethen-*stat*-Nobonen) (COC)
Alternierendes Copolymer	Poly(Styrol-*alt*-Butadien) (SBR)
Diblockcopolymer	Poly(Styrol-*block*-Butadien) (SB)
Triblockcopolymer	Poly(Styrol-*block*-Butadien-*block*-Styrol) (SBS)
Pfropfcopolymer	Poly(Butadien-*graft*-Styrol) (SB), Poly(Butadien-*graft*-Styrol-*co*-Acrylnitril) (ABS)
Terpolymer	Poly(Acrylnitril-*block*-Butadien-*block*-Styrol) (ABS), Poly(Ethylen-*block*-Propylen-*block*-Dien) (EPDM)
Unbestimmt	Poly(Ethen-*co*-Vinylacetat) (EVAC), Poly(Ethylen-*co*-Vinylalkohol) (EVOH)

ABS besteht tatsächlich aus den genannten Pfropfcopolymeren oder Terpolymeren in einem Blend mit Styrol-Acrylnitril als Matrix.

[5] Zur Benennung der Copolymere und dem Anhängen des Wortes Kunststoff siehe Abschnitt 3.4.1.

Anhand des Variantenreichtums an Styrolcopolymeren in Tabelle 2.2 ist erkennbar, dass die Copolymerisation bei Polystyrol eine große Bedeutung für die Veränderung der Eigenschaften hat. Zudem gibt es verschiedene Möglichkeiten, Kunststoffe herzustellen, die zwar unter einem Kurzzeichen wie z.B. ABS oder SB bekannt sind, aber eine unterschiedliche Konstitution aufweisen. Außerdem werden diese Co- und Terpolymere auch mit anderen Styrolderivaten wie SAN gemischt, um die Eigenschaften weiter auf eine bestimmte Anwendung anzupassen. Die Angabe von beispielhaften Kennwerten für z.B. ein ABS macht daher wenig Sinn, es müssen immer die Daten für den konkret vorliegenden Werkstoff ermittelt werden.

2.2.4 Verzweigungen

Insbesondere beim Polyethylen können aufgrund unterschiedlicher Polymerisationsverfahren *Verzweigungen* entstehen, vgl. Bild 2.19.

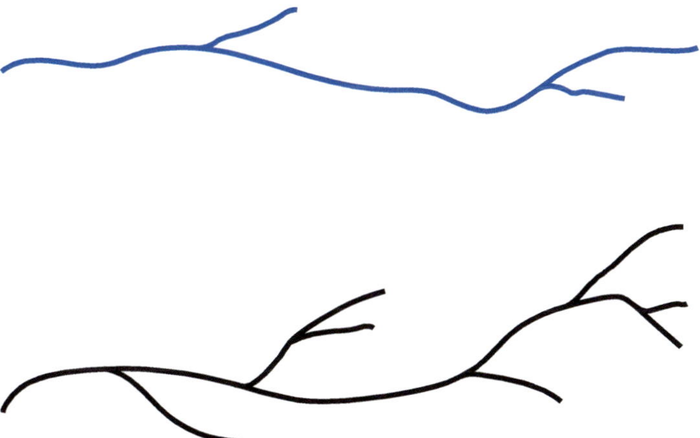

Bild 2.19 Verzweigungen in Polyethylen. Oben: Kurzkettenverzweigung in PE-HD (wenige, kurze Verzweigungen), unten: Langkettenverzweigung in PE-LD (mehrere, längere Verzweigungen)

Bei der radikalischen Polymerisation unter hohem Druck von mehreren Tausend bar können CH_3-Seitengruppen (Methylgruppen) an der Stelle eines einzelnen Wasserstoffatoms entstehen. Durch eine weitere Reaktion, bei der das Radikal einer wachsenden Kette auf diese Seitengruppe übertragen wird (Übertragungsreaktion), können die vorhandenen Monomere zu einem Kettenwachstum an einer der Seitengruppe führen. Es entsteht eine Seitenkette oder Verzweigung und insgesamt viele lang- und kurzkettige Verzweigungen. Beim Hochdruckverfahren entsteht Polyethylen niedriger Dichte (PE-LD), vgl. Tabelle 2.3. Dies ist streng genommen eine Pfropfcopolymerisation.

Tabelle 2.3 Seitengruppen in Polyethylen

Polymer	Seitengruppen	Schmelztemperatur in °C	Eigenschaften
PE-HD	6–10 Methylseitengruppen pro 1000 Wiederholeinheiten	130–145	Hart, fest
PE-LD	40–80 Methylseitengruppen und 1–10 langkettige Seitengruppen pro 1000 Wiederholeinheiten	130–145	Weich, zäh, flexibel
PE-LLD	Copolymer aus Ethen und z. B. 1-Buten, 1-Hexen, 4-Methyl-1-penten oder 1-Octen mit einem Anteil von meist 2,5–3,5 %	45–125	Sehr zäh

Beim sogenannten Niederdruckverfahren, das auf der ionischen Polymerisation unter Zuhilfenahme von Katalysatoren basiert, entstehen deutlich weniger Methylseitengruppen und damit auch weniger und kürzere Seitenketten. Beim Niederdruckverfahren entsteht Polyethylen hoher Dichte (PE-HD).

Durch weitere Verfahrensmodifikationen (Lösemittelverfahren, Suspensionsverfahren, Gasphasenverfahren) und den Einbau von Copolymeren (beim PE-LLD) entstehen verschiedene Typen von Polyethylen, die sich anhand der Anzahl und Länge der Verzweigungen sowie der typischen Molmasse (Kettenlänge der Hauptkette) unterscheiden, vgl. Tabelle 2.4.

Verzweigungen führen zu größeren Abständen zwischen Polymerketten im Vergleich zu Ketten mit weniger oder keinen Verzweigungen. Damit sinkt in stärker verzweigten Polyethylenen die Dichte und die Stärke von Nebenvalenzkräften und damit mechanische Eigenschaften wie Steifigkeit und Festigkeit. Bei vielen Verzweigungen, also vielen Unregelmäßigkeiten in der Hauptkette, sinkt auch der Anteil an Kettensegmenten, die zu Kristallen beitragen können, also sinkt mit steigender Anzahl von Verzweigungen der Kristallisationsgrad und damit ebenfalls die Festigkeit und Steifigkeit. Dafür steigt bei stärker verzweigten Polyethylenen der Zusammenhalt der Moleküle in der Schmelze, was für die Fertigung von Folien vorteilhaft ist.

Somit gibt es viele Typen von Polyethylen, die sich aufgrund ihrer Verzweigungen unterscheiden, die für deutlich verschiedene Anwendungen zum Einsatz kommen können und deshalb technisch bedeutsam sind. Diese Polyethylene werden nach ISO 17855 nach der Dichte und der Schmelze-Massefließrate als einfach zu bestimmende und direkt mit den Verzweigungen zusammenhängende Kenngrößen kategorisiert.

Tabelle 2.4 Arten von Polyethylenen, Kategorisierung nach der Dichte bei 23 °C nach ISO 17855

Kurzzeichen und Kennbuchstaben nach ISO 1043-1	Bedeutung	Dichte in kg/m³	Kristallisationsgrad in %	Molmasse in g/mol	Anwendung
PE-UHMW	Ultra high molecular weight	920–950	40–75 in Fasern	Bis zu 8 000 000	Implantate, Gleitlager, Auskleidungen chemischer Apparate, Bänder, Seile, Fasern
PE-HD	High density	≥ 940	70–80	100 000–1 000 000	Flaschen, Kanister, Rohre, Spielzeug
PE-MD	Medium density	925–940	-	-	Kunststoffschweißdraht, Rohre
PE-LD	Low density	911–925	35–55	20 000–50 000	Frischhaltefolien, Agrarfolien, Siegelfolien, Lebensmittelfolien
PE-LLD	Linear low density	911–925	55–65	-	Stretchfolien, Industrieverpackungen
PE-VLD	Very low density	901–911	-	-	Teichbahnen

Quelle für Molmassen und Kristallisationsgrade von PE-HD, -LD und -LLD: [2, 3], Daten für PE-UHMW: eigene Werkstoffrecherche bei Braskem, LyondellBasell und Celanese.
ISO 17855 hat ISO 1872:2015 ersetzt. In Letzterer waren andere Werte für die Dichte enthalten, weshalb in allen vor 2015 erschienenen Büchern für die Kategorisierung andere Grenzwerte für die Dichte verwendet werden als hier.

2.2.5 Chemische und physikalische Vernetzung

Bislang wurden Wiederholeinheiten betrachtet, die zwei Verbindungen zu benachbarten Wiederholeinheiten bilden, wobei letztlich lineare Makromoleküle entstehen. Bei Pfropfcopolymeren und Verzweigungen gibt es aber Wiederholeinheiten im Polymermolekül, von denen drei Molekülketten ausgehen: die Hauptkette in zwei Richtungen und die Seitenkette oder das aufgepfropfte Segment in eine dritte Richtung. Mit diesen sogenannten trifunktionellen Wiederholeinheiten bzw. trifunktionellen Monomeren lassen sich gezielt Netze aufbauen, vgl. Bild 2.20, und es bilden sich die *chemisch vernetzten* Kunststoffe: die Elastomere oder Gummis und die Duromere oder Duroplaste.

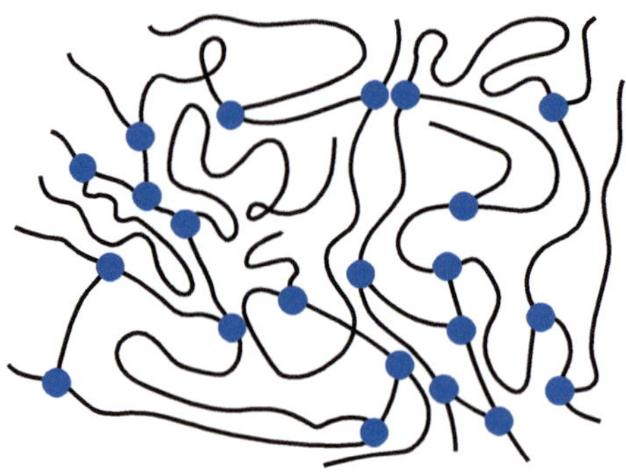
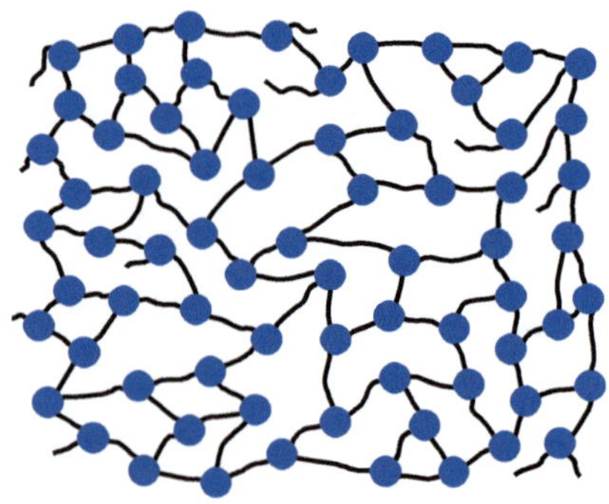

Bild 2.20 Elastomer mit einer geringen Vernetzungsdichte und langen, beweglichen Molekülsegmenten zwischen den Vernetzungsstellen (links), Duromer mit hoher Vernetzungsdichte und kurzen Molekülsegmenten zwischen den Vernetzungsstellen (rechts)

Der Unterschied zwischen beiden ist aus physikalischer Sicht die Vernetzungsdichte. Wegen der hohen Vernetzungsdichte und den kurzen Molekülsegmenten zwischen den Vernetzungsstellen ist ein Duromer steif und starr. Ein Elastomer weist wegen der langen Molekülsegmente zwischen den wenigen Vernetzungsstellen eine große Dehnbarkeit mit elastischer Rückstellung auf.

Aus chemischer Sicht handelt es sich bei Elastomeren und Duromeren um Polymere aus anderen Monomeren und andere Polymerisationsreaktionen als bei den Thermoplasten.

Aus Verarbeitungssicht muss wegen der Vernetzung die Formgebung vor der Vernetzungsreaktion, der *Vulkanisation* bei Elastomeren und dem *Härten* bei Duromeren, stattfinden, was oft auch besondere Sicherheitsmaßnahmen in der Verarbeitung wegen des Umgangs mit Monomeren nach sich zieht.

Aus Sicht der Märkte überwiegen die Thermoplaste die Kunststoffherstellung und den Kunststoffverbrauch im Vergleich mit den Duromeren bei Weitem. Die Elastomere bedienen wegen ihrer Eigenschaften der Elastizität und großen Dehnbarkeit vollständig andere Anwendungen (Laufreifen, Dichtungen, ...).

All diese Unterschiede haben in der Geschichte der Kunststoffe von Beginn an dazu geführt, dass die Elastomere als eigenständige Werkstoffe behandelt werden, während Thermoplaste und Duromere Überschneidungen zeigen und zum Teil in ähnliche Anwendungen gehen. Deshalb wird in diesem Buch ebenfalls nur auf Thermoplaste und Duromere eingegangen.

Tabelle 2.5 Duromere und ihre Anwendungen

Kurzeichen nach ISO 1043-1	Polymername	Anwendungen
CF	Cresol-Formaldehyd Harz	Schichtpressstoffe
CEF	Cellulose-Formaldehyd Harz	-
EP	Epoxid Harz	Faser-Kunststoff-Verbunde, Beschichtung von Böden, Rohren, Tanks, Gießharze für die Elektrotechnik
FF	Furan-Formaldehyd Harz	-
MF	Melamin-Formaldehyd Harz	Elektroinstallationsmaterial, Holzschichtstoffplatten, Möbeloberflächen, flammhemmende Füllstoffe, Küchenartikel
MP	Melamin-Phenol Harz	Elektromotoren
PDAP	Polydiallylphthalat Harz	-
PF	Phenol-Formaldehyd Harz	Elektrische Schalter, Isolatoren, Leiterplatten, Stecker, Schichtpressstoffe, Bindemittel für Holzwerkstoffe, Hartpapier (Pertinax-Platten), Wärmedämmstoff, Billiard- und Bowlingkugeln, Pumpengehäuse, Ventilteile, Lampenfassungen, Blumensteckschaum, Bindemittel für Steinwolle- oder Glaswolledämmungen
UF	Urea-Formaldehyd Harz	Holzschichtstoffplatten, Kleber für Laminate
UP	Ungesättigtes Polyester Harz	Faser-Kunststoff-Verbunde, Formmassen für Elektroanwendungen, Spulenkörper, Ofengriffe
VE	Vinylester Harz	-

Ein Duromer wird immer durch die Bestandteile und das Wort „Harz“ bezeichnet.

Bei den Anwendungen von Duromeren in der Elektro- und Elektronikindustrie kommen vor allem die elektrischen und thermischen Isoliereigenschaften der Duromere bei hoher Dimensionsstabilität und Wärmebeständigkeit zum Tragen. Formaldehydharze tragen allerdings in Innenräumen zu Formaldehydemissionen bei. Sie werden außerhalb der Holz- und Baustoffindustrie zunehmend durch Polyurethane ersetzt.

Die *thermoplastischen Elastomere* (TPE) [7, 8, 9] bilden eine eigene Gruppe zwischen Thermoplasten und Elastomeren. Bei ihnen handelt es sich bei der Vernetzung um eine sogenannte *physikalische Vernetzung*. Diese lässt sich unter Wärmezufuhr lösen, weshalb die TPE bei erhöhten Temperaturen durch Schmelzen verarbeitbar und recycelbar sind wie Thermoplaste. Außerdem enthalten sie Segmente, die in Thermoplasten vorkommen und sind daher mit diesen verträglich.

Daher können Sie im Zweikomponentenspritzgießen zu *Hart-Weich-Verbunden* verarbeitet werden.

Die physikalische Vernetzung wird durch verschiedene Polymerstrukturen bzw. Mischungen ermöglicht:

- Blockcopolymer mit abwechselnd harten und weichen Segmenten
- Triblockcopolymer mit harten Endsegmenten und einem Weichsegment in der Mitte
- Mischungen aus einem thermoplastischen Werkstoff und einem gewöhnlichen Kautschuk

Daraus ergeben sich drei Prinzipien der physikalischen Vernetzung, vgl. Bild 2.21:

- Fixierung durch Kristalle: Die Hartsegmente bilden beim Abkühlen Kristalle. Die kristallinen Bereiche fixieren die Moleküle im Anwendungstemperaturbereich, während die Weichsegmente eine Glasübergangstemperatur aufweisen, die kleiner als die Temperaturen im Anwendungstemperaturbereich ist. Sie sind somit beweglich und verhalten sich gummielastisch.
- Fixierung durch glasiges Erstarren: Die Segmente im TPE bestehen aus Wiederholeinheiten amorpher Thermoplaste. Sie können nicht kristallisieren, sondern weisen Glasübergangstemperaturen auf. Diese sind allerdings so gewählt, dass die Temperaturen im Anwendungstemperaturbereich zwischen diesen Glasübergangstemperaturen liegen. Ein Segment ist somit glasig erstarrt und fixiert die Moleküle, das andere ist beweglich und verhält sich gummielastisch.
- Fixierung über Matrix: Der Thermoplast bildet die Matrix, die vernetzten oder auch unvernetzten Kautschuke bilden Partikel bzw. Inklusionen in der Matrix.

Tabelle 2.6 Thermoplastische Elastomere (TPE) nach ISO 18064

Kurzzeichen	Früheres Kurzzeichen	Polymername	Art der physikalischen Vernetzung und Zusammensetzung
TPA	TPE-A	Thermoplastisches Polyamidelastomer	Fixierung durch Kristalle, Amidverbindungen in Hartsegmenten, Ester-, Ether- oder Carbonatgruppen in Weichsegmenten
TPC	TPE-E	Thermoplastisches Copolyesterelastomer	Fixierung durch Kristalle, Blockcopolymer mit abwechselnd harten und weichen Segmenten, Esterverknüpfung in den harten Segmenten und Ester-, Ether- oder Carbonatverknüpfungen bzw. Kombination dieser in Weichsegmenten
TPO	TPE-O	Thermoplastisches Polyolefinelastomer	Fixierung durch Kristalle, harte und weiche Segmente haben olefinische oder aliphatische Struktur

Kurzzeichen	Früheres Kurzzeichen	Polymername	Art der physikalischen Vernetzung und Zusammensetzung
		Thermoplastische Polyolefinelastomer-Mischung	Fixierung über Matrix, Mischungen aus einem Polyolefin und einem gewöhnlichen Kautschuk, der nicht oder wenig vernetzt ist
TPS	TPE-S	Thermoplastisches Polystyrolelastomer	Fixierung durch glasiges Erstarren, Triblockcopolymer mit harten Endsegmenten aus Polystyrol, Weichsegment enthält Polydien
TPU	TPE-U	Thermoplastisches Polyurethanelastomer	Fixierung durch Kristalle, Hartsegmente mit Urethanverknüpfungen und Ester-, Ether- oder Carbonatverknüpfungen bzw. Kombination dieser in Weichsegmenten
TPV	TPE-V	Thermoplastisches Elastomervulkanisat	Fixierung über Matrix, Mischungen aus einem thermoplastischen Werkstoff und einem gewöhnlichen Kautschuk
TPZ		Nicht klassifiziertes thermoplastisches Elastomer	Andere Zusammensetzung als in den hier genannten Gruppen

Nach ISO 18064 werden die TPE durch weitere Kurzzeichen näher bestimmt. Früher wurden dafür eigene Kurzzeichen verwendet.

2.2.6 Klassifizierung der Polymere nach ihrer Struktur

Die Klassifizierung der Kunststoffe erfolgt vor allem danach, ob das Polymer vernetzt ist oder nicht, vgl. Bild 2.21. Dabei wird bei den linearen Thermoplasten nochmal in die amorphen und die teilkristallinen Thermoplaste unterschieden. Zusätzlich zu den genannte drei klassischen Gruppen werden die neueren, auf *physikalischer Vernetzung* basierenden thermoplastischen Elastomere (TPE) hinzugenommen.

Bei den linearen Thermoplasten und den thermoplastischen Elastomeren liegen lineare Polymermoleküle vor, bei denen die Moleküle bei hohen Temperaturen so beweglich sind und so viel Platz zwischen ihnen existiert, dass sie aneinander abgleiten können. Es wird also der Zustand einer Flüssigkeit erreicht, die Schmelze. In diesem Zustand können die Thermoplaste über Fließen in eine Form gebracht werden, daher der Name Thermoplast. Man spricht in der Kunststoffverfahrenstechnik auch vom Plastifizieren eines Kunststoffs und vom Plastifizieraggregat in einer Spritzgießmaschine. Allerdings muss im Kapitel zum mechanischen Verhalten fester Kunststoffe deutlich zwischen viskoser Verformung einer Flüssigkeit und plastischer Verformung eines Festkörpers unterschieden werden. Bei Schmelzen sollte man daher vom Fließen sprechen.

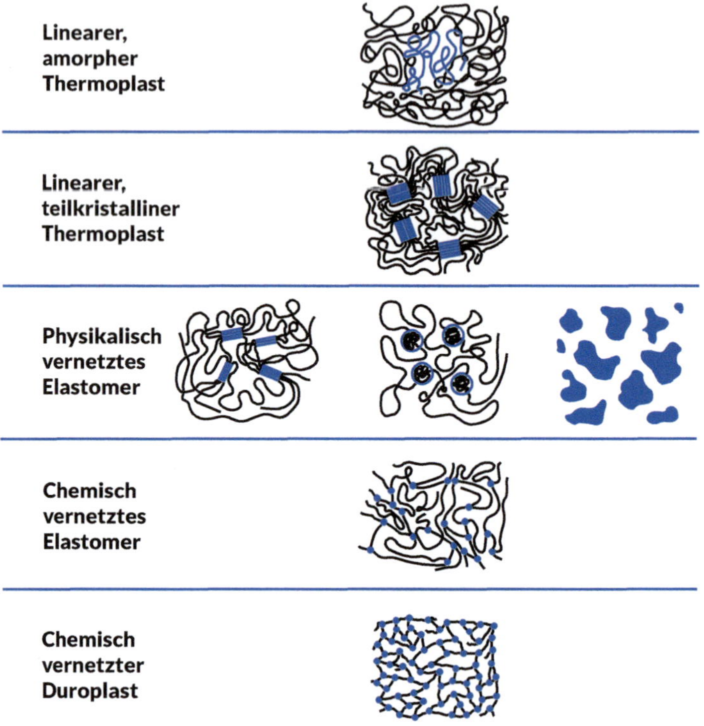

Bild 2.21 Klassifizierung der Kunststoffe nach der Struktur nach [3]

Bei den chemisch vernetzten Polymeren existiert keine Schmelze. Die chemischen Verbindungen werden zwar bei ca. 400 °C durch die Zufuhr von Wärmeenergie zerstört, dies ist aber gleichbedeutend mit dem Abbau des Kunststoffs.

Wegen der Möglichkeit, Thermoplaste durch Energiezufuhr zu schmelzen und erneut in eine Form zu bringen, sind diese im Gegensatz zu den Elastomeren und den Duromeren prinzipiell als Werkstoff recycelbar.

2.2.7 Klassifizierung der Thermoplaste nach Kennwerten und Produktionsmenge

Die Thermoplaste werden meist in der sogenannten *Kunststoffpyramide* dargestellt und dabei klassifiziert, vgl. Bild 2.22. Genau genommen ist die Kunststoffpyramide eine Thermoplastpyramide.

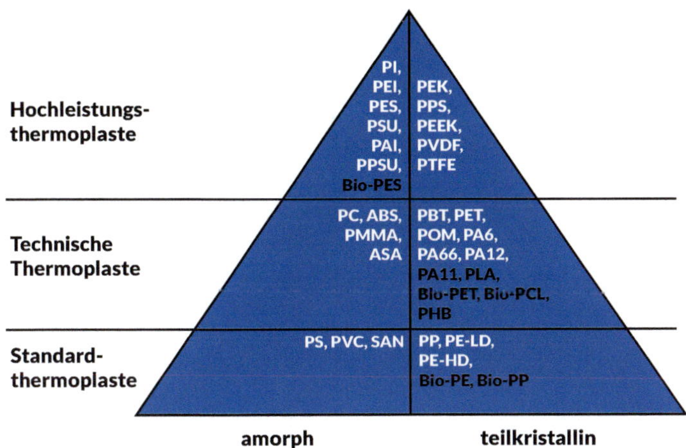

Bild 2.22 Die Kunststoff- bzw. Thermoplastpyramide (konventionelle Thermoplaste in weiß, auf nachwachsenden Rohstoffen basierende Thermoplaste in schwarz)

Die mit der Form der Pyramide verbundene Aussage ist, dass Thermoplaste bezüglich Produktionsmenge und Eigenschaften in eine Drei-Klassen-Hierarchie eingeteilt werden können:

- Thermoplaste mit geringen mechanischen Kennwerten, die in großen Mengen hergestellt und eingesetzt werden (Basiskunststoffe, *Standardthermoplaste*),
- Thermoplaste, mit höheren Kennwerten, die für mechanisch beanspruchte Anwendungen eingesetzt werden und deren Produktionsmenge geringer als die der Standardthermoplaste ist (*Technische Thermoplaste*) und
- Thermoplaste, die in sehr kleinen Mengen hergestellt und nur für Anwendungen mit sehr hohen Anforderungen hinsichtlich mechanischen Eigenschaften und thermischer Stabilität eingesetzt werden (*Hochleistungsthermoplaste*, Hochtemperaturthermoplaste).

Die Einteilung in diese drei Klassen erfolgt nach der *Dauergebrauchstemperatur*: Die Grenze zwischen den Standard- und technischen Thermoplasten wird bei 100 °C gezogen, die zwischen technischen und Hochleistungsthermoplasten bei 150 °C.

2.2.8 Klassifizierung der Polymere nach ihrer Rohstoffbasis

Vor dem Beginn des 20. Jahrhunderts wurden Polymere auf der Basis natürlich vorkommender Materialien wie Cellulose, Casein und Latex hergestellt. Die Markteinführung des rein synthetisch hergestellten Phenol-Formaldehyd Harzes „Bakelit“ im Jahr 1910 durch Baekeland markiert den Beginn der Nutzung von Kohlenwasserstoffen aus Erdöl, Erdgas und Kohle (*Petrochemie*) und der Entstehung der Werkstoffklasse der Kunststoffe, vgl. Bild 2.23.

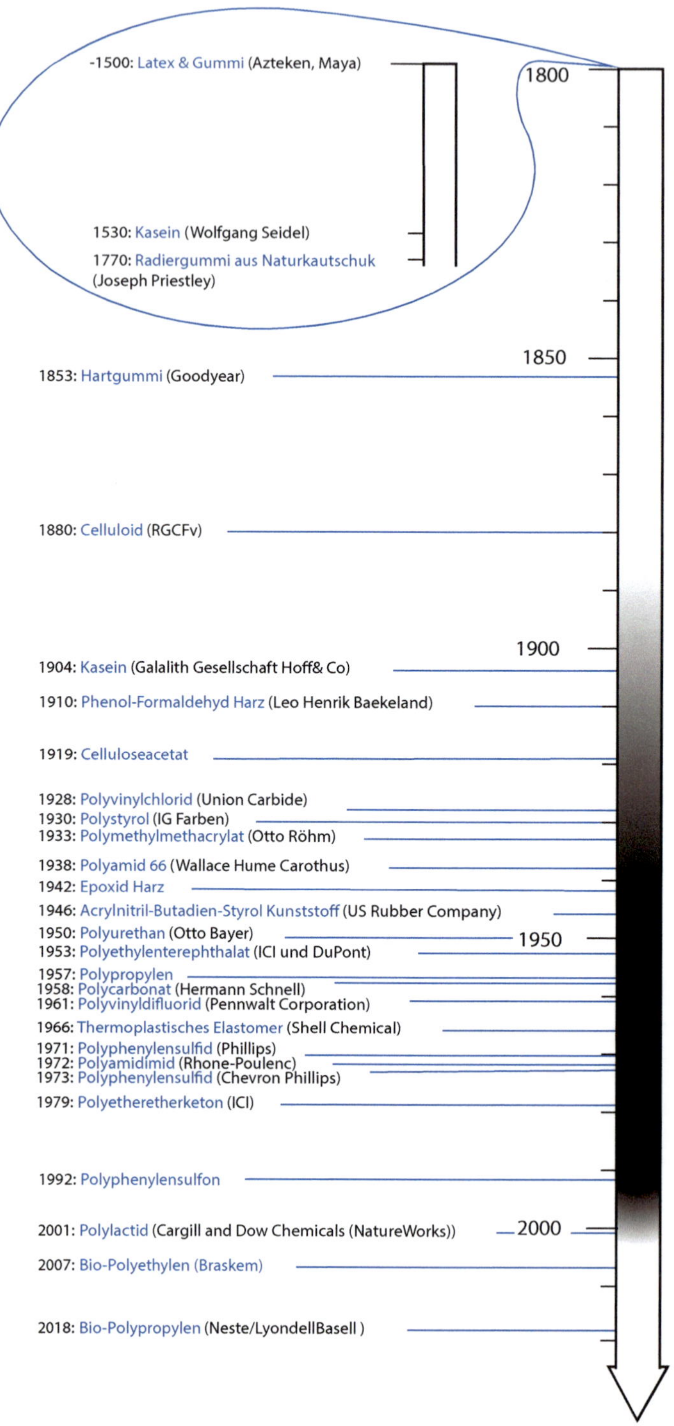

Bild 2.23 Zeitstrahl der Polymere auf der Basis der für Ingenieure relevanten Markteinführung von Kunststoffwerkstoffen

Der Begriff *Kunststoff* wurde durch die Erstausgabe der Zeitschrift „Kunststoffe" durch Ernst Richard Escales im Jahr 1911 bewusst in Abgrenzung zu den Polymeren auf Basis von Naturstoffen geprägt.

Seitdem wird im deutschsprachigen Raum in der Ausbildung von Kunststofftechniker*innen Wert darauf gelegt, dass Fachleute den Begriff Kunststoff verwenden, nur Laien dagegen von Plastik sprechen. Allerdings gilt dies nur für den deutschsprachigen Raum. Wegen der Verformbarkeit der Kunststoffe („plastisches Verhalten") werden in anderen Sprachen für Kunststoffe von Fachleuten die Begriffe plastics (englisch), plastiques (französisch) oder plásticos (spanisch) benutzt.

Insbesondere Cellulose und Latex wurden auch im 20. Jahrhundert weiterverwendet, allerdings gibt es erst seit 2001 mit der Markteinführung von Polylactid durch Cargill and Dow Chemicals (NatureWorks) einen neuen Aufschwung der Polymere auf der Basis nachwachsender Rohstoffe, die oft *Biopolymere* genannt werden.

Der Begriff Biopolymer wird allerdings mehrdeutig verwendet, weil nicht nur Kunststoffe auf der Basis nachwachsender Rohstoffe (engl. bio-based polymers), sondern auch biologisch abbaubare Kunststoffe (engl. bio-degradable polymers), die allerdings auch aus Erzeugnissen der Petrochemie produziert werden können, Biopolymere genannt werden.

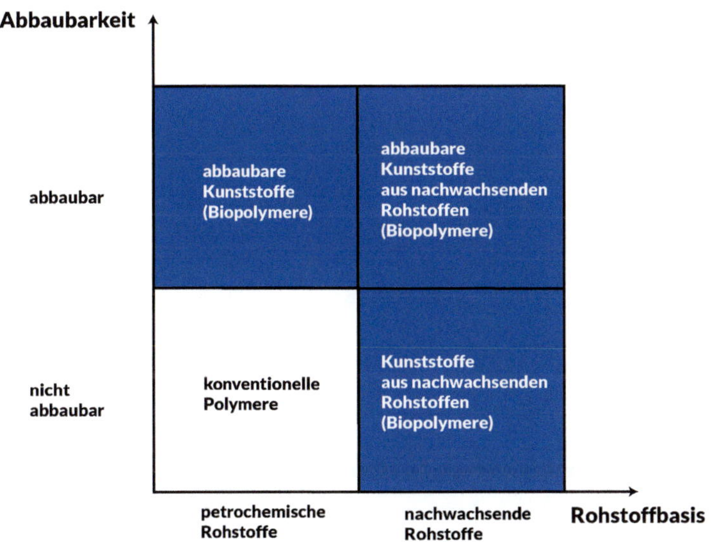

Bild 2.24 Zur Definition des Begriffs Biopolymer in Abgrenzung zu konventionellen Polymeren, vgl. auch [10]

Als nachwachsende Rohstoffe für Polymere werden heutzutage Zucker, Stärke, Cellulose, Lignin, Naturkautschuk, Pflanzenöle und Ölabfälle[6] verwendet, während Proteine aktuell keine technische Bedeutung haben [11].

Aus den Rohstoffen werden Zwischenprodukte wie Glucose, Fructose, Lysin, Hemicellulose, Isobutanol und Ethanol hergestellt und aus diesen wiederum die aus der Petrochemie bekannten Monomere wie Ethen, Propen, Vinylchlorid, Methylmethacrylat, Terephthalsäure, 1,4-Butandiol, Caprolactam und weitere.

Drop-in

Polymere auf der Basis von nachwachsenden Rohstoffen, bei denen Monomere zur Polymerisation verwendet werden, die auch petrochemisch gewonnen werden können, werden Drop-ins genannt.

Drop-ins haben, da sie chemisch identisch zu den entsprechenden petrochemisch erzeugten Polymeren sind, die gleichen Eigenschaften wie diese. Sie können auf den gleichen Anlagen produziert werden.

Tabelle 2.7 Drop-ins aus nachwachsenden Rohstoffen mit marktüblichen Kurzzeichen [11]

Zwischenprodukte	Kurzzeichen	Polymername	Abbaubar
Ethanol aus Glucose	Bio-EPDM	Bio-Ethylen-Propylen-Dien-Terpolymer	Nein
Ethanol aus Glucose	Bio-PE	Bio-Polyethylen	Nein
Ethanol aus Glucose	Bio-PP	Bio-Polypropylen	Nein
Isobutanol und Monoethylenglykol aus Glucose	Bio-PET	Bio-Polyethylenterephthalat	Nein

Es gibt aber auch Zwischenprodukte und Polymere, die nur aus nachwachsenden Rohstoffen produziert werden. Polyhydroxybutyrat (PHB) und Polyhydroxyalkanoat (PHA) werden durch direkte Biosynthese von Polymeren in Mikroorganismen gewonnen.

Tabelle 2.8 (Neue) Polymere auf Basis nachwachsender Rohstoffe [11]

Rohstoff oder Zwischenprodukt	Kurzzeichen	Polymername	Abbaubar
Lignocellulose	CA	Celluloseacetat	Ja
Naturkautschuk	NR	Naturkautschuk (natural butyle rubber)	Nein

[6] Ölabfälle sind streng genommen keine Rohstoffe im Sinn der Definition des Begriffs „Rohstoff" und in der üblichen Terminologie würde man bei Zucker etc. von organischen Rohstoffen oder von Agrarrohstoffen sprechen. Es hat sich aber der Begriff „nachwachsende" Rohstoffe eingebürgert.

Rohstoff oder Zwischenprodukt	Kurzzeichen	Polymername	Abbaubar
Glucose, Fructose	PEF	Polyethylenfuranoat	Nein
Glucose, Fettsäuren	PHAs	Polyhydroxyalkanoate	Ja
Glucose	PLA	Polylactide	Ja

Und schließlich werden Polymere zum Teil aus Monomeren auf Basis nachwachsender Rohstoffe und zum anderen Teil aus petrochemisch erzeugten Monomeren synthetisiert. Diese nennt man *Smart Drop-ins.* Hierbei handelt es sich vor allem um Polyamide, Epoxid Harze, ungesättigte Polyesterharze und Polyurethane, bei denen Polyole aus nachwachsenden Rohstoffen erzeugt werden.

Tabelle 2.9 Smart Drop-ins aus nachwachsenden und petrochemisch erzeugten Rohstoffen [11]

Zwischenprodukte aus nachwachsenden Rohstoffen	Kurzzeichen	Polymername	Abbaubar
Epichlorohydrin	EP	Epoxidharz	Nein
Caprolactam	PA	Polyamide	Nein
Propandiol	UP	Ungesättigtes Polyesterharz	Nein
Propandiol	PUR	Polyurethane	Nein
Butandiol	PBS	Polybutylensuccinat	Ja
Propandiol	PTT	Polytrimethylenterephthalat	Nein

Das Feld der Biopolymere ist sehr dynamisch. Hier kann mit einem Wachstum der Produktionskapazität um ca. 25 % in fünf Jahren gerechnet werden. Mit weiter steigendem, gesellschaftlichem Druck in Richtung Nachhaltigkeit werden mehr Produkte aus Biopolymeren nachgefragt werden und Polymere, die hier als Smart Drop-In bezeichnet werden, werden eventuell vollständig auf Basis nachwachsender Rochstoffe hergestellt.

Sollen die Polymere nach der Rohstoffbasis klassifiziert werden, wird der Begriff Biopolymer am besten in einem engen Sinn für Polymere verwendet, die nur auf nachwachsenden Rohstoffen basieren, vgl. Bild 2.25, während der unter starkem Nachhaltigkeitsdruck stehende Markt gerne möglichst viele Werkstoffe als „bio" bezeichnet, vgl. Bild 2.24.

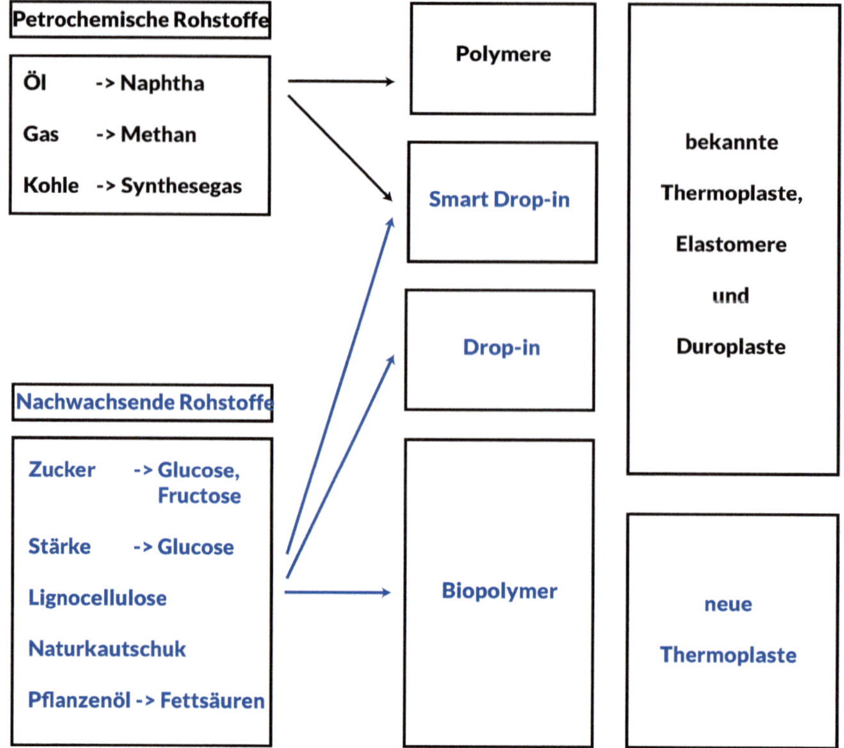

Bild 2.25 Klassifizierung der Polymere nach Rohstoffbasis. Die Überschneidung der Biopolymere und der bekannten Thermoplaste ist durch Celluloseacetat und Naturkautschuk gegeben.

■ 2.3 Molmasse

Die *molare Masse M* eines Stoffs ist in den Einheiten des SI-Systems die Masse *m* in kg bezogen auf die Stoffmenge *n* in mol:

$$M = \frac{m}{n} \text{ in kg} \cdot \text{mol}^{-1}$$

In der Chemie und in der Kunststofftechnik werden statt der Bezeichnungen und Einheiten des SI-Systems die ältere Bezeichnung *Molmasse* und die Einheit „$g \cdot mol^{-1}$“ verwendet. Der Begriff Molekulargewicht ist noch älter und sollte allein deshalb nicht verwendet werden, weil die Masse eine Eigenschaft eines Körpers ist, während mit Gewicht streng genommen die Gewichtskraft gemeint ist, also das Produkt aus Masse und Erdbeschleunigung.

Die Molmasse eines Moleküls berechnet sich aus den Massen und der Zahl der in ihm vorhandenen Atome. Für Wasser ergibt sich nach Formel 2.1 z. B.:

$$M_{H_2O} = 2 \cdot M_H + 1 \cdot M_O = 2 \cdot 1{,}0079 \frac{g}{mol} + 1 \cdot 15{,}9994 \frac{g}{mol} = 18{,}0153 \frac{g}{mol} \tag{2.1}$$

Die Molmasse der Wiederholeinheiten von Polyethylen und Polystyrol beträgt z. B. 28 g · mol^{-1} bzw. 104 g · mol^{-1}. Für thermoplastische Polymere ist die Molmasse eine relevante Größe, weil sie die Länge der Polymermoleküle wiedergibt und diese viele Eigenschaften beeinflusst. Elastomere und Duromere bestehen wegen der Vernetzung über kovalente Bindungen aus einem einzigen Molekül.

Mit steigender Länge der thermoplastischen Polymermoleküle steigen

- Zähigkeit und Schlagzähigkeit,
- Formbeständigkeit in der Wärme,
- elektrische Isoliereigenschaften,
- Beständigkeit gegen Lösemittel und Spannungsrissempfindlichkeit

und sinken

- Kristallisationsgrad,
- Quellung durch Lösemittel sowie
- Fließfähigkeit in der Schmelze.

In den technischen Prozessen zur Polymerisation von Polymeren entstehen allerdings nie identische Polymermoleküle. Sie unterscheiden sich, auch wenn der Aufbau sonst identisch ist, in der Länge. In einem Polymer aus vielen Polymermolekülen findet man also eine Verteilung der Längen bzw. Massen, die durch eine Häufigkeitsverteilung wiedergegeben wird, siehe Bild 2.26.

Die Häufigkeitsverteilung oder *Molmassenverteilung* kann mit verschiedenen experimentellen Methoden untersucht werden [2]:

- Gelpermeationschromatografie (GPC)
- Viskosimetrie
- Ultrazentrifuge
- Lichtstreuung
- Massenspektrometrie (MALDI-TOF-MS)

Die Verteilung ist nicht symmetrisch, meist gibt es nur wenige Polymermoleküle mit großen und sehr großen Längen bzw. Molmassen.

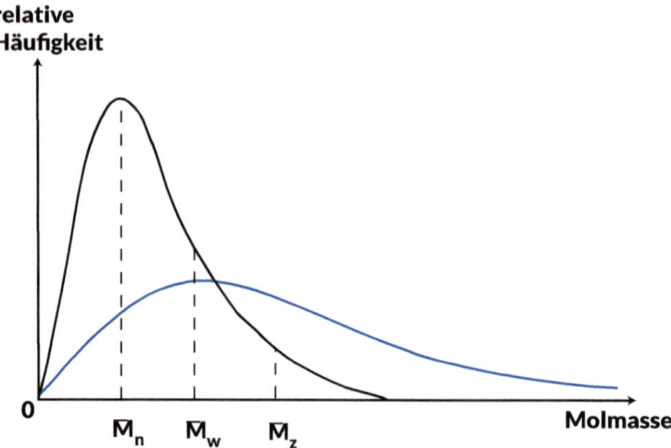

Bild 2.26 Breite (blau) und enge (schwarz) Molmassenverteilung von Polymeren mit verschiedenen Mittelwerten (Zahlenmittel $\bar{M}_n$, Massenmittel $\bar{M}_w$ und Zentrifugenmittel $\bar{M}_z$)

Um eine Häufigkeitsverteilung darzustellen, wird die Anzahl bzw. absolute Häufigkeit n_i der Polymermoleküle über der Masse M_i aufgetragen. Meist wird aber nicht die absolute Häufigkeit n_i, sondern die relative Häufigkeit x_i aufgetragen. Diese wird gemäß Formel 2.2 berechnet, indem die Anzahl n_i auf die Gesamtzahl aller Moleküle $\sum_{i=1}^{N} n_i$ bezogen wird.

$$x_i = \frac{n_\text{i}}{\sum n_\text{i}} \tag{2.2}$$

Um eine nicht symmetrische Molmassenverteilung zu charakterisieren und durch eine Zahl bzw. wenige Zahlen zu beschreiben, werden Mittelwerte bzw. aus mathematischer Sicht Momente der Verteilung definiert:

- das *Zahlenmittel* $\bar{M}_n$ (erstes Moment),
- das *Massenmittel* $\bar{M}_w$ (zweites Moment) und
- das *Zentrifugenmittel* $\bar{M}_z$ (drittes Moment).

$$\bar{M}_\text{n} = \frac{\sum n_\text{i} \cdot M_\text{i}}{\sum n_\text{i}} \tag{2.3}$$

Das Zahlenmittel $\bar{M}_n$ ist der arithmetische Mittelwert, siehe Formel 2.3, bei dem die Summe der Massen aller n_i Moleküle einer Masse M_i durch die Zahl aller Moleküle geteilt wird. Der Einfluss der Moleküle mit der Masse M_i auf den Mittelwert wird also über ihren zahlenmäßigen Anteil bzw. die relative Häufigkeit x_i an der Menge aller Moleküle gewichtet. Wenn ein Polymer nur drei Polymermoleküle mit den Molmassen $M_1 = M_2 =$ 5000 g · mol^{-1} und $M_3 =$ 20 000 g · mol^{-1} enthalten würde, wäre $\bar{M}_n =$ 10 000 g · mol^{-1}. Die Moleküle tragen hier zum Mittelwert bei wie im Bundesrat oder im Europarat die Bundesländer bzw. die Länder der Europäischen Union bei Abstimmungen. In beiden Gremien haben sie jeweils die gleiche Stimme unabhängig von ihrer Einwohnerzahl.

Das Massenmittel $\bar{M}_w$ ist ebenfalls ein arithmetischer Mittelwert. Allerdings werden hier die Massen M_i über ihren Massenanteil y_i gewichtet, siehe Formel 2.4.

$$y_i = \frac{n_i \cdot M_i}{\sum n_i \cdot M_i} \tag{2.4}$$

Somit gehen die großen Moleküle stärker in den Mittelwert $\bar{M}_w$ ein, siehe Formel 2.5, als die kleineren Moleküle.

$$\bar{M}_w = \frac{\sum n_i \cdot M_i^2}{\sum n_i \cdot M_i} \tag{2.5}$$

Die drei Polymermoleküle mit den Molmassen $M_1 = M_2 = 5000\ g \cdot mol^{-1}$ und $M_3 = 20\,000\ g \cdot mol^{-1}$ ergeben $\bar{M}_w = 15\,000\ g \cdot mol^{-1}$. Hier tragen die Moleküle zum Mittelwert bei wie die Bundesländer bzw. die Länder der Europäischen Union bei Abstimmungen im Bundestag bzw. im Europäischen Parlament. In diesen Gremien stellen Länder mit mehr Einwohnern mehr Abgeordnete als Länder mit weniger Einwohnern.

Beim Zentrifugenmittel $\bar{M}_z$ ist das analog, siehe Formel 2.6, allerdings nicht mehr anschaulich erklärbar.

$$\bar{M}_z = \frac{\sum n_i \cdot M_i^3}{\sum n_i \cdot M_i^2} \tag{2.6}$$

Die drei Polymermoleküle mit den Molmassen $M_1 = M_2 = 5000\ g \cdot mol^{-1}$ und $M_3 = 20\,000\ g \cdot mol^{-1}$ ergeben $\bar{M}_z = 18\,333\ g \cdot mol^{-1}$.

Aufgrund der Definition ist die Reihenfolge der Mittelwerte gemäß Formel 2.7:

$$\bar{M}_n \leq \bar{M}_w \leq \bar{M}_z \tag{2.7}$$

Nur im Fall exakt gleich großer Moleküle haben die drei Mittelwerte den gleichen Wert.

Aus dem Zahlenmittel und der Molmasse einer Wiederholeinheit M_0 lässt sich der mittlere *Polymerisationsgrad* $\bar{P}$ gemäß Formel 2.8 berechnen:

$$\bar{P} = \frac{\bar{M}_n}{M_0} \tag{2.8}$$

Aus Massen- und Zahlenmittel wird der *Polydispersitätsindex PDI*, siehe Formel 2.9, ermittelt.

$$PDI = \frac{\bar{M}_w}{\bar{M}_n} \tag{2.9}$$

Für die drei genannten Polymermoleküle ist *PDI* = 1,5. Im Fall gleich großer Polymermoleküle ist *PDI* = 1. Der Polydispersitätsindex wird umso größer, je mehr lange Polymermoleküle im Polymer enthalten sind. Deshalb wird auch noch die sogenannte *Uneinheitlichkeit U* definiert, siehe Formel 2.10, durch die die Abweichung des *PDI* von eins angegeben wird.

$$U = PDI - 1 = \frac{\bar{M}_{\mathrm{w}}}{\bar{M}_{\mathrm{n}}} - 1 \quad (2.10)$$

Unterschiedliche Polymerisationsverfahren ergeben unterschiedlich große Molmassen und unterschiedlich breite Molmassenverteilungen.

Man unterscheidet generell zwei Polymerisationsreaktionen:

- *Stufenwachstumsreaktionen:* Initiierung durch Wärme, alle Moleküle können reagieren, die Reaktionen erfolgen statistisch, das Erreichen hoher Molmassen dauert lange.
- *Kettenwachstumsreaktionen:* Initiierung durch sehr reaktive Moleküle, beruht auf Öffnung von Doppelbindungen und Überführung in zwei Einfachbindungen, wenige Moleküle sind reaktiv, diese können schnell zu großen Molmassen wachsen. Aufgrund der Reaktionskinetik mit statistischer Abfolge von Start, Wachstum, Abbruch und Übertragung resultieren unterschiedliche Kettenlängen.

Aus den Polymerisationsreaktionen folgen generelle Unterschiede bei der Molmassenverteilung, vgl. Tabelle 2.10, auch wenn die Molmassenverteilung durch die Prozessführung (Druck, Temperatur) und die Wahl der Zusatzstoffe zur Beeinflussung von Start-, Wachstums-, Abbruchs- und Übertragungsreaktionen beeinflusst werden kann.

Generell werden die Eigenschaften und Kennwerte von Polymeren und Kunststoffen mit enger Molmassenverteilung einheitlicher und Übergangsbereiche (Glasübergang, Schmelzen, Kristallisieren) werden enger.

Eigenschaften, die von der Breite der Molmassenverteilung, der *Polydispersität*, beeinflusst werden, sind [12]:

- Fließfähigkeit [13]
- *Schmelzefestigkeit* und Neigung zum *Schmelzebruch* [13]
- Abbauverhalten in der Schmelze
- Zähigkeit
- Kristallisationsgrad
- Festigkeit und Steifigkeit
- Verhalten gegenüber Medien (*Spannungsrissbeständigkeit*, Medienbeständigkeit)

Tabelle 2.10 Polymerisationsreaktion und resultierende Polydispersitäten PDI [2]

Polymerisationsreaktion		Polymere	PDI
Stufen-wachstum	Kondensations-reaktion	Polyamide auf Basis von Diolen (PA 66), Polyurethane, Polyester (PET, PBT), Polycarbonate (PC), Phenol-Formaldehyd Harz, Urea-Formaldehyd Harz, Melaminharze, Epoxid Harz, Polysiloxane	2 (bei ideal verlaufenden Reaktionen)
Ketten wachstum	Radikalische Polymerisation	Polyethylen (PE), Polystyrol (PS), Polyvinylchlorid (PVC), Polyvinyl-acetat (PVAC) und Copolymere mit Acrylnitril, Acrylsäuremethyl-ester und Acrylsäure	≥ 1,5 oder ≥ 2 (je nach Abbruch-mechanismus), bei kontrolliert radikalischer Poly-merisation ≤ 1,3
	Anionische Polymerisation	Vinylverbindungen, Polyamide aus Lactamen (PA 6), PMMA, Poly-vinylacetat (PVAC), Copolymere mit Methylacrylat, Styrol (PS)	< 1,1 (bei leben-der Polymeri-sation)[7]
	Kationische Polymerisation	Vinylpolymere (z. B. Isobuten, Vinylether) und Carbonylverbin-dungen (Formaldehyd, Acetal-dehyd) wie Polyoxymethylen	< 1,2 (bei leben-der Polymeri-sation)
	Polymerisation mit Übergangsmetall-katalysatoren	Polyethylen (PE), Polypropylen (PP)	Um 1

Sehr kleine Moleküle mit Molmassen kleiner 400 g · mol^{-1}, vgl. Bereich ① in Bild 2.27, können durch das Polymer diffundieren. Dies wird *Migrieren* genannt. So können kleine Moleküle aus dem Inneren eines Bauteils zur Oberfläche migrieren. Kommen die Kunststoffprodukte mit Lebensmittel in Berührung oder werden direkt in den Mund genommen wie Besteck, kann das einen unerwarteten Geschmack hervorrufen. Verdampfen diese kleinen Moleküle, kann das ein Geruchsempfinden auslösen. Im Brandfall führen diese Moleküle zu vermehrter Rauchbildung. Kleine Moleküle sind aus diesen Gründen ungünstig. Aber immer, wenn der Mensch direkt mit Chemikalien in Kontakt kommen kann, gibt es gesetzliche Vorgaben, in denen Maximalkonzentrationen für solche Stoffe festgelegt werden. Eine Gefahr geht von kleinen Molekülen in Kunststoffen also in der Regel nicht aus. Der eventuell gewünschte Nutzen kleiner Moleküle ist ihre Wirkung als *äußere Weichmacher.*

Die Fließfähigkeit von Schmelzen ist bei Polymeren von der sogenannten *Strukturviskosität* geprägt. Dies meint, dass sich Ketten beim Fließen parallel zum Strö-

[7] Von lebender Polymerisation wird gesprochen, wenn sie durch erneute Zugabe von Monomeren jederzeit wieder gestartet werden kann. Dies setzt das Fehlen von Abbruch- und Übertragungsreaktionen voraus.

mungsweg ausrichten, sich also die innere Struktur der Schmelze ändert. Der Effekt ist umso größer, je größer die Fließ- bzw. genauer die *Schergeschwindigkeit* ist. Durch die Ausrichtung der Ketten wiederum fließt die Schmelze leichter. Der Widerstand gegen das Fließen, die *Viskosität*, sinkt bei Polymeren mit zunehmender Schergeschwindigkeit. Ketten mit geringer Molmasse tragen zu diesem Phänomen bei, vgl. Bereich ② in Bild 2.27. Die Fließfähigkeit wird durch kürzere Ketten erhöht, dadurch wird die Verarbeitbarkeit erleichtert. Wenn die Molmassenverteilung sehr schmal ist, dann ist die Viskosität bei hohen, verarbeitungsrelevanten Schergeschwindigkeiten noch hoch. Die Schmelze lässt sich dann nur mit mehr Energie (Druck beim Spritzgießen) verarbeiten. Dies ist bei Polyethylen (PE) und Polypropylen (PP), die mit Übergangsmetallkatalysatoren polymerisiert wurden,[8] oft der Fall. Kurze Ketten können sich schneller bewegen, also andere Konformationen annehmen als längere. Sie können sich daher auch eher als lange Moleküle so ordnen, dass sie Kristalle bilden können. Mit dem Anteil kleiner Moleküle steigt der Kristallisationsgrad. Mit steigendem Kristallisationsgrad steigen Festigkeit und Steifigkeit von teilkristallinen Thermoplasten.

Moleküle mit Längen bzw. Massen größer als das Zahlenmittel, vgl. Bereich ③ in Bild 2.27, führen zu mehr *Verschlaufungen* in amorphen Thermoplasten bzw. amorphen Bereichen von Kunststoffen und zu mehr *Tie-Molekülen* in teilkristallinen Thermoplasten. Die Verschlaufungen und Bindungen im Kristall bei Tie-Molekülen wirken wie Vernetzungsstellen. Bei Belastung werden die verschlauften Moleküle bzw. die Tie-Moleküle entlang der Hauptkette belastet. Die kovalenten Bindungskräfte sind größer als die Nebenvalenzkräfte zwischen Molekülen, der Widerstand gegen eine Deformation also größer, als wenn keine Verschlaufungen oder Tie-Moleküle vorhanden wären. Längere Moleküle führen dadurch im Festkörper zu einer größeren Festigkeit und Steifigkeit sowie zu einem größeren Widerstand gegen Risswachstum, also zu einer höheren Zähigkeit.

Moleküle, die viel länger sind als das Zahlenmittlere, vgl. Bereich ④ in Bild 2.27, tragen noch mehr als kleinere Moleküle zu *Verschlaufungen* bei. Dadurch wird der Zusammenhalt der Moleküle in der Schmelze gefördert und die Schmelze fließt nicht nur (viskoses Verhalten), sondern dehnt sich und zeigt Rückverformung bei Entlastung (elastisches Verhalten). Generell führt dies dazu, dass eine Kunststoffschmelze nicht wie Wasser aus einer heißen Düse tropft, sondern sich als Film, Profil oder Strang abziehen lässt und dabei die Form behält wie ein Festkörper. Eine Schmelze mit vielen Verschlaufungen zieht sich beim Austritt aus einer Düse wieder zusammen, man spricht von *Strangaufweitung*. Die Schmelze wird aber auch fester in dem Sinn, dass sie mit höheren Geschwindigkeiten bzw. Kräften abgezogen werden kann, ohne zu reißen. Man sagt, dass die *Schmelzefestigkeit* steigt. Allerdings können sich sehr lange Moleküle nicht über die ganze Länge ordnen

[8] Metallocenkatalysiertes Polypropylen ist ein häufig verwendeter Kunststoff. Heutzutage werden aber quasi alle Polyethylene und Polypropylene unter Verwendung von Übergangsmetallkatalysatoren polymerisiert.

und Teil von Kristallen sein. Der Kristallisationsgrad sinkt mit höherem Anteil langer Moleküle.

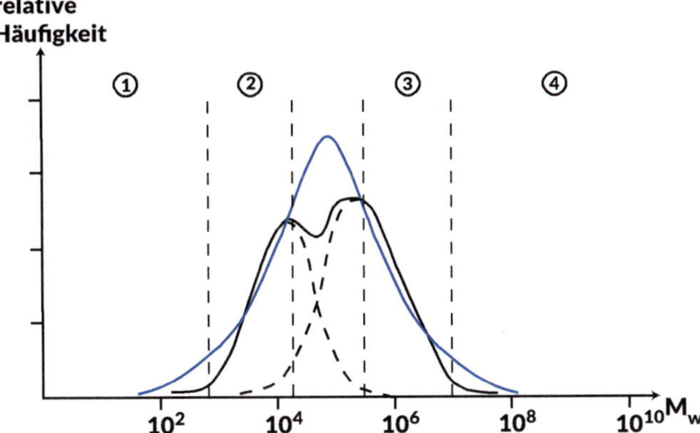

Bild 2.27 Einfluss der Molmassenverteilung auf Verarbeitungs- und Gebrauchseigenschaften nach [14]. Eine übliche Verteilung ist in Blau gezeigt, zwei solche üblichen Verteilungen (schwarze gestrichelte Linien) ergeben eine bimodale Verteilung (schwarze durchgezogene Linie).

Wenn man die genannten Einflüsse der Form und Lage der Molmassenverteilung nutzen will, um Eigenschaften von Kunststoffen gezielt einzustellen, bietet es sich an, Polymere mit engen Molmassenverteilungen zu synthetisieren und zwei solcher Polymer zu mischen, vgl. die schwarzen Kurven in Bild 2.27. Solche Verteilungen heißen *bimodale Verteilungen* und sind bei Polyethylenen gebräuchlich, um z. B. gleichzeitig die Fließfähigkeit und die Festigkeit der Schmelze zu erhöhen.

2.4 Haupt- und Nebenvalenzbindungen

In Polymeren wirken Bindungskräfte innerhalb der Moleküle (*intramolekular*) und zwischen den Molekülen (*intermolekular*).

Als *Hauptvalenzbindung* werden die Bindungen zwischen einzelnen Atomen innerhalb eines Polymermoleküls bezeichnet, als *Nebenvalenzbindung* die Kräfte zwischen unterschiedlichen Polymermolekülen.

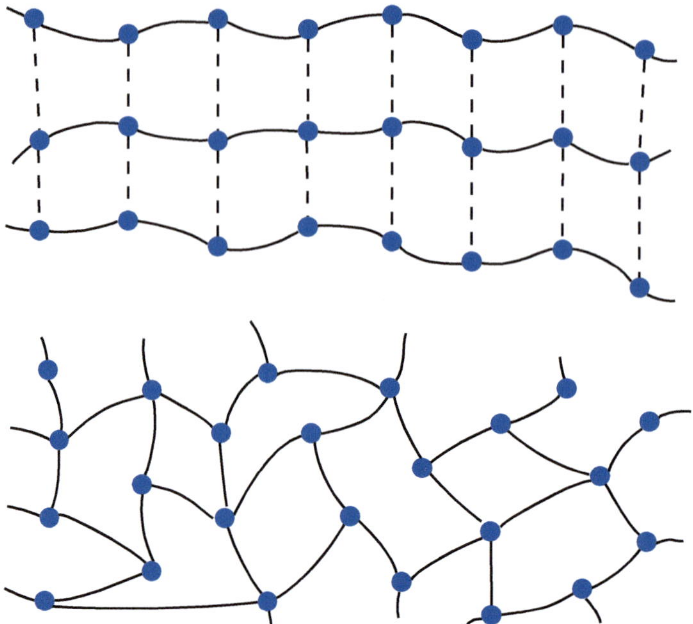

Bild 2.28 Hauptvalenzkräfte (durchgezogene Linien) führen zu Bindungen von Atomen in Polymermolekülen und Nebenvalenzkräfte (gestrichelte Linien) wirken zwischen Polymermolekülen; oben: linearer Thermoplast, unten: vernetztes Elastomer oder Duromer.

Die Hauptvalenzbindungen führen zu Bindungsenergien, die größer sind als die Bindungsenergie in Metallen, wenn dort auch nur die Bindung zwischen zwei Atomen betrachtet wird. Da Metalle sich aber alle ihre äußeren Elektronen in einem Elektronengas teilen, ist die Gesamtbindungsstärke größer als bei Kunststoffen [6]. Allerdings sind Steifigkeit und Festigkeit von Kunststoffen meist viel kleiner als bei Metallen und insbesondere den Eisenwerkstoffen. Das ist darauf zurückzuführen, dass bei Kunststoffen eher die Bindungen zwischen verschiedenen Polymermolekülen eine Rolle spielen, die Nebenvalenzkräfte. Die Nebenvalenzkräfte bestimmen die Eigenschaften der Kunststoffe, Hauptvalenzkräfte tun dies nur, wenn äußere mechanische Kräfte in Richtung der Molekülketten wirken, wie dies bei Fasern und den darin in Faserrichtung orientierten Polymermolekülen der Fall ist.

2.4.1 Hauptvalenzbindung

Hauptvalenzbindungen werden auch *Atom-*, *Elektronenpaar-*, *homöopolare* oder *kovalente Bindung* genannt. Der Begriff Elektronenpaarbindung spiegelt dabei wieder, dass sich zwischen zwei Atomen ein Elektronenpaar bestehend aus jeweils einem

Elektron von jedem der beiden beteiligten Atome aufhält. Dabei kommt es zu einer elektrostatischen Anziehungskraft zwischen den negativ geladenen Elektronen und den positiv geladenen Atomkernen. Dadurch bildet sich eine Bindung zwischen den beiden Atomen aus.

Grundsätzlich beruhen die Bindungen in und auch zwischen Polymermolekülen auf der Anziehungskraft zwischen entgegengesetzt geladenen Teilchen. Diese elektrostatische Anziehungskraft lässt sich über das *Coulomb-Gesetz* berechnen. Die Kraft nimmt mit dem Quadrat des Abstands der Ladungen ab, wird also mit zunehmendem Abstand schnell kleiner, vgl. Bild 2.29.

Die Atomkerne enthalten entsprechend der Anzahl der Protonen positive Ladungen, im Kohlenstoffatom sind dies sechs und im Wasserstoffatom eine. Die Atome werden über die Anziehung der Atomkerne zum gemeinsamen Elektronenpaar angezogen, bis die Abstoßung zwischen den Elektronenwolken zu Beginn der Durchdringung der Elektronenwolken zu groß wird. Dadurch bildet sich ein Anstand zwischen den Atomkernen aus, der auf dem Gleichgewicht der anziehenden und abstoßenden Kräfte beruht und deshalb *Gleichgewichtsabstand* r_0 genannt wird. Dieser Gleichgewichtsabstand hängt dabei offenbar von der Zahl der Ladungen, also von den an der Bindung beteiligten Atomen ab. Deshalb heißt der Gleichgewichtsabstand auch *Bindungsabstand* und hat für jede kovalente Bindung einen anderen Wert.

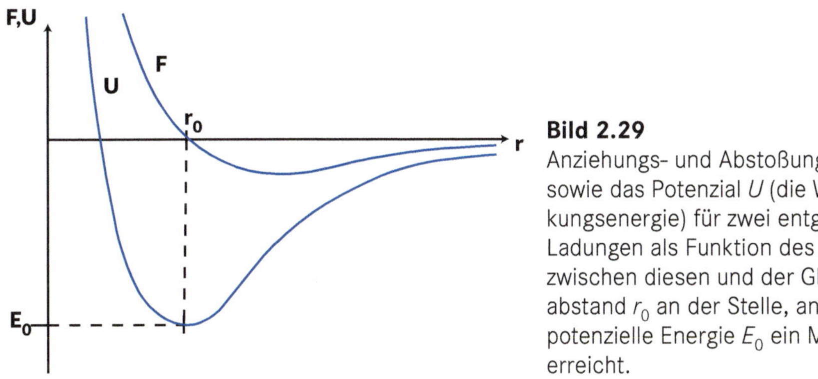

Bild 2.29
Anziehungs- und Abstoßungskräfte F sowie das Potenzial U (die Wechselwirkungsenergie) für zwei entgegengesetzte Ladungen als Funktion des Abstands r zwischen diesen und der Gleichgewichtsabstand r_0 an der Stelle, an der die potenzielle Energie E_0 ein Minimum erreicht.

Um eine solche Bindung zu trennen, muss eine Kraft gegen die elektrostatische Anziehung aufgebracht werden, bis die Atome den Weg aus dem Gleichgewichtsabstand hin zu einem (unendlich) weit entfernten Ort zurückgelegt haben. Dafür wird eine Energie benötigt, die *Dissoziationsenergie* heißt und der *Bindungsenergie* entspricht. Wird eine Energie in der Größe der Dissoziationsenergie durch Wärme oder Licht auf ein Polymermolekül übertragen, kann es zu einer Aufspaltung der Bindung kommen, wenn die Energie nicht abgeführt oder anders unschädlich gemacht wird. Dies führt zum *Abbau* der Polymere und beginnt bei Thermoplasten bereits bei der Verarbeitung in der Schmelze. Daher enthalten quasi alle Thermoplaste eine sogenannte *Grundstabilisierung* mit Wärmeschutzadditiven.

Tabelle 2.11 Bindungsabstände, -energien und -eigenschaften für Hauptvalenzbindungen in Polymermolekülen nach [12] mit Daten aus [3, 12, 15, 16]

Bindung	Bindungsabstand in nm [3, 15]	Bindungsenergie E_B in kJ/mol				Beispiel [15]	Bemerkung [3]
		Nach [3]	Nach [12]	Nach [15]	Nach [16]		
C≡N	0,116	-	-	891	-	PAN	Nicht drehbar
C≡C	0,120	811	528	812	812	-	Nicht drehbar
C=O	0,123	715	624/640	715	728	Polyester	Nicht drehbar
C=C	0,135	614	427	615	615	Polydiene	Nicht drehbar
C=N	0,127	-	-	615	-	-	Nicht drehbar
C-F	0,149	439	460	502	441	Polyfluoride	
C=S	0,171	-	-	477	-	-	
O-H	0,096	460	-	464	463	Polyole	
C-H	0,109	414	370	414	413	Polyolefine	
C-C (aromatisch)	0,139	410	402	-	-	PS, PC, aromatische Polyamide	124° ± 2°
N-H	0,101	389	349	389	391	Polyamide	
Si-O	0,164	-	-	368	-	Silikone	
C-O	0,143	351	295	351	351	Polyether, Polyester	107° ± 4°
C-C (aliphatisch)	0,154	347	250	347	348	Polyolefine	109,5° ± 2°
S-H	0,135	-	-	339	-	-	
C-Cl	0,177	326	280	331	328	PVC	
C-N	0,147	293	242	293	292	Polyamide	
C-Si	0,187	-	-	289	-	Silikone	
C-S	0,181	-	-	259	-	Schwefelbrücken in Elastomeren	
S-S	0,204	-	-	213	-	Schwefelbrücken in Elastomeren	
O-O	0,148	-	-	138	-	Peroxide	
S-O	0,164	368	274	-	-	-	

In Tabelle 2.11 sind Werte für Bindungsabstände und Bindungsenergien der in Polymeren auftretenden Bindungen aufgeführt. Offenbar weichen die Werte für die Bindungsenergien aus den verschiedenen Quellen im Mittel um 21 % und maximal um 54 % voreinander ab.

Die Bindungsenergie E_B für die kovalente Bindung zwischen zwei Kohlenstoffatomen in der Hauptkette liegt bei ca. 350 kJ/mol. Da sehr viele Kunststoffe diese Bindung in der Hauptkette enthalten, ist zu erwarten, dass die Zufuhr von thermischer Energie $k_B \cdot T$ bei diesen Kunststoffen zu einer Zersetzung bei ähnlichen Temperaturen führt und diese Temperatur über Formel 2.11 berechnet werden kann

$$E_B = k_B \cdot T \tag{2.11}$$

mit der Boltzmann-Konstante[9] k_B und der thermodynamischen Temperatur T in Kelvin.

Tatsächlich findet *Zersetzung* bzw. *Abbau* bei den Polymeren aber über verschiedene Reaktionen statt, insbesondere wenn Sauerstoff oder Wasser als Reaktionspartner anwesend sind:

- *Depolymerisation* zum Monomer bei PMMA und PTFE
- *Kettenspaltung* an kovalenten Bindungen in der Hauptkette mit einer Bindungsenergie kleiner als die der C–C-Bindung bei Anwesenheit von Sauerstoff, Wasser oder anderen kleinen Molekülen z. B. in Polyamiden und Polyestern
- *Hydrolyse* durch Reaktionen von Wassermolekülen mit Amidgruppen in Polyamiden und Urethangruppen in Polyurethanen
- *thermisch-mechanischer Abbau* z. B. durch Scherung während der Verarbeitung in der Schmelze bei Polyolefinen
- Verlust von Seitengruppen z. B. als Abspaltung von Salzsäure im PVC und PAN
- *thermisch-oxidativer Abbau* bei Anwesenheit von Sauerstoff

Die Reaktionen, die bei Wärmezufuhr unter Ausschluss von Sauerstoff stattfinden, werden unter dem Begriff *Pyrolyse* zusammengefasst.

2.4.2 Nebenvalenzbindung

Auch bei den Nebenvalenzbindungen handelt es sich um Bindungen aufgrund elektrostatischer Anziehungskräfte. Diese haben unterschiedliche Ursprünge und werden daher entsprechend kategorisiert.

---

[9] Der Wert der Boltzmann-Konstante beträgt seit 2019 exakt 1,380 649 · 10^{-23} J/K, denn seit 2019 wird das SI-Einheitensystem vollständig über physikalische Konstanten definiert, die dafür feste Werte haben müssen.

- Dipol-Dipol-Bindung
- Wasserstoffbrückenbindung
- Bindungen aufgrund von Induktionskräften
- Bindungen aufgrund von Dispersionskräften (van der Waals-Bindung)

In Polymeren können bei Funktionspolymeren (Farbstoffe, Halbleiter) auch ionische Bindungen mit Metallionen auftreten, bei den für die Kunststofftechnik relevanten Polymeren finden sich nur die oben genannten vier Nebenvalenzkräfte.

2.4.2.1 Polarität

In einem PVC-Molekül entsteht ein *permanenter Dipol* dort, wo das Chloratom gebunden ist, siehe Bild 2.30. Chlor hat die Ordnungszahl 17, enthält also 17 positiv geladene Protonen und 17 negativ geladene Elektronen, vgl. das Periodensystem in Bild 2.2. Bei Kohlenstoff ist die Ordnungszahl sechs und bei Wasserstoff eins. Das Chloratom zieht mit seiner größeren positiven Kernladung Elektronen des benachbarten und kovalent gebundenen Kohlenstoffatoms zu sich. Die Eigenschaft, Elektronen anzuziehen, heißt *Elektronegativität*. Die sechs Protonen im Kohlenstoffatom wiederum ziehen das einzige Elektron des Wasserstoffatoms zu sich, das durch nur ein Proton im Kern des Wasserstoffatoms von diesem schwächer angezogen wird. Damit verschieben sich die negativen Ladungen der Elektronen zum Chloratom, dort entsteht eine negative Partialladung. Am Wasserstoffatom entsteht eine positive Partialladung, die kovalenten Bindungen bleiben dabei bestehen. Beide Ladungen sind dauerhaft vorhanden, es existiert ein permanenter Dipol.

Weil die Ladungen nur leicht bzw. teilweise verschoben werden, spricht man von *Partialladungen*. Das Molekül bleibt als Ganzes elektrisch neutral. Im Gegensatz dazu werden in Ionen ein oder zwei äußere Elektronen vollständig entfernt oder hinzugefügt, hier spricht man entsprechend von ein- oder zweifach positiv oder negativ geladenen Ionen.

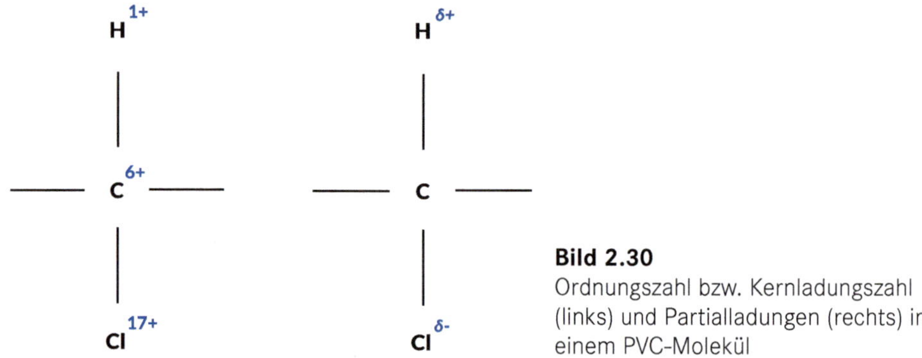

Bild 2.30
Ordnungszahl bzw. Kernladungszahl (links) und Partialladungen (rechts) in einem PVC-Molekül

Die Elektronegativität von Atomen wird durch den Vergleich der einzelnen Atome in verschiedenen Molekülen ermittelt und meist als einheitenlose Zahl angegeben. Es gibt mehrere Berechnungsmethoden und damit auch Zahlenwerte. Werte nach Pauling [17] werden oft verwendet und sind auch in Bild 2.2 enthalten. In Tabelle 2.12 werden die Werte für die Elemente in den ersten drei Perioden, die für Polymere relevant sind, wiederholt.

Tabelle 2.12 Elektronegativität der Elemente der ersten drei Perioden des Periodensystems

Periode/ Hauptgruppe	1	2	3	4	5	6	7	8
1	H 2,2							He -
2	Li 0,98	Be 1,57	B 2,04	C 2,55	N 3,04	O 3,44	F 3,98	Ne -
3	Na 0,93	Mg 1,31	Al 1,61	Si 1,90	P 2,19	S 2,58	Cl 3,16	Ar -

Man erkennt in Tabelle 2.12, dass die Elektronegativität mit steigender Nummer der Hauptgruppe zunimmt und mit steigender Periode abnimmt, vgl. Abschnitt 2.1.

- Mit steigender Nummer der Hauptgruppe nimmt die Kernladungszahl der Elemente zu, wobei die gleichermaßen mehr werdenden Elektronen noch in derselben Schale (im Bohrschen Atommodell, vgl. Bild 2.3), also im selben Abstand vom Atomkern hinzugefügt werden. Je größer die Nummer der Hauptgruppe ist, desto mehr Protonen sind im Kern, die Anziehungskraft auf weitere Elektronen wird größer.
- Mit größer werdender Periode nimmt jedoch der Abstand der äußeren, nicht vollständig besetzten Elektronenschale zum Kern zu, weshalb die elektrostatische Anziehung zwischen den Elektronen und dem Kern abnimmt. Weitere Elektronen werden nicht mehr so stark angezogen.

Die Differenz der Elektronegativitäten der beteiligten Atome ist ein Maß dafür, wie stark Dipole sind, die in Polymermolekülen ausgebildet werden.

Man nennt ein Molekül *polar*, wenn starke Dipole ausgebildet werden. Wenn keine Dipole ausgebildet werden, ist das Molekül *unpolar*.

Die Kunststoffe lassen sich anhand ihrer *Polarität* kategorisieren, siehe Tabelle 2.13.

Tabelle 2.13 Polarität von Kunststoffen nach [3]

Polarität	Beispiele	Begründung
Sehr stark polar	Polyamide (PA), Polyurethane (PUR)	Amid- bzw. Urethangruppe, Wasserstoffbrückenbindung $=N-H\cdots O=C-$
	Polyvinylfluorid (PVF), Polyvinylidenfluorid (PVDF)	Fluoridgruppe, Bindung $-F\cdots H-$
	Celluloseester (CA, CP, CAB)	Estergruppe $-COO-R$
	Viele Duroplaste	
Stark polar	Styrol-Acrylnitril Kunststoff (SAN), Acrylnitril-Butadien-Styrol Kunststoff (ABS), Polyacrylnitril (PAN)	Nitrilgruppe, Bindung $-C\equiv N\cdots H-$
	Polyvinylchlorid (PVC)	Chloratom
	Esterethermoplaste (PBT, PET, PC sowie PMMA)	Estergruppe $-COO-R$ in Hauptkette oder Seitengruppe 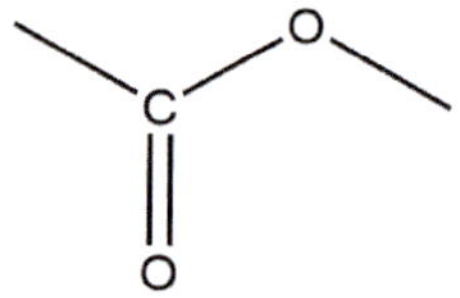
	Polyimid (PI)	Imidgruppe 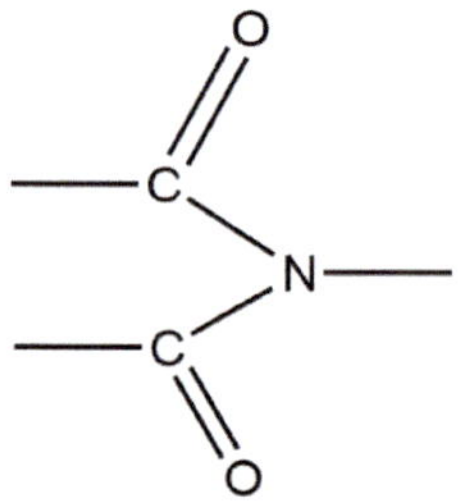
Wenig polar	Copolymerisate aus Ethylen und ungesättigten Estern (z. B. EVAC)	Estergruppe $-COO-R$
	Polyphenylenether (PPE), Polyoxymethylen (POM)	Sauerstoffatom in der Hauptkette
Unpolar	Polyethylen (PE), Polypropylen (PP), Polystyrol (PS)	Nur Kohlenstoff- und Wasserstoffatome mit geringer Differenz der Elektronegativität
	Polytetrafluorethylen (PTFE)	Symmetrische Anordnung der vier Fluoratome

Dabei ist bei den Fluorpolymeren die Anordnung der Fluoratome im Molekül relevant für die Erzeugung von Dipolen, vgl. Bild 2.31.

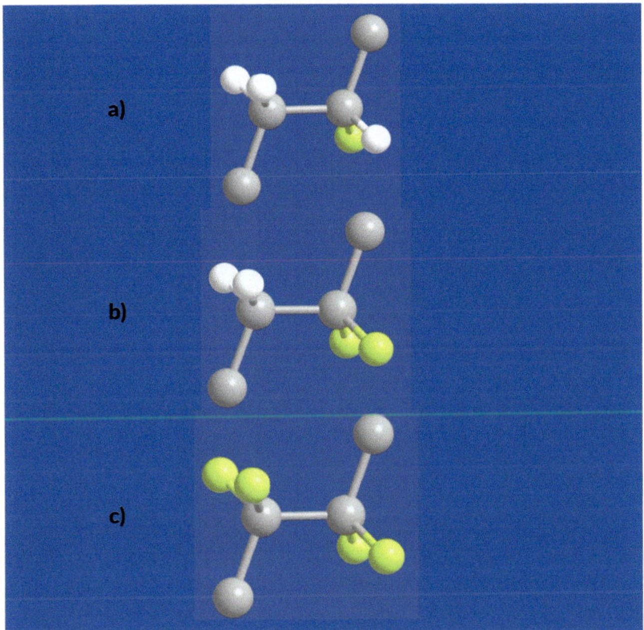

Bild 2.31 Anordnung der Fluoratome im a) Polyvinylfluorid (PVF), b) Polyvinylidenfluorid (PVDF) und c) Polytetrafluorethylen (PTFE). Wasserstoffatome sind weiß dargestellt, Kohlenstoffatome grau und Fluoratome grün. Die Kohlenstoffatome mit nur einer kovalenten Bindung sind Teil der weitergehenden Kette.

Alle Eigenschaften der Polymere hängen von der Polarität ab.

Mit steigender Polarität nehmen zu:

- mechanische Kennwerte wie Festigkeit, Steifigkeit, Härte und Wärmeformbeständigkeit sowie Beständigkeit gegen unpolare Treibstoffe und Öle wegen der größeren Nebenvalenzkräfte,
- Durchlass- und Speichervermögen für polare Medien (*Wasserdampfdurchlässigkeit, Wasseraufnahme*) wegen der „Andockstellen" im Material,
- Lackier- und Klebbarkeit sowie Haftung auf Metallen wegen der Ausbildung von starken Bindungskräften zu den meist polaren Lacken und Klebern sowie den Metallen und schließlich
- Schweißbarkeit und Abschirmungsverhalten[10] wegen der zunehmenden Wechselwirkung mit hochfrequenten elektromagnetischen Feldern.

[10] So sind PVC, PVF, PVDF und PCTFE wegen des dielektrischen Verlustfaktors nicht für die Hochfrequenztechnik geeignete Werkstoffe.

Mit steigender Polarität nehmen ab:

- Wärmedehnung wegen der größeren Nebenvalenzkräfte,
- elektrisches Isoliervermögen und Neigung zur elektrostatischen Aufladung wegen zunehmender Andockstellen für Ionen und
- Durchlässigkeit gegenüber unpolaren Medien (Gase wie O_2, N_2 und CO_2) wegen fehlender „Andockstellen“.

2.4.2.2 Dipol-Dipol-Bindung

Die *Dipol-Dipol-Bindung* beruht auf *permanenten Dipolen*, also den dauerhaft vorhandenen positiven und negativen Ladungen in einem Molekül. Sie kommt bei allen polaren Polymeren vor.

Ein PVC-Molekül besitzt in jeder Wiederholeinheit einen permanenten Dipol und ist damit stark polar. Zwei PVC-Moleküle ziehen sich wegen der entgegengesetzten Ladungen an einem Chlor- und einem Wasserstoffatom an, vgl. Bild 2.32.

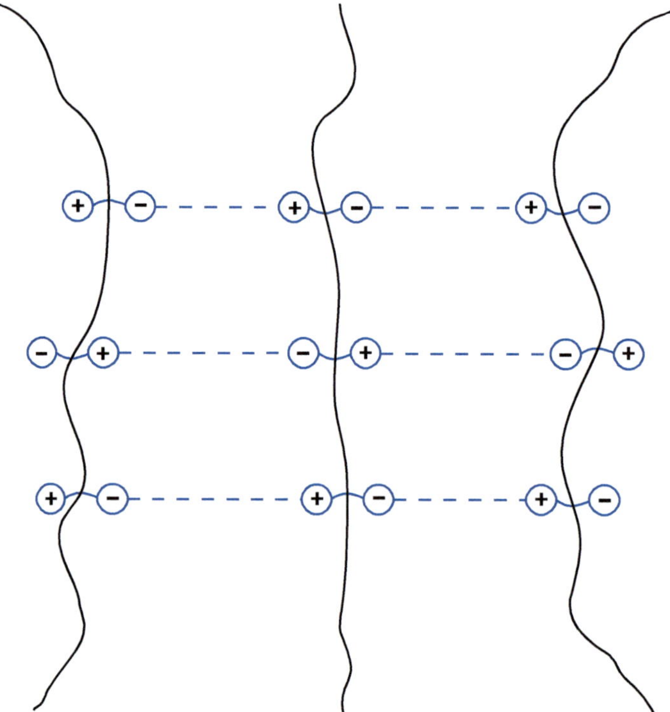

Bild 2.32 Dipol-Dipol-Bindung zwischen drei Molekülen nach [1]

2.4.2.3 Wasserstoffbrückenbindung

Besonders starke Dipole bilden sich aus, wenn Wasserstoff mit einer Elektronegativität von 2,2 an Atome mit kleinem Radius (kleine Periode) und wenigen unbesetzten Plätzen in der äußeren Schale (große Gruppennummer) gebunden ist. Dies gilt für eine kovalente Bindung mit Stickstoff (Elektronegativität 3,04) und Sauerstoff (3,44) bzw. die entsprechenden Gruppen, die Hydroxy- sowie die Amid- bzw. Urethangruppen, siehe Tabelle 2.14.

Tabelle 2.14 Gruppen in Polymeren zur Ausbildung von Wasserstoffbrückenbindungen [15]

Name	Wasserstoffbrückenbindung	Beispiel
Hydroxygruppe	$-O-H\cdots O-$	Polyvinylalkohol (PVAL), Cellulose
Amid- und Urethangruppe	$=N-H\cdots O=C-$	Polyamide, Polyurethane, Polyesterurethan

Wenn dies der Fall ist, sind die Polymere sehr stark polar und bilden Dipol-Dipol-Bindungen aus, die wegen der Beteiligung von Wasserstoffatomen und ihrer Stärke Wasserstoffbrückenbindungen genannt werden, siehe Bild 2.33. Moleküle, bei denen die Nebenvalenzbindungen auf Wasserstoffbrückenbindungen basieren, lagern Wassermoleküle (und andere kleine, polare Moleküle) bevorzugt an den Orten der Wasserstoffbrückenbindungen an. Je nach Zahl der Wasserstoffbrückenbindungen pro Moleküllänge können so gut 10% Wasser aufgenommen werden. Diese Speicherkapazität für Wasser führt auch zu einer höheren Transportfähigkeit für kleine, polare Moleküle gegenüber den nicht stark polaren Polymeren. Polyamide sind daher durchlässig für Wasserdampf und andere polare Gase, aber nicht für unpolare Gase wie Sauerstoff und Stickstoff.

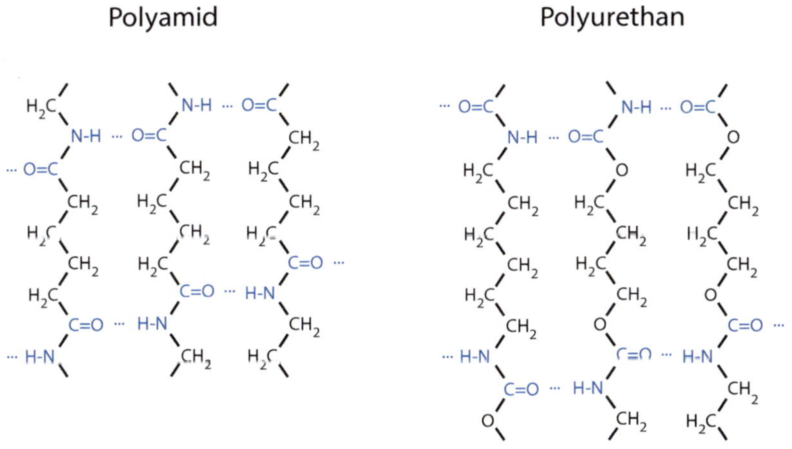

Polyamid

Polyurethan

Bild 2.33 Wasserstoffbrückenbindungen in Polyamid 6 (links) und Polyurethan (rechts)

2.4.2.4 Induktionskräfte

Induktionskräfte treten in unpolaren Molekülen in Anwesenheit von polaren Molekülen auf, wenn durch die Dipole in den polaren Molekülen die Ladungen in den unpolaren Molekülen verschoben und auf diese Weise dort ebenfalls Dipole erzeugt bzw. induziert werden, siehe Bild 2.34.

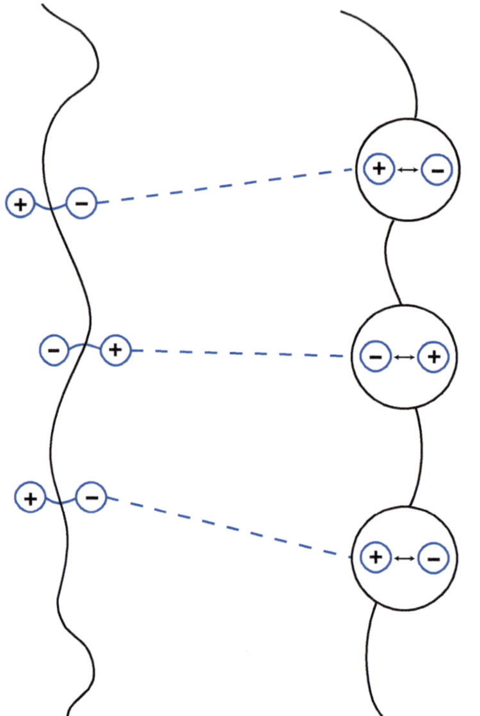

Bild 2.34
Induktionskräfte nach [1]

2.4.2.5 Dispersionskräfte

Dispersionskräfte treten in allen Molekülen, auch den unpolaren auf, weil sie auf einer unwahrscheinlichen, aber möglichen, zufällig gleichzeitigen Verschiebung der Ladungen in elektrisch neutralen Molekülen basieren, siehe Bild 2.35.

Diese Kräfte, die in allen Materialien auftreten, werden auch van der Waals-Kräfte genannt [4].

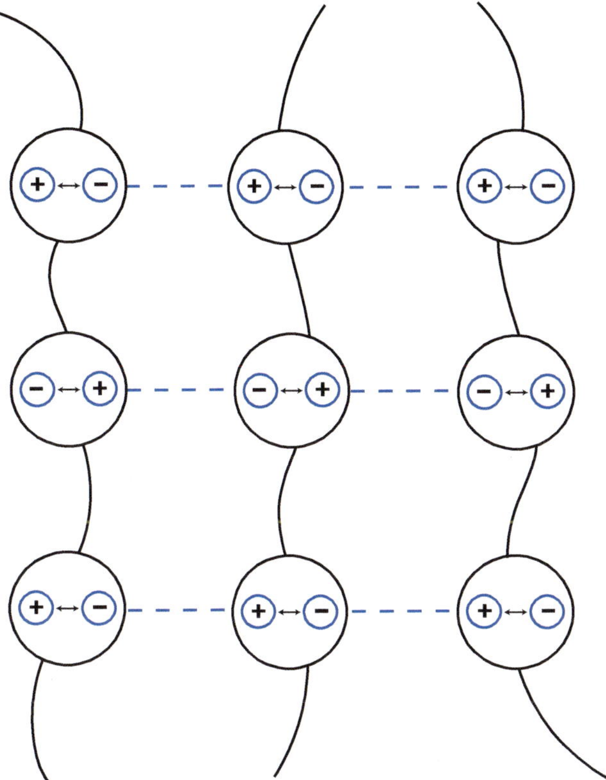

Bild 2.35 Dispersionskräfte nach [1]

■ 2.5 Zustandsbereiche und Zustandsänderungen

2.5.1 Amorpher Zustand

Makromoleküle bestehen aus 10000 oder mehr Wiederholeinheiten. Die Makromoleküle in Thermoplasten kann man sich als sehr langen Faden oder Spaghetti vorstellen. Ihre räumliche Gestalt, die Konformation, wird durch die Thermodynamik bestimmt, weshalb sie als *statistische Knäuel* vorliegen, siehe Abschnitt 2.1.2. Diese Knäuel kann man sich als kugelförmig vorstellen. Der Radius einer solchen Kugel, *Gyrationsradius* genannt, wurde an Polymermolekülen bekannter Konstitution, also auch bekannter Masse gemessen, siehe [18] und Literatur dort. Dabei fand man, dass die aus Masse und Kugelvolumen des Polymermoleküls berechnete Dichte etwa 100-mal kleiner als die Dichte eines Kunststoffs aus dem Polymer ist.

Das bedeutet im Umkehrschluss, dass in dem von einem Polymermolekül eingenommenen Volumen noch 100 weitere liegen müssen, was wiederum zu der Vorstellung eines *Spaghettihaufens* führt, in dem sich die Spaghetti gegenseitig durchdringen, siehe Bild 2.36. Diese Vorstellung geht auf Flory [19] zurück.

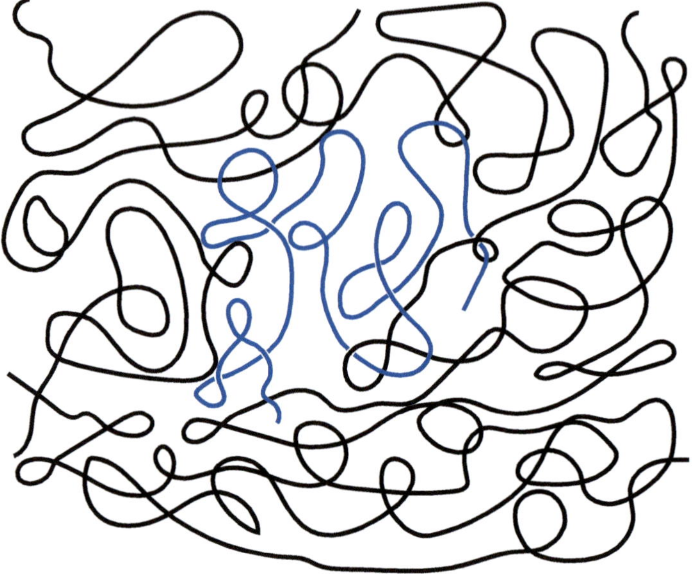

Bild 2.36 Amorpher Zustand: Sich gegenseitig durchdringende statistische Knäuel ergeben einen Spaghettihaufen.

In einem Spaghettihaufen gibt es keine Ordnung, denn

- entlang einer Kette sind die Rotationswinkels um die kovalente Bindung zwischen zwei Wiederholeinheiten statistisch verteilt (statistisches Knäuel) und
- zwischen zwei benachbarten Ketten ändern sich die Abstände der Ketten und ihre Orientierung zueinander von einer Wiederholeinheit zur nächsten.

Diesen Zustand nennt man nach dem griechischen Wort „ámorphos" den amorphen Zustand, weil er formlos, strukturlos und regellos ist.

Amorpher Zustand eines Polymers bedeutet, dass es in ihm keine innere Struktur bzw. Regelmäßigkeit gibt.

Aus dem Fehlen von Strukturen im Inneren eines Kunststoffs ergibt sich, dass Licht ihn durchdringt, ohne gestreut zu werden. Amorphe Thermoplaste sind daher *transparent*. Ausnahmen von dieser Regel liegen an Strukturen, die sich in Blends und Copolymeren wie den Styrolcopolymeren PS-HI, ABS und SAN ergeben.

Tatsächlich kann man auch in amorphen Thermoplasten und Elastomeren die sogenannte *Nahordnung* beobachten. Hiermit wird einerseits der Abstand bezeichnet, in dem ausgehend von einem Molekül das nächste Molekül gefunden wird. Dieser Abstand ist um einen Mittelwert herum verteilt, es gibt somit einen typischen Abstand, also eine Art von Ordnung. Andererseits liegen Segmente von mehreren Makromolekülen auch parallel nebeneinander. Dies ist als sogenannte *Dichtefluktuation* Grundannahme bei der Keimbildung während der Kristallisation, siehe Abschnitt 2.4.6. Außerdem lässt sich die gleichmäßige *Orientierung* von vielen Makromolekülen mittels polarisiertem Licht beim Verstrecken von Folien aus amorphen Kunststoffen (die Moleküle werden beim Verstrecken ein wenig mehr parallel ausgerichtet) und im *Polarisationsmikroskop* in der hochorientierten Scherschicht spritzgegossener Bauteile und Probekörper beobachten, vgl. Kapitel 4.

In amorphen Thermoplasten wird trotz der Nahordnung keine *Fernordnung* nachgewiesen, wie sie für Kristalle typisch ist. Es wird keine Schmelzenthalpie beim Erwärmen gemessen und auch andere Eigenschaften von Kristallen sind nicht nachweisbar [18].

Dafür kann man den amorphen Zustand in der Schmelze wie im Festkörper feststellen, weshalb man bei festen amorphen Thermoplasten früher auch von einer *eingefrorenen Flüssigkeit* sprach und beim Abkühlen vom *glasigen Erstarren* spricht. Die Bezeichnung eines Festkörpers als eingefrorene Flüssigkeit führt eher zur Verwirrung und sollte daher vermieden werden. Eine Flüssigkeit hat z.B. keine Form, ein Festkörper schon. Man spricht besser vom amorphen Zustand oder amorphen Festkörper.

Im Spaghettihaufen bilden die Makromoleküle *Verschlaufungen*, siehe Bild 2.37. Diese behindern die Bewegung von Makromolekülen gegeneinander, siehe Abschnitt 2.4.2.

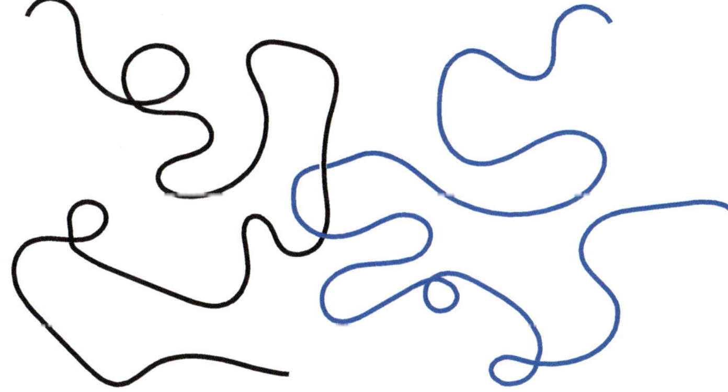

Bild 2.37 Verschlaufung von zwei Polymerketten

Je länger ein Makromolekül ist, desto mehr Verschlaufungen kann es bilden und die Bewegung der Makromoleküle gegeneinander wird umso mehr behindert. Deshalb steigen mit steigender molarer Masse die *Viskosität* (der Widerstand gegen das Fließen in der Schmelze) und mechanische Eigenschaften wie *Steifigkeit, Festigkeit* und *Zähigkeit*. Wie viele Wiederholeinheiten zum Bilden einer Verschlaufung notwendig sind, hängt von der Molekülstruktur (Konstitution und Konfiguration) ab. Bei Polyethylen (PE) wird eine Verschlaufung bei mehr als 270 Wiederholeinheiten, bei Polystyrol (PS) erst ab 680 Wiederholeinheiten gebildet [3]. Typisches Polyethylen niedriger Dichte (PE-LD) enthält dann ca. 80 Verschlaufungen, weshalb es eine hohe mechanische Belastbarkeit auch in der Schmelze aufweist, was es wiederum für die Extrusion dünner Folien geeignet macht. Polyethylen mit sehr hoher Molmasse (PE-UHMW) enthält ca. 4000 Verschlaufungen. Deshalb weist es einerseits einen hohen Widerstand gegen Verschleiß auf und ist resistent gegen viele Lösungsmittel. Es kommt daher in tribologischen Anwendungen und im chemischen Apparatebau zum Einsatz. Andererseits ist es nicht mehr thermoplastisch verarbeitbar [3].

2.5.2 Bewegung von Polymeren im amorphen Zustand

Makromoleküle bewegen sich, weil Kräfte auf sie wirken oder weil thermische Energie vorhanden ist. Kräfte sind mechanische Kräfte, die auf ein Bauteil oder eine Probe im festen Zustand wirken. Oder es sind mechanische Kräfte, die als Druckkräfte zum Fließen von Schmelzen bei der Verarbeitung führen. Thermische Energie bzw. Wärme ist oberhalb des absoluten Temperaturnullpunkts, bei typischen Anwendungstemperaturen von Kunststoffen also immer vorhanden und in Schwingungen gespeichert.

Molekülschwingungen sind periodische Änderungen der Lage der Atome im Molekül zueinander. Die für Schwingungen notwendige Energie entspricht der in einem Körper vorhandenen Wärmemenge. ■

Die Lage der Atome in einem Polymermolekül ist durch Konstitution und Konfiguration festgelegt. Die Konformation ergibt sich durch Drehungen um die Hauptvalenzbindungen, vgl. Abschnitt 2.1.2 und Bild 2.12. In Abschnitt 2.3.1 wird der Bindungsabstand in Hauptvalenzbindungen als *Gleichgewichtsabstand* aufgrund der Wirkung von anziehenden und abstoßenden Kräften abgeleitet, vgl. auch Bild 2.29. Der Gleichgewichtsabstand r_0 ist der Abstand bei der minimalen *potenziellen Energie* bzw. beim Minimum E_0 des in Bild 2.29 gezeigten Potenzials. Thermische Energie lässt die potenzielle Energie der Bindung größer werden als E_0 und es sind auch Abstände nahe dem Gleichgewichtsabstand möglich.[11] Dies entspricht einer Schwingung der beiden Atome der Hauptvalenzbindung aufeinander zu und voreinander weg, also einer Bewegung auf einer Geraden bzw. einer *translatorischen Schwingung*. Man spricht auch von einer *Streckschwingung*.

Ein ähnliches Potenzial ist in Bild 2.16 für die Drehung um eine Hauptvalenzbindung gezeigt. Auch hier gibt es Minima der potenziellen Energie und die Winkel, an denen die Minima liegen. Bei etwas höherer potenzieller Energie als im Minimum sind Bewegungen um die Gleichgewichtslage möglich, in diesem Fall ergeben sich *Rotationsschwingungen*.[12]

Die thermische Energie und die Temperatur hängen zusammen: Steigt die thermische Energie in einem System, nimmt seine Temperatur zu. Umgekehrt ist eine Temperaturerhöhung gleichbedeutend mit einer Zunahme der thermischen Energie. Je höher also die Temperatur in einem Kunststoff ist, desto mehr Bewegung gibt es in ihm in Form von Streck- und Rotationsschwingungen aller kovalenten Bindungen in der Hauptkette und in den Seitengruppen.

Nur die Rotationsschwingungen um kovalente Bindungen in der Hauptkette führen gemäß Bild 2.16 zu einer Änderung der Molekülgestalt, der Konformation, vgl. Bild 2.12. Bei der Drehung um eine Hauptvalenzbindung drehen sich zwei in der Regel große Molekülteile gegeneinander. Da die Polymermoleküle in einem Kunststoff sich aber wie in einem Spaghettihaufen gegenseitig durchdringen, siehe Bild 2.36 , steht der dafür notwendige Platz in den meisten Fällen nicht zur Verfügung. Es sind vor allem Bewegungen kleinerer Molekülabschnitte möglich wie bei der sogenannten *Kurbelwellenbewegung*, siehe Bild 2.38. Bei dieser Bewegung liegen die beiden kovalenten Bindungen, um die die Drehung erfolgt, auf einer Achse, sodass sich nur der zwischen diesen kovalenten Bindungen liegende Molekülabschnitt bewegt. Hierzu sind zwei Konformationsänderungen, eine bei jeder der beiden sich drehenden Bindungen, gleichzeitig notwendig.

11) Man zeichnet bei der Energie eine Gerade parallel zur r-Achse. Die Schnittpunkte der Geraden mit dem Potenzial ergeben die beiden anderen möglichen Abstände, zwischen denen die Schwingung stattfindet.

12) Die möglichen translatorischen und rotatorischen Schwingungen sind spezifisch für ein Molekül, weil sie durch die im Molekül vorhandenen Atome, ihre Lagen und Bindungen (Konstitution und Konfiguration) bestimmt werden. Mit spektroskopischen Methoden, die auf diese Schwingungen ansprechen, wie Infrarot- (IR-) und Magnetresonanzspektroskopie kann daher die Molekülstruktur aufgeklärt werden. Insbesondere durch *Infrarotspektroskopie* werden in der Kunststofftechnik unbekannte Kunststoffe identifiziert und chemische Reaktionen wie Abbaureaktionen charakterisiert.

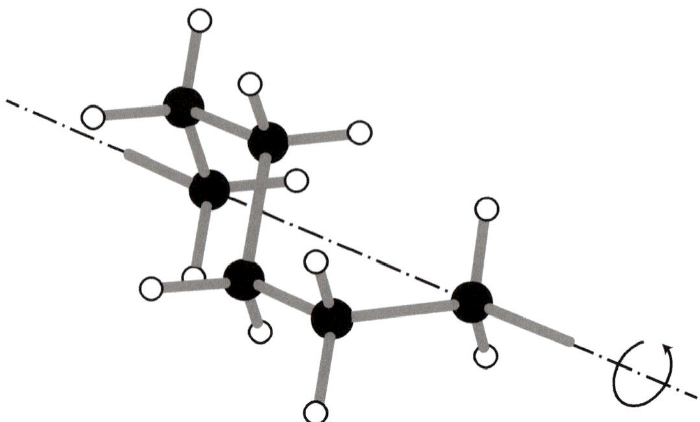

Bild 2.38 Kurbelwellenbewegung eines Abschnitts einer Polyethylenkette nach [6]

Finden mehrere Drehungen um verschiedene Bindungen in der Hauptkette gleichzeitig statt, spricht man von *kooperativen Kettenbewegungen*.

Da jede Bewegung mit einer gewissen Wahrscheinlichkeit stattfindet, wird eine kooperative Kettenbewegung umso unwahrscheinlicher, je mehr einzelne Rotationen dafür notwendig sind. Dass sich ein Makromolekül vollständig bewegt, ist unwahrscheinlicher als die Bewegung eines Teils von ihm. Je höher die Energie im Polymer, also je höher die gespeicherte Wärmemenge und die Temperatur sind, desto wahrscheinlicher werden die einzelnen Rotationen und damit auch die kooperativen Kettenbewegungen der Makromoleküle.

Schaut man genauer in den *Spaghettihaufen* und betrachtet dort ein einzelnes Makromolekül, sieht man Stellen mit *Verschlaufungen*, vgl. Bild 2.39 oben. An diesen Stellen wird das einzelne Makromolekül durch die es umgebenden Makromoleküle in seiner Bewegung eingeschränkt. Wie ein Faden durch eine Schlaufe oder Öse gezogen wird, kann sich auch das einzelne Makromolekül nur in eine Richtung bewegen. Durch die Orte der Veschlaufungen kann man Grenzen für die Bewegung definieren. Dies sind die gestrichelten Linien in Bild 2.39. So ergibt sich ein Kanal, in dem Bewegungen des Makromoleküls möglich sind. Da die möglichen Bewegungen an das Schlängeln einer Schlange erinnern, wird der Kanal Reptationskanal genannt, vgl. Bild 2.39 unten.

Mit *Reptationsprozess* wird nach de Gennes [20] der Bewegungsprozess eines Makromoleküls durch den *Reptationskanal* bezeichnet, der sich durch die Verschlaufungen mit den umgebenden Molekülen ergibt. Der Reptationsprozess erfolgt aufgrund von Wärmeenergie und kooperativen Kettenbewegungen. Er ist also ein Diffusionsprozess.

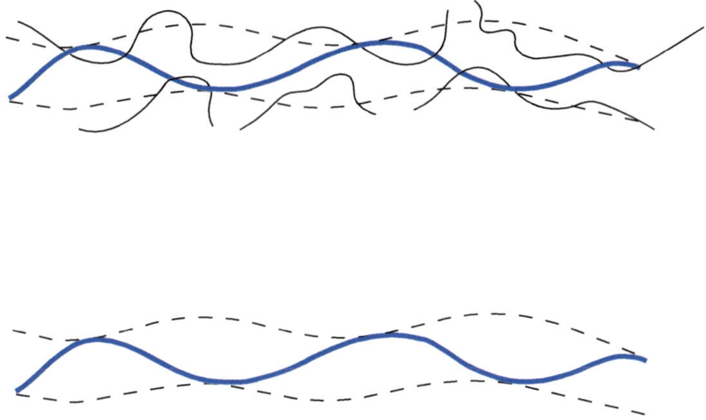

Bild 2.39 Reptationsmodell: mögliche Bewegungen eines Makromoleküls im Reptationskanal

2.5.3 Glasübergang

Niedermolekulare Stoffe wie Metalle oder Wasser weisen abhängig von Druck und Temperatur klassisch drei Zustände auf: fest, flüssig und gasförmig. Die Vorgänge an den Übergängen zwischen diesen Zuständen heißen bei steigender Temperatur Schmelzen und Verdampfen, bei sinkender Temperatur Kondensieren und Erstarren. Es gibt Stoffe, die beim Erkalten kristallisieren, und welche, die erstarren und fest werden, aber keine Kristalle bilden, also amorph bleiben wie Glas. Einige Polymere zeigen das gleiche Verhalten wie Glas.

Dass einige Polymere beim Abkühlen nicht kristallisieren, lässt sich verstehen, da die Kristallisation, wie in Abschnitt 2.4.6 beschrieben, auf der parallelen Anordnung von Makromolekülen basiert. Die Makromoleküle müssen dafür gestreckte Ketten oder Helices bilden und sich generell zum Kristall hinbewegen. Diese Bewegungen benötigen Zeit. In typischen Verarbeitungsprozessen steht den Makromolekülen diese Zeit nicht zur Verfügung. Das ist insbesondere dann der Fall, wenn die Bewegung der Makromoleküle langsam ist, weil sie einen komplexen Aufbau, große und sperrige Seitengruppen und eine große Länge haben.

Amorphe Thermoplaste werden beim Abkühlen aus der Schmelze fest, im festen Zustand gibt es aber zwei Bereiche mit unterschiedlichem mechanischen Verhalten, siehe Bild 2.40. Aufgetragen ist der Schubmodul G, also der Widerstand gegen eine Schervorformung, über der Temperatur.

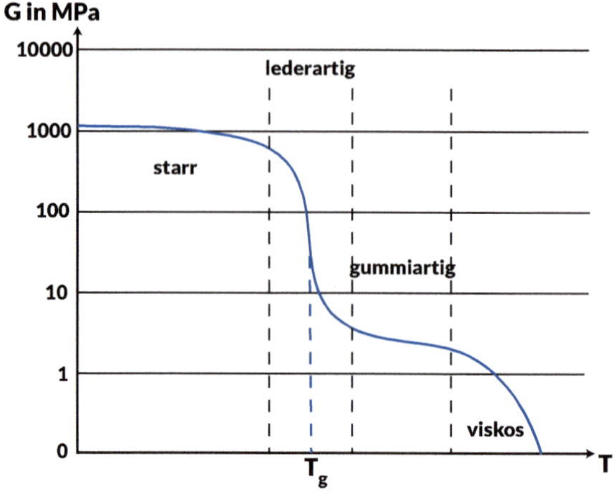

Bild 2.40
Schubmodul *G* als Funktion der Temperatur *T* für amorphe Thermoplaste

Unterhalb einer gewissen Temperatur verhalten sich amorphe Thermoplaste wie *starre Festkörper*, sie sind spröde und brechen leicht. Im Übergangsbereich verhalten sie sich wie Leder, sind also immer noch einigermaßen fest, aber nicht mehr spröde, sondern zäh. Oberhalb dieser Temperatur weisen sie ein *gummiartiges Verhalten* auf, sind aber noch Festkörper bis hin zu noch höheren Temperaturen, bei denen sie dann als Schmelze fließen.

Der Übergang zwischen dem Verhalten eines gummiartigen Festkörpers und dem eines starren Festkörpers wird *Glasübergang* genannt. Man weist dem Temperaturbereich, in dem der Glasübergang stattfindet, eine einzelne Temperatur zu, die Glasübergangstemperatur oder kurz *Glastemperatur* T_g genannt wird.

Der Glasübergang ist zwar nicht nur bei Polymeren vorhanden, führt bei diesen aber zu besonders großen Änderungen vieler Eigenschaften und Kennwerte. Schubmodul und Elastizitätsmodul werden beim Erstarren vieler amorpher Thermoplaste um einen Faktor 1000 größer.

Der Glasübergang kann durch die Theorie des freien Volumens erklärt werden [21]. Da die Ketten im amorphen Zustand nicht geordnet sind bzw. eine Nahordnung mit einem variierenden Abstand voneinander aufweisen, gibt es zwischen ihnen auch immer freie Bereiche, das sogenannte *freie Volumen*, siehe Bild 2.41.

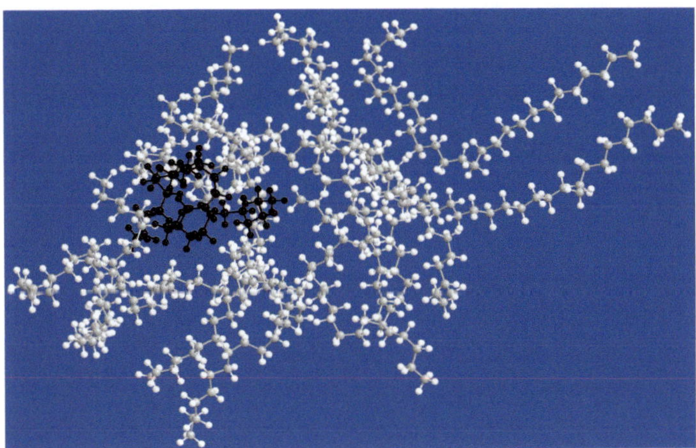

Bild 2.41 Amorpher Zustand am Beispiel von wenigen sehr kurzen Polyethylenmolekülen, eine davon ist zur besseren Sichtbarkeit schwarz hervorgehoben.

Das freie Volumen ist offenbar notwendig, damit Makromoleküle Platz zur Bewegung haben. In dem Temperaturbereich, in dem technische Systeme zum Einsatz kommen, gibt es immer eine oder mehrere Arten von Bewegung, siehe Abschnitt 2.4.2. Die Bewegungen haben einen unterschiedlichen Platzbedarf, in aufsteigender Reihenfolge:

- translatorische und rotatorische Schwingungen von Atomen in der Hauptkette und den Seitengruppen,
- Schwingungen von Seitengruppen und Teilen von Seitengruppen,
- Schwingungen und Bewegungen von Molekülteilen mit wenigen beteiligten Atomen in der Hauptkette (z. B. Kurbelwellenbewegung) und
- Bewegungen großer Teile von Molekülen oder vollständiger Moleküle (kooperative Kettenbewegungen, Reptation).

Dieser Platzbedarf ist aber nicht bei jeder Temperatur gegeben. Beim Abkühlen von Bauteilen und Proben aus Polymere beobachtet man eine Volumenabnahme wie bei fast allen Materialien.[13] Wenn die Atome in den Molekülen aber selber ihr Volumen behalten,[14] muss das Volumen zwischen ihnen beim Abkühlen geringer werden. Also nimmt das freie Volumen beim Abkühlen ab, die Makromoleküle kommen sich näher, der Reptationskanal wird enger.

Es wird somit beim Abkühlen eine Temperatur erreicht werden, bei der das freie Volumen für die Bewegungen mit dem größten Platzbedarf nicht mehr ausreicht, die kooperativen Kettenbewegungen kommen zum Erliegen. Wenn dies der Fall ist,

[13] Kohlenstofffasern und Aramidfasern bilden hier z. B. eine Ausnahme.

[14] Damit ist das Volumen gemeint, das durch das Kalottenmodell veranschaulicht wird, siehe Bild 2.13.

kann sich ein Festkörper aus einem Polymer unter Einwirkung einer äußeren Kraft nicht mehr so stark verformen, wie er es könnte, wenn sich die Makromoleküle noch gegeneinander bewegen könnten. Die durch eine Kraft hervorgerufenen Deformationen sind kleiner, der Widerstand gegen eine Deformation größer. Mit anderen Worten: Der amorphe Thermoplast ist ohne die Möglichkeit der kooperativen Kettenbewegungen steifer und spröder, er zeigt das Verhalten eines starren Festkörpers.

Oberhalb der Glastemperatur können sich die Makromoleküle wegen des ausreichend vorhandenen freien Volumens gegeneinander durch den *Reptationsprozess* bewegen, allerdings gibt es die *Verschlaufungen*, die wie sogenannte *physikalische Vernetzungsstellen* wirken und ein vollständiges Abgleiten der Makromoleküle gegeneinander verhindern. Es sind zwar größere Bewegungen und Deformationen als unterhalb der Glastemperatur möglich, ohne Krafteinwirkung nehmen der Probekörper oder das Bauteil aber die ursprüngliche Gestalt wieder an. Das Polymer verhält sich wegen der größeren möglichen Deformationen wie ein Gummi bzw. gummiartig.

Steigt die Temperatur noch weiter, sind freies Volumen und Bewegungen der Makromoleküle so groß, dass sich mehr Verschlaufungen lösen als neu bilden. Die Zahl der Verschlaufungen nimmt ab und die Ketten können aneinander abgleiten, das Polymer fließt.[15] Dies ist der viskose Zustand von Polymerschmelzen.

Die Überlegung, dass Bewegung und Temperatur über das freie Volumen zusammenhängen, wird durch die Temperaturabhängigkeit des spezifischen Volumens und den Knick bei der Glastemperatur nahegelegt, siehe Bild 2.42.

Ebenfalls ist in Bild 2.42 zu sehen, dass sich am Glasübergang außer dem Schubmodul und dem spezifischen Volumen v weitere Eigenschaften ändern, unter anderem die Enthalpie H, der lineare thermische Ausdehnungskoeffizient α und die spezifische Wärmekapazität c_p. Der Knick in den Verläufen von spezifischem Volumen und Enthalpie sowie der Sprung in Ausdehnungskoeffizient und Wärmekapazität ist typisch für einen Phasenübergang zweiter Art.[16]

---

[15] Der Begriff „Fließen" sollte der Klarheit wegen sich bewegenden Flüssigkeiten vorbehalten bleiben, also den Polymerschmelzen. Im Festkörper sollte man dagegen eher von einer Verformung sprechen. In Kapitel 7 zur Mechanik wird diese Thematik intensiver beleuchtet.

[16] Dieser Begriff aus der Thermodynamik wird hier angeführt, weil Verläufe dieser Art den Übergang nahelegen. Der Glasübergang ist allerdings kein Phasenübergang im Sinn der Gleichgewichtsthermodynamik, denn die Übergangstemperatur ist abhängig von der Geschwindigkeit der Temperaturänderung. Daher nennt man ihn einen kinetischen Übergang.

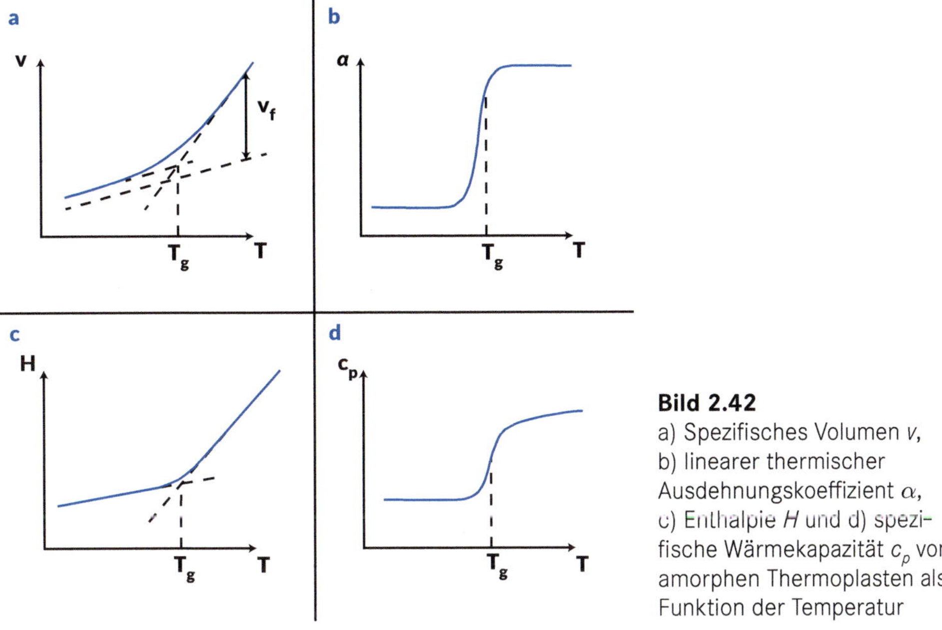

Bild 2.42
a) Spezifisches Volumen v, b) linearer thermischer Ausdehnungskoeffizient α, c) Enthalpie H und d) spezifische Wärmekapazität c_p von amorphen Thermoplasten als Funktion der Temperatur

In Abschnitt 2.4.2 wurden Bewegungen mit der dafür benötigten Energie und damit der Temperatur verknüpft. Tatsächlich kann man in komplexeren Molekülen Temperaturen ermitteln, bei denen die Bewegung von Molekülteilen beim Erwärmen möglich wird. Das Polymethylmethacrylat (PMMA), siehe Bild 2.43, hat zwei Seitengruppen, die Methyl- und die Estergruppe, wobei an der Estergruppe ihrerseits eine Methylgruppe am einfach gebundenen Sauerstoffatom vorhanden ist, vgl. Tabelle 2.1.

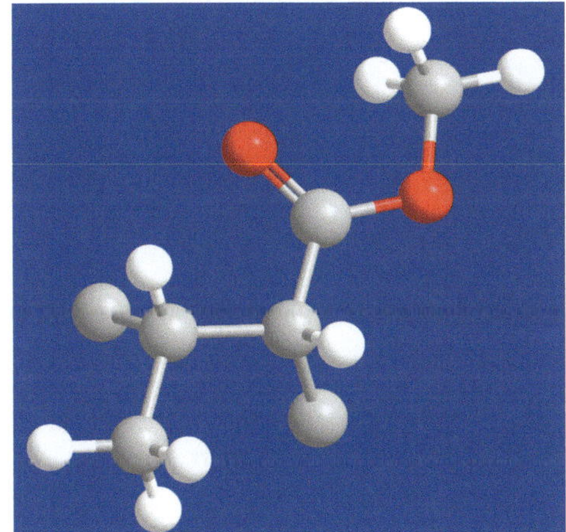

Bild 2.43
Wiederholeinheit des Polymethylmethacrylat (PMMA) mit Estergruppe, Methylseitengruppe und Methylgruppe an der Estergruppe. Wasserstoffatome sind weiß dargestellt, Kohlenstoffatome grau und Sauerstoffatome rot. Die Kohlenstoffatome mit nur einer kovalenten Bindung sind Teil der weitergehenden Kette.

Entsprechend ihrer Größe bzw. Masse und der Beeinflussung durch ihre direkte Umgebung oder vereinfacht gesagt ihre Entfernung von der Hauptkette benötigen die einzelnen Schwingungen und Konformationsänderungen mehr oder weniger Energie. Dies spiegelt sich in den Übergangstemperaturen wider, bei denen sie beim Erwärmen möglich werden, siehe Tabelle 2.15.

Tabelle 2.15 Übergangstemperaturen für Schwingungen und Konformationsänderungen im Polymethylmethacrylat (PMMA) [6]

Art der Bewegung	Übergangstemperatur in °C
Schwingung der Methylgruppe an der Estergruppe	-267
Schwingung der Methylseitengruppe	-170
Schwingung der Estergruppe	+20
Kooperative Kettenbewegung (Glasübergang)	+105

Der zu Beginn dieses Abschnitts erwähnte naheliegende Zusammenhang, dass die Bewegung der Makromoleküle langsam ist, wenn sie einen komplexen Aufbau, große und sperrige Seitengruppen sowie eine große Länge haben, lässt sich um die Aussage erweitern, dass auch die Polarität eine Rolle spielt. Die Glastemperatur sollte also von der Struktur der Polymere abhängen. Die Angaben in Tabelle 2.16 bestätigen dies.

Die ebenfalls in Tabelle 2.16 enthaltene Schmelztemperatur hängt offenbar in der gleichen Weise von der Struktur und Polarität ab wie die Glastemperatur. Dies kann so gedeutet werden, dass die zum Aufschmelzen benötigte Energie und damit die Schmelztemperatur mit zunehmender Komplexität und Polarität steigt. Es wird mit zunehmender Polarität mehr Energie zum Lösen der Nebenvalenzbindungen im Kristall und als Bewegungsenergie für Schwingungen und Konformationsänderungen benötigt.

Tabelle 2.16 Übergangstemperaturen in Abhängigkeit von der Molekülstruktur

Polymer	Strukturformel	Glastemperatur T_g in °C [12]	Schmelztemperatur T_m in °C [12]
Flexibilität der Hauptkette			
PE-HD		-100	125-135
POM	O	-70	175
PPS	S	85-95	285-290

Polymer	Strukturformel	Glastemperatur T_g in °C [12]	Schmelztemperatur T_m in °C [12]
Größe und Flexibilität der Seitengruppen			
PE-HD	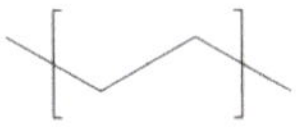	-100	125-135
PP	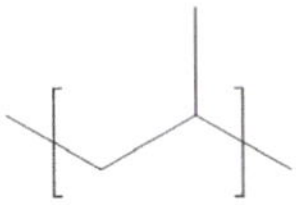	0-20	160-165
PS	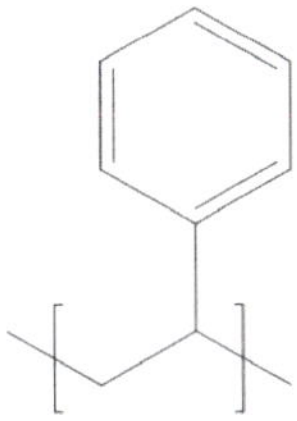	90-100	-
Polarität			
PE-HD	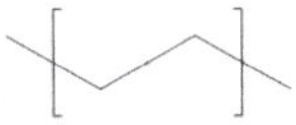	-100	125-135
PP	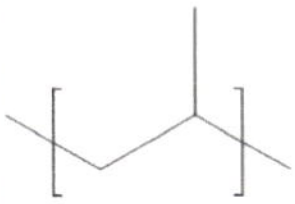	0-20	160-165
PVC	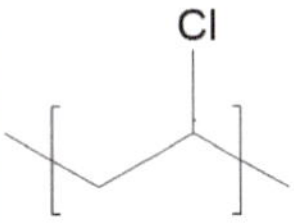 Cl	80	-
Ausbildung und Abstand der Wasserstoffbrücken in einer Wiederholeinheit			
PA 12	 O, H, N	49/-/-	170-180
PA 11	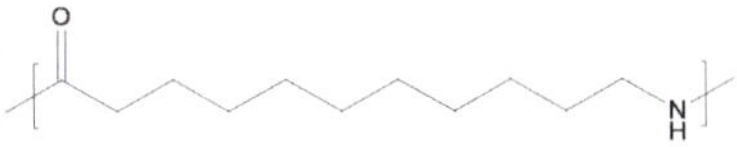 O, N, H	49/-/-	185
PA 6	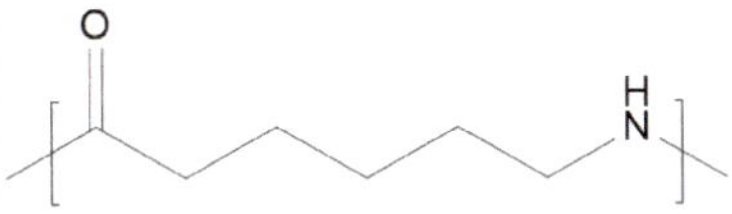 O, H, N	78/28/-8	225-235
PA 66	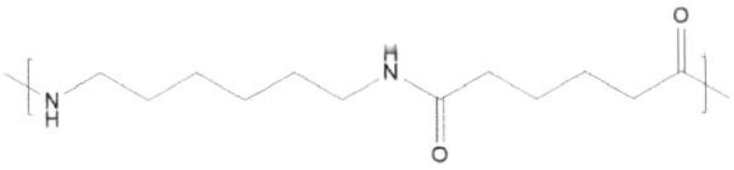 N, H, H, N, O, O	90/39/-6	225-265

Bei den Polyamiden werden drei Werte für die Glastemperatur angegeben, weil die Glastemperatur abhängig von der Konditionierung ist. Die Werte werden für die Zustände trocken/feucht/nass ermittelt, vgl. Abschnitt 7.1.2.

Für Polyvinylchlorid (PVC) und Polystyrol (PS) können keine Schmelztemperaturen ermittelt werden. Beim Polystyrol (PS) stimmt diese Tatsache mit der in Abschnitt 2.4.4 gemachten Aussage überein, dass die Kristallisation mit zunehmender Komplexität unwahrscheinlicher wird. Beim Polyvinylchlorid (PVC) ist der Grund der ataktische Aufbau. Tatsächlich können syndiotaktische Sequenzen im PVC kristallisieren, in der Praxis ist deren Anteil aber klein und damit der Kristallisationsgrad von PVC kleiner als 10–20 % [22].

Der Unterschied zwischen Polyamid 6 (PA 6) und Polyamid 66 (PA 66) beruht auf dem Aufbau der beiden Wiederholeinheiten: Beim Polyamid 66 sind die Amidgruppen gegeneinander gedreht, weshalb sich mehr Wasserstoffbrücken ausbilden als beim Polyamid 6, wodurch Glas- und Schmelztemperatur sowie Festigkeit und Steifigkeit höher sind [2].

2.5.4 Teilkristalliner Zustand

Sehr viele natürlich vorkommende Stoffe liegen, wenn sie ein Feststoff sind, als Kristalle vor. Das ist bei Gesteinen wie Granit, bei Edelsteinen und bei Metallen der Fall, aber auch z. B. bei gefrorenem Wasser, Methan und Viren. Auch Kunststoffe können kristallisieren. Die Kristallografie ist die Wissenschaft, die sich mit dem zugrundeliegenden Objekt, dem Kristall, seiner Struktur und seinen Eigenschaften beschäftigt.

Ein *Kristall* ist ein fester Körper, der aus Bausteinen besteht, die in allen drei Raumrichtungen periodisch angeordnet sind.

Die Bausteine können Atome, Ionen und Moleküle bis hin zu Teilen von Makromolekülen sein. Im einfachsten Fall sind es wie bei den Metallen einzelne Atome von z. B. Eisen, Aluminium oder Kupfer. Kochsalz besteht aus Natrium und Chlor, die als Ionen im Kristall vorliegen. Wasser und Methan bilden unterhalb von 0 bzw. –182 °C Kristalle aus Wasser bzw. Methanmolekülen.

Die periodische Anordnung in allen drei Raumrichtungen wird durch die *Kristallstruktur* beschrieben. Die Kristallstruktur basiert auf *Kristallgittern*, die aus *Elementarzellen* gebildet werden. In Bild 2.44 ist die Elementarzelle des kubisch flächenzentrierten Gitters gezeigt, wie sie z. B. bei Eisen oberhalb von 911 °C (γ-Eisen) und bei austenitischem Stahl (γ-Mischkristall des Eisens mit Kohlenstoff) auftritt. Beim einfachen kubischen Gitter sind in der Elementarzelle nur die Würfelecken besetzt, beim kubisch raumzentrierten Gitter zusätzlich noch der Punkt in der Würfelmitte.

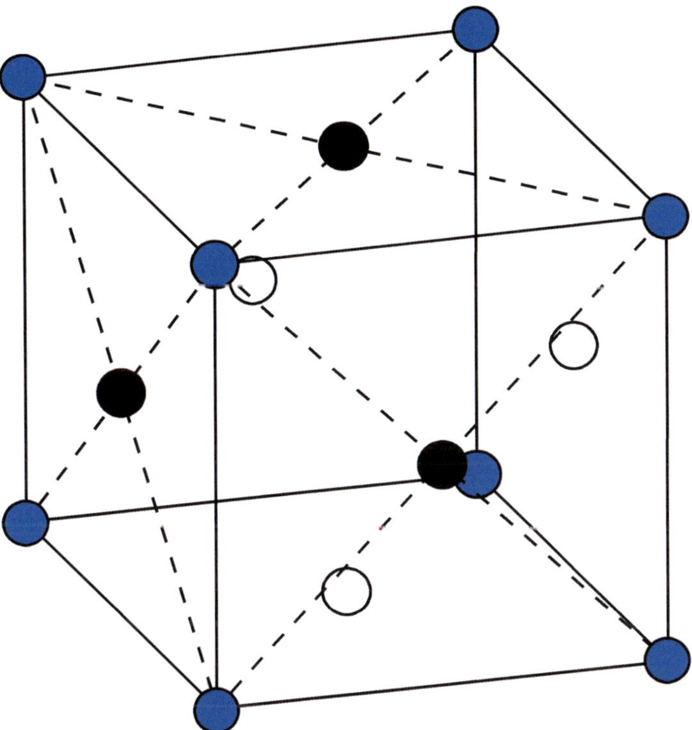

Bild 2.44 Elementarzelle des kubisch flächenzentrierten Gitters mit Gitterpunkten, die auf den Würfelecken (blau) oder den von vorne sichtbaren Flächenmitten (schwarz) bzw. den hinteren Flächenmitten liegen (weiß).

Reiht man die Elementarzellen des einfachen kubischen Gitters in alle drei Raumrichtungen aneinander, wie in Bild 2.45 gezeigt, entsteht das Kristallgitter, in diesem Fall das kubisch primitive Gitter. *Primitive Gitter* enthalten nur einen *Gitterpunkt* in jeder Elementarzelle. So sitzt zwar auf jeder der acht Ecken eines Würfels in Bild 2.45 ein Gitterprunkt, dieser liegt aber zu gleichen Teilen in den acht Würfeln, die sich diesen Gitterpunkt teilen. Also liegt er nur zu einem Achtel in jedem der beteiligten Würfel. Beim kubisch flächenzentrierten Gitter liegen zusätzlich zu den Eckpunkten die sechs Gitterpunkte auf den Flächenmitten jeweils zur Hälfte in der Elementarzelle, also in Summe vier Gitterpunkte in einer Elementarzelle. Beim kubisch raumzentrierten Gitter (wie im α-Eisen und im Ferrit) liegt zusätzlich ein Gitterpunkt vollständig in der Mitte in einer Elementarzelle, also in Summe zwei Gitterpunkte in einer Elementarzelle.

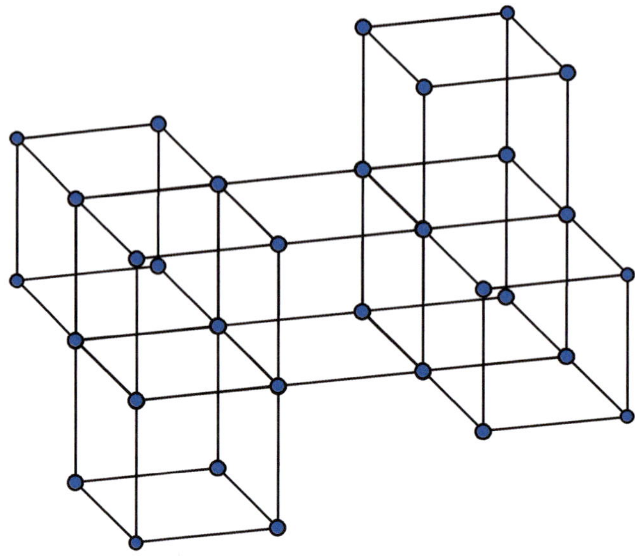

Bild 2.45 Aufbau eines Kristallgitters durch Aneinanderreihung von Elementarzellen in alle drei Raumrichtungen am Beispiel des kubisch primitiven Gitters

Die Elementarzelle wird durch die Längen ihrer Kanten und die Winkel zwischen den Kanten sowie ihre Gitterpunkte vollständig beschrieben. Die kubische Elementarzelle ist offensichtlich die einfachste, weil alle Kanten gleich lang und alle Winkel rechte Winkel sind. Umgekehrt ist der allgemeine Fall der, bei dem keine Kantenlänge und kein Winkel gleich sind. Solch ein Gitter heißt triklines Gitter. Es gibt genau sieben primitive Gitter, deren Elementarzellen periodisch in alle drei Raumrichtungen angeordnet werden können und dabei den Raum vollständig ausfüllen, siehe Tabelle 2.17.

Tabelle 2.17 Die sieben primitiven Kristallgitter

Name des Kristallgitters	Kantenlängen	Winkel zwischen den Kanten
Kubisch	$a = b = c$	$\alpha = \beta = \gamma = 90°$
Hexagonal	$a = b \neq c$	$\alpha = \beta = 90°, \gamma = 120°$
Trigonal (rhomboedrisch)	$a = b = c$	$\alpha = \beta = \gamma \neq 90°$
Tetragonal	$a = b \neq c$	$\alpha = \beta = \gamma = 90°$
Orthorhombisch	$a \neq b \neq c$	$\alpha = \beta = \gamma = 90°$
Monoklin	$a \neq b \neq c$	$\alpha = \gamma = 90°, \beta > 90°$
Triklin	$a \neq b \neq c$	$\alpha \neq \beta \neq \gamma$

Die Kanten a, b, c heißen in der Kristallografie „kristallografische Achsen“, sie fallen zusammen mit einem Koordinatensystem $\vec{a}, \vec{b}, \vec{c}$. Der Winkel zwischen zwei Achsen bzw. Vektoren wird mit dem griechischen Buchstaben des dritten Vektors bezeichnet, der Winkel γ wird also von den Vektoren $\vec{a}$ und $\vec{b}$ eingeschlossen, vgl. Bild 2.46.

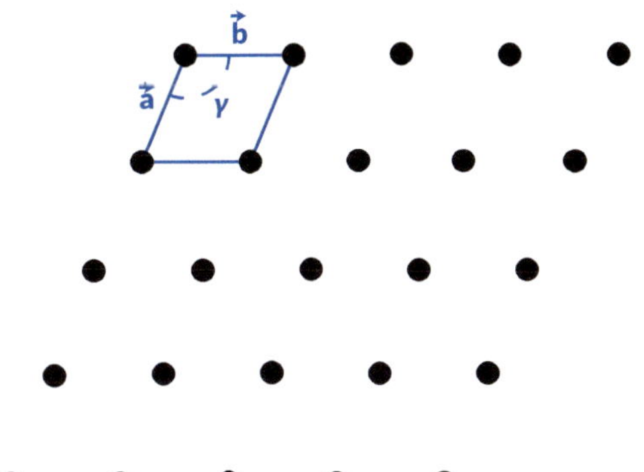

Bild 2.46
Zweidimensionales Gitter mit den kristallografischen Achsen $\vec{a}$ und $\vec{b}$

Berücksichtigt man mehr als einen Gitterpunkt pro Elementarzelle, also z. B. neben dem kubisch primitiven Gitter noch das kubisch flächenzentrierte und das kubisch raumzentrierte Gitter, ergeben sich insgesamt sieben weitere Kristallgitter und damit insgesamt die 14 sogenannten *Bravais-Gitter*. Mehr als diese 14 Kristallgitter, bei denen der Raum durch Verschiebung von Elementarzellen entlang der kristallografischen Achsen um eine Kantenlänge vollständig ausgefüllt wird, gibt es nicht.

Um die Kristallstruktur vollständig zu beschreiben, wird nicht nur die Angabe des Gitters benötigt, sondern auch die der *Basis*. Mit Basis ist dabei die Anordnung der Bausteine (Atome, Ionen, Moleküle) in der Elementarzelle gemeint. Im einfachsten Fall sitzt dabei auf jedem Gitterpunkt ein Atom, wie es beim Eisen und dem kubisch raumzentrierten Gitter (α-Eisen) oder dem kubisch flächenzentrierten Gitter (γ-Eisen) der Fall ist. Schon bei einfachen Oxiden ist das nicht mehr so. Das Titandioxid, genauer die *Rutil* genannte Kristallmodifikation, weist eine tetragonal primitive Elementarzelle auf, vgl. Bild 2.47. Als primitives Gitter hat es nur einen Gitterpunkt pro Elementarzelle. Acht Titanatome befinden sich auf den Quaderecken und eines in der Quadermitte, es liegen also zwei Titanatome in der Elementarzelle. Außerdem befinden sich in der Elementarzelle zwei Sauerstoffatome vollständig und vier zur Hälfte, in Summe somit vier. Das Gitter hat als primitives Gitter einen Gitterpunkt, aber sechs Atome in der Elementarzelle, von denen fünf an anderen Orten als die Gitterpunkte liegen. Diese sechs Atome bilden die Basis.

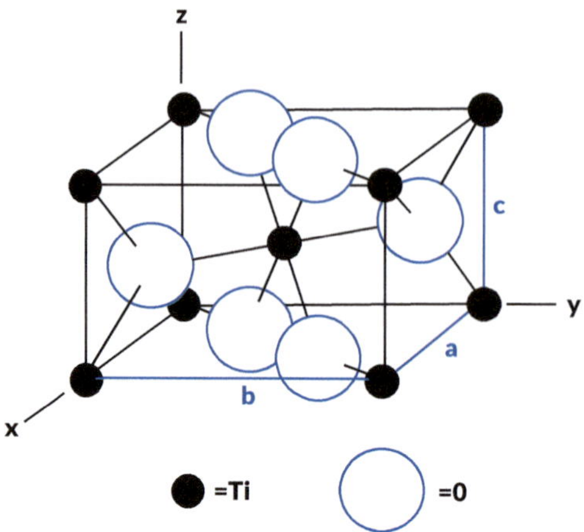

Bild 2.47
Tetragonal primitive Elementarzelle des Rutils (Titandioxid) mit einer Basis aus zwei Titanatomen und vier Sauerstoffatomen

Während bei Metallen überwiegend kubische oder hexagonale Gitter auftreten, kristallisieren Polymere meist in orthorhombischen oder triklinen Gittern, wie es beim Polyethylen in Bild 2.48 zu sehen ist. In einer Elementarzelle liegen Teile von vier Makromolekülen des Polyethylens. Vier Kohlenstoffatome mit jeweils zwei kovalent gebundenen Wasserstoffatomen bilden die Basis.

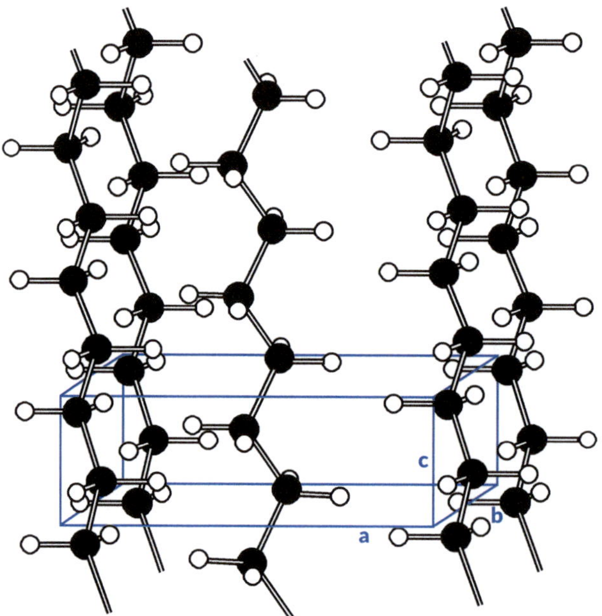

Bild 2.48
Orthorhombische Elementarzelle von Polyethylen nach [23]

Um Kristalle, also geordnete und periodisch in alle drei Raumrichtungen fortsetzbare Strukturen bilden zu können, müssen die Makromoleküle selber geordnet sein. Im Fall des Polyethylens ist diese Ordnung durch die *gestreckte Kette* gegeben, vgl. Bild 2.14 und Bild 2.48. In den meisten Polymeren treten aber *Seitengruppen* auf wie im Polypropylen die Methylgruppe, vgl. Bild 2.8. Wegen der Größe der Seitengruppen im Vergleich zu dem Platzbedarf der Atome in der *Hauptkette* ist eine gestreckte Kette nicht möglich, die Atome der Seitengruppen kämen sich zu nahe, die Abstoßung aufgrund ihrer Ladung wäre zu groß und die Energie dieser *Konformation* wäre dadurch ebenfalls zu groß. Solche Makromoleküle bilden als geordnete Konformation niedriger potenzieller Energie eine Helix, siehe Bild 2.49.

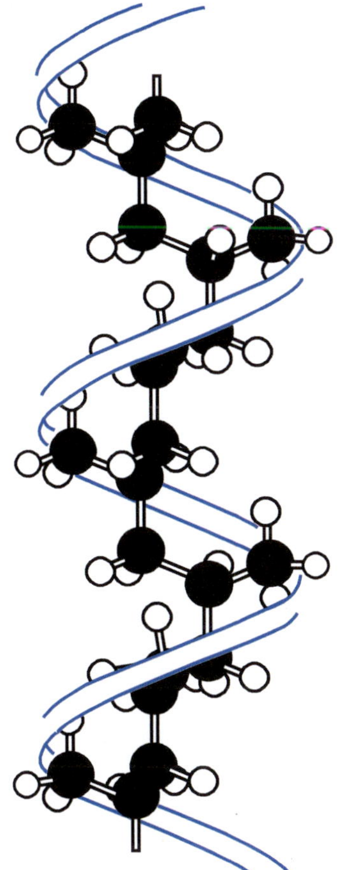

Bild 2.49
Helixförmige Konformation von Polymermolekülen mit Seitengruppen am Beispiel des isotaktischen Polypropylens nach [24]

Es wird umso unwahrscheinlicher, dass sich alle Molekülbestandteile genau passend anordnen, um eine Helix zu bilden, je größer die Seitengruppen werden und je mehr Möglichkeiten für unterschiedliche Anordnungen es in ihnen gibt. Die Neigung zu Kristallisation sollte also mit größer werdenden Seitengruppen und generell mit einem komplexer werdenden Aufbau der Makromoleküle sinken.

Spätestens mit dem Erreichen der Endgruppe des Moleküls ist auch die periodische Fortsetzung der Elementarzellen beendet. Tatsächlich findet man bei Polymeren keine in alle drei Raumrichtungen ausgebreiteten Kristalle, sondern plättchenförmige Kristalle. Deren Dicke d beträgt nur etwa 10 - 20 nm, während ihre Ausdehnung in die anderen beiden Raumrichtungen zumindest bei einer Kristallisation unter Laborbedingungen einige Mikrometer, also das 100-Fache betragen kann [25]. Polymerkristalle sind von dem Verhältnis der Seitenlängen vergleichbar mit Papierblättern. Sie werden Lamellen genannt.

Lamelle ist die Bezeichnung für einen Polymerkristall, da dieser in der Regel eine Dicke von 10 - 20 nm und eine Länge und Breite bis zu einigen Mikrometern aufweist.

In den Lamellen liegen die Makromoleküle fast parallel zur Dickenrichtung, das ist die Richtung der Quaderhöhe c in Bild 2.48. Offenbar ist es so, dass in einer Lamelle mit dieser Dicke nur wenige Wiederholeinheiten eines Makromoleküls liegen können, das aus 10 000 oder mehr Wiederholeinheiten aufgebaut ist. Denn es ist thermodynamisch sehr unwahrscheinlich, dass ein Molekül mit einigen 10 000 Wiederholeinheiten vollständig als gestreckte Kette oder Helix vorliegt. Die Molekülkette

- kann außerhalb der Lamelle ungeordnet weiterlaufen,
- sie kann eine Schlaufe bilden, sodass das Molekül nach einer Rückfaltung an einer anderen Stelle wieder im Kristall liegen kann, oder
- sie hört einfach auf, vgl. Bild 2.50.

Alle drei Möglichkeiten kommen je nach Polymer und Kristallisationsbedingungen vor.

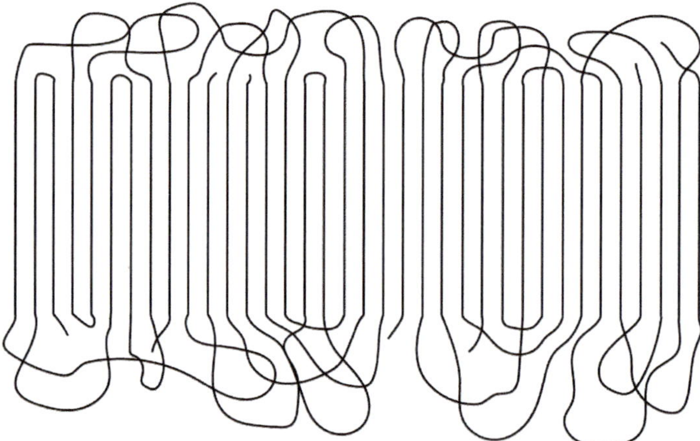

Bild 2.50 Lamelle mit regelmäßig angeordneten Kettensegmenten (gerade Striche für gestreckte Ketten oder Helices) als typische Kristallform mit Rückfaltungen an der Grenzschicht zum amorphen Bereich. Die Dickenrichtung (c-Richtung) ist nach oben. Die Lamelle ist nach links und rechts sowie in die und aus der Zeichenebene weit ausgedehnt.

Wichtig ist festzustellen, dass

- außerhalb der kristallinen Lamelle ungeordnete Teile der Makromoleküle vorliegen, also ein amorpher Bereich existiert, dass also dasselbe Molekül zum Teil dem kristallinen Bereich und dem amorphen Bereich zugeordnet werden muss und dass zudem
- ein Molekül aufgrund seiner sehr großen Länge im Vergleich zur Lamellendicke Teil von mehreren Lamellen sein kann. Solche Moleküle verbinden Lamellen und werden daher *Tie-Moleküle* genannt.

Weil amorphe und kristalline Bereiche gleichzeitig vorliegen, spricht man davon, dass Polymere *teilkristallin* sind. Es wird auch das Wort *semikristallin* verwendet.

Dies ist ein wesentlicher Unterschied zu Metallen, die abgesehen von Kristallbaufehlern und Korngrenzen in realen Gefügen vollständig kristallisieren.

Das gleichzeitige Vorliegen von zwei unterschiedlichen thermodynamischen Phasen bei einer Temperatur und einem Druck bedeutet auch, dass Polymere nicht im thermodynamischen Gleichgewicht sind. Sie werden sich daher im Lauf der Zeit zwangsläufig diesem thermodynamischen Gleichgewicht annähern. Deshalb wird z. B. ihr Kristallisationsgrad mit der Zeit zunehmen. Diese physikalisch begründeten Veränderungen werden auch *physikalische Alterung* genannt. Eine Veränderung von Gefüge oder realem Kristall mit seinen Kristallbaufehlern (Versetzungen, Leerstellen usw.) ist zwar auch bei Metallen möglich, die Änderungen bei Polymeren verlaufen aber im Vergleich bei Raumtemperatur und Normaldruck schneller und haben größere Auswirkungen z. B. auf die mechanischen Eigenschaften. Das Verhältnis von kristallinen und amorphen Bereichen bestimmt die Eigenschaften von Polymeren wesentlich, deshalb ist der sogenannte Kristallisationsgrad eine relevante Größe.

Mit *Kristallisationsgrad* K_M wird das Verhältnis der Masse m_c bzw. mit K_V des Volumens V_c der kristallinen Bereiche bezogen auf die Gesamtmasse bzw. das Gesamtvolumen eines Polymers bezeichnet. Gesamtmasse oder -volumen sind jeweils die Summe der Massen m oder Volumina V von kristallinen („c") und amorphen („a") Bereichen, siehe Formel 2.12 und Formel 2.13.

Der Kristallisationsgrad wird auch *Kristallinität* oder *Kristallinitätsgrad* genannt.

Er wird als Zahl zwischen null und eins oder nach Multiplikation mit 100 % als Prozentzahl angegeben.

$$K_M = \frac{m_c}{m_c + m_a} \tag{2.12}$$

$$K_V = \frac{V_c}{V_c + V_a} \tag{2.13}$$

Für diese Definition nimmt man vereinfachend an, dass es genau zwei Bereiche oder thermodynamische Phasen, amorph und kristallin, gibt. Allerdings sind die Makromolekülketten in der Grenzschicht zwischen dem amorphen und dem kristallinen Bereich nicht so ungeordnet wie im Rest der amorphen Phase, weil sie aus dem geordneten kristallinen Bereich austreten. Der Übergang ist also fließend und nicht scharf. Zudem können die *Tie-Moleküle* nicht alle Bewegungen durchführen, die thermodynamisch in der rein amorphen Phase möglich wären. Zusätzlich gibt es wie bei Metallen auch Kristallbaufehler und Endgruppen von Makromolekülen im Kristall.

Die Werte für K_M sind immer größer als die für K_V, vgl. Formel 2.14, da die Dichte ρ_c in kristallinen Bereichen höher als die Dichte ρ_a in amorphen Bereichen ist, denn in den kristallinen Bereichen liegen die Ketten näher zusammen. Sie nehmen bei gleicher Masse also weniger Volumen ein.

$$K_V = \frac{1}{1 + \frac{1 - K_M}{K_M} \cdot \frac{\rho_c}{\rho_a}} \tag{2.14}$$

Umgekehrt kann mit der Dichte ρ des teilkristallinen Polymers näherungsweise K_M aus K_V, siehe Formel 2.15, berechnet werden.

$$K_M = K_V \frac{\rho_c}{\rho} \tag{2.15}$$

Zur Bestimmung des Kristallisationsgrades K_M wird in der Kunststofftechnik meist nach ISO 11357 „Kunststoffe - *Dynamische Differenz-Thermoanalyse* (DSC)" die Enthalpie ΔH_m in kJ/kg gemessen, die zum Schmelzen der kristallinen Bereiche aufgewendet werden muss. Diese wird auf die *Schmelzenthalpie* des idealen, zu 100 % kristallinen Polymers ΔH_m^∞ bezogen[17], vgl. Formel 2.16. Dieser in der Praxis nicht erreichbare Wert wird durch Extrapolation aus Messwerten ermittelt.

$$K_M = \frac{\Delta H_m}{\Delta H_m^\infty} \tag{2.16}$$

Es kann auch nach ISO 1183 „Kunststoffe - Verfahren zur Bestimmung der Dichte von nicht verschäumten Kunststoffen" die Dichte einer Probe ermittelt werden. Dazu wird für eine Probe bekannter Masse über den Auftrieb in einem Medium deren Volumen gemessen und daraus die Dichte ρ in kg/m³ oder g/cm³ bestimmt.

[17] Oft wird auch eine hochgestellte Null verwendet. Das hochgestellte Zeichen „∞" erscheint passender, weil 100 % kristallines Material, also ein perfekter Kristall, sich ins Unendliche ausdehnen würde und man bis zur vollständigen Kristallisation bei Polymeren unendlich lange warten müsste.

Aus der Dichte ρ einer Probe lässt sich der Kristallisationsgrad K_V gemäß Formel 2.17 berechnen, wenn die Dichten von kristalliner und amorpher Phase bekannt sind.

$$K_V = \frac{\rho - \rho_a}{\rho_c - \rho_a} \tag{2.17}$$

Die Dichte eines Kristalls lässt sich aus seiner Elementarzelle berechnen, die Dichte der amorphen Phase bei Temperaturen kleiner als die Schmelztemperatur kann aus den Werten für die temperaturabhängige Dichte in der Schmelze extrapoliert werden. Die Dichten von Polymerkristallen und von den amorphen Phasen findet man zumeist in wissenschaftlicher Fachliteratur zwischen 1950–2000, während die meisten Autoren für die Schmelzenthalpie von 100% kristallinen Polymeren auf die von Wunderlich [16] entwickelte *ATHAS-Datenbank* zurückgreifen.

Tabelle 2.18 Typische *Kristallisationsgrade* von Polymeren und Werte zur Ermittlung des Kristallisationsgrads nach [12] (wenn nicht anders angegeben)

Polymer	Kristallisations-grad in %	ρ_c in g/cm³	ρ_a in g/cm³	ρ in g/cm³	ΔH_m^∞ in kJ/kg [16]
Polyamid 66 (PA 66)	35–45	1,24	1,07	1,13–1,16	255,8
Polyamid 6 (PA 6)	30–40	1,23	1,08	1,12–1,15	230,1
Polyoxymethylen (POM-H)	70–80	1,54	1,25	1,41	326,2
Polyethylenterephthalat (PET)	30–40	1,515 [26]	1,33	1,38–1,40 [27]	140,1
Polybutylenterephthalat (PBT)	40–50	1,433 [26]	1,280 [28]	1,30–1,32	140
Polytetrafluorethylen (PTFE)	60–80	2,35	2,00	2,14–2,20 [29]	82
Polypropylen (PP-C)	70–80	0,936 [30]	0,85	0,895–0,92 [29]	207,1
Polyethylen hoher Dichte (PE-HD)	60–80	1,00	0,85	0,94–0,96 [31]	293,6
Lineares Polyethylen niedriger Dichte (PE-LLD)	55–65 [27]	1,00	0,85	0,911–0,925 [31]	293,6
Polyethylen niedriger Dichte (PE-LD)	40–55	1,00	0,85	0,911–0,925 [31]	293,6

„POM-H" meint das homopolymere Polyoxymethylen, mit „PP-C" wird nach ISO 1043-1 isotaktisches Polypropylen bezeichnet.

Polymere kristallisieren also nur teilweise, die kristallinen Bereiche bilden Lamellen. Diese Lamellen sind mit einer Dicke von einigen Nanometern zu klein, um sie als einzelne Objekte mit einem Lichtmikroskop sehen zu können. Trotzdem sieht man durch ein Polarisationsmikroskop Strukturen. Eine solche Struktur nennt man Sphärolith.

Ein *Sphärolith* ist eine typische Form der *kristallinen Überstruktur* in teilkristallinen Polymeren, die aus Lamellen und den dazwischenliegenden amorphen Bereichen besteht.

Im Zentrum des Sphärolithen befindet sich der Startpunkt, der Keim, an dem die erste Lamelle gewachsen ist. Auf diese Lamelle wachsen weitere Lamellen auf. Dabei können drei Fälle auftreten, vgl. Bild 2.51:

1. Die meisten Lamellen wachsen vom Zentrum des Sphärolithen aus, auf ihnen entstehen keine oder wenige neue Lamellen. Die Lamellen wachsen im Wesentlichen radial nach außen. In diesem Fall beobachtet man im Polarisationsmikroskop das sogenannte *Malteserkreuz.*
2. Es entstehen viele neue Lamellen auf denen, die schon wachsen. Das Wachstum ist büschelartig, man nennt es *dendritisches Wachstum*. Die Lamellen sind in diesem Fall nicht überwiegend radial orientiert, sondern wachsen letztlich in alle Richtungen.
3. Die Lamellen wachsen wie in Fall 1 überwiegend radial, aber wegen Oberflächenspannungen drehen sie sich mit einer regelmäßigen Periode um ihre Achse. In diesem Fall beobachtet man im Polarisationsmikroskop konzentrische schwarze Ringe. Dies tritt bei PE, PP und PVDF auf [12].

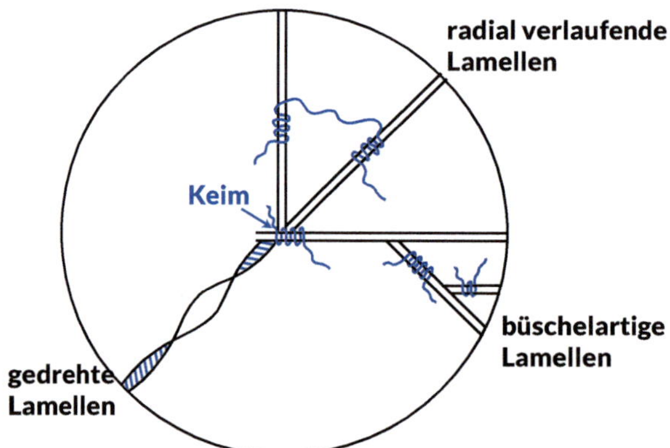

Bild 2.51 Sphärolith als kristalline Überstruktur um einen zentralen Keim, von dem radial verlaufende Lamellen (oben), büschelartige Lamellen (rechts) oder gedrehte Lamellen (unten links) ausgehen können.

In Bild 2.52 sind Eiskristalle zu sehen, die dendritisches Wachstum aufweisen und von linienförmigen Keimen aus gewachsen sind.

Bild 2.52 Eiskristalle auf einer Fensterscheibe mit dendritischem Wachstum der Kristalle ausgehend von linienförmigen Keimen (Photo 1857386/Ice © Mitrut Danut | Dreamstime.com)

2.5.5 Schmelzen von Kristallen

In einem System, dass aus den zwei Phasen flüssig und fest besteht, werden in der Thermodynamik die Enthalpien der beiden Phasen betrachtet. Bild 2.53 zeigt den Verlauf der Gibbs'sche freien Enthalpie für die feste, kristalline und die flüssige, geschmolzene Phase. Bei einer bestimmten Temperatur ist jeweils die Phase thermodynamisch stabil, für die bei dieser Temperatur die Enthalpie geringer ist. Bei der Temperatur, bei der sich beide Kurven schneiden, also die Enthalpien gleich sind, stehen beide Phasen im Gleichgewicht, d.h., Kristall und Schmelze liegen gleichzeitig vor.

Mit *Gleichgewichtsschmelztemperatur* T_m^{∞} wird die Temperatur bezeichnet, bei der die Enthalpien der beiden Phasen „Kristall“ und „Schmelze“ gleich groß sind. Beide Phasen sind bei dieser Temperatur im Gleichgewicht und gleichzeitig stabil.

a)

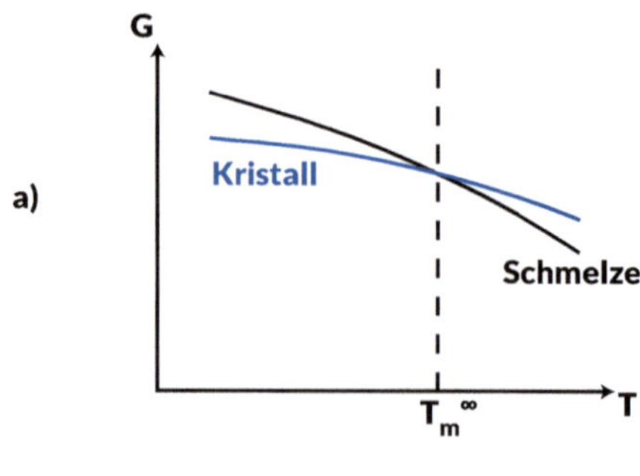

b)

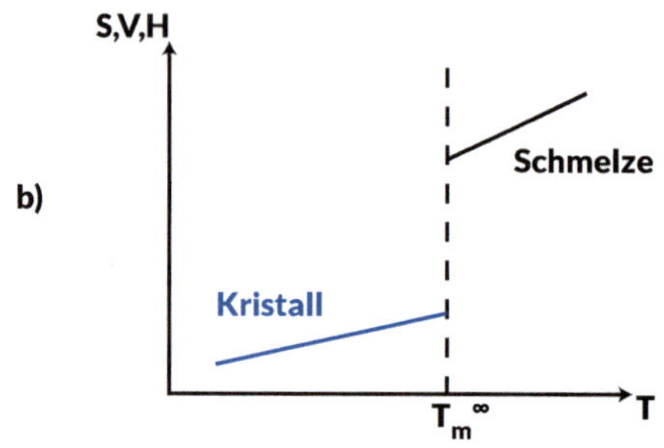

Bild 2.53
a) Gibbs'sche freie Enthalpie *G* von Kristall und Schmelze als Funktion der Temperatur. Die Gleichgewichtsschmelztemperatur T_m^∞ ist die Temperatur, an der sich die Funktionen schneiden; b) die mathematische Ableitung der Gibbs'schen freien Enthalpie nach der Temperatur ergibt die Zustandsgrößen Entropie *S*, Volumen *V* und Enthalpie *H*. Diese Funktionen machen bei $T = T_m^\infty$ einen Sprung.

Die Zustandsgrößen Entropie *S*, spezifisches Volumen *V* und Enthalpie *H* ergeben sich aus der Ableitung der Gibbs'schen freien Enthalpie nach der Temperatur. Diese Funktionen machen bei $T = T_m^\infty$ einen Sprung. Schmelzen wird, weil die erste Ableitung einen Sprung macht, auch als thermodynamischer Übergang bzw. Phasenübergang erster Art bezeichnet. Für diesen Phasenübergang gilt, dass die Temperatur eines Feststoffs, dem Wärme zugeführt wird, so lange steigt, bis die Schmelztemperatur erreicht ist, und diesen Wert so lange beibehält, bis der Phasenübergang von fest zu flüssig abgeschlossen ist. Der umgekehrte Vorgang, die Kristallisation bzw. das Kristallisieren, ist wegen der notwendigen Unterkühlung kein Phasenübergang im Sinn der Thermodynamik, sondern ein kinetischer Übergang, siehe Abschnitt 2.4.6.

Weil die Polymerkristalle Lamellen mit einer Oberfläche sind, die größer ist als bei einem idealen Kristall, der in alle drei Raumrichtungen gleichmäßig gewachsen ist, wird weniger Energie benötigt, um sie zu schmelzen als bei dem idealen Kristall, vgl. die in Abschnitt 2.4.6 beschriebene Keimentstehung. Polymerkristalle schmelzen daher bei Temperaturen, die niedriger sind als die *Gleichgewichtsschmelztemperatur* T_m^∞.

Die tatsächliche *Schmelztemperatur* T_m hängt von der Dicke der Lamellen ab und steigt mit dieser. Die Dicke der Lamellen wiederum hängt von der Temperatur ab, bei der die Lamellen entstanden sind und steigt mit dieser. Je dicker eine Lamelle ist, also je näher sie am idealen Kristall ist, desto mehr Energie wird benötigt, um sie zu schmelzen und desto höher ist die Temperatur, bei der sie schmilzt. Deshalb hängt die tatsächlich gemessene Schmelztemperatur T_m von den Herstellungsbedingungen der untersuchten Probe bzw. des Bauteils ab, aus dem die Probe entnommen wurde, und ist somit kein Werkstoffkennwert.

Die *Schmelztemperatur* T_m ist die Temperatur, bei der ein Polymer unter definierten Bedingungen beim Erwärmen schmilzt. Sie ist kein Werkstoffkennwert, sondern hängt von der Vorgeschichte der Probe und den Bedingungen beim Schmelzen ab.

Ein Werkstoffkennwert wird die Schmelztemperatur erst, wenn die Bedingungen, unter denen sie gemessen wird, für alle Kunststoffe gleich und damit auch der Messwert vergleichbar ist. Diese Vergleichbarkeit stellt die ISO 11357 „Kunststoffe - *Dynamische Differenz-Thermoanalyse* (DSC)“ her. Sie gibt vor, wie bei der Ermittlung der Schmelztemperatur und gleichzeitig der Schmelzenthalphie vorgegangen werden muss.

Man erkennt in Tabelle 2.19, dass die tatsächlich gemessenen Schmelztemperaturen immer niedriger sind als die Gleichgewichtsschmelztemperaturen, was auf die nicht idealen Kristalle (Lamellen) zurückzuführen ist. Außerdem liegen die gemessenen Schmelztemperaturen für die kommerziellen Kunststoffe in einem Intervall von typischerweise 10–20 °C Breite. Diese Streuung ist auf den unterschiedlichen Aufbau der Polymere und die spezifischen Rezepturen der Kunststoffe der einzelnen Hersteller zurückzuführen. Trotzdem kann die Schmelztemperatur zur Identifikation von unbekannten Kunststoffen herangezogen werden.

Tabelle 2.19 Schmelztemperaturen und Gleichgewichtsschmelztemperaturen verschiedener Thermoplaste

Kunststoffname	Kurzzeichen	Schmelztemperatur T_m in °C nach ISO 11357 [32]	Gleichgewichtsschmelztemperatur T_m^∞ in °C [16]
Standardthermoplaste			
Polyethylen niedriger Dichte (low density)	PE-LD	105–113	141
Polyethylen hoher Dichte (high density)	PE-HD	129–134	141
Polypropylen	PP	162–168	188
Technische Thermoplaste			
Polylactonsäure	PLA	115–155	207
Polyoxymethylen Copolymer	POM-C	163–173	-
Polyoxymethylen Homopolymer	POM-H	178	184
Polyamid 12	PA 12	169–185	227

Tabelle 2.19 Schmelztemperaturen und Gleichgewichtsschmelztemperaturen verschiedener Thermoplaste *(Fortsetzung)*

Kunststoffname	Kurzzeichen	Schmelztemperatur T_m in °C nach ISO 11357 [32]	Gleichgewichtsschmelztemperatur T_m^∞ in °C [16]
Polyamid 11	PA 11	181–204	220
Polyamid 6	PA 6	210–224	260
Polyamid 66	PA 66	254–265	301
Polybutylenterephthalat	PBT	218–226	245
Polyethylenterephthalat	PET	244–257	280
Hochleistungsthermoplaste			
Polyvinylidenfluorid	PVDF	157–171	210
Polyphenylensulfid	PPS	275–280	320
Polyetheretherketon	PEEK	336–343	395

Die Werte für die Schmelztemperatur sind andere als in Tabelle 2.16, weil hier die Spannweite der in der Material Data Base vorhandenen Kunststoffe wiedergegeben wird, die sich vermutlich in sehr vielen Parametern (Molmassenverteilung, Additive, Copolymerisate, ...) unterscheiden.

In der Kunststofftechnik werden oft die Wörter *Erweichen* und *Erweichungstemperatur* benutzt, um die Temperatur zu benennen, bei der ein Kunststoff beim Erwärmen verarbeitbar wird. Dabei wird nicht zwischen amorphen und teilkristallinen Thermoplasten unterschieden. Da amorphe Thermoplaste aber einen Glasübergang aufweisen und Kristalle schmelzen, sollte der Begriff Erweichungstemperatur nicht verwendet werden, da er zu unspezifisch ist. Zudem wird auch im Zusammenhang mit innerer und äußerer Weichmachung von Erweichen gesprochen, was wieder auf völlig anderen Effekten beruht.

2.5.6 Kristallisieren

Die Kristallisation wird als Prozess[18] bestehend aus den zwei Phasen *Keimbildung* und *Wachstum* beschrieben.

Bei der Keimbildung in der amorphen Phase gibt es aufgrund der Bewegung der Polymermoleküle eine gewissen Wahrscheinlichkeit dafür, dass sich einige Segmente weniger Moleküle erstens geordnet als gestreckte Kette oder Helix und zweitens auch näher nebeneinander befinden, als es für die amorphe Phase üblich ist, vgl. Bild 2.54. An diesen Orten ist die Dichte höher als in der amorphen Phase an anderen Stellen. Die Moleküle bewegen sich aber weiter, sodass zu einem späte-

[18] Diese Beschreibung mit den entsprechenden Formeln wird im Übrigen auch auf die Bildung von Schäumen angewandt.

ren Zeitpunkt Ordnung und Nähe an diesen Orten wieder verschwunden sein können. Dann ist auch die Dichte wieder so groß, wie in der amorphen Phase üblich. Die Dichte ändert in der Schmelze bzw. der amorphen Phase also an jedem Ort ständig ihren Wert, man sagt, sie fluktuiert und spricht von *Dichtefluktuation*.

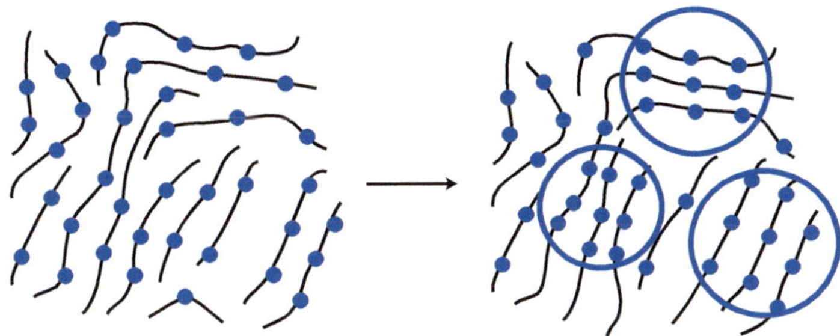

Bild 2.54 Keimentstehung aufgrund von Dichtefluktuation in der amorphen Phase: Ungeordnete Moleküle (links) können mit einer gewissen Wahrscheinlichkeit auch zum Teil geordnet nebeneinander liegen (rechts).

Aus Dichtefluktuationen werden Keime, wenn sie groß genug sind, um eine Abnahme der Enthalpie G, also ein negatives ΔG gegenüber der amorphen Phase um sie herum aufzuweisen. Bei negativem ΔG sind sie aus Sicht der Thermodynamik stabil. Die dafür notwendige Größe lässt sich mit folgendem klassischen Modell [33] abschätzen. Dazu wird vereinfachend angenommen, dass die Orte höherer Dichte kugelförmig sind. In der Kugel mit dem Radius r liegt die kristalline Phase vor, außerhalb die amorphe Phase. Unterhalb der Gleichgewichtsschmelztemperatur wäre dann die Gibbs'sche freie Enthalpie in der Kugel immer kleiner als außerhalb, vgl. Bild 2.53, die Kugel wäre thermodynamisch unabhängig von ihrem Radius stabil. Allerdings muss für die Oberfläche der Kugel, also die Grenzfläche zwischen beiden Phasen Energie aufgebracht werden, die sich aus der Oberflächenspannung σ und der Oberfläche der Kugel $4\pi r^2$ berechnen lässt. Wenn der Enthalpiegewinn G in der Kugel durch die Differenz der chemischen Potenziale $\Delta\mu$ [19] von amorpher und kristalliner Phase, die Dichte ρ und die molare Masse M ausgedrückt wird, ergibt sich:

$$\Delta G_r = \frac{4\pi}{3} r^3 \frac{\rho}{M} \Delta\mu + 4\pi r^2 \sigma \qquad (2.18)$$

Die Differenz der Gibbs'schen freien Enthalpien der kristallinen Kugel im Vergleich zur amorphen Phase steigt zunächst mit dem Quadrat des Radius an. Erst bei grö-

[19] Das chemische Potenzial ist definiert als die Änderung der Gibbs'schen freien Enthalpie bei einer chemischen Reaktion. Bei einer chemischen Reaktion werden Bindungen zwischen Atomen oder Molekülen gelöst oder geschaffen. Dabei ändert sich einerseits die Stoffmenge in Mol der beteiligten Atome oder Moleküle und andererseits die Bindungsenergie in ihnen. Der Übergang von amorpher zu kristalliner Phase ist keine chemische Reaktion, das chemische Potenzial wird aber vielfältig verwendet und es gibt Tabellen mit Zahlenwerten.

ßeren Radien wird der negative Beitrag des Volumens größer und die Enthalpiedifferenz negativ, vgl. die durchgezogene Kurve in Bild 2.55. Daher gibt es ein Maximum der Funktion ΔG_r an der Stelle r_c, dem sogenannten *kritischen Keimradius*, und einen Nulldurchgang bei einem noch größeren Radius r_s. Solange ΔG_r positiv ist, ist der Keim thermodynamisch instabil. Er kann also auch wieder schmelzen. Erst wenn ein kugelförmiger Keim einen Radius $r > r_c$ aufweist, wird ΔG_r mit weiterem Wachstum kleiner und die Wahrscheinlichkeit, dass der Keim weiterwächst, ist größer, als die, dass er schmilzt. Bei Radien $r > r_s$ ist ΔG_r negativ und der Keim ist thermodynamisch stabil.

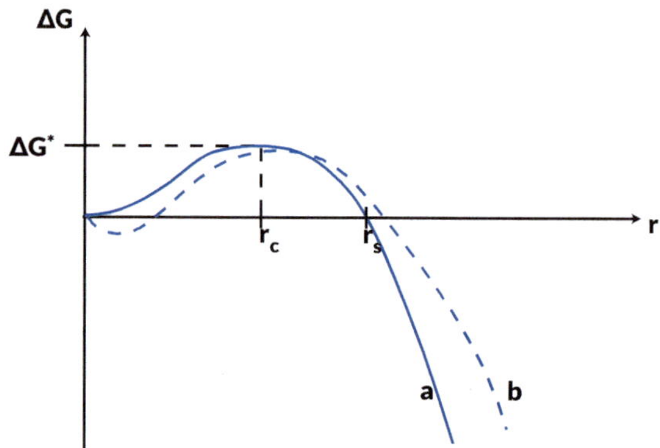

Bild 2.55 Konzept des Keimwachstums mit dem kritischen Keimradius r_c zur Abgrenzung von instabilem und stabilem Keimwachstum nach [33] und Quellen dort. Kurve a zeigt die Differenzenthalpie ΔG nach dem klassischen Modell, Kurve b zeigt die Differenzenthalpie ΔG unter Berücksichtigung einer größenabhängigen Oberflächenspannung.[20]

Setzt man die Ableitung von Formel 2.18 für den Enthalpiegewinn ΔG_r des kugelförmigen Keims nach dem Radius gleich null, erhält man für den kritischen Keimradius:

$$r_c = \frac{2\sigma M}{|\Delta\mu|\rho} \tag{2.19}$$

Der kritische Keimradius wird nach Formel 2.19 kleiner, wenn die Differenz des chemischen Potenzials $\Delta\mu$ von kristalliner und amorpher Phase größer wird. Das ist der Fall, wenn die Temperatur T, bei der die Keimentstehung betrachtet wird, kleiner wird, vgl. Bild 2.53. Wird die Temperatur kleiner, wird die Temperaturdifferenz ΔT zwischen der Temperatur bei der Keimentstehung und der Gleichgewichtsschmelztemperatur T_m^∞ größer. Diese Temperaturdifferenz wird Unterkühlung genannt.

---

[20] Die gestrichelte Linie (Kurve b) in Bild 2.55 gibt den Verlauf nach einem gegenüber dem klassischen Modell erweiterten Modell dar, bei dem die Oberflächenspannung selber eine Funktion des Keimradius ist und mit diesem abnimmt. Demzufolge gibt es bereits stabile Keine bei sehr kleinen Radien.

Mit *Unterkühlung* wird die Temperaturdifferenz ΔT zwischen der Temperatur T, bei der die Keimentstehung erfolgt, und der Gleichgewichtsschmelztemperatur T_m^∞ bezeichnet. Mit abnehmender Temperatur nimmt die Unterkühlung zu.

Die Enthalpiedifferenz im Maximum, ΔG^*, wird durch Einsetzen von Formel 2.19 in Formel 2.18 erhalten:

$$\Delta G^* = \frac{16\pi}{3} \cdot \frac{\sigma^3 M^2}{(\Delta\mu)^2 \rho^2} \tag{2.20}$$

ΔG^* wird also noch schneller, nämlich quadratisch, vgl. Formel 2.20, mit Zunahme der Unterkühlung kleiner als der kritische Keimradius.

Zusammenfassend kann zur Keimbildung aufgrund von *Dichtefluktuationen* gesagt werden, dass

- sie spontan mit einer gewissen Wahrscheinlichkeit an allen Orten in der amorphen Phase auftritt,
- die Größe der kritischen und der stabilen Keime mit größer werdender Unterkühlung sinkt und
- es wegen der geringeren maximalen Enthalpiedifferenz ΔG^* umso wahrscheinlicher ist, Keime bei größeren Unterkühlungen zu beobachten als bei kleineren.

Mit *thermischer Keimbildung* wird die Entstehung von Keimen in der amorphen Phase aufgrund der Unterkühlung bezeichnet.

Homogene Keimbildung liegt dann vor, wenn die Keimbildung nur innerhalb einer Phase, der amorphen Phase bzw. Schmelze, stattfindet.

Bei der Keimbildung aufgrund von Dichtefluktuationen handelt es sich um eine thermische und homogene Keimbildung.

Primäre Keimbildung bezeichnet die Entstehung der Keime in der amorphen Phase an Orten, an denen vorher nur die amorphe Phase vorhanden war oder, anders ausgedrückt, noch keine Grenzfläche vorhanden war. Diese Definition ist identisch mit der für homogene Keimbildung und wird in Abgrenzung zur sekundären Keimbildung eingeführt.

Wenn die Wahrscheinlichkeit für die Entstehung von Keimen mit wachsender Unterkühlung steigt, dann steigt die Rate, mit der Keime bei sinkenden Temperatur entstehen.

Mit *Keimbildungsrate* $\dot{N} = \frac{dN}{dt}$ wird die pro Zeiteinheit *dt* entstehende Zahl *dN* von Keimen bezeichnet.

Die Keimbildungsrate wird in der Literatur manchmal auch *Keimbildungsgeschwindigkeit* genannt.[21]

Die Keimbildungsrate hängt also von der Temperatur ab und nimmt mit größer werdender Unterkühlung zu. Allerdings spielt neben dem Enthalpiegewinn auch die Beweglichkeit der Moleküle bei der Keimbildung eine Rolle: Die Dichtefluktuation beruht darauf, dass Moleküle ihre *Konformation* durch Rotationen und ihre Lage im Raum durch *kooperative Kettenbewegungen* ändern können. Beides wird unwahrscheinlicher, wenn der Glasübergangsbereich erreicht oder die Glastemperatur unterschritten wird. Daher nimmt die Keimbildungsrate $\dot{N}$ mit Annäherung an die Glastemperatur T_g wieder ab. Die Funktion hat in dem Temperaturintervall zwischen Glastemperatur und Gleichgewichtsschmelztemperatur ein Maximum, vgl. Bild 2.56.[22]

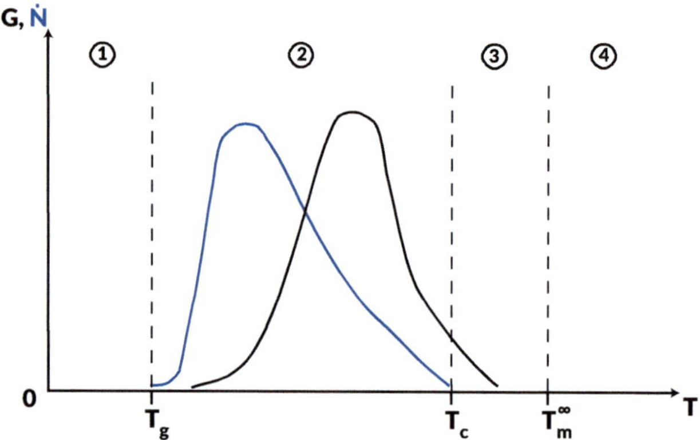

Bild 2.56 Keimbildungsrate $\dot{N}$ (blau) und Kristallwachstumsgeschwindigkeit *G* (schwarz) als Funktion der Temperatur. ① kennzeichnet den Bereich des energieelastischen, starren Festkörpers, ② den Bereich, in dem Kristallisation stattfinden kann, ③ den Bereich der unterkühlten Schmelze und ④ den Bereich, in dem die Schmelze bzw. amorphe Phase thermodynamisch stabil ist und kein Kristall über längere Zeiten existiert.

Die praktischen Bedeutungen der bisherigen Ausführungen sind, dass

- die Kristallisation nicht direkt unterhalb der Gleichgewichtsschmelztemperatur, sondern bei niedrigeren Temperaturen bzw. größeren Unterkühlungen beginnt,

[21] Zur Definition der Begriffe Rate und Geschwindigkeit siehe auch Abschnitt 7.3.1.7.

[22] Bei Janeschitz-Kriegel [33] finden sich auch andere Ansätze und eine vertiefte Diskussion des Themas.

- die Zahl von wachstumsfähigen Keimen mit sinkender Temperatur schnell größer wird, weshalb es auch bei großen Kühlgeschwindigkeiten wie beim Spritzgießen kaum möglich ist, keine Kristalle zu finden, und
- bei größerer Unterkühlung mehr Sphärolithe gefunden werden, die allerdings kleiner sind, als bei kleiner Unterkühlung, dass also das Gefüge bzw. die Morphologie feiner wird.

Ebenfalls in Bild 2.56 eingetragen ist die Kristallwachstumsgeschwindigkeit *G*, deren Maximum bei höheren Temperaturen liegt als das der Keimbildungsrate. Nach Hoffman und Lauritzen [34] basiert Wachstum ebenfalls auf Keimbildung: Weitere Makromoleküle bewegen sich auf die Grenzfläche zwischen amorpher Phase und Kristall zu und es lagern sich einige Wiederholeinheiten eines Makromoleküls an den Kristall an. Dadurch vergrößert sich der Kristall und die Enthalpie wird erniedrigt. Es bildet sich eine neue, etwas größere Grenzfläche und die Oberflächenenergie steigt ebenfalls. Die Betrachtung ist die gleiche wie bei der Primärkeimbildung mit dem Unterschied, dass bereits ein Kristall und eine Grenzfläche existieren.

Man spricht von *sekundärer Keimbildung*, wenn sich die ersten Wiederholeinheiten eines Makromoleküls an die Oberfläche eines existierenden Kristalls anlagern und von diesem Punkt das weitere Wachstum des Kristalls durch Anlagerung von weiteren Molekülteilen erfolgt.

Da die neu zu schaffende Grenzfläche nicht so groß ist wie bei einem Primärkristall, ist die Enthalpiedifferenz für einen stabilen Sekundärkeim auch nicht so groß und die notwendige Unterkühlung kleiner. Das Maximum der Kristallwachstumsgeschwindigkeit liegt daher bei größeren Temperaturen als das der Keimbildungsrate. Die Kristallwachstumsgeschwindigkeit nimmt bei Temperaturen, die größer sind als die Temperatur am Maximum, typischerweise bei einer Erniedrigung der Temperatur um 30 K um zwei Zehnerpotenzen zu. Sie wird also bei einer um 30 °C größer werdenden Unterkühlung 100-fach größer [35].

Wachstum findet durch Anlagerung weiterer Makromoleküle an einen Kristall statt, wobei die Kristallwachstumsgeschwindigkeit stark temperaturabhängig ist. Ist die Temperatur an jedem Ort gleich (homogene Temperaturverteilung), ist es auch die Kristallwachstumsgeschwindigkeit. Dann wachsen Kristalle in alle Raumrichtungen gleich schnell, es liegt isotropes Wachstum vor. Das gilt zunächst nur für die Kristalle, also die Lamellen. Aber auch die daraus aufgebauten kristallinen Überstrukturen, die Sphärolithe, wachsen in alle Raumrichtungen gleich schnell und bilden daher Kugeln.[23] In Bild 2.57 ist das zweidimensionale Wachstum an-

[23] Kugelförmiges Wachstum basiert auf einer isotropen Kristallwachstumsgeschwindigkeit. Diese ist aber temperaturabhängig. Gibt es Temperaturgradienten wie z. B. in einer gefüllten Kavität beim Spritzgießen, wachsen die Sphärolithe in eine Richtung schneller als in eine andere und bilden keine Kugeln.

hand von „Schnappschüssen“ zu vier verschiedenen Zeiten gezeigt. Zu der Zeit t_1 haben sich stabile Keime gebildet, die bei t_2 in alle Richtungen in der Ebene gleich schnell, also auch gleich weit, gewachsen sind. Zu der Zeit t_3 berühren sich die ersten Kristalle. Dort, wo das passiert, findet kein Wachstum mehr statt, es bilden sich gerade Grenzlinien zwischen zwei Kristallen. Der Rest der Ebene wird bis zur Zeit t_4 vollständig gefüllt, aus kreisförmig wachsenden Kristallen sind Polyeder geworden.

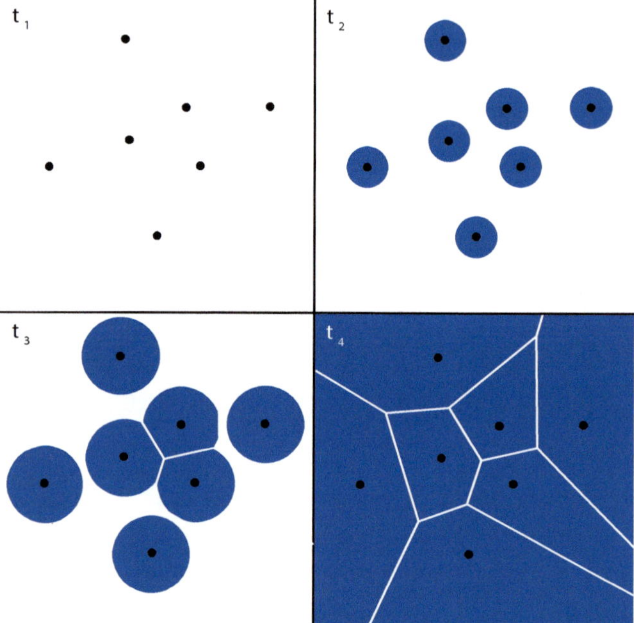

Bild 2.57 Ablauf des Wachstums von Sphärolithen am Beispiel von Kristallen in einer Ebene aus Keimen zu vier verschiedenen Zeiten $t_1 < t_2 < t_3 < t_4$[24]

In der Kunststofftechnik tritt die thermische Keimbildung nicht häufig auf, da Kunststoffe neben den Polymermolekülen viele Rezepturbestandteile enthalten, die als Keime wirken können. Es werden daher zunehmend bewusst Keimbildner, sogenannte *Nukleierungsmittel* zugesetzt.

Als *athermische Keimbildung* wird die Tatsache bezeichnet, dass Keime nicht thermisch aktiviert werden müssen, sondern bereits vorhanden sind.

Von *heterogener Keimbildung* wird gesprochen, wenn die Keime nicht aus dem kristallisierfähigen Polymer bestehen, sondern an Grenzflächen zu einer anderen Phase (Glasfasern, Ruß, Nukleierungsmittel, ...) entstehen.

[24] Abbildungen dieser Art heißen auch Voronoi-Diagramme.

Die Keimbildung durch Nukleierungsmittel ist eine athermische, heterogene Keimbildung. Es gibt aber auch die athermische, homogene Keimbildung. Diese tritt auf, wenn ein kristallines Gefüge schmilzt, die Zeit im geschmolzenen Zustand aber nicht ausreicht, um die nach dem Schmelzen des Kristalls noch geordneten und nahe benachbarten Polymermoleküle so zu verteilen, wie es im thermodynamischen Gleichgewicht bei dieser Temperatur in der amorphen Phase der Fall sein müsste. Zum gleichen Zustand führt eine Schmelztemperatur, die unterhalb der Gleichgewichtsschmelztemperatur liegt. Beim Abkühlen aus diesem Zustand existieren dann bereits Bereiche erhöhter Dichte und die Primärkeimbildung ist athermisch.

Bei der Kristallisation wird die sogenannte Kristallisationswärme frei, die der Differenz der Enthalpien der kristallinen und amorphen Phasen bei der Temperatur entspricht, bei der die Kristallisation stattfindet. Diese Differenz ist wie die Enthalpien selber temperaturabhängig, vgl. Bild 2.53. Die frei werdende Wärme führt dazu, dass die Temperatur am Ort der Kristallisation nicht so schnell sinkt, wie es alleine aufgrund der Wärmeleitfähigkeit der Fall wäre. Die Kristallisation wird also durch die Temperatur beeinflusst und die Temperatur durch die Kristallisation. Bei Verarbeitungsprozessen kommt dann noch die Wärmeerzeugung durch Schererwärmung und die Erzeugung von Keimen durch die Orientierung von Ketten beim Fließen hinzu.

Die drei Prozesse

- Wärmeleitung (mit Kristallisationswärme als Quellterm),
- Kristallisation (bestehend aus Keimbildung und Wachstum) sowie
- Fließen (als Ursache für Schererwärmung und Keimbildung und selber beeinflusst durch wachsende Partikel - Lamellen und Sphärolithe)

sind gekoppelt und werden bei der mathematischen Behandlung z.B. in Spritzgießsimulationsprogrammen als System gekoppelter Differenzialgleichungen behandelt.

Mit *Kristallisationskinetik* bezeichnet man im Speziellen die temperatur- und zeitabhängigen Vorgänge der Keimbildung und des Kristallwachstums. Allgemeiner wird unter Kristallisationskinetik zusätzlich auch der Einfluss durch die Wärmeleitung und das Fließen verstanden.

Es macht wegen der Kopplung der drei Phänomene überhaupt keinen Sinn, von der Kristallisationstemperatur als einer konstanten Größe oder gar einem Werkstoffkennwert zu sprechen. Die Temperatur, bei der die Kristallisation stattfindet, stellt sich vielmehr aufgrund von Wärmeleitung, Fließen sowie Keimbildung und Wachstum ein. Sie ist an jedem Ort in einem Bauteil während des Fertigungsprozesses eine andere. Zudem ändert sie sich im Lauf der Kristallisation an einem Ort mit der Zeit und nimmt in einem Fertigungsprozess typischerweise ab.

Einzig bei Experimenten unter anderem mit der *Differential Scanning Calorimetry* (DSC), bei denen die isotherme Kristallisation untersucht werden soll, um z. B. die Gleichgewichtsschmelztemperatur und die Schmelzenthalpie von 100 % kristallinen Polymeren zu bestimmen, wird so schnell wie möglich auf eine vorher festgelegte Temperatur abgekühlt, die dann *Kristallisationstemperatur* genannt wird.

■ 2.6 Innere und äußere Weichmachung

2.6.1 Äußere Weichmachung

Die Betrachtungen der Wasseraufnahme in Polyamiden in Abschnitt 2.3.2.3 weisen noch auf etwas anderes hin. Je mehr Wasser im Polyamid wegen der Molekülstruktur und der Konditionierung enthalten ist, umso niedriger ist die Glastemperatur (siehe auch Abschnitt 2.4.3), während die Schmelztemperatur nicht vom Wassergehalt abhängig ist. Offenbar ist Wasser nur in der amorphen Phase der teilkristallinen Polymere enthalten. Im Kristall würden Wassermoleküle die Ordnung stören, sie sind nicht Bestandteil des Kristalls und sammeln sich beim Kristallisieren in der amorphen Phase.

In der amorphen Phase lagern sich Wassermoleküle bevorzugt in den Wasserstoffbrückenbindungen an. Sie erhöhen den Abstand zwischen den Makromolekülen und verringern dadurch die Nebenvalenzkräfte, die Glastemperatur sowie die mechanischen Kennwerte Festigkeit und Steifigkeit (E-Modul und Schubmodul), und das Deformationsvermögen wird größer. Deshalb sagt man, dass Wasser in Polyamiden zur Erweichung führt. Außer durch Wasser kann der Effekt auch durch andere kleine Moleküle wie Monomere, von außen einwirkende Medien oder bewusst zugegebene Moleküle erzielt werden.

Der Effekt der Minderung von Glastemperatur und mechanischen Kennwerten durch kleine Moleküle wird als *äußere Weichmachung* bezeichnet. Diese basiert auf der Herabsetzung der Nebenvalenzkräfte durch eine Vergrößerung des Abstands der Makromoleküle. ■

Die äußere Weichmachung wird in vielen Kunststoffen und insbesondere im Polyvinylchlorid (PVC) zur Einstellung der Eigenschaften verwendet. Die Zusatzstoffe werden *Weichmacher* genannt.

2.6.2 Innere Weichmachung

Wenn man den ersten Teil von Tabelle 2.16 betrachtet, erkennt man eine andere Möglichkeit, die Werkstoffeigenschaften zu beeinflussen, nämlich die Änderung der inneren Struktur der Makromoleküle selbst.

Mit *innerer Weichmachung* bezeichnet man die Steigerung der Flexibilität der Hauptkette in Makromolekülen durch Änderung der Wiederholeinheit oder Copolymerisation, meist mit Butadien.

Dies wird vor allem bei Styrolpolymeren angewendet, siehe Tabelle 2.20 .

Tabelle 2.20 Einfluss der inneren Struktur von Styrolpolymeren auf mechanische Kennwerte [36]

Polymer	Struktur (vgl. Bild 2.11 und Tabelle 2.2)	Festigkeit[1] in MPa	Steifigkeit (Zug-E-Modul) in MPa	Bruchdehnung in %
PS	Ataktisches Homopolymer	30–55	3100–3300	1,5–3
SB	Pfropfcopolymer	25–45	2000–2800	10–45
SAN	Statistisches Copolymer	65–85	3500–3900	2,5–5
ABS	Pfropfcopolymer	45–65	2200–3000	15–20

[1] „Festigkeit" ist bei duktilen Styrol-Polymeren die Streckspannung und bei spröden Styrol-Polymeren die Bruchspannung.

Polystyrol (PS) selbst ist als ataktisches Homopolymer amorph und daher transparent sowie fest, steif, spröde und bruchempfindlich.

Durch die Pfropfcopolymerisation mit 5–15 % Polybutadien erhält man wegen der Entmischung der beiden Komponenten zweiphasige Systeme aus einer Polystyrolmatrix mit eingebetteten Polybutadieninseln, den *Styrol-Butadien Kunststoff* (SB). Dadurch wird Polystyrol schlagzäh gemacht (PS-HI), die Bruchdehnung steigt, Festigkeit und Steifigkeit nehmen ab. An den Polybutadieninseln wird Licht gestreut, SB und PS-HI sind nicht transparent.

Wird ein statistisches Copolymer aus Styrol und Acrylnitril, der *Styrol Acrylnitril-Kunststoff* (SAN), polymerisiert, erhöht das Acrylnitril mit einem Anteil von typischerweise 24 % wegen seiner Polarität und der dadurch größeren Nebenvalenzkräfte Festigkeit und Steifigkeit. Die Bruchdehnung ist etwas größer als beim Polystyrol.

Bei der Kombination aus Steigerung von Steifigkeit und Festigkeit sowie Steigerung der Bruchdehnung gelangt man zum *Acrylnitril-Butadien-Styrol Kunststoff* (ABS), dass ein Polybutadien gepfropft mit Styrol-Acrylnitril in einer Matrix aus Styrol-Acrylnitril Kunststoff ist. Es ist also auch ein Blend. Auch hier wird Licht gestreut, ABS ist in der Regel nicht transparent. Festigkeit und Steifigkeit sind höher oder vergleichbar mit den Werten im Polystyrol, Bruchdehnung und Zähigkeit sind allerdings höher.

Quellen

[1] Schwarz O. und Ebeling F.-W., Hrsg. Kunststoffkunde. Aufbau – Eigenschaften – Verarbeitung – Anwendungen der Thermoplaste, Duroplaste und Elastomere. 9., überarbeitete Auflage. Würzburg: Vogel Buchverlag, 2007. ISBN 978-3-8343-3105-2.

[2] Koltzenburg S., Maskos M., Nuyken O. und Mülhaupt R. Polymere: Synthese, Eigenschaften und Anwendungen. Berlin: Springer Spektrum, 2014. ISBN 9783642347733.

[3] Kaiser W. Kunststoffchemie für Ingenieure. Von der Synthese bis zur Anwendung. 5., neu bearbeitete und erweiterte Auflage. München: Hanser, 2021. ISBN 9783446451919.

[4] IUPAC. Compendium of Chemical Terminology. The “Gold Book”. 2nd ed. Oxford: Blackwell Scientific Publications, 1997. ISBN 0-9678550-9-8.

[5] Biederbick K. Kunststoffe. 2., neubearbeitete und erweiterte Auflage. Würzburg: Vogel-Verlag, 1970.

[6] Rösler J., Harders H. und Bäker M. Mechanisches Verhalten der Werkstoffe. 6., aktualisierte Auflage. Wiesbaden: Springer Vieweg, 2019. ISBN 9783658268022.

[7] Scholz G. und Gehringer M. Thermoplastische Elastomere. Im Blickfang. Berlin: De Gruyter, 2021. De Gruyter STEM. ISBN 9783110740066. DOI 10.1515/9783110740066

[8] Holden G., Kricheldorf H. R. und Quirk R. P., Hrsg. Thermoplastic elastomers. 3rd ed. Munich: Hanser; Hanser Gardner Publications, 2004. ISBN 1569903646.

[9] Das C. K. Thermoplastic Elastomers. Synthesis and Applications: IntechOpen, 2015. ISBN 978-953-51-2223-4. DOI 10.5772/59647

[10] Endres H.-J. und Siebert-Raths A. Technische Biopolymere. Rahmenbedingungen, Marktsituation, Herstellung, Aufbau und Eigenschaften. München: Hanser, 2009. Hanser eLibrary. ISBN 9783446421042.

[11] Skoczinski P., Carus M., de Guzman D., Käb H., Chinthapalli R., Ravenstijn J., Baltus W. und Raschka A. Global Markets and Trends of Bio-based Building Blocks and Polymers 2020–2025 [online]. 2021 [Zugriff am: 26. Oktober 2021]. Verfügbar unter: *www.renewable-carbon.eu/publications*

[12] Ehrenstein G. W. Polymer-Werkstoffe. Struktur, Eigenschaften, Anwendung. 3. Aufl.: Carl Hanser Verlag, 2011. ISBN 3446422838.

[13] Schröder T. Rheologie der Kunststoffe. Theorie und Praxis. 2., aktualisierte und erweiterte Auflage. München: Hanser, 2020. ISBN 9783446461512.

[14] Verein Deutscher Ingenieure VDI-Gesellschaft Kunststofftechnik, Hg. Aufbereiten von Polymeren mit neuartigen Eigenschaften. Düsseldorf: VDI-Verlag, 1995. Kunststofftechnik. ISBN 318234191X.

[15] Canevarolo S. V. Polymer science. A textbook for engineers and technologists. München: Hanser, 2020. Hanser eLibrary. ISBN 9781569907269.

[16] Wunderlich B. Thermal analysis of polymeric materials. Berlin: Springer, 2005.

[17] Rumble J. R., Hrsg. CRC handbook of chemistry and physics. 102nd edition 2021-2022. Boca Raton: CRC Press, 2021. ISBN 9780367712600.

[18] Sperling L. H. Introduction to physical polymer science. 4th edition Hoboken, N.J: Wiley, 2006. ISBN 9780471706069.

[19] Flory P. J. Principles of polymer chemistry. Ithaca, NY: Cornell University Press, 1953. George Fisher Baker non-resident lectureship in chemistry at Cornell University. ISBN 9780801401343.

[20] de Gennes P.-G. Reptation of a Polymer Chain in the Presence of Fixed Obstacles. The Journal of Chemical Physics, 1971, 55 (2), 572–579. ISSN 0021-9606. Verfügbar unter: doi:10.1063/1.1675789

[21] Fox T.G. und Flory P.J. Second-Order Transition Temperatures and Related Properties of Polystyrene. I. Influence of Molecular Weight. Journal of Applied Physics, 1950, 21 (6), 581–591. ISSN 0021-8979. Verfügbar unter: doi:10.1063/1.1699711

[22] Rybnikář F. Kristallisation von Polyvinylchlorid [online]. Die Makromolekulare Chemie, 1970, 140 (1), 91–107. Verfügbar unter: doi:10.1002/macp.1970.021400107

[23] Bunn C.W. The crystal structure of long-chain normal paraffin hydrocarbons. The „shape" of the >CH2 group. Transactions of the Faraday Society, 1939, 35, 482–491.

[24] Corradini P. The discovery of isotactic polypropylene and its impact on pure and applied science. Journal of Polymer Science: Part A: Polymer Chemistry, 2004, 42, 391–395.

[25] Piorkowska E. und Rutledge G.C. Handbook of Polymer Crystallization. Hoboken, NJ, USA: John Wiley & Sons, 2013. ISBN 978-0-470-38023-9.

[26] Alter U. und Bonart R. Röntgenuntersuchungen zur Kristallstruktur von Polybutylenterephthalat (PBT). Colloid Polym. Sci., 1976, (254), 348–357.

[27] Bonten C. Kunststofftechnik. Einführung und Grundlagen. 3., aktualisierte Auflage. München: Hanser, 2020. ISBN 9783446464711.

[28] Huber K. Pervaporation von Reinflüssigkeiten und binären Gemischen durch Membranen von Polybutylenterephtalat im Glasübergangsbereich. München: Herbert Utz Verlag, 1998. ISBN 978-3-89675-298-7.

[29] Baur E., Harsch G. und Moneke M. Werkstoff-Führer Kunststoffe. Eigenschaften – Prüfungen – Kennwerte. 11., aktualisierte Auflage. München: Hanser, 2019. Hanser eLibrary. ISBN 9783446460676.

[30] Natta G. und Corradini P. Structure and properties of isotactic polypropylene. Il Nuovo Cimento, 1960, 15, 40–51. ISSN 0029-6341. Verfügbar unter: doi:10.1007/BF02731859

[31] DIN EN ISO 17855-1 (2015) Kunststoffe – Polyethylen (PE)-Formmassen – Teil 1: Bezeichnungssystem und Basis für Spezifikationen.

[32] Material Data Center, Verfügbar unter: *https://www.materialdatacenter.com*

[33] Janeschitz-Kriegl H. Crystallization Modalities in Polymer Melt Processing. Fundamental Aspects of Structure Formation. Vienna: Springer Vienna, 2010. SpringerLink Bücher. ISBN 9783211876275.

[34] Hoffman J.D. und Lauritzen J.I. Crystallization of bulk polymers with chain folding: theory of growth of lamellar spherulites. J Res Nat Bur Stand, 1961, 65 A, 297–336.

[35] Gandica A. und Magill J.H. A Universal Relationship for the Crystallization Kinetics of Polymeric Materials. Polymer, 1972, 13, 595–596.

[36] Baur E., Brinkmann S., Osswald T.A., Rudolph N. und Schmachtenberg E. Saechtling Kunststoff Taschenbuch. 31. Auflage. München: Carl Hanser Verlag, 2013. ISBN 9783446434424.

3 Kunststoffe

Kunststoffwerkstoffe, kurz Kunststoffe (engl. plastics), bestehen aus Polymeren, Additiven sowie Füll- und Verstärkungsstoffen.

Ein käuflicher Kunststoffwerkstoff ist eine *Rezeptur* aus Polymeren und vielen verschiedenen Additiven, Füll- und Verstärkungsstoffen. Durch geeignete Rezepturen können Kunststoffe an jede Anwendung angepasst werden. Deshalb gibt es auch eine große Vielfalt an Kunststoffen. In Abschnitt 3.1 bis Abschnitt 3.3 werden einige wichtige Additive, Füll- und Verstärkungsstoffe behandelt.

3.1 Additive

Additive sind Zusatzstoffe für Kunststoffe, die eine oder mehrere Eigenschaften eines Polymers verändern.

Oft, aber nicht immer, sind Additive löslich im Polymer und führen die Eigenschaftsänderung über chemische Reaktionen herbei.

Man kann Additive [1] zur besseren Übersichtlichkeit nach ihrer beabsichtigten Wirkung in vier Gruppen unterteilen:

- Schutzfunktion
- Farbgebung
- oberflächenaktive Additive
- Additive für die Verarbeitung

Der Schutz der Polymere vor Wärme, Oxidationsreaktionen, UV-Strahlung, Abbauprodukten, Flammen [2, 3] und Mikroorganismen ist aufgrund der Struktur der organischen Moleküle notwendig. Der Schutz soll die Eigenschaften der Neuware während der Verarbeitung und der unter Umständen langjährigen Nutzung erhalten.

Die Farbgebung ist ein eigenes Thema [4, 5], weil sie umfangreich und komplex ist,[1] weil Farbmittel sich durch die höhere Konzentration von 2 bis 5 Massenprozent und auch z. B. über die Zugabe als *Farbmasterbatches* beim Verarbeiter von den Additiven unterscheiden. Farbgebung geschieht generell über feste und unlösliche *Pigmente*, aber auch über lösliche *Farbstoffe*. Letztere entsprechen der obigen Definition der Additive. Unter Farbgebung werden auch sogenannte *Transparenzverstärker* (engl. clarifier) eingruppiert, die letztlich *Nukleierungsmittel* sind, was durch die gestrichelte Linie in Bild 3.1 verdeutlich werden soll.

Additive, die nicht explizit zum Schutz der Polymere oder zu ihrer Farbgebung hinzugefügt werden, können in zwei weitere Klassen eingeteilt werden: die oberflächenaktiven Additive und die Additive für die Verarbeitung. Die erste Klasse ändert die Gebrauchseigenschaften von Kunststoffen über ihre Aktivität an der Oberfläche von Kunststoffprodukten während der Nutzungsphase. Die zweite Klasse führt zu neuen Werkstoffen wie Schäumen oder ändert die Eigenschaften auch im Volumen wie Nukleierungsmittel und Additive für die Vernetzung oder den kontrollierten Abbau von Polymeren.

Oft liegt die Zugabe von Additiven zu Kunststoffrezepturen im Bereich von weniger als einem Massenprozent bis hin zu 2 – 5 Massenprozent. Auch dies ist ein Unterschied zu den Füll- und Verstärkungsstoffen, die meist mit 20 – 50 % und vereinzelt auch mehr zugegeben werden.

In den folgenden Abschnitten werden drei der in Bild 3.1 aufgeführten Additivgruppen zum Schutz von Polymeren vorgestellt. Die Antioxidanzien sind der Grundstabilisierung zuzuordnen, befinden sich also in fast jedem Kunststoff. Alle anderen in Bild 3.1 aufgeführten Additivkategorien werden ausführlich in [1] behandelt.

---

[1] Dies zeigt schon alleine die Definition von Farbe als Sinneseindruck, was nicht üblichen Definitionen von technischen Größen entspricht und auch die eindeutige Messung und Bewertung von Farbeindrücken zur Herausforderung werden lässt.

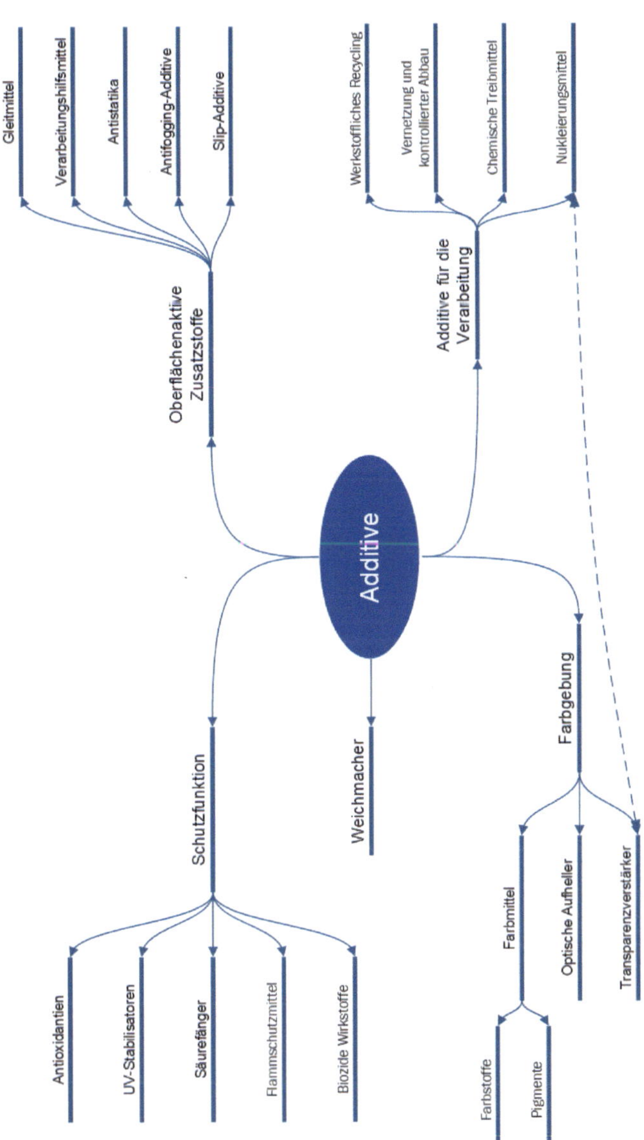

Bild 3.1 Additive für Kunststoffe [1] und ihre Zuordnung zu vier Gruppen

3.1.1 Antioxidanzien

Natürliche und synthetische Polymere reagieren mit Sauerstoff. Dies wird meist durch eine erhöhte Temperatur begünstigt, wie sie bereits bei der Verarbeitung durch Spritzgießen, Extrudieren, Pressen usw. vorherrscht. Auch in der Anwendung kann die Temperatur erhöht sein wie bei der Sterilisation von Medizinprodukten, im Sommer im Automobilinnenraum oder bei Heißwasserleitungen. In Anwesenheit von Sauerstoff und bei höheren Temperaturen führen Oxidationsreaktionen zu einer Veränderung der Polymermoleküle und damit der Eigenschaften von Kunststoffen. Dies wird *Abbau* oder *Degradation* genannt.

Typische Degradationserscheinungen sind:

- Änderung des Aussehens durch Vergilbung, Glanz- oder Transparenzverluste und
- Abnahme von Schlagzähigkeit und Bruchdehnung (Versprödung).

Der zugrunde liegende Mechanismus wird *Autooxidationszyklus* genannt, wodurch ausgedrückt wird, dass die chemische Reaktion autokatalytisch ist. Damit ist gemeint, dass die Reaktion durch ihre eigenen Reaktionsprodukte beschleunigt wird.

Typischerweise wird durch Wärme (auch *Thermooxidation* oder *thermooxidativer Abbau* genannt), mechanische Energie z. B. in Form von Scherung bei der Verarbeitung in der Schmelze oder auch Metallionen aus einem Polymermolekül (RH) durch Abtrennung eines Wasserstoffatoms (H) ein Radikal ($R\cdot$) gebildet, vgl. Bild 3.2. Dieses kann mit molekularen Sauerstoff (O_2) zu einem Peroxyradikal ($ROO\cdot$) reagieren. Unter Beteiligung eines weiteren Polymermoleküls (RH) entstehen dann ein Hydroperoxidmolekül (ROOH) und erneut ein freies Radikal ($R\cdot$). Aus dem Hydroperoxidmolekül (ROOH) werden in weiteren Verlauf zwei Radikale: ein Alkoxy- ($RO\cdot$) und ein Hydroxyradikal ($\cdot OH$). Unter Beteiligung von weiteren Polymerkolekülen entstehen weitere Radikale, die zu einem weiteren Abbau führen. Die Autooxidation beginnt also langsam und läuft mit Zunahme der freien Radikale immer schneller ab.

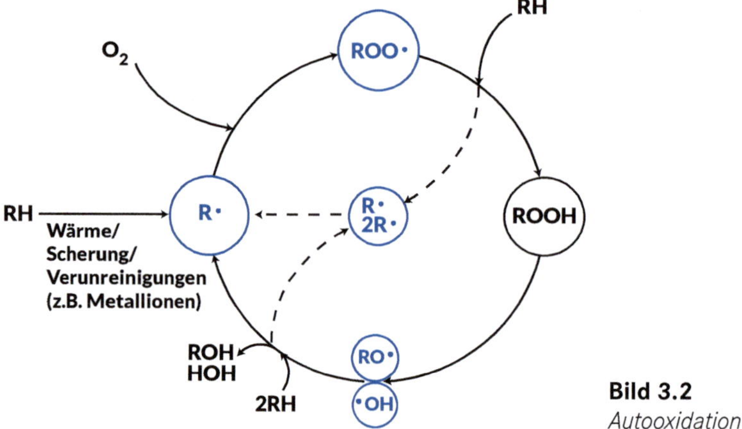

Bild 3.2
Autooxidationszyklus (nach [1])

Ein wesentlicher Effekt der Reaktion der Polymermoleküle mit den Radikalen besteht in einer Änderung der Kettenstruktur und damit auch der Molmassenverteilung. Dabei hängt die Änderung vom Polymer ab: Polyethylen neigt bei Autooxidation zur Bildung von Verzweigungen, was die Viskosität erhöht und die Verarbeitung erschwert. In Polypropylen hingegen kommt es zum Kettenabbau und einer Verkleinerung der mittleren Molmasse. Dies führt zu einer Versprödung des Werkstoffs.

Dieser Kreislauf der Autooxidation kann an mehreren Stellen unterbrochen oder verlangsamt werden:

- Die freien Radikale ($ROO\cdot$, $R\cdot$, $RO\cdot$, $\cdot OH$) können durch sogenannte *Radikalfänger* neutralisiert werden.
- Peroxyradikale ($ROO\cdot$) können durch sogenannte *Wasserstoffdonoren* (H-Donor) in reaktionsträge Hydroperoxide (ROOH) umgewandelt werden.
- Hydroperoxide (ROOH) können durch *Hydroperoxidzersetzer* in nicht mehr reaktionsfähige und thermisch stabile Reaktionsprodukte umgewandelt werden, statt wieder in Radikale zu zerfallen.
- Sind Metallionen der Auslöser der Radikalbildung, können diese durch Komplexbildung mit sogenannten *Metalldesaktivatoren* neutralisiert werden.

Metalldesaktivatoren kommen vor allem in Kunststoffen zum Einsatz, die während ihrer Nutzungsdauer mit Metallen in Kontakt stehen wie z. B. in Kabelummantelungen. Aber auch beim Recycling werden sie benötigt, da in den Stoffströmen kleine Metallpartikel nicht ausgeschlossen werden können.

Radikalfänger und Wasserstoffdonoren werden *primäre Antioxidanzien* und Hydroperoxidzersetzer *sekundäre Antioxidanzien* genannt.

In Tabelle 3.1 sind einige Klassen von Antioxidanzien aufgelistet. Da dem Abbauprozess und der Stabilisierung spezifische chemische Reaktion zugrunde liegen, muss der Einsatz von Antioxidanzien im Speziellen und Additiven im Allgemeinen sowohl auf den zu betrachtenden Kunststoff wie auch seine Anwendung angepasst werden. Verschiedene Additive können sich gegenseitig positiv beeinflussen also in der Wirkung verstärken. Man spricht dann von *Synergisten.* Auch das Gegenteil kann der Fall sein. Dann spricht man von *Antagonisten.* Auch eine einfache lineare Betrachtung, dass also eine Zugabe der doppelten Menge zu einer Verdoppelung der Wirkung führt, stimmt meist nicht.

Tabelle 3.1 Antioxidanzien (nach [1])

Beispiele	Anwendungen	Einschränkungen
Radikalfänger		
Sterisch gehinderte Aminstabilisatoren (HAS)	Auch als UV-Stabilisator einsetzbar (HALS)	keine
Hydroxylamine	Für farbige Fasern und Folien	keine
Benzofurane	Schmelzestabilisierung	keine
Acyloyl-modifizierte Phenole	Styrolpolymere	keine

Tabelle 3.1 Antioxidanzien (nach [1]) *(Fortsetzung)*

Beispiele	Anwendungen	Einschränkungen
H-Donor		
Aromatische Amine	Wegen möglichen Verfärbungen Einsatz vor allem in rußgefüllten Gummis und Polyurethanen	Nicht für Lebensmittelkontakt
Sterisch gehinderte Phenole	keine	keine
Hydroperoxidzersetzer		
Phosphite und Phosphonite	Verarbeitung in der Schmelze	Nicht für Dauerwärmebelastung, hydrolyseempfindlich
Sulfide	Dauerwärmebelastung	Nicht für Schmelzestabilisierung

Um die Wirksamkeit von Antioxidanzien zu prüfen, werden oft mechanische Eigenschaften geprüft. Zum Einsatz kommen in der Regel Zugversuch, Biegeversuch und Schlagbiegeversuche. Hierzu werden Probekörper hergestellt, im Wärmeschrank bei definierter Temperatur, Atmosphäre und Zeit gelagert und dann geprüft. Oder es werden nach einer Verarbeitung in der Schmelze Probekörper hergestellt und direkt geprüft.

Meistens wird der Zugversuch zur Kennwertermittlung und damit zur Charakterisierung des Abbaus verwendet. Wird der Abbau aber vor allem durch Sauerstoff hervorgerufen, der im Wärmeschrank von außen in die Probekörper eingedrungen ist, wird die Schädigung vor allem in den randnahen Bereichen stattfinden. Dann ist die Durchführung eines Biegeversuchs oder Schlagbiegeversuchs deutlich sensitiver als ein Zugversuch, da bei einer Biegebeanspruchung die höchsten Beanspruchungen an der Oberfläche vorliegen (siehe Abschnitt 7.1.5). Bei einem Zugversuch dagegen gehen die Eigenschaften des gesamten Probekörperquerschnitts senkrecht zur Zugrichtung in das Ergebnis ein.

Soll die Wirksamkeit von Additiven zur Verhinderung des oxidativen Abbaus in der Schmelze überprüft werden, ist zu berücksichtigen, dass der Sauerstoff in der Schmelze verteilt ist und die Schädigung daher im gesamten Volumen auftritt. Werden Probekörper hergestellt, kann der Abbau in ihnen auch über den Zugversuch charakterisiert werden.

Chemische Reaktionen bzw. ihre Produkte können generell auch über spektroskopische Methoden wie die Infrarotspektroskopie nachgewiesen werden. Allerdings ist hierzu die Kenntnis der Reaktion und ihrer Produkte notwendig. Dies gilt ebenso für weitere Methoden der chemischen Analytik.

Da der *thermooxidative Abbau* bereits bei der Verarbeitung stattfindet, werden Antioxidanzien so früh wie möglich im Produktlebenszyklus eines Kunststoffs hinzugegeben, also bereits beim Kunststoffhersteller. Man spricht deshalb auch von der *Grundstabilisierung.*

3.1.2 UV-Stabilisatoren

Insbesondere der energiereiche Teil des sichtbaren Lichts, der auf die Erdoberfläche auftrifft, die UV-Strahlung mit Wellenlängen zwischen 290–400 nm, führt in Verbindung mit Sauerstoff zur *Photooxidation* von Polymeren, die im Freien eingesetzt werden.

Licht trifft auf die Oberfläche von Produkten aus Kunststoffen und wird entweder reflektiert, transmittiert oder absorbiert. Unter Absorption versteht man, dass Licht als Teilchen (Photon) in den Kunststoff eindringt und seine Energie auf Bestandteile des Kunststoffs überträgt. Diese Wechselwirkung zwischen Photonen und Kunststoff hängt dabei von der Energie des Photons bzw. der Wellenlänge des Lichts sowie von der Rezeptur des Kunststoffs und der Struktur des Polymers im Kunststoff ab. Generell absorbieren dabei Doppelbindungen, sogenannte *Chromophoren*, zwischen Kohlenstoffatomen und anderen Kohlenstoffatomen oder Heteroatomen Licht. Aus diesem Grund sind alle Kunststoffe, die Butadien enthalten, wie verschiedene Elastomere und ABS besonders UV-empfindlich.

Aber auch in Polyethylen, welches keine Doppelbindungen enthält, wird Licht absorbiert und führt zum Abbau, siehe Bild 3.3. Der Abbau durch UV-Strahlung beginnt immer an der Oberfläche, dort wo das Licht absorbiert wird, und bewirkt Verfärbungen, Risse, Abplatzen von Teilen bis hin zur vollständigen Zerstörung. Die Degradationserscheinungen sind die gleichen wie bei der Thermooxidation, siehe Abschnitt 3.1.1.

Bild 3.3
Geflecht eines Terrassenstuhls aus Polyethylen nach 14 Jahren Freibewitterung bei 49° 50' nördlicher Breite. Dunkle Stellen waren von Gewebe überdeckt und sind daher noch weitgehend erhalten.

Generell führen

- Chromophoren (Doppelbindungen),
- Verunreinigungen wie z. B. Katalysatorreste von der Polymerisation und
- strukturelle Unregelmäßigkeiten wie z. B. Verzweigungen

zur Absorption. Lichtabsorption und der daraus resultierende Abbau können also letztlich bei allen Kunststoffen auftreten, die im Freien eingesetzt werden.

Die Absorption kann auch an Farbmitteln oder anderen Additiven, Füll- und Verstärkungsstoffen erfolgen. Lichtstreuung an Füll- und Verstärkungsstoffen, Pigmenten oder kristallinen Strukturen im Polymer beeinflusst die Absorption. Photooxidation hängt damit von vielen Einflussfaktoren ab. Der erste Schritt der Photooxidation ist die Absorption von Licht und die Übertragung der Energie E des Photons auf ein Polymermolekül, das dadurch in einen sogenannten *angeregten Zustand* RH_E überführt wird, siehe Bild 3.4. Die übertragende Energie aus dem UV-Licht entspricht der Bindungsenergie von typischen Bindungen in Polymeren. Die Bindungen können also gelöst werden und zur Spaltung einer Kette in zwei Teile führen. Tatsächlich wird die Energie aber oft auf das Polymermolekül verteilt und trägt zu Schwingungen mehrerer Bindungen bei, ohne dass die Bindungsenergie einer Bindung erreicht und diese Bindung gelöst wird. Wird aber eine Bindung gelöst, entstehen wie bei der Thermooxidation freie Radikale und in Anwesenheit von Sauerstoff Hydroperoxide. Es wird ein ähnlicher Zyklus wie bei der Autooxidation durchlaufen. Prinzipiell laufen die in Bild 3.2 und in Bild 3.4 dargestellten chemischen Reaktionen zeitgleich ab. Die Geschwindigkeiten der Reaktionen hängen von der Temperatur ab und steigen mit dieser für jede Reaktion unterschiedlich stark. Daher laufen bei der Photooxidation und der Thermooxidation unterschiedliche Reaktionen schneller ab als die übrigen Reaktionen und bestimmen dadurch den Abbaumechanismus.

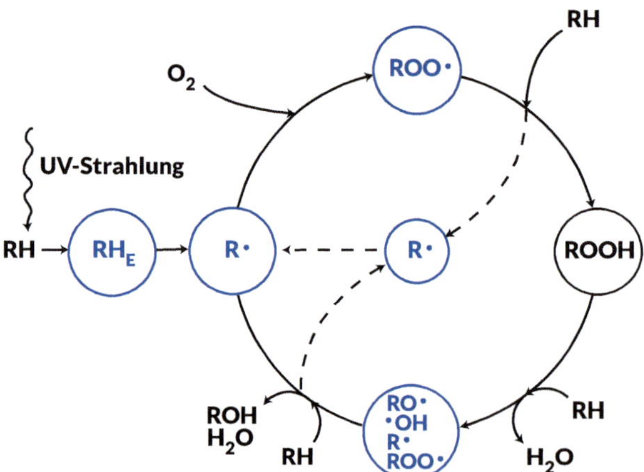

Bild 3.4
Photooxidationsschema

Der photooxidative Abbau kann an drei Stellen unterbrochen oder minimiert werden:

- Die Absorption von Photonen durch Polymermoleküle kann minimiert werden, indem UV-Strahlung an anderen Rezepturbestandteilen wie Ruß, Pigmenten oder speziellen Molekülen, den *UV-Absorbern*, absorbiert wird. Dazu muss aber eine ausreichende Dicke der zu schützenden Kunststoffformteile vorausgesetzt werden. Der Absorptionsmechanismus ist in dünnen Folien oder Fasern nicht effektiv.
- Falls Polymere in angeregten Zuständen vorliegen, kann die Energie auf andere Moleküle übertragen werden, sogenannte *Quencher*, damit es erst gar nicht zur Bildung von freien Radikalen kommt. Quencher sind auch für dünnwandige Artikel geeignet.
- Wenn der Photooxidationszyklus angestoßen ist, können Antioxidanzien diesen auf die in Abschnitt 3.1.1 beschriebene Weise beenden, wobei das Unschädlichmachen von Hydroperoxiden und freien Radikalen die wesentlichen Schritte sind.

Einige ausgewählte Additive, die an den drei genannten Stellen in die Abbauprozesse eingreifen, werden in Tabelle 3.2 aufgeführt.

Tabelle 3.2 UV-Stabilisatoren (nach [1])

Beispiele	Anwendungen	Einschränkungen
UV-Absorber		
Ruß	In Elastomeren und für Anwendungen im Freien und im Motorraum	Färbt Kunststoffe schwarz
Hydroxybenzophenone, Hydroxyphenylbenzotriazole	Für alle Polymere, wirken zum Teil auch als Quencher und Radikalfänger	Mögliche Gelbfärbung, nicht in stark polaren Kunststoffen einsetzbar, teils flüchtig
Cinnamate	Wirken auch als Quencher	Keine
Oxanilide	Keine besonderen	Keine
Nano-Titandioxid	Für transluzente Teile geeignet	Wirkt je nach Kristallmodifikation katalytisch bei Oxidation
Quencher		
Nickelchelate	Folien für die Landwirtschaft	Als krebserzeugend für Menschen eingestuft, verhindern thermischen Abbau nicht
Hydroperoxidzersetzung		
Schwefelhaltige Verbindungen	Sehr effizient, in kleinen Mengen anwendbar	Keine
Phosphorhaltige Verbindungen	In vielen Anwendungen	Keine

Tabelle 3.2 UV-Stabilisatoren (nach [1]) *(Fortsetzung)*

Beispiele	Anwendungen	Einschränkungen
Freie-Radikal-Fänger		
Phenolische Antioxidanzien	Wirksam in PP	Keine
Sterisch gehinderte Amine (HALS)	Wirken auch als Quencher	Keine

Die Prüfung der Wirksamkeit von UV-Stabilisatoren findet prinzipiell wie in Abschnitt 3.1.1 beschrieben mit zwei wesentlichen Unterschieden statt. Zum einen muss der Abbau durch Strahlung herbeigeführt werden. Dies findet durch sogenannte natürliche oder *Freibewitterung* bzw. durch *künstliche Bewitterung* statt. Zum anderen findet der Abbau an der Oberfläche von Proben statt, es sollten zur Charakterisierung also oberflächensensitive Methoden gewählt werden wie z. B. eine Biegeprüfung.

Bei der Freibewitterung gilt zunächst, dass die Intensität der Sonneneinstrahlung prinzipiell durch den Einfallswinkel der Strahlung auf die Erde vorgegeben wird. Zwischen dem südlichen und dem nördlichen Wendekreis steht die Sonne hoch am Himmel und die Strahlung trifft fast senkrecht auf die Erdoberfläche. Deshalb gibt es Orte innerhalb der Wendekreise oder in ihrer Nähe, an denen bevorzugt Freibewitterungsexperimente durchgeführt werden: Arizona und Florida, Brasilien, Australien und Singapur. In Europa werden Freibewitterungsexperimente bevorzugt in Sizilien und Südspanien durchgeführt. Die Verwendung des Worts *Bewitterung* statt *Bestrahlung* deutet auf die Herausforderung bei der Bestrahlung im Freien hin. Die Intensität ist an einem Ort nicht konstant, weil sie z. B. durch Wolken und Luftschadstoffe beeinflusst wird. Außerdem wirkt nicht nur die Strahlung auf Proben ein, sondern auch das Wetter, also Temperaturänderungen, Regen und mechanische Kräfte durch Wind.

Bei der künstlichen Bewitterung sind diese Faktoren kontrollierbar und es kann zudem eine höhere Strahlungsintensität und -dauer („auch in der Nacht") vorgegeben werden. Bei der künstlichen Bewitterung ist somit auch eine zeitsparende beschleunigte Bewitterung möglich. Allerdings ist wie bei jedem kontrollierten Laborexperiment die Übertragbarkeit auf die Praxis die Herausforderung.

Für weitere Informationen wird auf [1] verwiesen.

3.1.3 Flammschutzmittel

Polymere sind Verbindungen von Kohlenwasserstoffen und somit brennbar. Ihr *Brennwert* ist umso höher, je höher der Anteil von Kohlenwasserstoffen an der Masse ist, wie z. B. in Polyolefinen. Enthalten die Polymere hingegen Heteroatome wie Stickstoff oder Chlor wie in Polyamiden oder Polyvinylchlorid, ist ihr massebezogener Brennwert kleiner.[2] Bei allen Polymeren kann die Energie der kovalenten Bindungen durch Wärmezufuhr aufgebracht werden, die Ketten können dadurch gespalten werden.

Kunststoffe, die in der Elektrotechnik und Elektronik, im Bauwesen, in Verkehrsmitteln, in Textilien und Möbeln eingesetzt werden, müssen besondere Anforderungen hinsichtlich ihres Brandverhaltens erfüllen.

Bei einem Brand bzw. einem Verbrennungsprozess führt zunächst die Zufuhr von Energie in Form einer Wärmemenge Q_1 dazu, dass sich der feste Kunststoff an der Oberfläche, wo die Energie absorbiert wird, zersetzt, siehe Bild 3.5 oben. Es werden feste, flüssige und gasförmige Pyrolyseprodukte gebildet. Mit *Pyrolyse* ist dabei die Zersetzung des Kunststoffs durch Wärmezufuhr unter Ausschluss von Sauerstoff gemeint, denn im Kunststoff selber ist kein oder nur wenig Sauerstoff gelöst. Die gasförmigen Zersetzungsprodukte bestehen aus kleinen Molekülen. Diese können im festen Kunststoff an die Oberfläche diffundieren und von dort abdampfen. Als Nächstes kommt Sauerstoff zu den Pyrolysegasen hinzu, siehe Bild 3.5 unten. Es finden Oxidationsreaktionen in einer Flamme oberhalb der Oberfläche des festen Kunststoffs statt. In der Flamme entstehen Wärme und Verbrennungsprodukte wie Ruß oder Kohlenstoffoxide. Die entstehende Wärme Q_2 führt wieder zur Pyrolyse des Kunststoffs. Es entsteht ein Kreislauf, der umso schneller abläuft, je mehr Wärme entsteht.

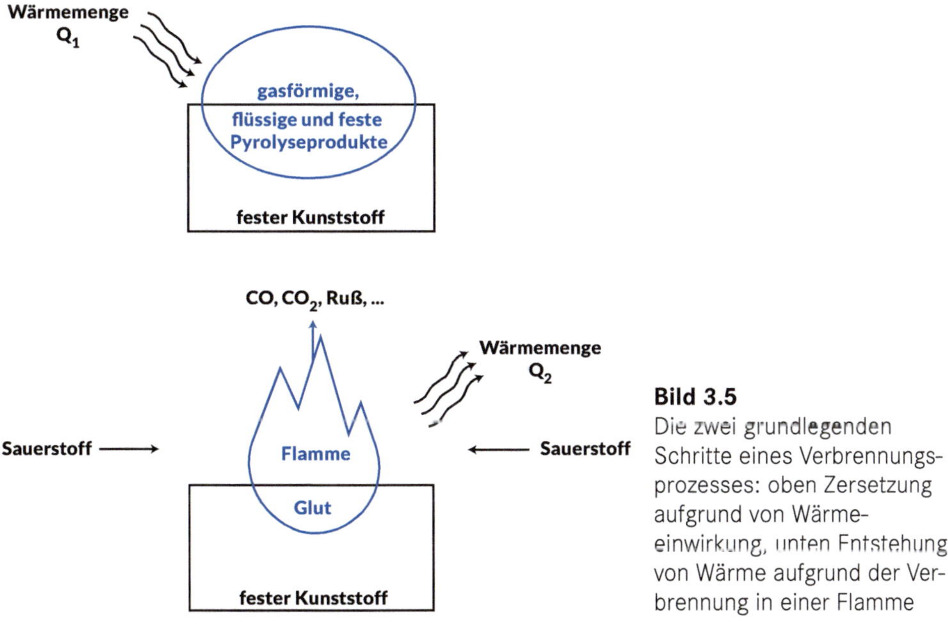

Bild 3.5
Die zwei grundlegenden Schritte eines Verbrennungsprozesses: oben Zersetzung aufgrund von Wärmeeinwirkung, unten Entstehung von Wärme aufgrund der Verbrennung in einer Flamme

[2] Der Brennwert spielt bei der thermischen Verwertung von Kunststoffen eine Rolle, vgl. Kapitel 5.

Der Verbrennungsprozess kann an mehreren Stellen unterbrochen oder verlangsamt werden, vgl. Bild 3.6, durch:

- ① Isolation gegen Wärmeeintrag,
- ② Verhindern das Ausgasens von Pyrolyseprodukten,
- ③ Verringern des Sauerstoffgehalts der umgebenden Luft (Verdünnung der Luft) und
- ④ Verringern der in der Flamme entstehenden Wärme.

Mit Stufe ①, der Isolation gegen Wärmeeintrag, ist vor allem die Unterbrechung der Rückkopplung durch die Wärmemenge Q_2 gemeint.

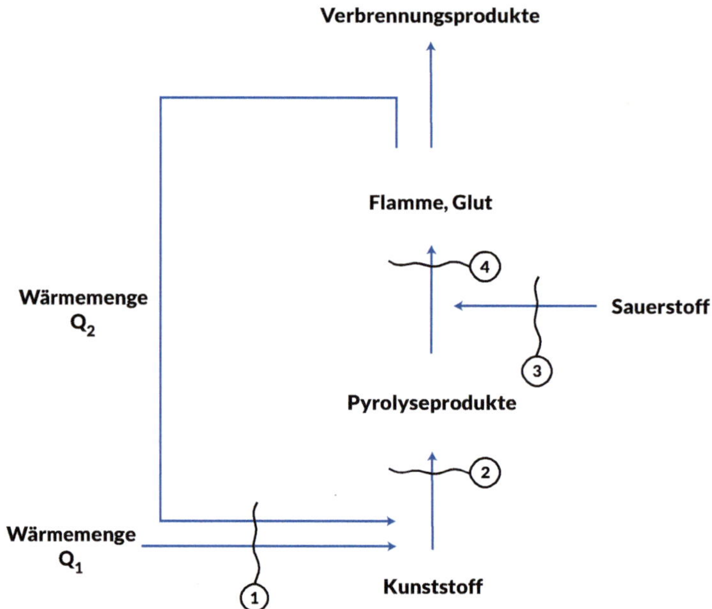

Bild 3.6 Wirkung von Flammschutzmitteln: ① Isolation gegen Wärmeeintrag, ② Verhindern das Ausgasens von Pyrolyseprodukten, ③ Verringern des Sauerstoffgehalts der umgebenden Luft (Verdünnung der Luft) und ④ Verringern der in der Flamme entstehenden Wärme

Bei Kunststoffen, die prinzipiell brennbar sind, ist das Ziel des Einsatzes von Flammschutzmitteln meistens nicht, den Brand zu löschen, sondern ihn zu verlangsamen oder seine Ausbreitung zu verhindern. Letzteres erreicht man auch dadurch, dass das Abtropfen von brennenden Tropfen verhindert wird, was wiederum durch die Senkung der Fließfähigkeit der Schmelze z.B. durch Füllstoffe ermöglicht wird.

Der Flammschutz wird durch unterschiedliche Additive erreicht, vgl. Tabelle 3.3, die meistens mehrere Wirkungen zeigen und oft in Kombination mit anderen Flammschutzmitteln eingesetzt werden.

Tabelle 3.3 Flammschutzmittel (nach [1])

Beispiele	Anwendungen	Einschränkungen
Isolation gegen Wärmeeintrag ins Substrat		
Bor- und Phosphor-verbindungen	Borate bei Pflanzenfasern, da auch biozide Wirkung	Keine
Intumeszierende Systeme	Bilden isolierende Schäume, verhindern auch das Ausgasen von Pyrolyseprodukten	Keine
Expandierbarer Graphit	Polyurethanweichschäume	Nur schäumend, daher meist mit anderen Flammschutzmitteln zusammen eingesetzt
Verhindern des Ausgasens von Pyrolyseprodukten		
Phosphorverbindungen	Wirksam in sauerstoffhaltigen Kunststoffen wie Polyamiden, führt zur Verkohlung der Oberfläche	Keine
Stickstoffverbindungen	z. B. Melamin, Melamin-cyanurat und Urea für den Einsatz in Polyamiden und Polyurethanen	Keine
Borverbindungen	Für Cellulose (Zinkborat), PVC, Polyamide und weitere Thermoplaste	Keine
Verringern des Sauerstoffgehalts der umgebenden Luft durch Verdünnung der Luft		
Aluminiumtrihydroxid, Magnesiumhydroxid	Zudem isolieren sie und verhindern Ausgasen	Müssen in großen Mengen größer 50 % zugegeben werden und beeinflussen massiv die Eigenschaften und Verarbeitung
Phosphorverbindungen	Radikalfänger in der Flamme, als „roter Phosphor“ Anwendung in vielen Kunststoffen	Keine
Verringern der in der Flamme entstehenden Wärme		
Bromverbindungen	Radikalfänger in der Flamme, für technische Kunststoffe und Duromere	Zum Teil Umweltbedenken und Verbote, relevant für REACH[3]
Chlorverbindungen	In Polyamiden	Zum Teil Umweltbedenken und Verbote, relevant für REACH
Antimontrioxid	Keine besonderen	Keine

[3] *REACH* steht für „Registration, Evaluation, Authorisation and Restriction of Chemicals“, also „Registrierung, Bewertung, Zulassung und Beschränkung von Chemikalien“. Die REACH-Verordnung Nr. 1907/2006 regelt in Europa den Einsatz von Chemikalien in allen Lebensbereichen.

In der Bezeichnung von Kunststoffen wird der Flammschutz durch die Kennbuchstaben „FR" gefolgt von Codeziffern in Klammern nach ISO 1043-4 angegeben, z. B. PE-LD FR(40) für mit halogenfreien organischen Phosphorverbindungen flammgeschütztes PE-LD.

Der Brandschutz wird durch gesetzliche und normative Vorgaben insbesondere dort geregelt, wo viele Menschen potenziell betroffen sind: im öffentlichen Nah- und Fernverkehr mit Bussen, Bahnen, Schiffen und Flugzeugen, in öffentlichen Gebäuden und bei Elektrogeräten. Für diese Bereiche gibt es spezifische Vorgaben und Prüfvorschriften.

3.1.4 Weichmacher

Weichmacher werden vor allen Dingen in Polyvinylchlorid (PVC) eingesetzt. Durch sie wird aus dem spröden Polyvinylchlorid (PVC-U, „U" für engl. unmodified) ein flexibler und weicher Thermoplast (PVC-P, „P" für engl. plasticised), der für Kabel, Folien, Fußbodenbeläge, Schläuche, Tapeten, Sport- und Freizeitartikel eingesetzt werden kann. Dazu werden 20–50 % Weichmacher zugesetzt. Aber auch in Cellulose, PU-Weichkunststoff, Elastomeren wie Chloroprenkautschuk und thermoplastischen Elastomeren (TPE/TPU) kommen Weichmacher zum Einsatz. In Polyethylenterephthalat (PET) sind sie trotz hartnäckiger Gerüchte nicht enthalten.

ISO 1043-3 listet die Kurzzeichen, Namen und CAS-Nummern[4] von insgesamt 85 Weichmachermolekülen auf, von denen viele sogenannte Phthalate sind.

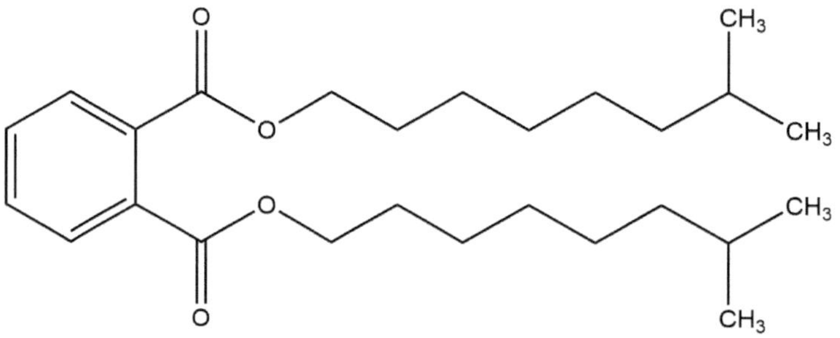

Bild 3.7 Strukturformel von Diisononylphthalat (DINP), CAS-Nummer 28553-12-0, Molmasse 418,6 g/mol

Phthalate sind durch den aromatischen Ring und die zwei Estergruppen gekennzeichnet, an die verschiedene Reste gebunden sind, vgl. Bild 3.7.

[4] CAS steht für „Chemical Abstracts Service". CAS-Nummern sind ein internationaler Bezeichnungsstandard für chemische Stoffe und kennzeichnen diese eindeutig.

Als Weichmacher für Kunststoffe werden vor allem folgende Phthalate verwendet:

- Diisodecylphthalat (DIDP)
- Diisononylphthalat (DINP)
- Di(2-ethylhexyl)phthalat (DEHP)
- Dibutylphthalat (DBP)
- Diisobutylphthalat (DIBP)
- Benzylbutylphthalat (BBP)
- Bis(2-propylheptyl)phthalat (DPHP)

Einige Phthalate haben eine hormonähnliche Wirkung und werden in der EU z. B. als fortpflanzungsgefährdend eingestuft. Daher ist in der EU seit 2005 durch die Verordnung 2018/2005 der Einsatz von DEHP, DBP und BBP in Babyartikeln und Spielzeug auf eine *zulässige Höchstkonzentration* von 0,1 % für DEHP, DBP, BBP und DIBP einzeln oder in Summe beschränkt. Da Weichmacher in PVC erst bei Zugabemengen von einigen Prozent wirksam werden, entspricht die Verordnung de facto einem Verbot. Seit 2018 gelten Einschränkung aufgrund der Europäischen Chemikalien-Verordnung REACH für Weichmacher auch in Sportgeräten und anderen Alltagsgegenständen: DEHP, DBP, BBP und DIBP dürfen in diesen Produkten nicht mehr enthalten sein.

Es gibt Alternativen zu Phthalaten auf der Basis von nachwachsenden Rohstoffen in Form von epoxidierten Pflanzenölen:

- epoxidiertes Leinsamenöl (ELO) und
- epoxidiertes Sojabohnenöl (ESBO).

Die Erweiterung ihres Einsatzbereichs ist Gegenstand der Forschung.

Am Bespiel von Diisononylphthalat (DIBP), vgl. Bild 3.7, kann man die Wirkungsweise von Phthalaten als Weichmacher erkennen. Mit einer Molmasse von einigen Hundert g/mol sind es niedermolekulare Stoffe, die gut in Polymere eindiffundieren können. Sie setzen sich zwischen die Polymerketten und vergrößern den Abstand zwischen ihnen. Dadurch steigern sie einerseits das freie Volumen und schaffen Platz für Konformationsänderungen. Andererseits senken sie aufgrund des höheren Abstands die Nebenvalenzkräfte zwischen einzelnen Molekülen. In Summe führt beides zur Senkung von Steifigkeit und Festigkeit und zur Erhöhung der Flexibilität bzw. des Deformationsvermögens. Dies nennt man *äußere Weichmachung*.

Allerdings können kleine Weichmachermoleküle nicht nur gut eindiffundieren, sie können genauso gut wieder an die Oberfläche migrieren und abdampfen (*Fogging* Verhalten). Sie müssen also idealerweise an die Polyvinylchloridmoleküle gebunden werden. Da Polyvinylchlorid polar ist, eignen sich dazu Weichmachermoleküle, die ebenfalls an einer Seite Partialladungen aufweisen. Dies ist wegen der zwei Estergruppen im DINP der Fall.

So können die Zielkonflikte gelöst werden, dass Weichmacher gut einzuarbeiten sein sollen, aber nicht ausdiffundieren und gut an Polymermolekülen haften, aber nicht agglomerieren.

Es gilt dabei, dass polare Weichmacher durch polare Lösemittel gelöst werden können, nicht polare durch nicht polare Lösemittel.

3.1.5 Farbmittel

Reine Polymere sind von Natur aus oft transparent, wenn es sich um amorphe Thermoplaste handelt, und milchig-weiß, wenn sie teilkristallin sind. Bei den teilkristallinen Polymeren führen die Kristalle oder kristallinen Überstrukturen (Sphärolithe) zu Lichtstreuung. Je mehr Streuzentren vorhanden sind, umso weniger Licht wird direkt transmittiert und umso *opaker*, also lichtundurchlässiger und weißlicher werden die Polymere.

Die Farben, die Kunststoffprodukte üblicherweise aufweisen, erhalten sie durch Zugabe von Farbmitteln [4, 5].

Zur Farbgebung haben Menschen schon vor Jahrtausenden mineralische Pigmente verwendet, die aus Gesteinen durch Mahlen gewonnen wurden. Die mineralischen Pigmente bestehen oft aus Verbindungen von Metallen mit Sauerstoff (Oxide), Schwefel (Sulfide und Sulfate), Silicium (Silicate) oder Kohlenstoffoxiden (Carbonate). Dies zeigt sich an Benennungen wie Cobaltblau (Cobaltaluminat, $CoAl_2O_4$), Chromgelb (Blei(II)-chromat, $PbCrO_4$) und Kreideweiß (Calciumcarbonat, $CaCO_3$).

Hinzu kamen Farbmittel auf Basis von pflanzlichen und tierischen Rohstoffen. Die Schildlaus lieferte das begehrte Karminrot, benannt nach dem lateinischen Namen für Schildlaus: Kermes. Der Färbermaulbeerbaum liefert ein hellgelbes Kernholz, aus dem ein gelber Farbstoff extrahiert wird. Indigopflanzen liefern durch Extraktion, Umwandlung mittels Enzymen und Oxidation einen blauen Farbstoff, das Indigoblau. Der Hennastrauch liefert einen orangegelben Farbstoff.

Diese mineralischen, anorganischen Pigmente und organischen Farbstoffe werden auch heute noch eingesetzt, es sind aber weitere Farbmittel auf Basis der Petrochemie hinzugekommen. William Henry Perkin stellte 1856 den ersten synthetischen Teerfarbstoff, auch Anilinfarbstoff genannt, her. 1865 gründete Friedrich Engelhorn die Badische Anilin- & Sodafabrik [6] zur Herstellung von Anilinfarben, heute als BASF bekannt.

Seit 1924 bringt die britische Society of Deyers and Colourists ein Nachschlagewerk aller gebräuchlichen Farbmittel und Farbstoffbasischemikalien, den sogenannten *Colour Index*, heraus [7]. Mittlerweile ist dies eine kostenpflichtige, über den Webbrowser zugängliche Datenbank. Der Colour Index ordnet die Farbmittel nach generischen Namen und strukturbezogenen Namen. Er gibt jedem Farbmittel eine Nummer. Ein Auszug daraus ist in ISO 18451-2 enthalten. Sie enthält die Einteilung von Farbmitteln nach koloristischen und chemischen Gesichtspunkten. Bei der Klassifizierung nach koloristischen Gesichtspunkten, vgl. Bild 3.8, wird auf der obersten Ebene in anorganische und organische Farbmittel unterschieden. Auf der nächsten Ebene erfolgt die Unterteilung in Pigmente und Farbstoffe.

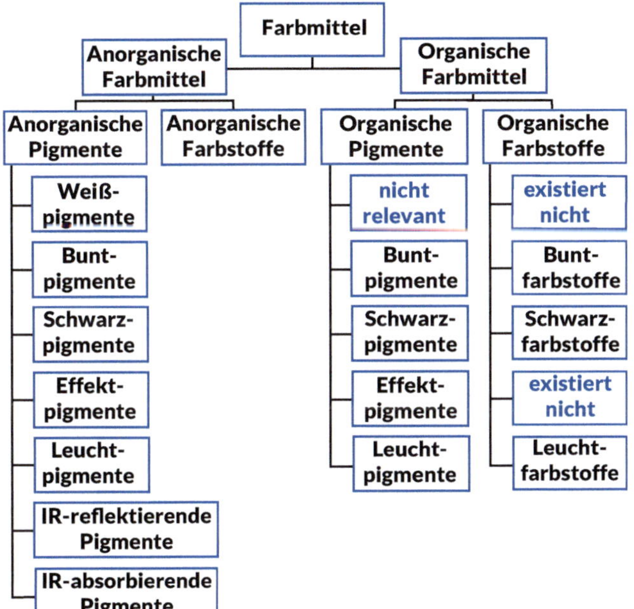

Bild 3.8
Einteilung der anorganischen und organischen Farbmittel nach koloristischen Gesichtspunkten nach ISO 18451-2

Die relevanten Begriffe zu Farbmitteln werden in ISO 18451-1 definiert (siehe auch Tabelle 3.6).

Farbmittel ist der Oberbegriff für alle farbgebenden Substanzen.

Farbstoff ist ein im Anwendungsmedium (hier ein Kunststoff) lösliches Farbmittel.

Ein praktisch unlösliches Farbmittel heißt *Pigment* und besteht aus Teilchen.

Die verschiedenen Farben beruhen auf unterschiedlichen physikalischen Effekten:

- Weißpigmente: Lichtstreuung unabhängig von der Wellenlänge
- Buntfarbmittel: Lichtabsorption in bestimmten Wellenlängenbereichen, zusätzlich mit Lichtstreuung bei Buntpigmenten
- Schwarzfarbmittel: Absorption unabhängig von der Wellenlänge

- Effektpigmente: gerichtete Reflexion an ausgerichteten Plättchen bei Metalleffektpigmenten und Perlglanzpigmenten sowie Interferenz bei Interferenzpigmenten
- Leuchtfarbmittel: Absorption und Emission von Licht ohne zeitliche Verzögerung (Fluoreszenz) und mit zeitlicher Verzögerung (Phosphoreszenz)

Zunächst fällt in Bild 3.8 auf, dass es keine anorganischen Farbstoffe gibt. Anorganische, also mineralische Farbmittel, liegen immer als Teilchen vor und sind in der Regel in Lacken und Kunststoffen nicht löslich. Es sind Pigmente und keine Farbstoffe. Weiter gibt es keine organischen Weißfarbstoffe. Dies rührt daher, dass weiße Farbe aufgrund von Lichtstreuung entsteht und diese nur an Teilchen, also Pigmenten auftreten kann. Ebenso setzen Effektfarben Teilchen voraus, daher gibt es keine organischen Effektfarbstoffe. Organische Weißpigmente existieren, werden aber in der Kunststofftechnik nicht verwendet.

Von Bedeutung für die Anwendung ist, dass Pigmente immer zu Lichtstreuung führen und daher mit Pigmenten eingefärbte Kunststoffe weniger transparent sind. Farbstoffe dagegen beeinflussen die Transparenz von Kunststoffen nicht wesentlich.

Transparenz, transparente Kunststoffe: Sie lassen Licht mit sehr geringen Intensitätsverlusten auf gradlinigem Weg hindurch. Man kann Bilder oder Schrift durch transparente Materialien klar erkennen. Die meisten amorphen Thermoplaste sind transparent.

Transluzenz, transluzente Kunststoffe: Sie lassen Licht teilweise durch, man kann Formen erkennen, aber keine kleinen Strukturen wie Schrift, weil das Licht durch Streuung abgelenkt wird. Milchglas und Folien bzw. sehr dünne Filme aus teilkristallinen Thermoplasten sind transluzent.

Opazität, opake Kunststoffe: Sie lassen Licht wegen starker Streuung in ihnen nicht oder fast nicht durch. Opazität ist der Kehrwert von Transluzenz. ■

Beispiele für Pigmente und ihren Colour Index sind in Tabelle 3.4 aufgeführt.

Tabelle 3.4 Beispiele für Pigmente nach ISO 18451-2

Farbmittel	Colour Index		Bemerkung
Anorganische Weißpigmente			
Titandioxid	Pigment White 6	77891	Das am häufigsten eingesetzte Weißpigment, kommt in zwei Kristallmodifikationen vor: Rutil und Anatas. Anatas katalysiert Abbau unter Lichteinstrahlung.
Calciumcarbonat	Pigment White 18	77220	Auch Füllstoff

Farbmittel	Colour Index		Bemerkung
Bariumsulfat	Pigment White 21	77120	Auch Füllstoff, hohe Dichte, als natürlich vorkommendes Bariumsulfat auch *Schwerspat* genannt, als synthetisches, durch Fällung hergestelltes Bariumsulfat *blanc fixe* genannt
Anorganische Buntpigmente			
Eisenoxidrot	Pigment Red 101	77491	Fe_2O_3
Chromgelb	Pigment Yellow 34	77603	Keine Angabe
Molybdatrot	Pigment Red 104	77605	Orange bis Rot
Phthalocyaninblau	Pigment Blue 15	74160	Einfluss auf Schwindung und Verzug
Cobaltblau	Pigment Blue 28	77346	Rotstichiges Blau
Ultramarinblau	Pigment Blue 29	77007	Kann bei anderer chemischer Zusammensetzung auch violett bis rot erscheinen, dann heißt es Pigment Violet 15
Anorganische Schwarzpigmente			
Pigmentruß	Pigment Black 6 + 7	77266	Synthetisch durch thermisch oxidative Spaltung aromatischer Öle und Gase hergestelltes Pigment, nicht identisch mit Industrieruß
Eisenoxidschwarz	Pigment Black 11	77499	Fe_3O_4

Hier werden Calciumcarbonat und Bariumsulfat als Weißpigmente aufgeführt, in Abschnitt 3.2 erscheinen sie als Füllstoffe. Die Zuordnung zu Farbmitteln oder Füllstoffen ist letztlich von der Anwendung abhängig.

Viele Pigmente basieren auf Schwermetallen[5] wie Cadmium, Chrom, Quecksilber, Blei, Antimon und Arsen, die toxisch wirken. Daher gibt es für Anwendungen im Medizin-, Lebensmittel-, Bedarfsgegenstände- und Spielzeugbereich gesetzliche Vorgaben mit Einschränkungen und Obergrenzen für erlaubte Konzentrationen. Es sind beim Einsatz von Farbmitteln und speziell Pigmenten also immer auch Anforderungen bezüglich Gesundheitsschutz, Arbeitsschutz, Verbraucherschutz und Umweltschutz zu beachten. Zum Beispiel legt die EU-Richtlinie 2011/65 zu gefährlichen Stoffen in Elektro- und Elektronikgeräten eine *zulässige Höchstkonzentration* von 0,1 % für Blei, Quecksilber, sechswertiges Chrom, polybromierte Biphenyle (PBB) und polybromierte Diphenylether (PBDE) sowie 0,01 % für Cadmium fest.

Neben den genannten gesetzlichen Anforderungen gibt es einige technische Anforderungen an Farbmittel bezüglich folgender Beanspruchungen und Eigenschaften zu beachten:

---

[5] Schwermetalle werden Metalle genannt, deren Dichte größer als 5 g/cm^3 ist. Im Periodensystem sind das hauptsächlich Metalle, Halbmetalle und Übergangsmetalle der vierten, fünften und sechsten Periode.

- *Beständigkeit* (*Echtheit*) gegen
  - Chemikalien, z. B. in Kosmetika, Getränken oder Reinigungsmitteln,
  - Hitze, insbesondere bei der Verarbeitung mit Temperaturen von 150 bis 350 °C,
  - Licht, vor allem bei Außenanwendungen durch UV-Strahlung,
  - Wetter, bei Außenanwendungen zusätzlich zu Licht durch Feuchtigkeit und chemische Bestandteile im Regen.
- *Migration* von Farbstoffen, die löslich sind, und organischen Pigmenten, die in bestimmten Kunststoffen und bei Anwesenheit von Weichmachern zumindest teilweise gelöst werden können.
- *Schwindung* und *Verzug* beeinflusst durch die nukleierende Wirkung von sowohl anorganischen wie auch organischen Pigmenten.

Die Eigenschaften der Farbmittel sind nach [4] in Tabelle 3.5 zusammengefasst.

Tabelle 3.5 Verallgemeinerte Eigenschaften von Farbmitteln nach [4]

Eigenschaft	Anorganische Pigmente	Organische Pigmente	Organische Farbstoffe
Teilchengröße in µm	0,5–5	0,015–0,5	0,05–0,5
Löslichkeit	Unlöslich	Zum Teil löslich	Löslich
Farbstärke	Schwach	Stark	Sehr stark
Deckvermögen	Hoch, opak	Niedrig, transluzent	Transparent
Dispergierbarkeit	Gut	Meist schwierig	Sehr gut, da löslich
Farbtonbereiche	Eingeschränkt	Alle	Alle
Hitzebeständigkeit	Hoch	Niedrig	Mittel
Lichtecht	Hoch	Niedrig	Mittel
Wetterechtheit	Hoch	Von niedrig bis hoch	Von niedrig bis hoch
Migration	Keine	Von niedrig bis hoch	Von niedrig bis hoch
Schwindung und Verzug	Vernachlässigbar	Von niedrig bis hoch	Keine, da löslich

Im Zusammenhang mit Farbmitteln und Füllstoffen wichtige Begriffe werden in ISO 18451-1 definiert, vgl. Tabelle 3.6.

Tabelle 3.6 Begriffe auf dem Gebiet der Farbmittel und Füllstoffe nach ISO 18451-1

Begriff	Definition
Agglomerat	Ein nicht verwachsener Verband von z. B. an Ecken und Kanten aneinandergelagerten Primärteilchen und/oder Aggregaten, siehe Bild 3.9, dessen Gesamtoberfläche von der Summe der Einzeloberflächen nicht wesentlich abweicht
Aggregat	Ein verwachsener Verband von flächig aneinandergelagerten Primärteilchen, dessen Oberfläche kleiner ist als die Summe der Oberflächen der Primärteilchen, siehe Bild 3.9
Ausbluten	Das Migrieren eines Farbmittels aus einem Material in ein damit in Kontakt befindliches anderes Material
Ausblühen	Das Migrieren eines Farbmittels an die Oberfläche des eingefärbten Materials
Benetzbarkeit	Die Eigenschaft von Pigmenten und Füllstoffen, Grenzflächen zu flüssigen Medien zu bilden
Compound	Eine verarbeitungsfertige Formmasse, die alle nötigen Farbmittel, Füllstoffe und Hilfsstoffe enthält
Dispergierbarkeit	Die Eigenschaft eines Pigmentes oder Füllstoffes, sich in einem Medium benetzen, zerteilen und verteilen zu lassen
Dispergieren	Das Zerteilen der im Pigment- oder Füllstoffpulver vorliegenden Agglomerate in kleinere Teilchen (Agglomerate, Aggregate und Primärteilchen) und deren gleichzeitige Benetzung durch das Medium
Echtheit	Die Beständigkeit der Farbe gegen bestimmte Beanspruchungen. *Lichtechtheit* ist z. B. die Beständigkeit gegen Farbveränderungen bei Belichtung ohne atmosphärische Einflüsse
Farbe	Der Sinneseindruck, der im menschlichen Auge durch Wahrnehmung von Licht einer gegebenen spektralen Zusammensetzung entsteht (ISO 4618)
Hitzebeständigkeit	Die Beständigkeit der Farbe der Probenkörper gegenüber einer Wärmebehandlung unter festgelegten Prüfbedingungen
Kreidung	Das Auftreten von lose anhaftendem feinem Pulver auf der Oberfläche einer Beschichtung oder eines pigmentierten Kunststoffs, hervorgerufen durch den Abbau des Bindemittels (Kunststoff)
Masterbatch	Eine Präparation, die in einem festen polymeren Träger Substanzen (Farbmittel, Füllstoffe, Hilfsstoffe) in wesentlich höherer Konzentration enthält als das damit herzustellende Formteil oder Halbzeug
Primärteilchen	Eine abgrenzbare Einheit eines Pigmentes oder Füllstoffes, die einen beliebigen Aufbau besitzen kann

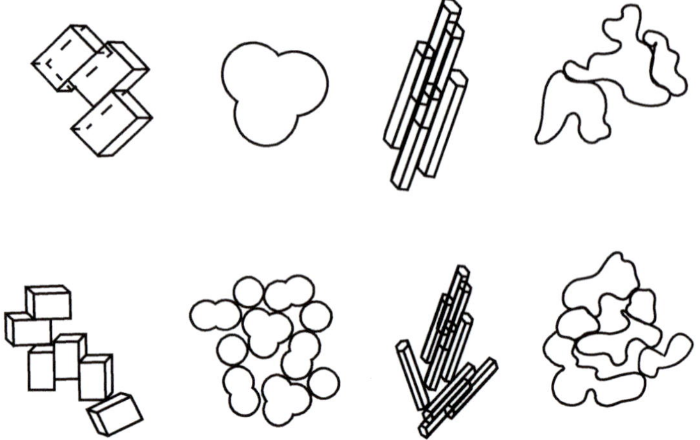

Bild 3.9 Aggregate (obere Zeile) und Agglomerate (untere Zeile); von links nach rechts: quaderförmig, kugelförmig, stabförmig und unregelmäßig geformt

In Bild 3.9 werden die Unterschiede zwischen Aggregaten und Agglomeraten schematisch dargestellt. Nach der Definition in Tabelle 3.6 bestehen die Unterschiede in zwei Punkten:

- Aggregate sind ein verwachsener Verband. Damit ist gemeint, dass über die großen Berührungsflächen der Primärpartikel im Aggregat starke Kräfte zwischen ihnen erzeugt werden. Sie halten also in hohem Maß zusammen und lassen sich entsprechend schwer dispergieren. Bei Agglomeraten ist das nicht der Fall.
- Agglomerate bestehen aus Primärpartikeln und Aggregaten, die schwach, also über kleine Berührungsflächen verbunden sind. Sie weisen Zwischenräume ohne Partikel auf. Aggregate weisen keine Zwischenräume auf, alle Primärpartikel sind verbunden.

3.2 Füllstoffe

Füllstoffe sind im Allgemeinen inerte und feste Zusatzstoffe für Kunststoffe, die eine oder mehrere Eigenschaften eines Polymers verändern.

Wegen der Merkmale „inert" und „fest" unterscheiden sie sich von den Additiven.

Füllstoffe sind oft inert, gehen also keine chemischen Reaktionen mit dem Polymer, anderen Zusatzstoffen oder Stoffen aus der Umgebung wie z. B. eindringenden Gasen oder Flüssigkeiten ein. Sie reagieren nicht bei Zufuhr von Energie in Form von Licht, Wärme oder Strahlungsarten wie Beta- und Gammastrahlung.[6]

Füllstoffe sind meistens nicht löslich, sondern liegen als Festkörper in Form von Teilchen vor. Eine Ausnahme sind z.B. Öle in Elastomeren. Das Vorliegen von Teilchen bedeutet, dass es sich um ein Zweiphasensystem mit Inklusionen (dispergierte Phase, Partikel) in einer Matrix (kontinuierliche Phase, Kunststoff) handelt. Wichtige Parameter zur Beschreibung solcher Zweiphasensysteme und ihrer Eigenschaften sind:

- Massen- oder Volumenanteil des Füllstoffs
- Größenverteilung der Partikel
- Form der Partikel
- Anbindung der Partikel an die Matrix über die Oberfläche der Partikel
- Verteilung und Orientierung der Partikel in der Matrix

Größenverteilung

Die *Größenverteilung*, auch *Korngrößenverteilung* genannt, kann durch mehrere Methoden bestimmt werden. Die einfachste und am häufigsten angewandte ist die *Siebanalyse*, siehe DIN 53477 für Formmassen, ISO 1624 und ISO 4610 für PVC-Partikel, ISO 787 für Pigmente und Füllstoffe und ISO 4576 für Polymerdispersionen. Durch Kombination mehrerer Siebe mit unterschiedlichen Maschenweiten werden die Anteile in verschiedenen Größenklassen, also eine Häufigkeitsverteilung erhalten. Mittels Lichtmikroskopie und automatisierter Bildauswertung können ebenfalls Größenverteilungen z.B. nach ISO 13322-1 im Rahmen einer *statischen Bildanalyse* an unbewegten Partikeln erstellt werden. Die Rasterelektronenmikroskopie erlaubt die Abbildung sehr kleiner Partikel und eine qualitative Analyse von Form und Größe. Moderne Methoden wie das sogenannte *dynamische Bildanalyseverfahren* nach ISO 13322-2[7] untersuchen Partikelströme mit fotografischen Methoden sowie Bilderkennung und automatisierter Auswertung. Damit können von sehr vielen Partikeln Form und Größe bestimmt und Parameter wie *Aspektverhältnis* und *Zirkularität* ermittelt werden.

Die Größenverteilung spielt eine wichtige Rolle, weil kleine Partikel eine große Oberfläche bezogen auf ihr Volumen haben,[8] die sogenannte *spezifische Oberfläche*, und weil große Partikel oft unerwünscht sind.

---

[6] Strahlung wird unter anderem zum Vernetzen von Kunststoffen und speziell Thermoplasten verwendet. Beispiele sind Warmwasser- und Heizungsrohre aus vernetztem Polyethylen oder spritzgegossene und andere Formteile für die Automobil-, Elektro- und Medizinproduktindustrie und den Maschinenbau.

[7] Beispiele für solche Geräte sind die Camsizer von Microtrac Retsch.

[8] Das Oberfläche-Volumen-Verhältnis spielte schon bei der Keimbildung die wesentliche Rolle, vgl. Abschnitt 2.5.6. Es kann auch als Verhältnis von Oberfläche zu Masse definiert werden. Bei homogener Dichte unterscheiden sich der volumenbezogene und der massenbezogene Wert nur um einen Faktor, der dem Wert der Dichte entspricht.

Große Partikel

- beeinflussen das Strömen der Schmelze bis hin zum Verstopfen enger Kanäle (Heißkanalsysteme, Düsen),
- führen zu Fehlstellen in Folien und
- sind Ausgangspunkte für Risse und Brüche (Spannungsüberhöhung).

Eine Steigerung der spezifischen Oberfläche bei gleichem Massenanteil führt wegen der Steigerung der Anbindung an die Matrix zu

- höherer Zug- und Reißfestigkeit,
- höherer Schlag- und Kerbschlagzähigkeit,
- höherer Steifigkeit und
- höherem Oberflächenglanz.

Bei kleiner werdenden Partikeln wird aber auch ihre Dosierung (Staub) und *Dispergierung*, also Zerteilung während des Compoundierens schwieriger, weil die Partikel auch selbst über die Kräfte an ihren Oberflächen zusammengehalten werden. Sie bilden mehr *Aggregate*, zu deren Dispergierung höhere Kräfte notwendig sind.

Form

Die Form von Primärteilchen entspricht einer der Grundformen, vgl. Bild 3.10:

- Quader (Würfel, Plättchen, langgestreckter Quader, je nach Aspektverhältnis),
- Kugel,
- Stab[9] oder
- ohne Form bzw. unregelmäßig geformt.

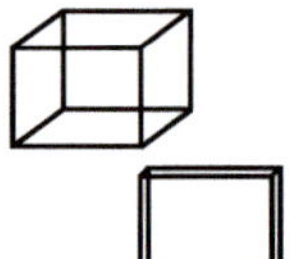
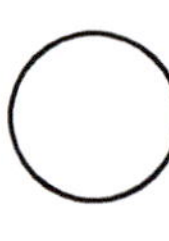

Bild 3.10 Formen von Primärteilchen nach ISO 18451-1, von links nach rechts: würfelförmig, kugelförmig, stäbchenförmig und unregelmäßig

Die Form wird durch den Formfaktor bzw. das Aspektverhältniss, vgl. Bild 3.11, charakterisiert und auf einen Kennwert reduziert.

[9] Im Extremfall sehr großer Aspektverhältnisse werden aus Stäbchen Fasern. Diese wirken wegen ihrer großen Länge bezogen auf ihren Durchmesser als Verstärkungsstoffe und werden deshalb hier nicht genannt.

Das *Aspektverhältnis*, auch *Formfaktor* genannt, ist definiert als das Verhältnis der Länge entlang der größten Ausdehnung zur Länge entlang der kleinsten Ausdehnung.

Wenn Teilchen durch Kugeln bzw. Ellipsoide angenähert werden, vgl. Bild 3.11, kann das Aspektverhältnis anhand der Längen der drei Hauptachsen ausgedrückt werden:

- Aspektverhältnis 1, alle Längen gleich a: Kugel (*kugelförmig*)
- Aspektverhältnis > 1, zwei Längen deutlich größer als die dritte: abgeplatteter Ellipsoid (*plättchenförmig*)[10]
- Aspektverhältnis > 1, eine Länge deutlich größer als die beiden anderen: langgestreckter Ellipsoid (*stäbchenförmig*)

Diese Definition führt offenbar nicht auf eindeutige Weise zu einer Klassifizierung der Partikel, deshalb wird die Form durch Beschreibungen wie quaderförmig, kugelförmig und stäbchenförmig mit angegeben. Auch plättchenförmig wird verwendet. Es gilt im Allgemeinen, dass Partikel mit kleinem Aspektverhältnis um eins die Festigkeit nicht erhöhen. In der mathematischen Beschreibung und damit in Simulationsprogrammen ist das Aspektverhältnis ein oft verwendeter Parameter.

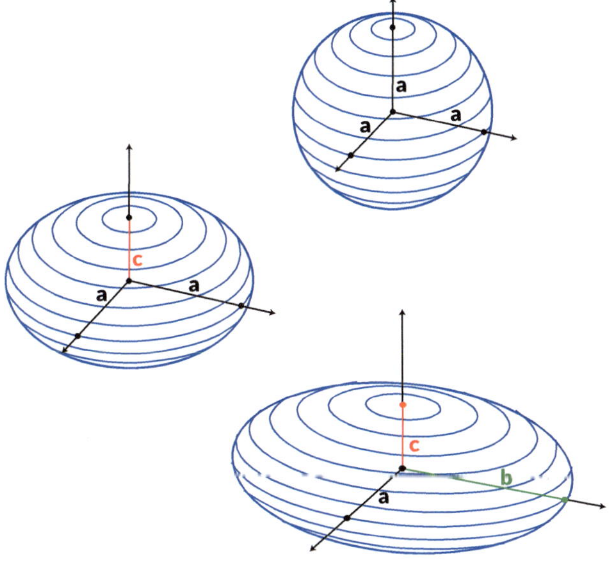

Bild 3.11
Aspektverhältnis: Kugel (oben), abgeplatteter Ellipsoid (links), langgestreckter Ellipsoid (unten)

[10] Dass die beiden mit *a* bezeichneten Hauptachsen die gleiche Länge haben, ist ein Spezialfall, im Allgemeinen sind sie unterschiedlich lang, aber beide deutlich länger als *c*.

Die Form des Füllstoffs beeinflusst das Fließverhalten der Schmelze und die Orientierung des Füllstoffs während des Fließens und damit im Bauteil. Fasern und Plättchen richten sich parallel zur Strömung aus, liegen in Bauteilen und Folien also typischerweise senkrecht zur Dickenrichtung.[11] Dies wird bei plättchenförmigen Füllstoffen zur Minimierung der Diffusion von Gasen durch Bauteile und Folien ausgenutzt, vgl. Bild 3.12. Durch Plättchen wird der Diffusionsweg von Gasen durch z.B. Folien länger und damit die Folie scheinbar dicker. Dadurch wird bei unterschiedlichen Konzentrationen des betrachteten Gases auf den beiden Seiten einer dicken Folie der Konzentrationsgradient kleiner als in einer dünnen Folie aus dem gleichen Kunststoff. Dadurch wiederum wird nach dem *ersten Fick'schen Gesetz* die Teilchenstromdichte geringer. Es diffundiert weniger Gas durch die Folien.

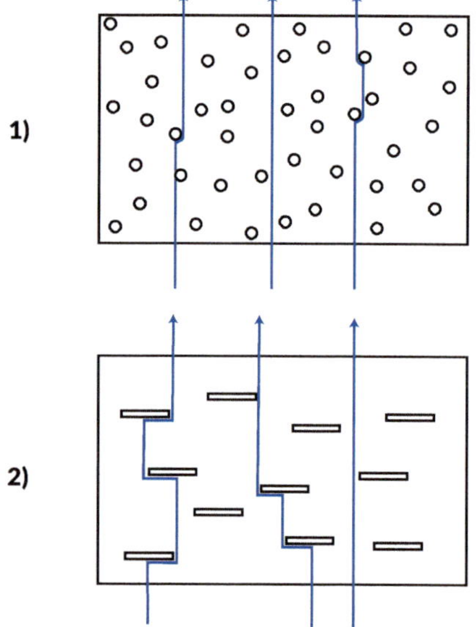

Bild 3.12
Diffusionswege von kleinen Molekülen um 1) kugel- und 2) plättchenförmige Partikel in Kunststoffen. Kugel- und plättchenförmige Partikel haben im Bild den gleichem Flächenanteil.

[11] Fließt eine Schmelze zwischen einer oberen und einer unteren Platte von links nach rechts und haftet die Schmelze an den Platten, weist die Schmelze in der Mitte zwischen den Platten die größte Strömungsgeschwindigkeit auf. Eine Faser, die sich an irgendeinem Ort zwischen den Platten befindet, bewegt sich mit einer mittleren Geschwindigkeit mit der Schmelze von links nach rechts. Sie wird außerdem gedreht, weil ein Ende durch eine höhere Strömungsgeschwindigkeit beschleunigt und ein Ende durch eine niedrigere Strömungsgeschwindigkeit gebremst wird. Es wirken keine Kräfte mehr auf die Faser, wenn sich beide Enden in einem Gebiet gleicher Strömungsgeschwindigkeit befinden. Solche Gebiete sind Ebenen parallel zu den die Strömung begrenzenden Platten. Die Faser wurde in der Strömung parallel zu den Platten und damit senkrecht zur Dickenrichtung ausgerichtet.

Eigenschaften, Anwendungen und Bezeichnung

Die Stoffe, aus denen Füllstoffe hergestellt werden, haben häufig selbst eine höhere Steifigkeit und Festigkeit als Polymere. Daher wird in einem Kunststoff in der Regel nach Zugabe von Füllstoffen die Steifigkeit höher sein als im reinen Polymer. Ob die Festigkeit steigt, hängt auch von der Form und Größe sowie der Orientierung der Füllstoffe bezogen auf die Richtung der Belastung ab. Meistens werden zur Steigerung der Festigkeit Fasern oder Faserschichten eingesetzt, siehe Abschnitt 3.3.5. Eine Ausnahme sind z.B. Ruße und Silikate in Elastomeren oder Glaskugeln in Thermoplasten. Glaskugeln steigern die Festigkeit bei einer Druckbelastung, nicht aber unter einer Zugbelastung.

Füllstoffe werden meist eingesetzt, um eine der folgenden Eigenschaften eines Kunststoffs gezielt zu ändern:

- Steigerung der thermischen Leitfähigkeit
- Steigerung der elektrischen Leitfähigkeit (Leitfähigkeit, Antistatik, elektromagnetische Abschirmung)
- Steigerung der Steifigkeit (E-Modul sowie Druck- und Biegefestigkeit)
- Steigerung der Festigkeit (nur bei plättchen- und stäbchenförmigen Füllstoffen, inklusive Reißfestigkeit)
- Senkung von Schwindung, thermischer Ausdehnung und Temperaturabhängigkeit der mechanischen Eigenschaften
- Steigerung der Wärmeformbeständigkeit
- Steigerung von Härte, Kratzfestigkeit und Oberflächenqualität einschließlich Bedruckbarkeit
- Erhöhung der Dichte (Schallschutz)
- Minimierung der Diffusion von Gasen durch einen Kunststoff
- Senkung des Preises

Füllstoffe, die zur Senkung des Preises hinzugegeben werden, werden auch als *Extender* oder *inaktive Füllstoffe* bezeichnet. Alle anderen Füllstoffe, die eine technische Funktion erfüllen, sind im Umkehrschluss *aktive Füllstoffe*. Manchmal werden auch nur die Füllstoffe, die die Festigkeit steigern, aktive Füllstoffe genannt. Dann wären es aber streng genommen Verstärkungsstoffe.

Typische mineralische Füllstoffe und ihre Einsatzgebiete sind in Tabelle 3.7 zusammengefasst [1].

Tabelle 3.7 Mineralische Füllstoffe und ihre Einsatzgebiete [1]

Mineralischer Füllstoff	Chemische Bezeichnung	Dichte in g/cm³	Eingesetzt in ...	Form	Bemerkung, Anwendung
Kreide	Calciumcarbonat	< 2,7	PVC, PE, PP, ABS, Fluorpolymere, PS, EP, Phenolharze, TPE, PU	k, p, s	Am weitesten verbreitet, Extender, Weißpigment
Talk (Talkum)	Magnesiumsilikathydrat	2,8-2,9	PP, PET, PE, PVC, Phenolharze, PU, PS	p	Steifigkeit, Kriechfestigkeit, Zugfestigkeit
Kaolin	Mischung von Metalloxiden	2,6	TPE, PET, PE, PU, PVC	p	Drähte, Kabel, elektrische Eigenschaften
Aluminiumhydroxid	Aluminiumtrihydroxid	2,4	ABS, TPE, PE-LD, PVC, EP, Phenolharze, PU	p	Flammhemmer
Silica	Siliziumdioxid	2,65	EP, ABS, PE, PS, PVC, TPE, PU	k	Extender, Verstärkung, Antiblockmittel
Bariumsulfat	Bariumsulfat	4,3-4,6	PP, PU	k	Inert, Dichteerhöhung, Schalldämpfung, Extender
Wollastonit	Calciumsilikat	2,9	PET, PC, TPE, PP, PS, PE, Duroplaste	s	Festigkeit, Hitzebeständigkeit, geringe Wärmeausdehnung, elektrische Eigenschaften
Feldspat	Mischung von Metallsilikaten	2,6	PVC, PE, PP, PS, EP, Phenolharze, TPE, PU		Witterungsbeständigkeit, chemische Beständigkeit
Glimmer (engl. Mica)	Metallische Schichtsilikate	2,8	PP, ABS, Fluorpolymere, PET, PC, TPE, PE, Duroplaste	p	geringe Wärmeausdehnung, thermische Eigenschaften, mechanische Eigenschaften

k: kugelförmig, p: plättchenförmig, s: stäbchenförmig

ISO 1043-2 legt Kennbuchstaben und Kurzzeichen für Füll - und Verstärkungsstoffe fest, vgl. Tabelle 3.8.

Tabelle 3.8 Kennbuchstaben für Füllstoffe nach ISO 1043-2 und deren Wirkung

Kennbuchstabe	Material	Anwendung
B	Bor	Flammschutzmittel
C	Kohlenstoff: Ruß und Graphit Leitfähigkeitsruß, Carbon-Nanofasern, Carbon-Nanotubes	 Farbmittel Erhöhung von Wärme- und elektrischer Leitfähigkeit
D	Aluminiumtrihydrat	Flammschutzmittel: Kühlung durch Zersetzung, Flammverdünnung durch Wasserfreisetzung
E	Ton	Füllstoff
G	Glaskugeln	Füllstoff
K	Kreide	Füllstoff
ME	Metall in Partikelform	Erhöhung von Wärme- und elektrischer Leitfähigkeit
M	Mineral	Füllstoff
P	Glimmer	Füllstoff
Q	Silikat	Füll- und Verstärkungsstoff
S	Synthetische organische Stoffe (z. B. feinverteiltes PTFE, Polyimide oder Duroplaste)	Füllstoff
T	Talk	Füllstoff
W	Holzmehl	Füll- und Verstärkungsstoff

Ebenfalls in ISO 1043-2 werden Kennbuchstaben für Form oder Struktur von Füll- und Verstärkungsstoffen festgelegt, vgl. Tabelle 3.9.

Tabelle 3.9 Kennbuchstaben für Form oder Struktur von Füll- und Verstärkungsstoffen nach ISO 1043-2 sowie Zuordnung zu den Kategorien Füll- und/oder Verstärkungsstoff

Kennbuchstabe	Beschreibung von Form und Struktur	Form	Kategorie
B	Perlen, Kugeln, Bällchen	Kugelförmig	Füll- und Verstärkungsstoff
C	Chips, Schnitzel	Plättchenförmig	Füllstoff
CM	Schnittmatte	Flächengebilde	Verstärkungsstoff
D	Feinstoff, Pulver	Kugelförmig	Füllstoff

Tabelle 3.9 Kennbuchstaben für Form oder Struktur von Füll- und Verstärkungsstoffen nach ISO 1043-2 sowie Zuordnung zu den Kategorien Füll- und/oder Verstärkungsstoff *(Fortsetzung)*

Kenn-buchstabe	Beschreibung von Form und Struktur	Form	Kategorie
EM	Endlosmatte	Flächengebilde	Verstärkungsstoff
F	Fasern	Faser	Verstärkungsstoff
G	Mahlgut	Kugelförmig	Füllstoff
H	Whisker[12]	Stäbchenförmig	Verstärkungsstoff
K	Wirkwaren	Flächengebilde	Verstärkungsstoff
L	Lagen	–	–
LF	Langfaser	Faser	Verstärkungsstoff
M	Matte (dick)	Flächengebilde	Verstärkungsstoff
N	Faservlies (dünn)	Flächengebilde	Verstärkungsstoff
NF	Nanofaser	Faser	Verstärkungsstoff
NT	Nanoröhrchen	Faser	Verstärkungsstoff
P	Papier	Plättchenförmig, Flächengebilde	Füll- und Verstärkungsstoff
R	Roving	Faser	Verstärkungsstoff
S	Flocken	Kugelförmig, plättchenförmig	Füllstoff
T	Gedrehtes oder geflochtenes Garn, Cord, Röhrchen	Faser	Verstärkungsstoff
VV	Furnier	–	–
W	Gewebe	Flächengebilde	Verstärkungsstoff
X	Nicht festgelegt	–	–
Y	Garn	Faser	Verstärkungsstoff
Z	Andere, nicht in der Tabelle enthaltene Formen und Strukturen	–	–

Die Anforderungen an Füllstoffe für Kunststoffe und die anzuwendenden Prüfverfahren werden in verschiedenen Teilen von DIN 55625 festgelegt:

- Teil 4: Kreide, Anforderungen und Prüfverfahren
- Teil 5: Natürliches kristallines Calciumcarbonat, Anforderungen und Prüfverfahren
- Teil 6: Gefälltes Calciumcarbonat, Anforderungen und Prüfverfahren
- Teil 7: Dolomit, Anforderungen und Prüfverfahren
- Teil 10: Verwachsungen von natürlichem plättchenförmigem, carbonathaltigem Talk und Chlorit – Anforderungen und Prüfverfahren

[12] Als *Whisker* werden fadenförmige Einkristalle bezeichnet.

- Teil 23: Phlogopit, Anforderungen und Prüfverfahren
- Teil 24: Magnesiumhydroxid, Anforderungen und Prüfverfahren

ISO 787 legt allgemeine Prüfverfahren für Pigmente und Füllstoffe fest, die nach DIN 55625 anzuwenden sind:

- Teil 1: Farbvergleich von Pigmenten
- Teil 2: Bestimmung der bei 105 °C flüchtigen Anteile
- Teil 3: Bestimmung der wasserlöslichen Anteile – Heißextraktionsverfahren
- Teil 4: Bestimmung der Acidität oder Alkalität des wässrigen Extraktes
- Teil 5: Bestimmung der Ölzahl
- Teil 7: Bestimmung des Siebrückstandes – Wasserverfahren – Handspülverfahren
- Teil 8: Bestimmung der wasserlöslichen Anteile – Kaltextraktionsverfahren
- Teil 9: Bestimmung des pH-Wertes einer wässrigen Suspension
- Teil 10: Bestimmung der Dichte – Pyknometerverfahren
- Teil 11: Bestimmung des Stampfvolumens und der Stampfdichte
- Teil 13: Bestimmung der wasserlöslichen Sulfate, Chloride und Nitrate
- Teil 14: Bestimmung des spezifischen Widerstandes des wässrigen Extraktes
- Teil 15: Vergleich der Beständigkeit bei Belichtung von Buntpigmenten ähnlichen Typs
- Teil 16: Bestimmung der relativen Farbstärke (oder des Färbeäquivalentes) und der Farbe in Weißaufhellung von Buntpigmenten – Visuelles Angleichverfahren
- Teil 17: Vergleich des Aufhellvermögens von Weißpigmenten
- Teil 18: Bestimmung des Siebrückstandes – Mechanisches Spülverfahren
- Teil 19: Bestimmung von wasserlöslichen Nitraten (Salicylsäure-Verfahren)
- Teil 21: Vergleich der Hitzebeständigkeit von Pigmenten unter Verwendung eines Einbrennbindemittels
- Teil 22: Vergleich der Beständigkeit von Pigmenten gegen Ausbluten
- Teil 23: Bestimmung der Dichte (unter Verwendung einer Zentrifuge zum Entfernen eingeschlossener Luft)
- Teil 24: Bestimmung der relativen Farbstärke von Buntpigmenten und des relativen Streuvermögens von Weißpigmenten – Photometrisches Verfahren
- Teil 25: Vergleich der Farbe von Weiß-, Schwarz- und Buntpigmenten in Purton-Systemen – Farbmetrisches Verfahren

3.2.1 Kreide

Kreide ist im weitesten Sinn ein umgangssprachlicher Oberbegriff für den am häufigsten eingesetzten Füllstoff aus Calciumcarbonat. Es gibt Calciumcarbonat in der Kunststofftechnik im Wesentlichen in zwei Arten:

- natürliches Calciumcarbonat aus gemahlener Kreide (engl. *ground calcium carbonate, GCC*)
- künstlich hergestelltes, gefälltes Calciumcarbonat (engl. *precipitated calcium carbonate, PCC*)

Nach DIN 55625-4 ist *Kreide* „natürliches Calciumcarbonat aus schwach verfestigten Sedimenten der Kreide-Formation in Form von mikrokristallinen Calcitkristallen“. Diese sind anders als in Kalkstein und Marmor wenig verfestigt. Kreide wird bergmännisch oder im Tagebau gewonnen. Sie wird durch Mahlen aus dem abgebauten Gestein gewonnen und durch Schlämmen von z. B. Sand befreit. Gefälltes Calciumcarbonat wird durch Lösen und Fällen natürlicher Kreiden gewonnen. Beim Fällen kann die Kristallisation gesteuert werden, sodass gezielt einzelne Kristallmodifikationen und damit Partikelformen erzeugt werden können. Auch die Größenverteilung kann dabei eingestellt werden. Meist weisen gefällte Kreiden (PCC) kleinere Partikel auf als gemahlene Kreiden (GCC). Typische Größen von PCC-Partikeln liegen unter 1 µm.

Typische Kennwerte natürlicher Kreiden für den Einsatz in Thermoplasten sind in Tabelle 3.10 gelistet.

Tabelle 3.10 Eigenschaften natürlicher Kreiden [1]

Eigenschaft	Methode	Kennwert
Flüchtige Anteile	ISO 787-2	< 0,3 %
Mohssche Härte	–	3
Weißgrad	ISO 2469	85–95 %
Spezifische Oberfläche	ISO 9277	1–15 m^2/g

Die typischen Kristallmodifikationen bei gefälltem Calciumcarbonat sind:

- Calcit mit trigonalen Kristallen (auch skalenoedrisch genannt)
- Aragonit mit orthorhombischen Kristallen (auch prismatisch genannt)

Durch die Prozessführung bei der Kristallisation werden dann unterschiedliche Kristallformen erhalten, vgl. Bild 3.13, Bild 3.14 und Bild 3.15.

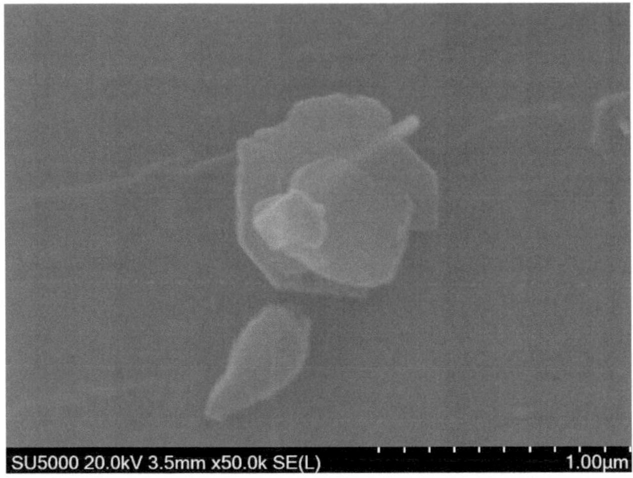

Bild 3.13
Rasterelektronenmikroskopische Aufnahme von plättchenförmigen Kreidepartikeln (engl. precipitated calcium carbonate, PCC), Calcit

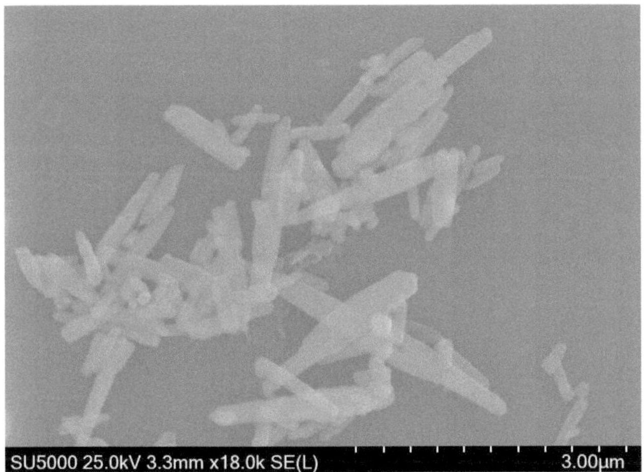

Bild 3.14
Rasterelektronenmikroskopische Aufnahme von stäbchenförmigen Kreidepartikeln (engl. precipitated calcium carbonate, PCC), Aragonit

Bild 3.15
Rasterelektronenmikroskopische Aufnahme von würfelförmigen Kreidepartikeln (engl. precipitated calcium carbonate, PCC), Calcit

3.2.2 Talkum

Talk ist nach natürlichem Calciumcarbonat und Industrieruß der in der größten Menge eingesetzte Füllstoff. Talk kommt ebenfalls natürlich vor und wird in Steinbrüchen abgebaut. Talk ist auch als Speckstein bekannt und ist mit einer mohsschen Härte von eins das weichste Mineral. Talk besteht überwiegend aus hydratisiertem Magnesiumsilikat, also Kristallen aus Magnesiumoxid und Siliciumdioxid mit Kristallwasser. Talk kann auch weitere Metalloxide in kleinen Mengen enthalten und bildet entsprechend auch verschiedene Kristallmodifikationen und Teilchenformen. Am häufigsten kommen in der Kunststofftechnik plättchenförmige Partikel zum Einsatz, vgl. Bild 3.16. Die Eigenschaften von Talkum sind in Tabelle 3.11 aufgeführt.

Tabelle 3.11 Eigenschaften von Talkum

Eigenschaft	Methode	Kennwert
Flüchtige Anteile	ISO 787-2	< 0,5 %
Mohssche Härte	-	1
Weißgrad	ISO 2469	92
Spezifische Oberfläche	ISO 9277	2-4 m^2/g

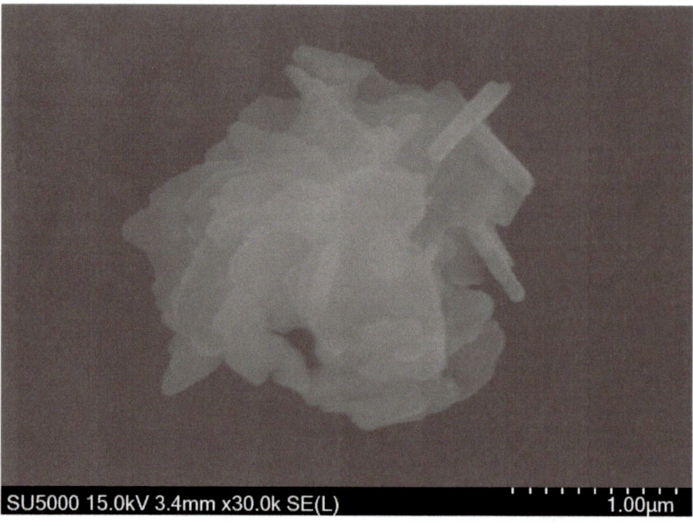

Bild 3.16 Rasterelektronenmikroskopische Aufnahme eines Agglomerats von plättchenförmigen Talkumkristallen

Talk wird sehr häufig in Polypropylen eingesetzt, unter anderem als Nukleierungsmittel und zur Erhöhung der Steifigkeit.

3.2.3 Glaskugeln

Glaskugeln, vgl. Bild 3.17, werden als massive Kugeln oder Hohlkugeln eingesetzt. Der wesentliche Unterschied ist die Dichte, die bei massiven Kugeln 2,5 g/cm³ und bei Hohlkugeln 0,3 - 0,6 g/cm³ beträgt. Deshalb werden Hohlkugeln zur Dichtereduktion von Kunststoffen eingesetzt, während massive Kugeln die Steifigkeit steigern: E-Modul, Druck- und Biegefestigkeit werden erhöht.

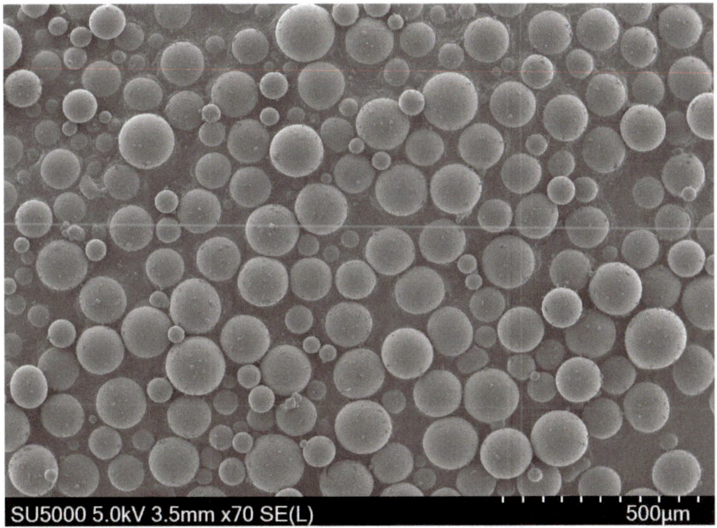

Bild 3.17 Rasterelektronenmikroskopische Aufnahme von Glaskugeln

■ 3.3 Verstärkungsstoffe

Verstärkungsstoffe in Kunststoffen liegen meist in Form von Fasern vor, vgl. Bild 3.18. Dies wird in Abschnitt 3.3.5 begründet. Die Textiltechnik ist das Gebiet, das sich mit der Herstellung, Untersuchung und Anwendung von Fasern und Produkten daraus beschäftigt [8]. Daher stammen auch alle Fachbegriffe und Verfahren zur Herstellung von Fasern für die Kunststofftechnik aus der Textiltechnik. Produkte aus Fasern sind die sogenannten textilen Flächengebilde, vgl. Bild 3.19, die ebenfalls zur Verstärkung eingesetzt werden, vor allem in Duromeren für den Leichtbau in Luftfahrzeugen, Fahrzeugen und Windkraftanlagen.

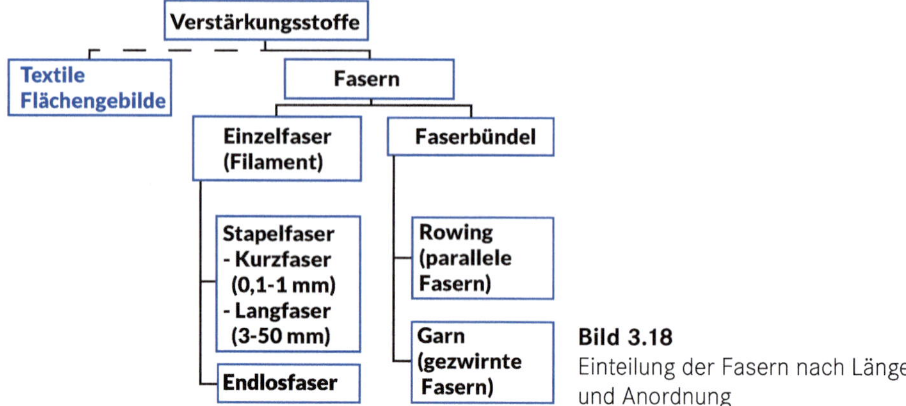

Bild 3.18
Einteilung der Fasern nach Länge und Anordnung

Das Grundelement ist die Faser, in der Textiltechnik auch Filament oder Faden genannt.

Ein *Filament* ist eine einzelne Faser bzw. nach ISO 472 ein einzelnes Textilelement von geringem Durchmesser im Vergleich zur Länge. Gleichbedeutende Begriffe sind Faser und Faden.

Werden Filamente, Fasern bzw. Fäden durch einen Spinnprozess hergestellt, nennt man sie auch *Spinnfaser* oder *Spinnfaden*. In der Textiltechnik heißen auch Einzelfasern direkt nach der Spinndüse z. B. bei der Fertigung von Glasfasern Spinnfäden.

Ein Maß für den Durchmesser von Filamenten bzw. Fasern ist die sogenannte *Feinheit*, die nach ISO 1144 in der Einheit tex, vgl. Formel 3.1, angegeben wird:

$$1\,\text{tex} = \frac{1\,\text{g}}{1000\,\text{m}} \tag{3.1}$$

Bei der Feinheit handelt sich um eine längenbezogene Masse (engl. linear density). Die Feinheit von Verstärkungsgarnen wird nach ISO 1889 ermittelt, indem ein Faserbündel auf eine bekannte Länge L geschnitten und seine Masse m, eventuell nach Entfernen der Schlichte gemessen wird. Da die Faserbündel oft mehreren Tausend Einzelfasern enthalten, muss die Masse zur Ermittlung der Feinheit durch die Anzahl der Einzelfasern geteilt werden.

Der Durchmesser d einer Einzelfaser ergibt sich unter der Annahme, dass die Einzelfaser als Zylinder mit konstantem Durchmesser und homogener Dichte ϱ beschrieben werden kann, gemäß Formel 3.2:

$$d = \sqrt{\frac{4}{\pi \cdot \varrho} \cdot \frac{m}{L}} \tag{3.2}$$

Typische Durchmesser der in der Kunststofftechnik eingesetzten Fasern aus Glas, Kohlenstoff oder Aramid betragen um die 10 µm. Fasern können eine Länge von wenigen Millimetern haben. Dann heißen sie Stapelfasern. Oft sind sie kürzer, weil sie während der Verarbeitung brechen.

Als *Stapelfaser* wird nach ISO 472 eine einzelne Faser von kleinem Durchmesser und geringer Länge bezeichnet.

Filamente können auch eine Länge haben, die so groß wie die Bauteildimensionen ist. Dann spricht man von *Endlosfasern* bzw. besser von kontinuierlicher Verstärkung. Oft werden einige Tausend Filamente zu Garnen oder Rovings zusammengefasst, wobei die Anordnung der Fasern bei Garnen oder Rovings unterschiedlich ist.

Ein *Roving* ist nach ISO 472 die Vereinigung paralleler Spinnfäden (assemblierter Roving) oder paralleler Endlosfasern (direkter Roving) ohne absichtliche Verdrehung.

Als *Garn* werden allgemein nach ISO 472 bestimmte Arten gezwirnter und nicht gezwirnter Fäden und Garne aus Endlos- oder Stapelfasern bezeichnet. Faden meint hier Filament oder Faser und Zwirnen das Verdrehen der Filamente gegeneinander. Zwei oder mehr Garne können ebenfalls gezwirnt werden.

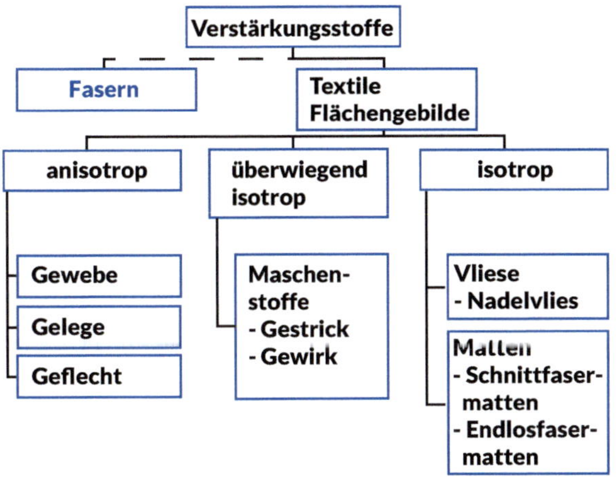

Bild 3.19
Einteilung der textilen Flächengebilde nach Isotropie und Aufbau

Flächige Gebilde (*textile Flächengebilde*) aus Fasern, vgl. Bild 3.19, sind z. B. Matten oder Vliese. Bei beiden sind die Fasern in der Schicht überwiegend nicht orientiert, die Eigenschaften in der Schicht sind isotrop. Der Unterschied zwischen beiden besteht in der Länge der Fasern und, daraus resultierend, den Fertigungsverfahren sowie Eigenschaften.

Als *Matte* wird nach ISO 472 ein flächiges textiles Gebilde aus kurz geschnittenen, nach dem Zufallsprinzip und ohne absichtliche Ausrichtung verteilten sowie mit einem Bindemittel zusammengehaltene Spinnfäden bezeichnet. ■

Ein *Vlies* ist nach ISO 472 ein flächiges Gefüge aus Fasern, mit oder ohne Ausrichtung, wobei die Fasern durch geeignete Mittel (Verkleben, Verschweißen, Nadeln, Verschlingen durch Wasserstrahlen) zusammengehalten werden. ■

Klassische textile Flächengebilde sind Gewebe, Gelege, Gestricke.

Ein *Gewebe* ist nach DIN 60000 ein Flächengebilde, das durch Fachbildung aus sich rechtwinklig kreuzenden Fäden (*Kette* und *Schuss*) hergestellt wird. ■

Dabei gibt es viele verschiedene Arten, wie Kette und Schuss sich verkreuzen können, diese Arten werden *Bindungen* genannt. Die einfachste Art der Bindung ist die, bei der sich *Kett-* und *Schussfaden* abwechselnd verkreuzen. Diese Bindung wird *Leinwandbindung* genannt, vgl. Bild 3.20. Die zwei weiteren Grundbindungen sind die *Köper-* und die *Atlasbindung*.

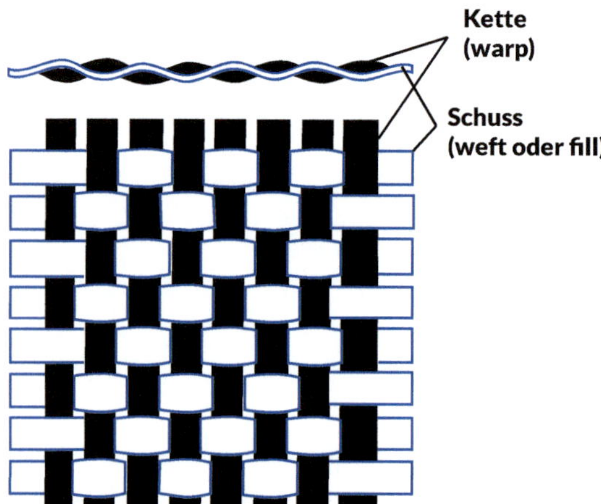

Bild 3.20
Leinwandbindung

Bei der Köperbindung kommt es nur bei jedem vierten Kettfaden zu einer Verkreuzung, mit jedem Schussfaden wandert die Verkreuzung einen Kettfaden zur Seite. Es gibt also weniger Verkreuzungen und das Köpergewebe ist flexibler und formbarer als die Leinwandbindung, es kommt aber auch eher zu Fadenverschiebungen.

Gestricke sind nach ISO 23606 Maschenstoffe, bei denen mindestens ein Fadensystem zu gewirkten Schleifen geformt wird und die gewirkten Schleifen in Maschen ineinandergreifen, vgl. Bild 3.21. Der Begriff Gestrick ist alt und wurde durch den Begriff Maschenstoff ersetzt.

Gestricke sind gegenüber anderen Verstärkungen sehr gut sphärisch verformbar, erreichen aber nicht die Festigkeiten von Geweben.

Bild 3.21 Gestrick mit „Rechts-Links-Grundbindung (linke Seite)“ nach ISO 23606

Gelege werden laut EN 13473-1 definiert als textile Strukturen, welche aus einer oder mehreren parallelen Lagen gestreckter, nicht gewebter Fäden bestehen, vgl. Bild 3.22.

Die einzelnen Lagen werden aufeinandergelegt und durch Vernähen oder chemische Bindemittel fixiert. Eine Lage aus unidirektional angeordneten Endlosfasern kann in Richtung einer wirkenden Zugkraft angeordnet werden. Mehrere Lagen können in verschiedenen Winkel zueinander angeordnet werden, sodass vom Bauteil auch Schubspannungen und in zylindrischen Strukturen (Antriebsachsen) auch Torsionsmomente aufgenommen bzw. übertragen werden können. Daher bestimmen bei Gelegen Art und Zahl der Lagen sowie der Winkel zwischen ihnen über die Eigenschaften des Bauteils.

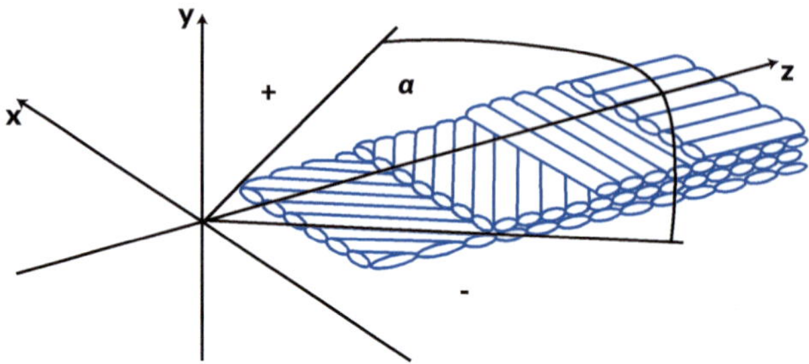

Bild 3.22 Multiaxialgelege und Bezeichnungen nach ISO 13473-1

Geflechte sind in der Kunststofftechnik Flächen- oder Körpergebilde, die durch regelmäßiges Verkreuzen oder Verschlingen meist mehrerer Fadensystem in schräger Richtung entstehen.

Der Unterschied zu Geweben ist der nicht rechte Winkel zwischen Fäden bzw. Fadensystemen, der Unterschied zu vielen anderen textilen Prozessen ist, dass offene Garnenden miteinander verkreuzt werden [9]. Geflechte werden vor allem für Faser-Kunststoff-Verbund-Bauteile eingesetzt.

Bei allen Halbzeugen aus Fasern ist wichtig zu wissen, dass diese bereits bei der Herstellung mit einer Beschichtung, der Schlichte versehen werden, um sie im weiteren Prozess zu schützen.

Mit *Schlichte* wird eine Beschichtung bezeichnet, die die einzelnen Filamente während ihrer Fertigung schützen soll.

Die Schlichte beeinflusst die Haftung zwischen Faser und Kunststoff. Sie kann die Haftung, auch Anbindung genannt, herabsetzen. Dann ist es sinnvoll, die Schlichte zu entfernen. Das nennt man *Entschlichten*.

Eine *entschlichtete Faser* ist nach ISO 472 eine Faser, von der die Schlichte durch Extraktion mit geeigneten Lösemitteln oder durch Pyrolyse entfernt wurde.

Stoffe, die in Kunststoffen üblicherweise zur Verstärkung eingesetzt werden, sind in Tabelle 3.12 aufgeführt und unterscheiden sich zum Teil nur durch die Faserform von den Füllstoffen in Tabelle 3.8.

Tabelle 3.12 Kennbuchstaben für Verstärkungsstoffe nach ISO 1043-2

Kennbuchstabe	Material
B	Whisker aus Borcarbid
C	Kohlenstofffaser
G	Glasfasern
L	Cellulosefasern
ME	Metallfasern
M	Mineralfasern
N	Organische Naturstoffe (Baumwolle, Sisal, Hanf, Flachs usw.) als Fasern
W	Holzfasern

Thermoplaste mit Verstärkungsstoffen werden oft mittels Spritzgießen zu Bauteilen verarbeitet. Dazu muss der Kunststoff fließen können. Die Fasern können daher nur als Einzelfasern mit Längen kleiner als wenige Millimeter vorliegen. Flächengebilde werden in Werkzeuge eingelegt und hinterspritzt oder durch Thermoformen und Pressen verarbeitet. Im großen Stil kommen Flächengebilde im Leichtbau in Faser-Kunststoff-Verbunden (FKV) zum Einsatz. Aus diesem Bereich, der auch von Leichtbaubranchen wie der Luftfahrt geprägt wurde, stammen viele weitere Begriffe, siehe Tabelle 3.13.

Tabelle 3.13 Abkürzungen und Begriffe zu Verstärkungsstoffen nach VDI-Richtlinie 2014 Blatt 3 [10]

Abkürzung	Begriff
AFK	Aramidfaserkunststoff
C-Faser	Kohlenstofffaser
G-Faser	Glasfaser
CFK	Kohlenstofffaserverstärkter Kunststoff
CLT	Klassische Laminattheorie
FKV	Faser-Kunststoff-Verbund
FVW	Faser-Verbund-Werkstoff mit beliebiger Matrix, bei Kunststoffmatrizes CFK, GFK und AFK
GFK	Glasfaserkunststoff
UD-Schicht	Unidirektional faserverstärkte Schicht

Zudem werden in der Kunststofftechnik weitere Begriffe verwendet, vgl. Tabelle 3.14.

Tabelle 3.14 Weitere Begriffe zu verstärkten Kunststoffen

Abkürzung	Bedeutung	Norm	Bemerkung
BMC	*Bulk molding compound/* faserverstärkte Pressmasse	ISO 8606, DIN EN 14598	Härtbare, teigartige Formmasse, meist auf Basis von UP- und EP-Harzen und Langfasern. Verarbeitung durch Pressen oder Spritzgießen.
DMC	*Dough moulding compound*	ISO 8606	Faserverstärkte Formmasse
GMT	*Glasmattenverstärkte Thermoplaste*	DIN EN 13677	Zum Beispiel glasmattenverstärktes Polypropylen für flächige Formteile im Automobilbau wie kaschierte oder hinterspritzte Verkleidungen.
Prepreg	*Preimpregnate*	ISO 20144	Folienförmiges Halbzeug aus Endlosfasern mit einer Imprägnierung aus Thermoplasten oder Duromeren. Kann unter Druck und Wärmezufuhr geformt und im Fall von Duromeren ausgehärtet werden. Meist auf Basis von Epoxid- oder Phenolharzen.
UD-Tape	Prepreg mit unidirektionaler Faserausrichtung	ISO 8604	Wird in Richtung des Kraftflusses in Formen gelegt.
SMC	*Sheet molding compound/* Harzmatte	ISO 8605, DIN EN 14598	Flächige Matten aus verstärkter härtbarer Formmasse, meist auf Basis von UP- und EP-Harzen.

3.3.1 Glasfasern

Glas ist eine Mischung aus verschiedenen Metalloxiden. Das in der Kunststofftechnik übliche sogenannte E-Glas, vgl. Tabelle 3.15, wird aus reinem Quarz, Kalkstein, Kaolin und Borsäure hergestellt. Es besteht damit überwiegend aus Siliciumdioxid (54 %), Calciumoxid (21 %), Aluminiumoxid (14 %) und Boroxid (7 %) und wird deshalb auch Aluminiumborsilikatglas genannt. Die Bezeichnung E-Glas steht für Elektroglas und geht auf Anwendungen in der Elektroindustrie zu Beginn des 20. Jahrhunderts zurück.

Glasfasern [11] werden aus der Schmelze gesponnen, indem diese durch einige Hundert Düsenbohrungen in einer Spinnplatte fließt. Die dabei entstehenden Filamente werden mit einer Silanschlichte überzogen und meist zu mehreren Hundert Filamenten zu einem Filamentgarn gezwirnt. Die Filamente haben Durchmesser im Bereich von 5 bis 24 µm, vgl. Bild 3.23. Sie haben eine glatte Oberfläche und brechen spröde unter Zug, wie die ebene Bruchfläche in Bild 3.23 zeigt. Die Fasern sind flexibel und können kleine Krümmungsradien aufweisen, ohne zu brechen.

Bild 3.23 Rasterelektronenmikroskopische Aufnahme einer unter Zug gebrochenen Glasfaser

Glas hat eine amorphe Struktur. Es gibt keine strukturelle Vorzugsorientierung, daher haben Glasfasern isotrope Eigenschaften. Glas verhält sich linear elastisch und nimmt keine Feuchtigkeit auf.

Tabelle 3.15 Eigenschaften von Fasern aus E-Glas [9, 11]

Eigenschaft	Wert
Dichte in g/cm^3 bei 20 °C	2,62 [11]
Zugfestigkeit in MPa	3400 [9]
Zug-E-Modul in GPa	73 [9]
Bruchdehnung in %	3,5–4 [9]
Querkontraktionszahl	0,18 [9]
Spez. elektrischer Widerstand in Ω m bei 20 °C	10^{13} [9]
Wärmekapazität in $\frac{J}{kg\,K}$ zwischen 0–300 °C	896 [11]
Wärmeleitfähigkeit in $\frac{W}{m\,K}$ bei 0 °C	1,27 [11]
Linearer thermischer Ausdehnungskoeffizient in $10^{-6}\,K^{-1}$	5 [9]
Permittivitätszahl (Dielektrizitätskonstante) bei 10^6 Hz	6,5 [11]

3.3.2 Aramidfasern

Zur Verstärkung von Kunststoffen werden Aramidfasern aus *para-Aramid*, vgl. Bild 3.24, verwendet [9, 12, 13]. *Para*-Aramid wird über eine Polykondensationsreaktion in einem organischem Lösungsmittel aus den Monomeren *para*-Phenylendiamin (PPD) und Terephthalsäuredichlorid (TDC) hergestellt. Es fällt aus der Lösung als Feststoff aus. Beim *para*-Aramid handelt es sich um ein reinaromatisches Polyamid, weil die Amidgruppen direkt mit zwei aromatischen Ringen verbunden sind. Aus der Bezeichnung *aromatisches Polyamid* leitet sich auch der Begriff Aramid ab.

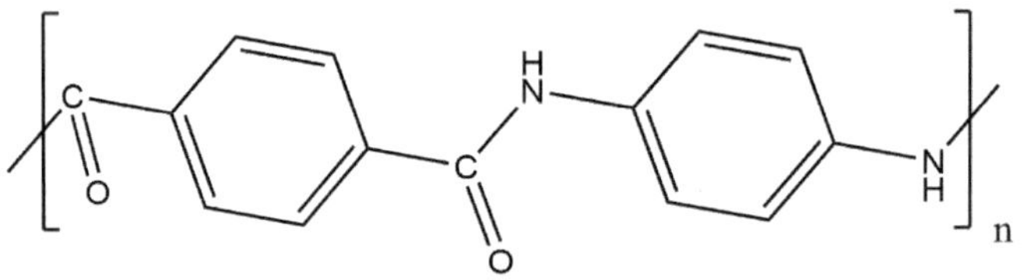

Bild 3.24 Strukturformel von Poly-*para*-phenylenterephthalamid (*para*-Aramid)

Wegen der Bindung der Amidgruppen an die aromatischen Ringe in der gestreckten *para*-Stellung ist *para*-Aramid sehr steif und weist im Vergleich zum *meta*-Aramid höhere mechanische Kennwerte auf. *para*-Aramid ist in Schwefelsäure löslich, die steifen Makromoleküle zeigen bereits in der Lösung eine ausgeprägte Orientierung. Aus dieser Lösung werden Aramidfasern gesponnen, die als Standardtypen bezeichnet werden. Durch Verstrecken bei höheren Temperaturen werden aus den gesponnenen Aramidfasern Hochmodultypen hergestellt.

Die steifen und orientierten Makromoleküle bilden untereinander Wasserstoffbrückenbindungen aus. *para*-Aramide sind hochkristallin und schmelzen bei Temperaturen oberhalb von 500 °C, zersetzen sich bei diesen Temperaturen aber auch bereits, sodass *para*-Aramide nicht in der Schmelze verarbeitbar sind. Aramide sind flammwidrig und selbstverlöschend.

Wegen der Orientierung und der Wasserstoffbrückenbindung besitzen Aramidfasern unter Zug eine

- hohe Festigkeit,
- hohe Steifigkeit (E-Modul) und
- hohe Bruchdehnung, vgl. Tabelle 3.16.

Als Polymer weisen sie eine geringere Dichte als Glas- und Kohlenstofffasern und daher hohe spezifische mechanische Kennwerte auf.

Die ausgeprägte Orientierung der Makromoleküle in den Fasern führt zu

- anisotropen Eigenschaften und
- einem negativen linearen thermischen Ausdehnungskoeffizienten,

denn beim Erwärmen streben die Fasern eine Konformation als statistisches Knäul an, wodurch ihre Ausdehnung in Faserrichtung abnimmt und die Faser kürzer wird. Wie andere Polyamide nehmen Aramidfasern Wasser auf. Aramide werden wie andere Polymere auch durch UV-Strahlung abgebaut.

Tabelle 3.16 Eigenschaften von Aramidfasern (Hochmodultypen)

Eigenschaft	Wert parallel zur Faserrichtung	Wert senkrecht zur Faserrichtung
Dichte in g/cm^3 bei 20 °C	1,44 [9]	-
Zugfestigkeit in MPa	2800 [13]	-
Zug-E-Modul in GPa	130 [13]	5,4 [13]
Bruchdehnung in %	2,8 [14]	-
Querkontraktionszahl	0,32 [13]	-
Spez. elektrischer Widerstand in Ω m bei 20 °C	10^{15} [14]	-
Wärmeleitfähigkeit in $\frac{W}{m\,K}$	0,04 [14]	-
Linearer thermischer Ausdehnungskoeffizient in $10^{-6}\,K^{-1}$	-2 [12]	17 [13]

Die Werte senkrecht zur Faserrichtung wurden aus Messwerten an Laminaten zurückgerechnet, da Versuche an Filamenten quer zum Filament technisch nicht möglich sind.

Aramidfasern haben typischerweise einen Durchmesser von 12 µm und weisen eine glatte Oberfläche wie Glasfasern auf, vgl. Bild 3.23. Eine Eigenschaft, die sie von den beiden anderen technischen Fasern, den Glas- und Kohlenstofffasern unterscheidet, ist die hohe Energieaufnahme bis zum Bruch. Diese ist darin begründet, dass Aramidfasern vor dem Bruch aufspleißen und einzelne sogenannte Fibrillen bilden, vgl. Bild 3.25. Diese Eigenschaft macht sie zum bevorzugten Faserwerkstoff für ballistische Anwendungen in Schutzwesten und -helmen.

Bild 3.25 Rasterelektronenmikroskopische Aufnahme einer unter Zug gebrochenen Aramidfaser

Aber auch als Asbestersatz in Reib- und Bremsbelägen, in Honigwabenstrukturen für den Leichtbau und als Faser für Faser-Kunststoff-Verbunde werden Aramide verwendet.

3.3.3 Kohlenstofffasern

Kohlenstofffasern [15] bestehen überwiegend aus reinem Kohlenstoff, der in Schichten mit Graphitstruktur angeordnet ist. Diese Schichten sind parallel zur Faserachse angeordnet und um diese gerollt. Um diese Struktur zu erzeugen, werden Kohlenstofffasern aus kohlenstoffreichen Vorprodukten, den sogenannten *Precursoren*, in mehrstufigen Prozessen hergestellt: *Polyacrylnitril* (PAN) ist für 90 % der Fasermenge der Precursor und Pech für die restlichen 10 %.

Polyacrylnitril besitzt eine Hauptkette, in der nur Kohlenstoffatome enthalten sind, und ist geeignet, Ringstrukturen zu bilden, vgl. Bild 3.26.

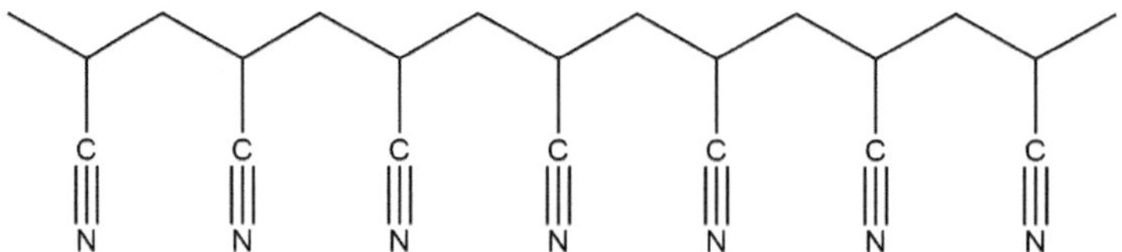

Bild 3.26 Strukturformel von Polyacrylnitril

Wegen der polaren Nitrilseitengruppe und der daraus resultierenden starken Dipol-Dipol-Bindung, vgl. Abschnitt 2.4.2.2, beträgt die Schmelztemperatur von Polyacrylnitril 317 °C. Weil die Zersetzung bei dieser Temperatur bereits stattfindet, ist Polyacrylnitril nicht über Schmelzprozesse verarbeitbar.

Polyacrylnitril wird in Lösung oder Suspension polymerisiert. In einem Spinnbad werden daraus Filamente erzeugt. Diese werden so lange gewaschen und verstreckt, bis die gewünschten Faserdurchmesser erreicht, Lösemittelreste ausgewaschen und Inhomogenitäten entfernt sind. Bei diesem Prozess werden die Polyacrylnitrilmoleküle gestreckt und parallel zur Faserachse ausgerichtet. Eine Polyacrylnitrilfaser hat daher anisotrope Eigenschaften.

In drei Schritten wird anschließend aus einer Polyacrylnitrilfaser eine Kohlenstofffaser [12, 13, 15]:

- Oxidative Stabilisierung: bei 200–300 °C wird das aliphatische Polyacrylnitril in eine Ringstruktur (Pyridinringe) überführt. Dabei wird Wasserstoff abgespalten. Die Ringstrukturen enthalten daher konjugierte Doppelbindungen. Die Polyacrynitrilfasern werden bereits bei diesem Schritt gestreckt, damit die Ketten sich noch mehr parallel zueinander ausrichten. Es entsteht eine unschmelzbare Faser.
- Carbonisierung: Bei Temperaturen bis zu 1600 °C werden in einer Schutzgasatmosphäre (z. B. Argon) alle noch vorhandenen Fremdatome entfernt. Das sind zunächst Stickstoff und Wasserstoff aus dem Polyacrylnitril, aber auch Sauerstoff aus der vorhergehenden Oxidation. Es bilden sich reine Kohlenstoffringe.
- Graphitisierung (optional): Durch weiteres Verstrecken bei hohen Temperaturen zwischen 2000–3000 °C werden die Graphitstrukturen perfektioniert und parallel zur Faserachse ausgerichtet.

Durch unterschiedliche Prozessführung und speziell verschiedene Temperaturen bei der Carbonisierung und Graphitisierung werden verschiedene Fasertypen mit Durchmessern von 5 bis 10 µm erhalten, vgl. Bild 3.27:

- Hochfeste Fasern bei ca. 1200–1500 °C
  - HT-Typ: high tenacity, Standardtyp
  - HS-Typ: high strength
- Zwischenmodulfasern bei ca. 1500–1800 °C
  - IM-Typ, intermediate modulus
- Hochmodulfasern bei bis ca. 3000 °C
  - HM-Typ, high modulus
  - UHM-Typ, ultra-high modulus

Bild 3.27 Rasterelektronenmikroskopische Aufnahme von geschnittenen Kohlenstofffasern

Kohlenstoffasern haben wie Aramidfasern anisotrope Eigenschaften, vgl. Tabelle 3.17.

Tabelle 3.17 Anisotrope Eigenschaften in Kohlenstofffasern

Eigenschaft		HT-Fasern	HM-Fasern
Linearer thermischer Längenausdehnungskoeffizient in 10^{-6} K^{-1} bei 20 °C	In Faserrichtung	-1,0 [15]	-1,5 [15}
	Quer zur Faserrichtung	10 [15]	15 [15]
E-Modul in GPa	In Faserrichtung	230 [13]	392 [13]
	Quer zur Faserrichtung	28 [13]	15,2 [13]

Die Werte quer zur Faserrichtung werden an Faser-Matrix-Verbunden gemessen und über die Laminattheorie für die Fasern daraus berechnet.

Die Eigenschaften der verschiedenen Fasertypen unterscheiden sich zum Teil deutlich, vgl. Tabelle 3.18.

Tabelle 3.18 Eigenschaften unterschiedlicher Kohlenstofffasertypen [15]

Eigenschaft	HT	IM	HM	HMS
Dichte in g/cm^3 bei 20 °C	1,74	1,80	1,83	1,85
Zugfestigkeit in MPa	3600	5600	2300	3600
Zug-E-Modul in GPa[13]	240	290	400	550

[13] Unterschiedliche Werte im Vergleich zu denen in Tabelle 3.17 sind auf andere untersuchte Fasern innerhalb der Kategorien HT und HM zurückzuführen.

Eigenschaft	HT	IM	HM	HMS
Bruchdehnung in %	1,7 - 1,9	1,6 - 2,0	1,0 - 1,4	0,7 - 1,5
Querkontraktionszahl	0,23 [13]	-	0,20 [13]	-
Spez. elektrischer Widerstand in Ω·m bei 20 °C	$8 \cdot 10^{-6}$ [13]	-	$20 \cdot 10^{-6}$ [13]	-
Wärmeleitfähigkeit in $\frac{W}{m\,K}$	17 [14]	-	-	-

Kohlenstofffasern finden sehr vielseitige Anwendungen in verschiedenen Branchen:

- Luft- und Raumfahrtindustrie: Bremsscheiben, Flügel, Rotoren, Strukturbauteile, Trennwände und Bodenplatten
- Kraftfahrzeugindustrie: Wasserstofftanks, Batteriegehäuse, Strukturbauteile, Achsen, Kardanwellen, Karosserieteile, Blattfedern
- Schiffbauindustrie: Masten, Rümpfe und Segel
- Regenerative Energien: Rotoren von Windkraftanlagen, Bipolarplatten in Batterien

3.3.4 Fasern aus nachwachsenden Rohstoffen

Fasern aus nachwachsenden Rohstoffen (Holzfasern und Baumwollfasern) wurden im 20. Jahrhundert vor allem in Harzen eingesetzt. Seit ungefähr dem Jahr 1995 werden Fasern aus nachwachsenden Rohstoffen (in Deutschland vor allem Fasern aus Flachs) immer häufiger in Kunststoffen und vor allem in Polypropylen für Anwendungen in verschiedenen Industrien wie der Luftfahrt-, Automobil- und Bauindustrie oder für Freizeit-, Sport und Haushaltsgeräte eingesetzt. Ihre Vorteile sind dabei vor allem ihre Bioabbaubarkeit, niedrige Kosten, hohe spezifische Festigkeit und weitere vorteilhafte physikalische Eigenschaften. Zudem ist der Energieeinsatz bei ihrer Herstellung und damit ihr Carbon Footprint deutlich geringer als bei den technischen Fasern.

Fasern aus nachwachsenden Rohstoffen werden nach ihrer Herkunft klassifiziert [16] und in die Klassen der Fasern tierischen und pflanzlichen Ursprungs unterteilt. Tierische Fasern, vgl. Bild 3.28, finden in der Kunststofftechnik dabei keine Verwendung.

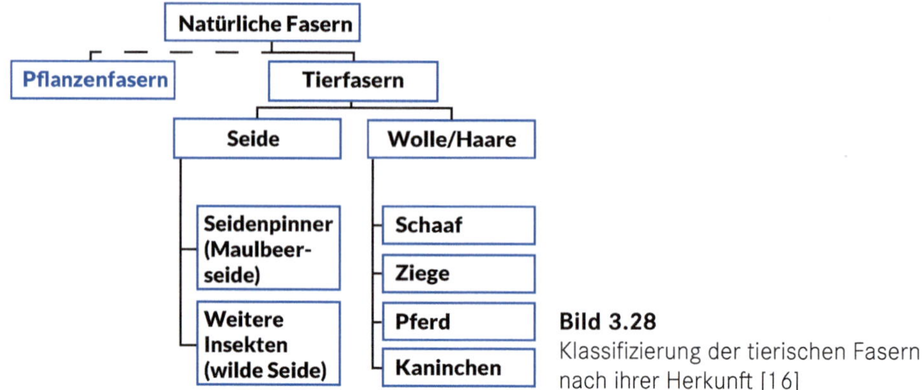

Bild 3.28 Klassifizierung der tierischen Fasern nach ihrer Herkunft [16]

Die Pflanzenfasern, vgl. Bild 3.29, werden oft [9] auch in die drei Gruppen

- *Pflanzenhaare* (entspricht den Samenfasern),
- *Bastfasern* und
- *Hartfasern* (entspricht den drei übrigen Klassen)

eingeteilt.

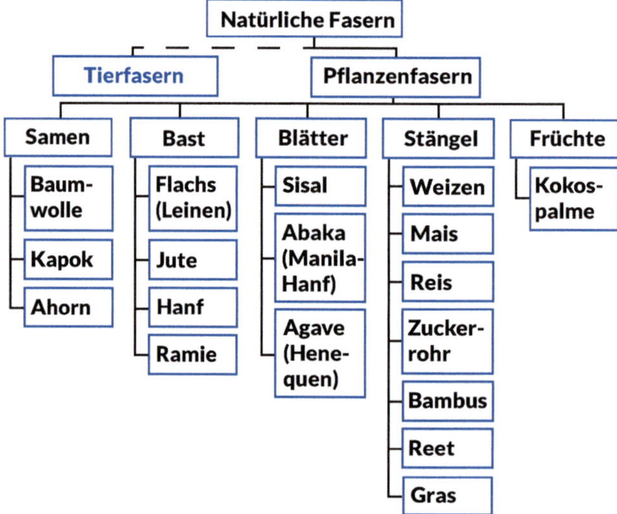

Bild 3.29 Klassifizierung der pflanzlichen Fasern nach Pflanzenbestandteil [16]

Der Aufbau von Pflanzenfasern ist komplex. Die Fasern bestehen meist aus mehreren Schichten und Kanälen, da in lebenden Pflanzen Wasser und Nährstoffe durch sie transportiert werden.

Bild 3.30
Rasterelektronenmikroskopische Aufnahme eines Endes einer gewaschenen und getrockneten Grasfaser

Am Beispiel der Grasfaser in Bild 3.30 werden drei wesentliche Unterschiede der organischen Fasern zu den synthetischen Fasern deutlich:

1. die Fasern bzw. ihre Durchmesser sind größer,
2. die Oberfläche ist strukturiert und
3. die Fasern enthalten Hohlräume.

Aus dem Verhältnis von Länge zu Dicke, dem Aspektverhältnis, ergibt sich tendenziell eine größere verstärkende Wirkung, aus der Strukturierung der Oberfläche eine tendenziell bessere Haftung der Matrix an den Fasern (Formschluss) und aus den Hohlräumen eine geringere Dichte der Fasern und damit ein größeres Leichtbaupotenzial.

Die in Deutschland am häufigsten eingesetzte Pflanzenfaser ist die Flachsfaser, vgl. Bild 3.31.

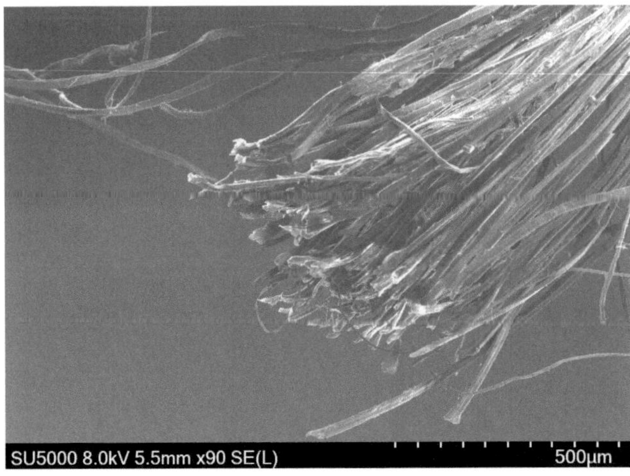

Bild 3.31
Rasterelektronenmikroskopische Aufnahme einer gespleißten Flachsfaser

Pflanzenfasern bestehen überwiegend aus Cellulose und Hemicellulose mit weiteren Anteilen von Lignin, Pektin sowie Fetten und Wachsen, vgl. Tabelle 3.19. Die Anteile unterscheiden sich dabei um einige Prozentpunkte je nach Quelle bzw. Untersuchung. Dies verdeutlicht die Tatsache, dass es sich um natürliche Rohstoffe handelt, deren Eigenschaften von den Anbaubedingungen abhängen.

Tabelle 3.19 Zusammensetzung der Trockenmasse von Pflanzenfasern in % [16, 17]

Faser	Quelle	Cellulose	Hemi-cellulose	Lignine	Pektine	Fette, Wachse
Baumwolle	[16]	89	4	0,75	6	0,6
	[17]	92,7	4,7	0	1,0	0,6
Ramie	[16]	72	14	0,8	1,95	0
	[17]	68,8	13,1	0,6	1,9	0,3
Hanf	[16]	81	20	4	0,9	0,8
	[17]	67,0	16,1	3,3	0,8	0,7
Sisal	[16]	60	11,5	8	1,2	0
	[17]	65,8	12,0	9,9	0,8	0,3
Jute	[16]	67	16	9	0,2	0,4
	[17]	64,4	12,0	11,8	0,2	0,5
Flachs	[16]	70,5	16,5	0,9	2,5	0
	[17]	64,1	16,7	2,0	1,8	1,5
Manila-Hanf	[16]	62,5	21	12	0,8	3
	[17]	63,2	19,6	5,1	0,5	0,2

Die Bestandteile erfüllen dabei bestimmte Funktionen:

- *Cellulose* ist ein Polysaccharid, also ein zuckerartiges Makromolekül und genauer ein Homopolymer auf der Basis von Glucose. Cellulosemoleküle bilden die Zellen und damit das Gerüst von Pflanzenfasern aus.
- *Hemicellulose* ist ein Oberbegriff für Gemische aus Polysacchariden mit unterschiedlicher Zusammensetzung.
- *Lignin* bezeichnet eine Gruppe von phenolischen Makromolekülen. Sie werden in Zellwände eingelagert und führen zu einer erhöhten Festigkeit von Pflanzenfasern („Verholzung"). Wenn Zellwände aus Cellulose von Lignin durchdrungen sind, spricht man auch von *Lignocellulose.*
- *Pektine* sind ebenfalls Polysaccharide auf der Basis von Galacturonsäure. Sie tragen ebenfalls zur Festigkeit bei, haben aber auch eine wasserregulierende Funktion.

Die Cellulose liegt selber als Faser in ungeordneten oder geordneten Strukturen vor. Sie ist das verstärkende Element in Pflanzenfasern, während Hemicellulose, Lignin und Pektin die Matrix bilden, vgl. Tabelle 3.20.

Tabelle 3.20 Eigenschaften von Pflanzenfasern bei 65 % relativer Luftfeuchte

Faser	Festigkeit in MPa [16]	E-Modul in MPa [16]	Reißdehnung in %
Baumwolle	500	8000	7 [17]
Ramie	925	23000	3,7 [16]
Hanf	530	45000	3 [16], 1,6 [17]
Sisal	460	15500	2-7 [17]
Jute	325	37500	2,5 [16], 1,2-1,7 [17]
Flachs	700	60000	2,3 [16]
Manilahanf	12	41000	3,4 [16], 2-4,5 [17]

Pflanzenfasern haben eine geringe Dichte, können deutlich länger als die sonst in der Kunststofftechnik eingesetzten Stapelfasern aus Glas sein,[14] haben allerdings auch einen größeren Durchmesser als diese und nehmen deutlich mehr Feuchtigkeit als die meisten Kunststoffe auf, vgl. Tabelle 3.21.

Tabelle 3.21 Physikalische Eigenschaften von Pflanzenfasern [16]

Faser	Dichte in g/cm³	Durchmesser in µm	Länge in mm	Feuchtegehalt in %
Baumwolle	1,55	14,5	42	8,59
Ramie	1,55	31,6	160	8,5
Hanf	1,20 [16] 1,48 [17]	19,9 [16] 10-51 [17]	11,2 [16] 5-55 [17]	12 [17]
Sisal	1,40	21,0 [16] 50-200 [17]	2,5 [16] 0,8-8 [17]	14
Jute	1,40	18,4 [16] 25-200 [17]	2,6 [16] 0,7-6 [17]	17
Flachs	1,45	20,0	31,8	12
Manilahanf	1,50	18,2 [16] 6-46 [17]	4,9 [16] 2-12 [17]	14

Zahlenwerte ohne Zitierung stammen aus Quelle [16].

Üblicherweise steigt die verstärkende Wirkung von Fasern mit größer werdendem Aspektverhältnis und kleiner werdendem Durchmesser, vgl. Abschnitt 3.3.5. Das Aspektverhältnis nimmt bei Pflanzenfasern Werte zwischen 30-5000 ein, wäh-

[14] Die Längen der Endlosfasern können von Naturfasern nicht erreicht werden.

rend es bei Glasfasern oft zwischen 20–100 liegt. Der Durchmesser von Pflanzenfasern ist allerdings auch größer als bei Glasfasern, dort beträgt er etwa 10 µm.

Fasern auf Basis nachwachsender Rohstoffe werden oft mit in der Textiltechnik entwickelten Verfahren aufbereitet bzw. in der Sprache der Textiltechnik veredelt. Bei Fasern für Kunststoff-Composite werden dabei unter anderem angewendet [18]:

- *Merzerisierung:* Durch die Behandlung mit Natronlauge werden Faserbündel in Einzelfasern geteilt, die Faseroberfläche wird rauer. Dies führt auch zu Änderungen bei Festigkeit und Steifigkeit der Fasern.
- *Acetylierung:* Hier wird die Hydroxylgruppe an Cellulosefasern gegen Acetylgruppen ausgetauscht, dies senkt die Feuchteaufnahme.
- *Etherfizierung:* Sie führt zu funktionellen Gruppen auf Holzfasern, die die Anbindung von weiteren funktionellen Gruppen vereinfachen.
- *Peroxidbehandlung:* Sie führt bei Cellulosefasern zu höherer Reaktivität und in der Folge höheren mechanischen Kennwerten.
- *Benzylation:* Eine Behandlung mit Benzolylchlorid senkt die Feuchteaufnahme.
- *Graftpolymerisation* mit MMA erhöht die Anbindung der Fasern an die Matrix.
- *Silanisierung* meint die Behandlung mit Silanen zur Steigerung der Anbindung an die Matrix.

Bei der Behandlung werden die mechanischen Kennwerte für die Fasern zum Teil vermindert, die Anbindung an die Matrix allerdings verbessert. Dadurch wird das verstärkende Potenzial der Fasern besser ausgeschöpft und der Werkstoff insgesamt fester und steifer.

3.3.5 Verstärkung durch Fasern

Unter *Verstärkung* im engeren Sinn versteht man die Steigerung der meist im Zugversuch ermittelten Festigkeit, da die Festigkeit das wichtigste Auslegungskriterium ist.

Im weiteren Sinn wird auch die Steigerung der Steifigkeit, also des (Zug-) E-Moduls darunter verstanden.

Zunächst einmal soll die Festigkeit der Werkstoffe selber betrachtet werden.

Man kann Festigkeiten über die Bindungsenergien zwischen Atomen in einem Festkörper berechnen. Vergleicht man diese mit gemessenen Werten, zeigen sich große Unterschiede, vgl. Tabelle 3.22 [19].

Tabelle 3.22 Berechnete und gemessene Festigkeiten von Werkstoffen [19]

Werkstoff	Zugfestigkeit				
	Berechnet in N/mm^2	Fasern		Probekörper	
		in N/mm^2	in %	in N/mm^2	in %
Polyethylen	27000	1500	5,6	30	0,11
Polypropylen	16000	1300	8,1	38	0,24
Polyamid	27000	1700	6,3	50	0,19
Glas	11000	4000	36,4	55	0,50
Stahl	21000	4000	19,0	1400	6,67
Aluminium	7600	800	10,5	600	7,89

Es können folgende Feststellungen getroffen werden:

- Bei allen Werkstoffen sind die an Probekörpern gemessenen Werte deutlich kleiner als die berechneten Werte.
- Die berechneten Festigkeiten der Polymere sind meist größer als die berechneten Festigkeiten von Glas, Stahl und Aluminium, während die gemessenen Werte für Polymere deutlich kleiner als die gemessenen Werte für die anderen drei Werkstoffe sind.
- Die an Fasern gemessenen Werte sind bei allen Werkstoffen größer als die an Probekörpern ermittelten. Der Unterschied ist bei den Polymeren am größten, hier sind die Werte für die Fasern 30- bis 50-fach größer als für die Probekörper.

Messwerte sind kleiner als berechnete Werte

Offenbar gibt es Effekte, die in der Realität zu kleineren Festigkeiten führen, als diese durch die Berechnung auf der Basis von Bindungsenergien vorhergesagt werden. Dies können Fehlstellen, eine andere Anordnung der Atome oder andere Abstände zwischen den Atomen sein, als für die Berechnung angenommen wurden. Zumeist werden in den Berechnungen Effekte nicht berücksichtigt, die in realen Werkstoffen auftreten.

Bei den Metallen haben sich verschiedene Verfahren etabliert, um die Festigkeit zu steigern. Durch alle wird letztlich eine Versetzungsbewegung durch Hindernisse blockiert:

- *Mischkristallhärtung* beruht auf gelösten Atomen, die in ein Kristallgitter eingebaut werden und es dadurch verzerren, was festigkeitssteigernd wirkt.
- In Legierungen können durch *Auslagern* (Wärmebehandlung) Ausscheidungen gebildet werden, die zu Gitterverspannungen und damit einer Festigkeitssteigerung führen (*Ausscheidungshärten*).
- Bei der *Kaltverfestigung* werden Kristalle bei Temperaturen verformt, die unterhalb der Rekristallisationstemperatur liegen. Deshalb bleiben die bei der Kalt-

verfestigung erzeugten Versetzungen erhalten und wirken festigkeitssteigernd und versprödend.

- Bei der *Korngrenzenhärtung* werden viele kleine Körner statt weniger großer gebildet, wodurch die Zahl der Großwinkelkorngrenzen ansteigt. Versetzungen können an Großwinkelkorngrenzen nicht in andere Körner wandern.

Für Kunststoffe gibt es derartige Verfahren nicht. Hier müssen andere Wege zur Festigkeitssteigerung genutzt werden.

Unterschiede zwischen berechneten und gemessenen Werten sind bei Polymerwerkstoffen stärker ausgeprägt

Bei den Polymeren sind Effekte, die in der Realität zu kleineren Festigkeiten führen, offenbar stärker ausgeprägt, was auf eine größere Anzahl von strukturellen Fehlern zurückgeführt werden kann. Dies sind Kristallisationsgrade von meist deutlich weniger als 100 %, nur zweidimensional ausgebildete Kristalle und das freie Volumen in Polymeren. Alles drei ist Ausdruck davon, dass Polymerwerkstoffe nicht im thermodynamischen Gleichgewicht sind. In Metallen und Gläsern hingegen können die Atome bei der Produktion von Probekörpern eher Gleichgewichtszustände einnehmen.

Ein anderer Einflussfaktor auf die starke Ausprägung der Unterschiede in den Polymeren im Vergleich zu den Metallen und Glas sind die Bindungen in und zwischen Polymermolekülen und die Bindungen zwischen Atomen in Metallen und Gläsern. In einem amorphen Thermoplasten mit nicht orientierten und ineinander verschlungenen Molekülen (*Spaghettihaufen*) wirken bei einer von außen vorgegebenen Deformation vor allem die im Vergleich zu den Hauptvalenzkräften schwächeren Nebenvalenzkräfte zwischen den Molekülen der Deformation entgegen. Nur bei gestreckten Molekülen und einer Beanspruchung in Richtung der Moleküle wirken die Hauptvalenzkräfte der Deformation entgegen. Steifigkeit und Festigkeit von Polymeren sind also stark von der Orientierung der Moleküle abhängig. In kompakten Bauteilen und Probekörpern wirken oft nur die schwachen Nebenvalenzkräfte. Bei Metallen und Gläsern sind die Bindungen zwischen einzelnen Atomen nicht gerichtet, es gibt auch keine zwei Anteile, von denen im Wesentlichen nur der schwächere Anteil wirken würde.

An Fasern gemessene Festigkeiten sind größer als an Probekörpern gemessene

Die Festigkeit ist die Belastung, bevor es zum Versagen kommt. Dies wird für die Werkstoffe unterschiedlich definiert:

- Spröde Werkstoffe wie Glas, amorphe Thermoplaste und Duromere versagen durch Bruch.

- Bei teilkristallinen Thermoplasten kennzeichnet der Übergang zur plastischen Deformationen das Versagen und damit die Festigkeit.
- Bei Metallen ist es der Beginn der Einschnürung.

Eine weitere Belastung führt aber bei allen Werkstoffen zum Bruch. Und Bruch wird durch einen Riss hervorgerufen, der wiederum an einer Fehl- oder Dünnstelle seinen Ausgangspunkt hat.

Wenn man davon ausgeht, dass es immer Fehlstellen in realen Werkstoffen gibt und dass diese Fehlstellen statistisch im Volumen verteilt sind, dann muss die absolute Zahl der Fehlstellen in einem großen Volumen größer sein als in einem kleinen. In einer dünnen Faser gibt es demzufolge weniger Fehlstellen. Je kleiner der Durchmesser wird, desto größer sollte somit die Festigkeit werden.[15]

So wurde für Glasfasern bereits 1920 [20] experimentell gefunden, dass die Festigkeit mit kleiner werdendem Durchmesser ansteigt, vgl. Bild 3.32: Die Festigkeit steigt exponentiell von 350 N/mm² für Fasern mit einem Durchmesser von 70,6 µm auf 3385 N/mm² für Fasern mit einem Durchmesser von 3,3 µm. Damit nähert sich die Festigkeit für noch kleinere Durchmesser dem theoretisch möglichen Wert an, vgl. Tabelle 3.22. Tatsächlich besitzen kommerziell erhältliche technische Fasern Durchmesser zwischen ungefähr 5–15 µm.

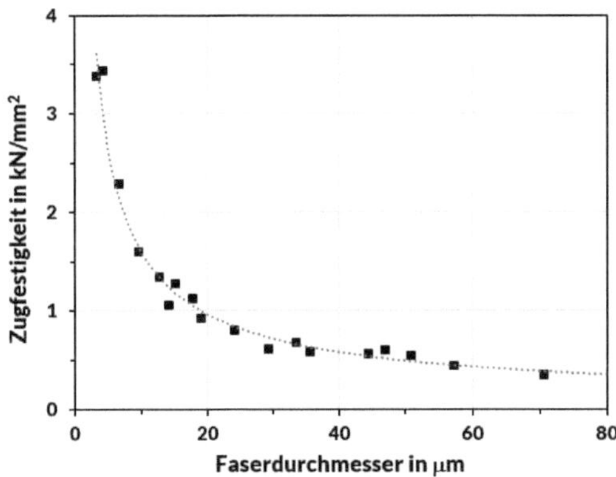

Bild 3.32
Zugfestigkeit von Glasfasern in Abhängigkeit vom Durchmesser ermittelt an einzelnen Fasern mit Längen im Bereich von Millimetern ohne Einbettung in eine Matrix [20].

Neben der Zahl der Fehlstellen hat auch die Fertigung von Fasern einen Einfluss auf ihre Festigkeit. Meist werden Fasern aus Festkörpern oder Schmelzen gezogen bzw. gesponnen und verstreckt. Dabei werden Kristalle und Moleküle ausgerichtet. Bei Kohlenstofffasern werden durch Verstrecken von Precursoren unter erhöhten Temperaturen Graphitebenen erzeugt und in Faserrichtung ausgerichtet. Bei Polymerfasern werden lineare Makromoleküle entlang der Faserachse ausgerichtet. Und bei Metallfasern werden Kristallebenen entlang der Faserachse orientiert.

---

15) Diese Argumentation liegt auch der Weibull-Verteilung für das Versagen spröder Werkstoffe zugrunde.

In diesen drei Fällen wirkt in Faserrichtung die größte Bindungskraft zwischen Atomen oder Molekülen. Bei diesen Fasern ist der Unterschied zwischen den Festigkeiten von (anisotropen) Fasern und (überwiegend isotropen) Probekörpern daher nochmal größer.

Zusammenfassend kann zur Steigerung der Festigkeit von Kunststoffen Folgendes gesagt werden:

- Es gibt nur die Möglichkeit, die Molekülorientierung zu beeinflussen. Dies ist in der Praxis bei Fertigungsverfahren für geometrisch komplexe Bauteile allerdings ausgeschlossen.
- Daher muss ein Werkstoff in den Kunststoff eingebracht werden, der selber eine höhere Festigkeit als der Kunststoff aufweist.
- Die günstigste Form für den hinzugefügten Werkstoff ist bei einer Zugbeanspruchung die Faserform, wobei die Fasern einen möglichst kleinen Faserdurchmesser aufweisen und in Zugrichtung orientiert sein sollten. Unter Druckbeanspruchung ist die Kugelform geeignet.[16]

Da Kunststoffbauteile oft flächige Bauteile sind, ist in der Praxis die Biegebeanspruchung dominant. Die Erfahrung zeigt, dass Thermoplaste im Biegeversuch (siehe Abschnitt 7.1.5) auf der Zugseite versagen.[17] Daher ist es sinnvoll, die Zugbeanspruchung und damit Fasern unter Zug zu betrachten.

Sowohl für Kurz- wie auch für Endlosfasern gilt dabei, dass Fasern geeignet für einen Kunststoff gewählt werden können, wenn die folgenden grundlegenden **Anforderungen zum Erreichen einer Verstärkung** berücksichtigt werden [13]:

- Die Festigkeit der Fasern muss größer sein als die Festigkeit des Kunststoffs.
- Die Steifigkeit der Fasern muss größer sein als die Steifigkeit des Kunststoffs.
- Die Bruchdehnung des Kunststoffs muss größer sein als die Bruchdehnung der Fasern.

Betrachtung für kurzfaserverstärkte Kunststoffe

Um dies für Kunststoffe, die mit Kurzfasern verstärkt werden, zu begründen, wird das in Bild 3.33 dargestellte, stark vereinfachte mechanische Modell betrachtet. Bei diesem Modell ist eine einzelne Stapelfaser im umgebenden Kunststoff ein-

---

16) Dazu werden in Thermoplasten und Duromeren z. B. Glaskugeln verwendet, vgl. Abschnitt 3.2.3. In Elastomeren kommt zu diesem Zweck Ruß zum Einsatz.

17) Generell ist die Druckfestigkeit bei Thermoplasten höher als die Zugfestigkeit. Man spricht von der *Zug-Druck-Asymmetrie*. Bei Duromeren tritt Versagen an der Druckseite auf. Dies ist hier nicht relevant, da Duromere für hohe mechanische Beanspruchungen mit Endlosfasern verstärkt werden. Auslegung und Werkstoffaufbau erfolgen in diesem Fall nach anderen Regeln als für Thermoplaste mit Stapelfasern.

gebettet, wobei die Faser in Zugrichtung orientiert ist. Die Vereinfachung besteht in folgenden Annahmen:

- Es gibt genau zwei Phasen, die der Faser und die des umgebenden Kunststoffs. Die umgebende, durchgehende (kontinuierliche) Phase wird *Matrix* genannt. Die eingeschlossene Phase (hier die Faser) wird *Inklusion* genannt.[18]
- Beide Phasen sind homogen und isotrop.
- Die Faser hat die Form eines Zylinders mit konstantem Durchmesser.
- Die Kraftübertragung zwischen Matrix und Faser ist ideal, also ohne Änderung von Betrag oder Richtung an der Grenzfläche. Es wird dann auch von perfekter *Faser-Matrix-Haftung* gesprochen.

Wird die Matrix durch eine Zugkraft F beansprucht, entsteht eine Zugspannung σ in ihrem Inneren und wegen der perfekten Faser-Matrix-Haftung auch an der Stirnfläche der Faser, vgl. Bild 3.33.

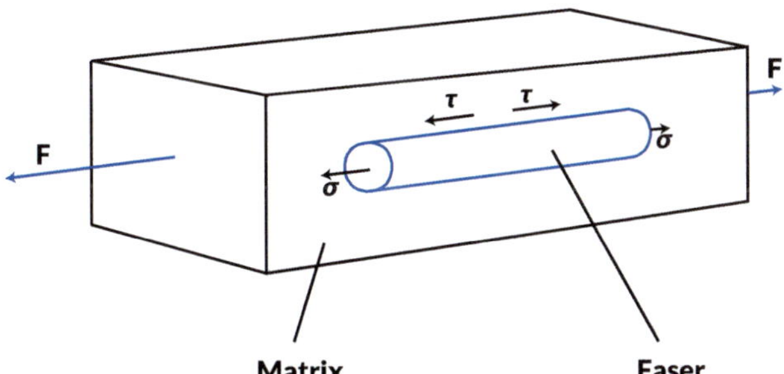

Bild 3.33 Eine kurze Faser in einer Kunststoffmatrix unter Zugbelastung

Da die Steifigkeit der Faser größer ist als die der Matrix (Anforderung 2 der **Anforderungen zum Erreichen einer Verstärkung**), ist die Deformation der Faser, also ihre Längenänderung geringer als die Deformation der Matrix, vgl. Bild 3.34. Wegen der perfekten Faser-Matrix-Haftung und der größeren Deformation der Matrix wirkt die Schubspannung τ auf die Faser. Da insbesondere bei einem kleinen Durchmesser der Faser die Mantelfläche deutlich größer ist als die zwei Stirnflächen, werden über die Schubspannungen die größten Spannungen auf die Faser übertragen. Die Schubspannung in der Mantelfläche führt zu einer Zugspannung in der Faser parallel zur Längsachse.[19]

---

[18] Das Zweiphasenmodell schließt die Betrachtung einer Grenzschicht zwischen Faser und Matrix, die z. B. durch Schlichte oder Haftvermittler gegeben ist, aus. Das kann zu deutlichen Abweichungen von gemessenen Werten führen.

[19] Die Einleitung der Kraft über die Mantelfläche durch eine Schubspannung in dieser ist typisch für Kurzfasern, während in endlosfaserverstärkten Kunststoffen bei einer Zugbelastung parallel zu den Fasern die Kraft in die Endlosfasern über deren Enden eingeleitet wird.

Weil die Bruchdehnung der Matrix größer ist als die Bruchdehnung der Faser (Anforderung 3 der **Anforderungen zum Erreichen einer Verstärkung**), kann die Matrix bei größer werdender Kraft immer weiter deformiert werden und dadurch eine immer größere Schubspannung in der Mantelfläche und eine immer größere Zugspannung in der Faser erzeugen.

Wenn die Festigkeit der Faser größer ist als die der Matrix (Anforderung 1 der **Anforderungen zum Erreichen einer Verstärkung**), kann die von außen wirkende Kraft solange gesteigert werden, bis die Faserfestigkeit erreicht ist, auch wenn die Matrixfestigkeit schon lange überschritten ist.

Hierin besteht die verstärkende Wirkung von Fasern. Neben den drei genannten Forderungen ist dabei offensichtlich die Kraftübertragung auf die Faser, also eine sehr gute bis perfekte Faser-Matrix-Haftung essenziell.

Zudem ist offensichtlich, dass Fasern vor allem unter Zug verstärkend wirken, also in Zugrichtung orientiert sein müssen. Außerdem muss jede Faser von einer ausreichenden Menge Matrix umgeben sein, damit Schubspannungsübertragung und Deformation der Matrix bis zu deren Bruchdehnung sichergestellt sind. Damit ist der sinnvolle maximale Faseranteil geringer als der geometrisch maximal mögliche, der bei zu einfacher Betrachtung wegen der Verstärkungswirkung ansonsten angestrebt würde.

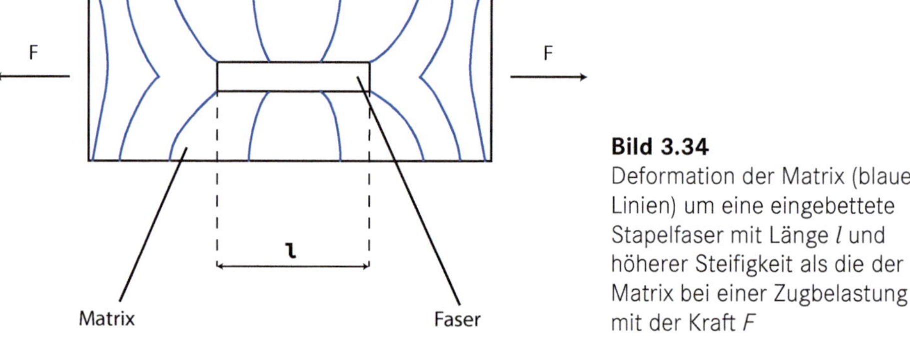

Bild 3.34
Deformation der Matrix (blaue Linien) um eine eingebettete Stapelfaser mit Länge *l* und höherer Steifigkeit als die der Matrix bei einer Zugbelastung mit der Kraft *F*

Um Festigkeit und Steifigkeit des Faser-Matrix-Verbundes nach Bild 3.33 berechnen zu können, muss berücksichtigt werden, dass die Kurzfasern in Bauteilen unterschiedlich orientiert sind. Ein *repräsentatives Volumenelement* muss mehrere, unterschiedlich orientierte Fasern enthalten und über deren Orientierung mitteln. Für kurzfaserverstärkte Verbunde bildet die sogenannte *Eshelby-Lösung* die Grundlage der *Homogenisierung.*[20]

[20] Homogenisierung ist der Ausdruck für die Berechnung von mittleren Werkstoffeigenschaften einer Mischung mehrerer Bestandteile (Phasen) auf der Basis mikromechanischer Modelle, wobei die Eigenschaften der einzelnen Bestandteile sowie ihre Verteilung hinsichtlich Form, Lage und Orientierung berücksichtigt werden.

Am Beispiel von Polyamid 6 mit verschiedenen Massenanteilen an kurzen Glas- und Kohlenstofffasern wird in Bild 3.35 dargestellt, in welch weiten Grenzen die Kennwerte für Steifigkeit und Festigkeit über die Eigenschaften und Anteile von Fasern und Matrix eingestellt werden können.

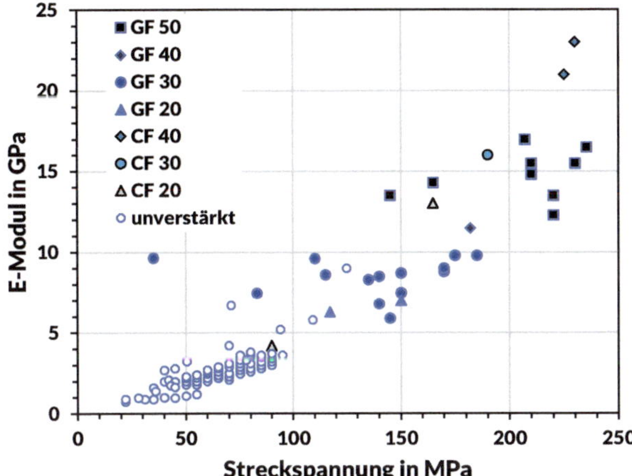

Bild 3.35 Zusammenhang zwischen Festigkeit und Steifigkeit in Abhängigkeit von Art und Massenanteil der Fasern am Beispiel von Polyamid 6 mit Glasfasern (GF) und Kohlenstofffasern (CF). Werte aus CAMPUS.

In Bild 3.35 kann Folgendes erkannt werden:

- Es gibt viele Typen von verstärktem und unverstärktem Polyamid 6 mit Werten für Steifigkeit und Festigkeit, die von ungefähr 1 bis 23 GPa für den E-Modul und von 20 bis 230 MPa für die Streckspannung reichen.
- Die Werte für E-Modul und Streckspannung nehmen mit zunehmendem Faseranteil zu und steigen von unverstärkten über mit Glasfasern verstärkten Typen zu den mit Kohlenstofffasern verstärkten Typen an, wobei es hier auch überlappende Werte gibt.
- In erster Näherung gibt es eine Proportionalität zwischen Steifigkeit (E-Modul) und Festigkeit (Streckspannung). Beide steigen bei Zugabe von Verstärkungsfasern gleichermaßen.

Eignung von Faser- und Matrixwerkstoffen für Faser-Matrix-Verbunde

In Tabelle 3.23 sind die nach den Anforderungen 1–3 der **Anforderungen zum Erreichen einer Verstärkung** relevanten Kennwerte für Faser- und Matrixwerkstoffe zusammengefasst.

Tabelle 3.23 Kennwerte von Kunststoffmatrizes und Fasermaterialien [12]

Werkstoff	Zugfestigkeit in N/mm^2	E-Modul in kN/mm^2	Bruchdehnung in %
Matrixwerkstoff			
Polypropylen (PP-C)	30–40	1,3–1,8	> 50
Polyamid 66 (PA 66), trocken	75–100	3,0–3,5	> 20
Polyethylenterephthalat (PET), teilkristallin	55–80	2,8–3,5	> 20
Polyphenylensulfid (PPS)	70–110	3,3–3,5	1,5
Polyetheretherketon (PEEK)	90–105	3,5–3,8	> 50
Epoxidharz	45–85	2,8–3,5	1,3–3,3
Vinylesterharz	~80	2,9–3,1	3,5–5,5
Ungesättigtes Polyesterharz (UP)	40–75	2,8–3,4	1,3–5,0
Faserwerkstoff			
Glas, E-Typ	3500	80	4,0
Aramid (Kevlar 149)	3400	185	2,0
Kohlenstoff, HT-Typ	3750	240	1,6
Kohlenstoff, HM-Typ	2450	400	0,7
Hanf	600	70	1,6
Flachs	750	30	2,0
Jute	550	55	2,0
Sisal	600	20	2,0

Es ist zu erkennen, dass Anforderung 1 und 2 von allen Faser-Matrix-Kombinationen erfüllt werden. Anforderung 3 hingegen wird von Polyphenylensulfid, einigen Epoxidharzen und einigen ungesättigten Polyesterharzen in Kombination mit den meisten Fasern nicht erfüllt.

Betrachtung für endlosfaserverstärkte Kunststoffe

Für endlosfaserverstärkte Kunststoffe kann einfacher vorgegangen werden. Man betrachtet dazu eine Schicht aus parallelen und bezogen auf die Bauteildimensionen endlos langen Fasern, die alle den gleichen, über ihre Länge konstanten Durchmesser aufweisen. Diese Schicht wird unidirektionale Schicht oder UD-Schicht genannt. Ein Ausschnitt aus ihr bildet das repräsentative Volumenelement, das periodisch fortgesetzt werden kann, um die vollständige Schicht mit ihren Eigenschaften zu erhalten, vgl. Bild 3.36. Der Volumenanteil φ_F der Fasern entspricht wegen der Annahmen, dass es sich bei den Fasern um Zylinder mit konstantem Durchmesser handelt, dem Flächenanteil der Stirnflächen der Fasern an der gesamten Stirnfläche des Verbundes.

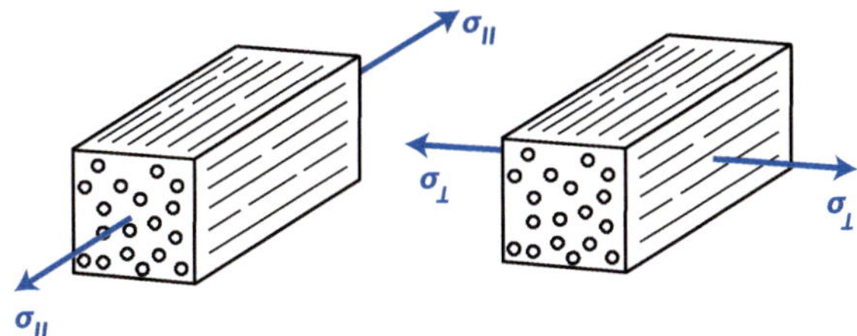

Bild 3.36 Eine Einheitszelle der unidirektionalen Schicht (UD-Schicht) bestehend aus parallelen Endlosfasern gleichen und konstanten Durchmessers in einer Matrix unter Zugbeanspruchung $\sigma_{\parallel}$ längs der Fasern (links) und $\sigma_{\perp}$ quer zu den Fasern (rechts)

Die E-Moduln der unidirektionalen Schicht $E_{\parallel}$ parallel und $E_{\perp}$ quer zur Faserrichtung ergeben sich aus den Werten von Matrix, E_M, und Fasern, $E_{\parallel F}$ und $E_{\perp F}$, sowie dem Faservolumenanteil φ_F gemäß der *Mischungsregeln*,[21] vgl. Formel 3.3 und Formel 3.4,

$$E_{\parallel} = \varphi_F \cdot E_{\parallel F} + \left(1-\varphi_F\right) \cdot E_M \tag{3.3}$$

und

$$E_{\perp} = \frac{E_{\perp F} \cdot E_M}{\varphi_F \cdot E_M + \left(1-\varphi_F\right) \cdot E_{\perp F}} \tag{3.4}$$

Die Festigkeit $\sigma_{\parallel B}$,[22] vgl. Formel 3.5, Formel 3.6 und Formel 3.7, der unidirektionalen Schicht parallel zur Faserrichtung ergibt sich aus der Mischungsregel

$$\sigma_{\parallel} = \varphi_F \cdot \sigma_{\parallel F} + \left(1-\varphi_F\right) \cdot \sigma_M \tag{3.5}$$

sowie der Tatsache, dass

$$\sigma_M \ll \sigma_{\parallel F} \tag{3.6}$$

zu

$$\sigma_{\parallel B} = \varphi_F \cdot \sigma_{\parallel FB} \tag{3.7}$$

Die Festigkeit $\sigma_{\perp B}$ der unidirektionalen Schicht quer zur Faserrichtung entspricht der Festigkeit der Matrix, da die Spannung in Faser und Matrix bei Beanspru-

---

[21] Die Herleitung kann bei [13] nachgelesen werden. Sie basiert z. B. für die Berechnung von $E_{\parallel}$ darauf, dass erstens die Spannung auf der Stirnfläche des Verbundes die Summe der Spannungen auf den Stirnflächen von Fasern und Matrix ist, dass zweitens die Dehnungen von Fasern und Matrix gleich sind und dass drittens linear elastische Stoffgesetze für Fasern und Matrix gelten. Im Prinzip wird mit Modellen aus parallel oder in Reihe geschalteten Federn gerechnet. Dieses Modell und die mikromechanischen Ableitungen gelten nur für endlosfaserverstärkte Kunststoffe.

[22] Der Index „B“ wird verwendet, weil die maximale Spannung beim Bruch der Schicht erreicht wird.

chung quer zur Faserrichtung gleich groß ist und die Festigkeit der Matrix kleiner als die Festigkeit der Faser quer zur Faserrichtung ist, siehe Formel 3.8.

$$\sigma_{\perp B} = \sigma_M \tag{3.8}$$

Notwendig ist meistens die Berechnung des Faservolumenanteils φ_F aus dem Fasermassenanteil ψ_F, da Füll- und Verstärkungsstoffe einfacher und genauer gravimetrisch, also massenbezogen dosiert werden, vgl. Formel 3.9.

$$\varphi_F = \frac{1}{1 + \frac{1-\psi_F}{\psi_F} \cdot \frac{\rho_F}{\rho_M}} \tag{3.9}$$

Dabei sind ρ_F die Dichte der Fasern und ρ_M die Dichte der Matrix.

3.4 Kunststoffwerkstoffe

3.4.1 Bezeichnung der Kunststoffe

Für die Bezeichnung der Kunststoffe gibt es in ISO 1043 Teil 1 aufgeführte Regeln, die sich an der Struktur und dem chemischen Aufbau orientieren. So kann umgekehrt aus dem Namen und dem Kurzzeichen auf den Aufbau des Polymers geschlossen werden.

Die Namen der *Homopolymere* werden aus der Vorsilbe „Poly“ und dem Namen der Wiederholeinheit gebildet wie bei Polyethylen (PE). Eine Ausnahme bilden die Cellulosederivate wie Celluloseacetat (CA), die schon bekannt waren, bevor diese Systematik eingeführt wurde.

Bei *Co-, Ter- und Quaterpolymeren* werden die Namen der monomeren Bestandteile der einzelnen Komponenten genannt und mit einem Bindestrich verbunden. Diese Bezeichnung schließt mit dem Wort „Kunststoff“ wie bei Styrol-Acrylnitril Kunststoff (SAN). Auch aus historischen Gründen oder wenn es hilft, Verwechslungen zu vermeiden, beginnen einige der Namen aber ebenfalls mit „Poly“ wie bei Polyethylenterephthalat (PET). Die Kennbuchstaben in den Kurzzeichen werden in der Regel mit absteigendem Massenanteil von links nach rechts aufgeführt.

Bei *Duromeren* werden ebenfalls die Namen der einzelnen Komponenten genannt, hier schließt die Bezeichnung mit dem Wort „Harz“ wie bei Phenol-Formaldehyd Harz (PF).

Manchmal wie bei Polyacrylat (PAK) und Polyarylat (PAR) wird noch ein Buchstabe zur Unterscheidung von ansonsten gleichen Kurzzeichen angehangen.

Namen von *Polymermischungen*, auch *Blends* oder veraltet Kunststofflegierungen[23] genannt, werden aus den Namen der Bestandteile gebildet. Die Namensbestandteile werden mit einem „+" verbunden. Es ergeben sich Kurzzeichen wie z.B. bei einer Mischung aus Polycarbonat und Acrylnitril-Butadien-Styrol Kunststoff (PC+ABS) oder bei einer Mischung aus Polyethylen und Polyamid 6 (PE+PA6).

Auf Kunststoffformteilen werden die Kunststoffe in ihnen nach ISO 11469 gekennzeichnet, indem die entsprechenden Kurzzeichen und Kennbuchstaben in sogenannten Winkelklammern „>" und „<" (Größer- und Kleinerzeichen) aufgeprägt oder beim Spritzgießen in die Form eingebracht werden:

- >PE< für Polyethylen
- >PC+ABS< für ein Blend aus PC und ABS
- >PS-HI-GF20< für ein schlagzäh modifiziertes PS mit einem Massenanteil an Glasfasern von 20 %
- >PA66 FR(52)< für ein Polyamid 66 mit rotem Phosphor (52) als Flammschutzmittel

Kunststoffe, die neben einem oder mehreren Polymeren und Additiven auch Füll- oder Verstärkungsstoffe enthalten, werden *Compounds* genannt.

In der Kunststofftechnik finden auch die Begriffe *Formmasse*, *Formstoff* und *Pressmasse* Anwendung, die in der 2014 zurückgezogenen DIN 7708 definiert wurden, vgl. Bild 3.37.

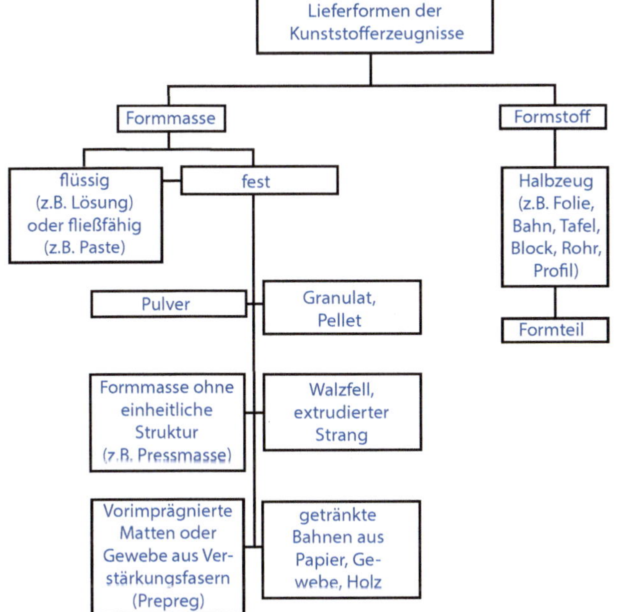

Bild 3.37
Ältere Einteilung der Kunststoffe nach ihrer Lieferform in Formstoffe und Formmassen [21]

---

23) Das Wort Legierung wurde für ineinander lösliche, also homogen mischbare Polymere verwendet. Dieser Fall ist aber selten, da die meisten Polymere nicht miteinander mischbar sind. Daher wird heute nur noch von Blends gesprochen.

3.4.2 Anwendungsbereiche für Kunststoffe

Sechs sehr unterschiedliche Anwendungen für Thermoplaste und Duromere werden in Abschnitt 1.1 exemplarisch beleuchtet. Tabelle 3.24 gibt weitere Beispiele für die Thermoplaste mit den größten Produktionsmengen, vgl. Bild 3.38, sowie PBT und POM, die in Bild 3.38 in „andere Thermoplaste" enthalten sind.

Tabelle 3.24 Anwendungen für Thermoplaste [22, 23]

Kunststoffe	Anwendungsbeispiele
PE-LD, PE-LLD	Wiederverwendbare Säcke, Landwirtschaftsfolien, Lebensmittelverpackungsfolien
PE-HD, PE-MD	Spielzeuge, Flaschen für z. B. Milch, Duschgel und Spülmittel, Rohre, Haushaltswaren
PP	Verpackungen für Lebensmittel und Süßigkeiten, Flaschenverschlüsse, mikrowellengeeignete Verpackungen, Rohre, Fahrzeugteile, Fasern für Seile
PS	Teile in Elektro- und Elektronikprodukten, Brillengestelle, Joghurtbecher
PS-E	Verpackungen für Milch- und Fischprodukte, Gebäudeisolation, Kühlschrankauskleidungen
PVC	Fensterprofile, Profile z. B. für Rollläden, Bodenbeläge, Rohre, Kabelisolation, Gartenschläuche, Furnierfolien für Möbel, aufblasbare Schwimmbecken und Bälle, Sitzbezüge in Fahrzeugen, Regenmäntel, wasserdichte Beschichtungen für Bekleidung und Outdoorequipment, Blutbeutel
PET	Flaschen für Wasser, Softdrinks, Säfte, Reinigungsmittel, Fasern für Bekleidung, Seile und technische Textilien
ABS, SAN	Gehäuseteile für Geräte wie Radios und Fernseher, Abdeckungen im Automobilinnenraum, Spielzeugsteine
PMMA	Berührungsempfindliche Bildschirme, Frontscheinwerfer, Material im Ladenbau, Verscheibungen in Flugzeugen, Schutzbrillen, Spritzen, Knochenzement und Zahnersatz
PA6, PA66	Automobilteile im Motorraum, Zahnräder, Fasern für Seile, Sauerstoffbarrieren in Lebensmittelverpackungen
PUR	Gebäudeisolation, Schaumstoffe für Kissen und Matratzen, Kühlschrankisolation, Haushaltsschwämme, wasserdichte Beschichtungen für Bekleidung und Outdoorequipment
PC	Brillengläser, Schutzbrillen, Schutzhelme, Labormaterial
Andere Thermoplaste	PBT: Gehäuse und Teile von Bohrmaschinen und Kettensägen, Steckverbinder POM: Zahnräder, Gleitlager, Teile von Insulin-PENS

Die Anwendungen für Duromere sind in Tabelle 2.5 aufgeführt.

Für die Länder der Europäischen Union sowie Norwegen, die Schweiz und das Vereinigte Königreich trägt der Verband PlasticsEurope die Daten zu den Bedarfen an Kunststoffen in den verschiedenen Branchen alle zwei Jahre zusammen [22], vgl. Bild 3.38. Wie bereits in Bild 1.7 in Kapitel 1 dargestellt, hat die Verpackungsbranche mit 40,5 % den größten Anteil am Kunststoffverbrauch in Europa und verarbeitet vor allem Polyolefine, Polystyrol (PS) und Polyethylenterephthalat (PET). Polyvinylchlorid (PVC) findet vor allem in der Baubranche Anwendungen. Polypropylen (PP) wird in allen Branchen verwendet, da es durch Zugabe von Füll- und Verstärkungsstoffen auch in technischen Anwendungen verwendbar ist. Polyethylenterephthalat (PET) wird überwiegend in der Verpackungsbranche verwendet.

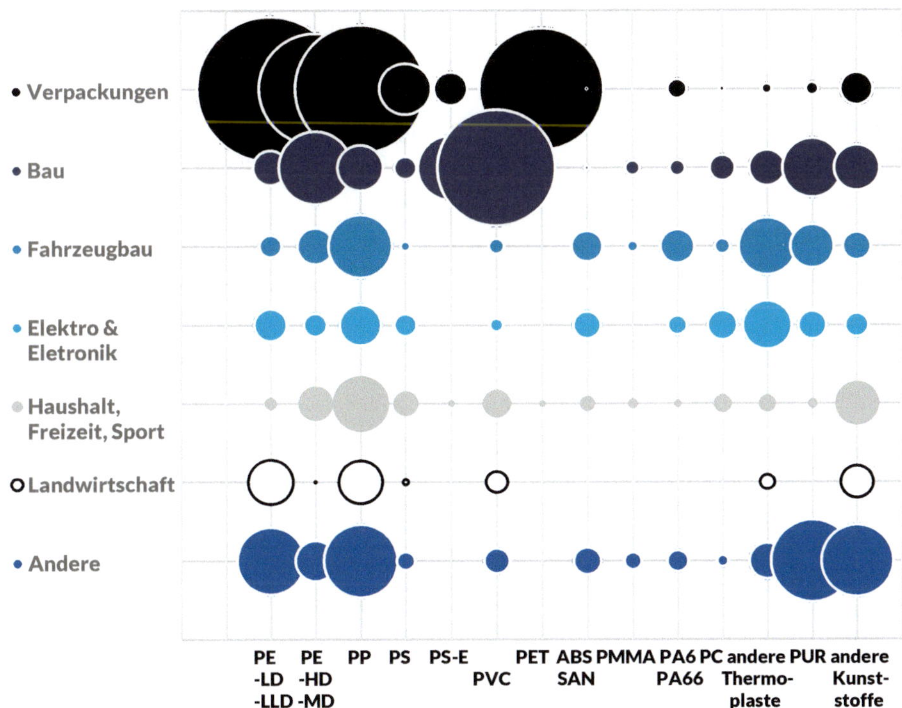

Bild 3.38 Anwendungsbereiche für Thermoplaste und Duromere in Europa 2020 [22]. Die Kreisflächen entsprechen dem Verbrauch.

In Bild 3.38 sind die Duromere in den „anderen Kunststoffen" enthalten. Ihre Produktionsmenge übersteigt 3,5 Millionen t nicht und liegt unter den Mengen für die Polyolefine, Polyvinylchlorid (PVC) oder Polyethylenterephthalat (PET).

Hochleistungsthermoplaste werden in sehr kleinen Mengen produziert und eingesetzt. Dies geschieht immer dann, wenn die speziellen Eigenschaften den hohen Preis rechtfertigen. Sie kommen also für spezielle Anwendungen mit hohen Anforderungen zum Einsatz, vgl. Tabelle 3.25.

Tabelle 3.25 Beispielhafte Anwendungen für Hochleistungsthermoplaste

Kunststoffname	Einsatz in Wirtschaftszweigen	Beispielhafte Anwendungen
Polyethersulfon	Fahrzeugbau, Luftfahrzeugbau, Maschinenbau, medizinischer Apparatebau, Nahrungsmittelherstellung, Herstellung chemischer Erzeugnisse, Feinwerktechnik	Pumpenlaufräder für heiße Medien
Polysulfon	Fahrzeugbau, Elektrotechnik, Maschinenbau, medizinischer Apparatebau, Nahrungsmittelherstellung, Feinwerktechnik, Anlagenbau	Membranen zur Wasserfiltration
Polyphenylensulfon	Fahrzeugbau, Herstellung elektronischer Erzeugnisse, medizinischer Apparatebau, Haushalts- und Cateringbereich	Künstliche Gelenke, Membranen zur Wasserfiltration
Polyphenylensulfid	Herstellung chemischer Erzeugnisse, Herstellung elektronischer Erzeugnisse, Fahrzeugbau, Maschinenbau, medizinischer Apparatebau, Behälterbau	Pumpenlaufräder, Lampenfassungen, Isolationsteile, Kraftstoff- und Bremssysteme, Operationsinstrumente, Zahnräder, Gleitlager
Polyetheretherketon	Herstellung chemischer Erzeugnisse, Herstellung elektronischer Erzeugnisse, Fahrzeugbau, Luft- und Raumfahrzeugbau, Maschinenbau, medizinischer Apparatebau, Nahrungsmittelherstellung	Zahnimplantate, Ventile, Mischer, Kneter, Pumpenlaufräder, Zahnräder, Gleitlager
Polyetherimid	Herstellung chemischer Erzeugnisse, Herstellung elektronischer Erzeugnisse, Fahrzeugbau, Maschinenbau, Luft- und Raumfahrzeugbau, Feinwerktechnik, Anlagenbau	Flugzeuginnenbereich, Sicherungen, Antennen
Polyamidimid	Herstellung elektronischer Erzeugnisse, Luftfahrzeugbau, Mineralölverarbeitung, Raumfahrzeugbau	Anschlussstecker, Isolatoren, Befestigungselemente, Pumpenkomponenten, Labyrinthdichtungen, Dichtringe, Gleitlager, Selbsteinschleifende Dichtungen, Stützringe
Perfluoralkoxyalkankunststoff	Herstellung chemischer Erzeugnisse	Platten als Raumauskleidung in chemischen und medizinischen Bereichen, Armaturenteile, Dichtungen für chemische Anwendung
Flüssigkristallpolymer (Liquid-Crystal-Polymer)	Herstellung elektronischer Erzeugnisse	Kleinteile für Pumpenbau, Spulenkörper, Steckverbindungen

Die Benennung der Wirtschaftszweige erfolgt in Anlehnung an die Einteilung von Eurostat.

3.4.3 Normative Anforderungen an Kunststoffwerkstoffe

Normative Anforderungen sind Anforderungen durch Gesetze, Verordnungen und andere Vorschriften oder Richtlinien. Sie haben üblicherweise das Ziel zu schützen und betreffen

- Arbeitsschutz,
- Gesundheitsschutz,
- Umweltschutz und
- Verbraucherschutz.

Dazu gibt es in Deutschland im Wesentlichen drei hierarchische, gesetzgeberische Ebenen, die auch in Abschnitt 5.3 und Kapitel 6 angesprochen werden:

- europäische Vorgaben, sogenannte Rechtsakte, in Form von rechtlich verbindlichen Verordnungen, Richtlinien, Beschlüssen und rechtlich unverbindlichen Empfehlungen und Stellungnahmen,
- deutschlandweite Vorgaben durch Gesetze des Bundestages und Verordnungen der Bundesministerien sowie
- länderspezifische Vorgaben durch Gesetze von Landesparlamenten und Verordnungen von Landesministerien.

Eine EU-Verordnung hat unmittelbare Geltung, eine Richtlinie muss erst in nationales Recht umgesetzt werden. Üblicherweise werden im Bereich der Lebensmittel- und Medizintechnik auch Anforderungen aus den USA erfüllt, die von der U.S. Food and Drug Administration (FDA) vorgegeben werden.

Tabelle 3.26 Beispiele für Gesetze und Verordnungen mit Bezug zu Kunststoffen

Themen	Europäische Union	Deutschland
Kunststoffe im Kontakt mit Lebensmitteln	Verordnung 1935/2004, Verordnung 10/2011, Verordnung 282/2008, Verordnung 2023/2006, Verordnung 2018/213, Verordnung 450/2009, Richtlinie 2007/42, Beschluss des Rates 2009/152	Verpackungsgesetz (VerpackG)
Auswirkungen von Kunststoffprodukten auf die Umwelt	Richtlinie 2019/904	Einwegkunststoffkennzeichnungsverordnung (EWKKennzV)
Kunststoffküchenartikel aus China	Verordnung 284/2011	-

Tabelle 3.26 Beispiele für Gesetze und Verordnungen mit Bezug zu Kunststoffen *(Fortsetzung)*

Themen	Europäische Union	Deutschland
Leichte Kunststofftragetaschen	Richtlinie 2015/270	Verpackungsgesetzt (VerpackG)
Druckgeräte und -behälter aus Kunststoffen und anderen Materialien	Richtlinie 2014/68	Produktsicherheitsgesetz (ProdSG)
Sichere Abfallverbringung	Verordnung 1013/2006, Richtlinie 2018/852	Kreislaufwirtschaftsgesetz (KrWG)
Medizinprodukte	Verordnung 2017/745, Verordnung 2017/746, Verordnung 2020/561,	Medizinproduktegesetze (MPG)
Kreislaufwirtschaft	Green Deal	Kreislaufwirtschaftsgesetz (KrWG)
Elektro- und Elektronikgeräte	Richtlinie 2012/19, Richtlinie 2011/65	Elektro- und Elektronikgerätegesetz (ElektroG), Elektro- und Elektronikgeräte-Stoff-Verordnung (ElektroStoffV)
Chemikalien	REACH-Verordnung	Chemikaliengesetz (ChemG), Gefahrstoffverordnung (GefStoffV)

Neben den in Tabelle 3.26 gelisteten Gesetzen und Verordnungen gibt es auch Normen, die Vorgaben machen, vgl. Tabelle 3.27. Beachtung und Einhaltung von Normen sind zwar prinzipiell freiwillige Entscheidungen. Wenn aber Produkte im europäischen Binnenmarkt verkauft werden sollen und es Normen mit Anforderungen an diese Produkte gibt, müssen diese Anforderungen erfüllt werden. Dies wird über die *CE-Kennzeichnung* dokumentiert.

Tabelle 3.27 Beispiele für Normen mit Bezug zu Kunststoffprodukten

Themen	Normnummer	Norminhalt
Spielzeuge	DIN EN 71	Migration, gefährliche Inhaltsstoffe, Speichelechtheit
Medizinprodukte	ISO 5834	Chirurgische Implantate aus ultrahochmolekularem Polyethylen
	ISO 5361 ISO 5364	Anästhesie- und Beatmungsgeräte (Tuben)
	ISO 7886	Sterile Einmalspritzen
	ISO 11040	Vorgefüllte Spritzen
Lebensmittel	DIN EN 1186	Werkstoffe und Gegenstände in Kontakt mit Lebensmitteln – Kunststoffe
	DIN EN 13130	Werkstoffe und Gegenstände in Kontakt mit Lebensmitteln – Substanzen in Kunststoffen, die Beschränkungen unterliegen

3.4.4 Datenbanken für Kunststoffe

Die hier genannten Datenbanken sind verlinkt. Ein Klick auf den kursiv gedruckten Namen führt zur genannten Webseite.

Werkstoffdaten

Es gibt einige Datenbanken für Werkstoffdaten, die nach internationalen Normen ermittelt werden. Die darin enthaltenen Daten sind für Vergleiche zwischen Kunststoffen gedacht und können für erste Berechnungen bei der Auslegung benutzt werden.

Die *CAMPUS*-Datenbank ist kostenlos und frei im Internet verfügbar. Sie wird von den meisten europäischen Rohstoffherstellern (Chemieunternehmen und Compoundeure) mit Daten beliefert und enthält 9358 einzelne Kunststofftypen (Stand: März 2021). Die Daten sind zumeist auch über die Seiten der Hersteller selbst zugänglich, Vergleiche sind aber nur in CAMPUS möglich. In Diagrammen gezeigte sogenannten *Vielpunkt-Kennwerte* können manuell heruntergeladen werden. Die Daten sind bei Vielpunkt-Kennwerten in der Regel Stützstellen von Anpassfunktionen, weshalb es keine Streuung gibt („Glättung"). Es kommt vor, dass Daten von ähnlichen Kunststofftypen tatsächlich nur auf den Messwerten für die Basistype basieren.

Im *Material Data Center* sind 55 684 Typen von Thermoplasten, Elastomeren und Duromeren enthalten (Stand: März 2021). Es handelt sich um eine kostenpflichtige Datenbank von Altair Engineering GmbH (vor 2021 M-Base Engineering + Software GmbH), auf die ebenfalls über Webbrowser zugegriffen werden kann.

Die *Prospector Materials Database* wird von den Underwriter Laboratories betrieben und enthält 127 395 Materialien (Stand: März 2021), neben sehr vielen Thermoplasten, Elastomeren und Duromeren auch Metalle und Kunststoffadditive. Nach einer kostenlosen Registrierung können Materialien gesucht und verglichen werden. Weitere Funktionalitäten beinhalten unter anderem die direkte Anforderung von Materialmustern oder Preisen.

Kostenpflichtige, aber umfassende Datenbanken mit Such- und Filterfunktionen sowie Anbindung an CAD- und CAE-Produkte bietet *ANSYS Granta* in verschiedenen Produkten.

Technische Datenblätter für 96 088 Kunststoffe (Thermoplaste, TPEs, Elastomere und Duromere) und 52 140 Additive (Additive, Pigmente und Monomere; Stand: Februar 2022) sind nach einer kostenlosen Registrierung auch über das *Kunststoff-Web* recherchierbar.

Die kostenlose Datenbank *Omnexus - The material selection platform* hat einen Teil zu Kunststoffen und Elastomeren mit 96 343 technischen Datenblättern. Es kann per Freitextsuche gesucht und über Kategorien wie Thermoplaste oder Elastomere und Kriterien wie Hersteller oder Verarbeitungsverfahren gefiltert werden.

Es gibt Unternehmen, die Artikel, Halbzeuge oder Kunststoffe fertigen, ihr Know-how aber kostenlos im Internet anbieten. So gibt es die Richtwerttabelle *RIWETA*, auch Material Selector genannt, des Unternehmens Kern mit 157 Einträgen. Hier kann nach mechanischen, elektrischen, thermischen und sonstigen Eigenschaften sowie der Chemikalienbeständigkeit unter Vorgabe von Grenzwerten gefiltert werden.

Die chemische Beständigkeit von Kunststoffen kann man auch über die *Beständigkeitsliste* von Reichelt Chemietechnik prüfen.

Speziell für Composite gibt es die frei zugängliche *Composite Materials Database* mit Daten zu 2931 Fasern, 2536 Matrizes, PrePregs usw. (Stand: Februar 2022).

Thermophysikalische Daten findet man bei *Polymer Properties Database*, einer nach eigener Aussage freien Enzyklopädie für die Polymerwissenschaften und die Kunststofftechnik.

Umweltbezogene Daten

Das Umweltbundesamt stellt über die *ProBas-Datenbank* „Prozessorientierte Basisdaten für Umweltmanagementsysteme“ kostenlos zur Verfügung. Hier sind Umweltdaten zu Sachbilanzen für 114 Kunststoffe enthalten (Stand: Februar 2022).

PlasticsEurope bietet sogenannte *Eco-Profile* an, die LCA-Daten und Umweltdeklarationen enthalten. Diese sind über einen interaktiven Stoffstrom verfügbar, der gleichzeitig der Herstellungswege für Kunststoffe zeigt.

Global LCA Data Access Netzwerk (GLAD) ist ein kostenloser Katalog von LCA-Datensätzen mit einem Link zum jeweiligen Anbieter der Daten.

Daneben gibt es speziell für das Life Cycle Assessment (LCA) kommerzielle Anbieter von Software und Datenbanken wie *EcoInvent*, *GaBi* und *SimaPro*.

Marktdaten und Preisinformationen

Marktdaten gibt es bei *PlasticsEurope* über die jährlich erscheinenden Präsentationen „Plastics – The Facts“ sowie spezifische Berichte und Quartalsberichte.

Für Biokunststoffe erhält man diese Informationen bei *European BioPlastics*.

Preisinformationen für Standardthermoplaste und technische Thermoplaste trägt *Kunststoff Information* in kostenpflichtigen monatlichen Berichten zusammen. Unternehmensnachrichten werden täglich veröffentlicht, historische Preisinformationen und Indizes sind ebenfalls verfügbar.

Normen

Die *Perinorm*-Datenbank ist ein Normenkatalog von „DIN Deutsches Institut für Normung e. V.“ (DIN), British Standards Institution (BSI) und Association Française de Normalisation (AFNOR). Perinorm enthält unter anderem Datenbanken von

DIN, BSI und AFNOR aber auch weitere Normen. Sie umfasst insgesamt ungefähr 2,4 Millionen Datensätze.

Quellen

[1] Maier R.-D. und Schiller M., Hrsg. Handbuch Kunststoff-Additive. 4., vollständig neu bearbeitete Auflage. München: Carl Hanser Verlag, 2016. ISBN 978-3-446-22352-3.

[2] Troitzsch J. und Antonatus E., Eds. Plastics Flammability Handbook. Principles, Regulations, Testing, and Approval. 4th edition. München: Carl Hanser Verlag, 2021. ISBN 978-1-56990-762-7.

[3] Weil E.D. und Levchik S.V. Flame Retardants for Plastics and Textiles. Practical Applications. 2nd ed. München: Carl Hanser Verlag, 2015. ISBN 978-1-56990-578-4.

[4] Bastian M. und Hochrein T. Einfärben von Kunststoffen. Produktanforderungen, Verfahrenstechnik, Prüfmethodik. 2., aktualisierte und erweiterte Auflage. München: Carl Hanser Verlag, 2018. ISBN 978-3-446-45398-2.

[5] Etzrodt G. und Müller A. Kunststoffeinfärbung. Farbmittel, Füllstoffe, Regularien. München: Carl Hanser Verlag, 2021. ISBN 978-3-446-45903-8.

[6] Deutsches Museum. Chemie – Die Anilinfarben der Badischen Anilin- & Soda-Fabrik Ludwigshafen am Rhein [online]. [Zugriff am: 11. April 2022]. Verfügbar unter: *https://www.deutsches-museum.de/forschung/bibliothek/unsere-schaetze/chemie/anilinfarben*

[7] SDC – Society of Dyers and Colourists. Introduction to the Colour Index™ [online]. [Zugriff am: 11. April 2022]. Verfügbar unter: *https://colour-index.com/introduction-to-the-colour-index*

[8] Gries T., Veit D. und Wulfhorst B. Textile Fertigungsverfahren. Eine Einführung. 3., überarbeitete und erweiterte Auflage. München: Hanser, 2019. ISBN 9783446458666. DOI 10.3139/9783446458666

[9] AVK, Industrievereinigung Verstärkte Kunststoffe. Handbuch Faserverbundkunststoffe/Composites. Grundlagen, Verarbeitung, Anwendungen. 4. Auflage. Wiesbaden: Springer Vieweg, 2013. Springer eBook Collection Computer Science and Engineering. ISBN 978-3-658-02754-4. DOI 10.1007/978-3-658-02755-1

[10] VDI-Richtlinie 2014-1, Entwicklung von Bauteilen aus Faser-Kunststoff-Verbund – Grundlagen. Düsseldorf: Verein Deutscher Ingenieure e. V.

[11] Teschner R. Glasfasern. 2. Auflage. Berlin: Springer Vieweg, 2019. ISBN 978-3-662-58370-8. DOI 10.1007/978-3-662-58371-5

[12] Neitzel M., Mitschang P. und Breuer U., Hrsg. Handbuch Verbundwerkstoffe. Werkstoffe, Verarbeitung, Anwendung. 2., aktualisierte und erw. Aufl. München: Hanser, 2014. ISBN 9783446436961.

[13] Schürmann H. Konstruieren mit Faser-Kunststoff-Verbunden. 2., bearb. u. erw. Aufl. 2007. Berlin, Heidelberg: Springer Berlin Heidelberg, 2007. VDI-Buch. ISBN 9783540721901. DOI 10.1007/978-3-540-72190-1

[14] Aramidfaser [online]. 16 März 2021 [Zugriff am: 24. April 2022]. Verfügbar unter: *https://www.r-g.de/wiki/Aramidfasern*

[15] Lengsfeld H., Mainka H. und Altstädt V. Carbonfasern. Herstellung, Anwendung, Verarbeitung. München: Hanser, 2019. ISBN 9783446460805.

[16] Latif R., Wakeel S., Zaman Khan N., Noor Siddiquee A., Lal Verma S. und Akhtar Khan Z. Surface treatments of plant fibers and their effects on mechanical properties of fiber-reinforced composites: A review [online]. Journal of Reinforced Plastics and Composites, 2019, 38(1), 15–30. ISSN 0731-6844. DOI 10.1177/0731684418802022

[17] Eyerer P. und Schüle H. Polymer Engineering. 2. Auflage. Berlin: Springer Vieweg, 2020. ISBN 978-3-662-59836-8. DOI 10.1007/978-3-662-59837-5

[18] Kalia S., Kaith B.S. und Kaur I. Pretreatments of natural fibers and their application as reinforcing material in polymer composites-A review [online]. Polymer Engineering & Science, 2009, 49 (7), 1253–1272. ISSN 00323888. DOI 10.1002/pen.21328

[19] Ehrenstein G.W. Faserverbund-Kunststoffe. Werkstoffe – Verarbeitung – Eigenschaften. 2. völlig überarbeitete Auflage. München: Hanser, 2006. Hanser eLibrary. ISBN 9783446457546.

[20] Griffith A. A. VI. The phenomena of rupture and flow in solids. Philosophical Transactions of the Royal Society of London. Series A, Containing Papers of a Mathematical or Physical Character, 1921, 221 (582 – 593), 163–198. ISSN 0264-3952. DOI 10.1098/rsta.1921.0006

[21] Schwarz O. und Ebeling F.-W., Hrsg. Kunststoffkunde. Aufbau – Eigenschaften – Verarbeitung – Anwendungen der Thermoplaste, Duroplaste und Elastomere. 9., überarbeitete Auflage. Würzburg: Vogel Buchverlag, 2007. ISBN 978-3-8343-3105-2.

[22] Plastics Europe. Plastics – the Facts 2021 [online] [Zugriff am: 25. Februar 2022]. Verfügbar unter: *https://plasticseurope.org/knowledge-hub/plastics-the-facts-2021/*

[23] Lexikon | Deutsches Kunststoff Museum [online] [Zugriff am: 13. April 2022]. Verfügbar unter: *https://www.deutsches-kunststoff-museum.de/kunststoff/lexikon/*

4 Verarbeitung von Kunststoffen

4.1 Spritzgießen

Probekörper für die Werkstoffprüfung werden üblicherweise durch Spritzgießen hergestellt. Der Spritzgießprozess [1, 2] wird in verschiedene Phasen untergliedert, die sich in Form eines Kreislaufs, dem sogenannten *Spritzgießzyklus*, wiederholen, vgl. Bild 4.1:

- Startphase (Werkzeug schließen und Aggregat vor)
- Einspritzphase
- Nachdruckphase
- Kühlphase (vom Beginn des Einspritzens bis Werkzeug öffnen)
- Dosierphase
- Entformungsphase

In der Startphase wird das Werkzeug geschlossen und die Plastifizier- und Spritzeinheit, das sogenannte Aggregat, vorgefahren, bis die Düse auf der Düsenplatte des Werkzeugs aufsetzt und ein ununterbrochener Weg für die Schmelze von der Düse über Anguss und Verteilersystem bis in die Kavität im Werkzeug geschaffen ist.

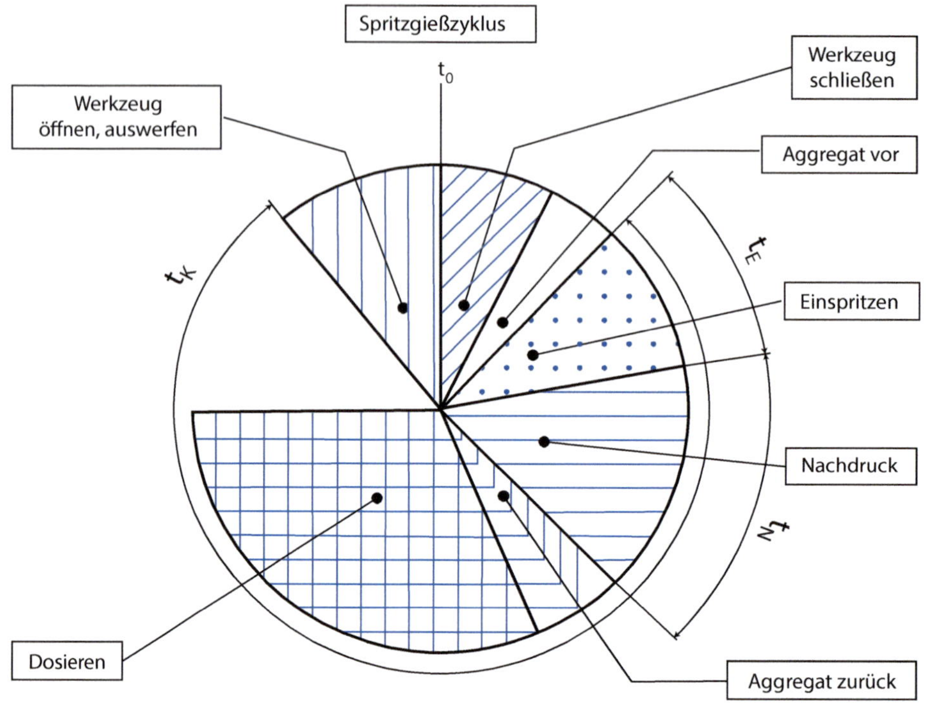

Bild 4.1 Der Spritzgießzyklus

In der Einspritzphase wird die viskose Schmelze durch den Vorschub der Schnecke in der Plastifizier- und Spritzeinheit in die Kavität gedrückt, bis diese gefüllt ist. Dabei ist die grundlegende Annahme, dass die Schmelze an den Wänden der Fließkanäle in Düse, Anguss, Verteilersystem und speziell der Kavität sowie an den bereits erstarrten Kunststoffschichten haftet. In der Schmelze bildet sich deshalb das in Bild 4.2 gezeigte Geschwindigkeitsprofil in der Kavität aus. Die Fließfront bewegt sich mit gleichmäßiger, d.h. über den Kavitätsquerschnitt konstanter Geschwindigkeit weiter. Aus Sicht der Werkstoffkunde sind dabei folgende Effekte relevant:

- Durch Scherung und Dehnung der viskosen Schmelze werden Moleküle beim Fließen gestreckt und zunächst in Richtung des Schmelzeflusses orientiert. Die entstehende *Molekülorientierung* ist lokal unterschiedlich, also *inhomogen* und verändert sich im Lauf der Zeit und ist damit *instationär*, vgl. Abschnitt 4.4.
- Scherung einer viskosen Schmelze führt zu innerer Reibung und dadurch zu Energiedissipation in Form von Wärme. Der Vorgang wird *Schererwärmung* genannt.
- Durch die Temperierung des Werkzeugs, dessen Temperatur im Fall von Thermoplasten deutlich kleiner als die der Schmelze ist, kühlt die Schmelze insbesondere in der Nähe der Werkzeugwand aus. Direkt an der Wand werden so in

der Schmelze in Sekundenbruchteilen Temperaturen erreicht, die kleiner als die Gleichgewichtsschmelztemperatur und Glastemperatur sind. Die Schmelze erstarrt. Es entsteht die sogenannte *erstarrte Randschicht*.

- Die *Kristallisation* in teilkristallinen Thermoplasten setzt ein.
- Beim Abkühlen erhöht sich die Dichte der Schmelze, die Schmelze schwindet.

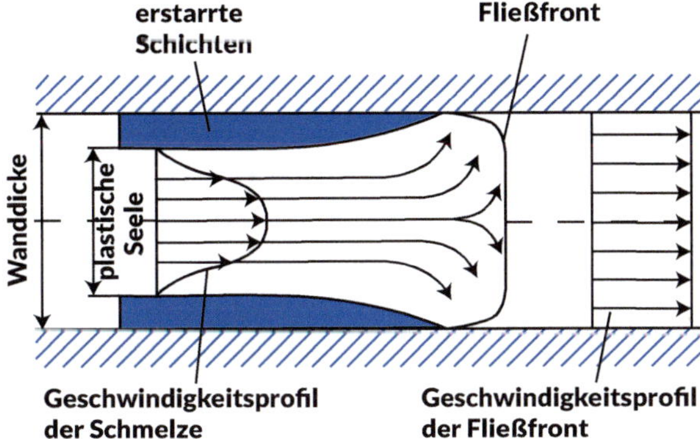

Bild 4.2
Formfüllvorgang während der Einspritzphase beim Spritzgießen [3]

In der Nachdruckphase wird die *Schwindung* durch Nachdrücken weiterer Schmelze in der sogenannten *plastischen Seele* ausgeglichen, vgl. Bild 4.2. Da wegen der erstarrten Randschicht die Querschnitte der Fließkanäle im Werkzeug kleiner geworden sind, muss für das Nachdrücken ein hoher Druck in der Größenordnung von 100 MPa aufgebracht werden. Wegen der engeren Fließkanäle wird die Scherung der Schmelze größer. Daher besteht die Schicht, die als Nächstes auf der erstarrten Randschicht erstarrt, meist aus hochorientierten Molekülen. Sie wird *Scherschicht* genannt. Zudem sinkt die Temperatur in der Schmelze weiter, was zu einer Erhöhung der Viskosität führt. Der Zeitpunkt, an dem der meist kleine Querschnitt am Einspritzpunkt der Schmelze in das Werkzeug erstarrt ist, wird *Siegelzeitpunkt* genannt. Mit dem Siegelzeitpunkt ist das Ende der Nachdruckphase erreicht.

In der folgenden Kühlphase wird die Schmelze im Werkzeug nicht mehr bewegt. Scherung tritt somit nicht mehr auf. In dieser Phase laufen im Kunststoff vor allem folgende Vorgänge ab:

- Wärme wird weiter aus dem Kunststoff in das Werkzeug geleitet. Da Kunststoffe eine geringe Wärmeleitfähigkeit besitzen, dauert dies deutlich länger als z. B. das Einspritzen. Der hohe Temperaturgradient zwischen Mitte und Rand in der Werkzeugkavität wird nur langsam kleiner.
- Die durch Scherung entstandenen Orientierungen können relaxieren. Das heißt, die Molekülorientierungen werden abgebaut, denn gestreckte Moleküle streben den Zustand des statistischen Knäuels an.

- In teilkristallinen Thermoplasten läuft der Prozess der Kristallisation weiter ab. Hierbei wird Kristallisationswärme freigesetzt. Die wegen der geringen Wärmeleitfähigkeit von Kunststoffen ohnehin noch hohen Temperaturen in der Mitte der Kavität bleiben wegen der freigesetzten Kristallisationswärme noch länger hoch. Die Kristallisation in der Mitte von Probekörper oder Bauteil findet somit bei sich wenig ändernden Temperaturen in einer unbewegten Schmelze statt.

Die während der Kühlphase erstarrende, mittige Schicht wird *Kernschicht* genannt. Die Kühlphase endet, wenn das Werkzeug geöffnet und das Formteil ausgeworfen wird.

Da die Werkzeugtemperatur und die Temperaturen der tatsächlich im Formteil vorliegenden Temperaturverteilung höher als Raumtemperatur sind, kühlt das Formteil weiter ab. Da nun keine geometrischen Restriktionen durch das Werkzeug mehr vorliegen, kann sich die Form des Formteils beim Abkühlprozess ändern. Die Volumenverkleinerung ohne Formänderung wird *Schwindung* und die nicht gleichmäßigen Änderung des Volumens mit daraus resultierender Formänderung *Verzug* genannt.

4.2 Extrudieren

Das Extrudieren [4, 5, 6] ist im Gegensatz zum Spritzgießen ein kontinuierlicher Prozess zur Herstellung von Halbzeugen. Kunststoff wird dabei in einem Extruder kontinuierlich aufgeschmolzen und durch eine formgebende Düse, das Werkzeug, ausgetragen, vgl. Bild 4.3. Bei der beispielhaft betrachteten Profilextrusion wird der schmelzflüssige Kunststoff im Kalibrator, der auf das Werkzeug folgt, auf eine Temperatur abgekühlt, bei der seine Form stabil ist. Dazu werden Kaliber aus Metall verwendet, die temperiert werden und gegen die der Kunststoff durch einen Druckunterschied gedrückt wird. Der Druckunterschied wird z. B. durch Absaugen der Luft aus dem Spalt zwischen Kunststoff und Kaliber oder durch Zufuhr von Luft in das Innere des Profils erzeugt. In der folgenden Kühlstrecke erfolgt die Abkühlung auf Temperaturen nahe der Raumtemperatur. Das erstarrte Profil wird durch die Abzugsvorrichtung aus dem Kalibrator und durch die Kühlstrecke gezogen. Anschließend wird das Profil auf die gewünschte Länge geschnitten.

Im Werkzeug wird die Schmelze aus einem kreisrunden Vollprofil am Werkzeugeintritt zu dem gewünschten Profil am Werkzeugaustritt geformt. Dabei wird das Werkzeug so ausgelegt, dass die Schmelze am Austritt aus dem Werkzeug eine gleichmäßige Geschwindigkeits- und Temperaturverteilung besitzt. Dies wird über Länge und Querschnitt des Fließwegs bis zum Austritt eingestellt. Der Querschnitt des Fließweges, seine Länge und die Strömungsgeschwindigkeit der Schmelze entlang des Fließwegs beeinflussen Scherung und Dehnung, die ein kleines Volumenelement in der Schmelze beim Fließen erfährt. Die Schmelze hat daher an jedem Ort des Austritts eine unterschiedliche Scherung und Dehnung erfahren.

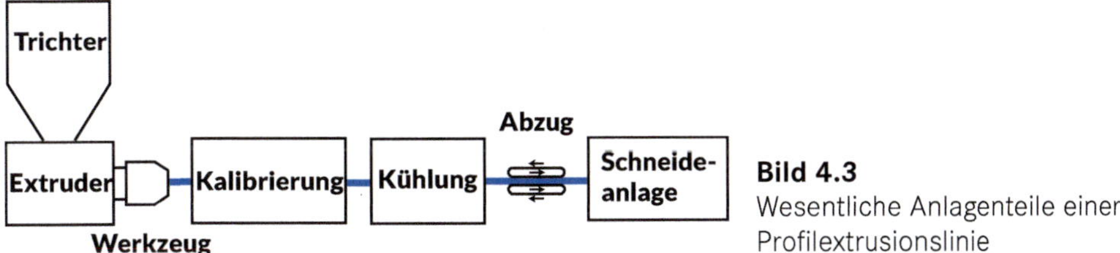

Bild 4.3
Wesentliche Anlagenteile einer Profilextrusionslinie

Das durch das Werkzeug geformte Profil ist nicht das endgültige Profil, vgl. Bild 4.4, weil

- der Abzug über die Abzugsgeschwindigkeit v_{Abzug} Kräfte auf das Profil ausübt, die zu einer Verringerung des Querschnitts führen,
- die *Strangaufweitung* der Schmelze zu einer Dickenzunahme des Extrudats und einer ungleichmäßigen Vergrößerung des Querschnitts führt sowie
- die Abfuhr der Wärmemengen Q_1 und Q_2 durch Kühlung nicht gleichmäßig über die gesamte Profiloberfläche erfolgen kann.

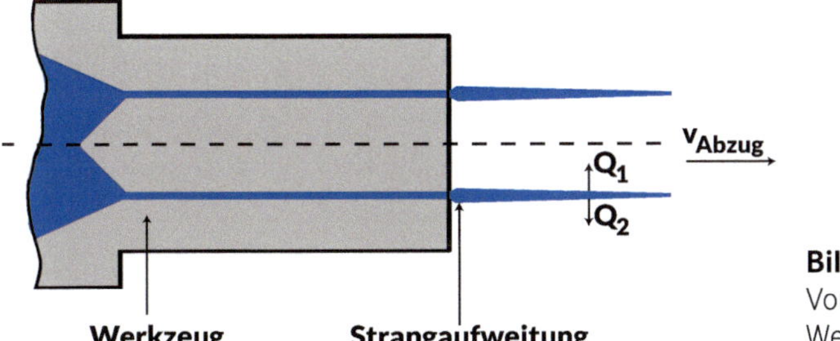

Bild 4.4
Vorgänge am Austritt aus dem Werkzeug bei der Profilextrusion

Die Abzugsgeschwindigkeit v_{Abzug} wird in der Regel etwas größer als die Austrittsgeschwindigkeit v_A der Schmelze gewählt, um Kräfte in Längsrichtung des Profils zu erzeugen, die ein Durchhängen verhindern und der Strangaufweitung entgegenwirken. Durch die Differenz von Abzugs- und Austrittsgeschwindigkeit wird der Kunststoff verstreckt, vgl. Abschnitt 4.4. Es entstehen Dehnungen und eventuell Spannungen, die bei den Temperaturen, die im Kalibrator und in der Kühlstrecke geringer als im Werkzeug sind, nicht mehr vollständig relaxieren können.

Die *Strangaufweitung* resultiert aus dem Bestreben der Polymermoleküle, die Gestalt eines *statistischen Knäuels* anzunehmen, nachdem sie vorher durch Scherung und Dehnung beim Fließen im Werkzeug gestreckt worden sind. Während die Abzugskräfte zu einer Verlängerung des Profils und zu einer Querschnittsverringerung führen, bewirkt die Strangaufweitung das Gegenteil.

Die Kühlung erfolgt von außen über das Metall des Kalibrators, der von einem Kühlmedium temperiert wird, während im Inneren die Luft das einzige Medium zur Wärmeabfuhr ist. Die Wärmemengen Q_1 und Q_2 sind unterschiedlich groß, das Profil kühlt über seinen Querschnitt betrachtet unterschiedlich schnell ab.

Die Extrusion ist ein stationärer, inhomogener Prozess. Stationär ist sie, weil an einem Ort entlang der Extrusionslinie im eingefahrenen Zustand zu jedem Zeitpunkt die gleichen Bedingungen herrschen. Inhomogen ist die Extrusion, weil entlang der Extrusionslinie und in der Ebene des Querschnitts an jedem Ort andere Bedingungen herrschen.

In extrudierten Halbzeugen ist die Morphologie deutlich gleichmäßiger als in spritzgegossenen Formteilen. Eine ausgeprägte Schichtstruktur wird meist nicht beobachtet, insbesondere keine Scherschichten. Der Übergang von z. B. vielen kleinen Sphärolithen am Rand zu wenigen großen in der Kernschicht des extrudierten Querschnitts ist kontinuierlich. Die Kernschicht nimmt meist den größten Teil des Profilquerschnitts ein.

■ 4.3 Formpressen

Probekörper und Platten können außer durch Spritzgießen auch durch Formpressen nach ISO 293, ein diskontinuierliches Urformverfahren, hergestellt werden. Aus gepressten Platten können Probekörper durch maschinelle Bearbeitung oder Stanzen entnommen werden.

Es können Pressen verwendet werden, mit denen ein *Pressdruck* von 10 MPa erzeugt werden kann. Entweder werden die Pressplatten der Presse oder das verwendete Werkzeug temperiert. Als Werkzeug kann ein sogenanntes Abquetsch- oder ein Füllraumpresswerkzeug verwendet werden, vgl. Bild 4.5.

Bei einem *Abquetschpresswerkzeug* wird der überschüssige Kunststoff herausgequetscht, bis die obere Platte auf dem Rahmen aufliegt. Ab diesem Zeitpunkt wird auf den Kunststoff kein Druck mehr ausgeübt. Beim *Füllraumpresswerkzeug* taucht der obere Stempel in die Matrize ein, sodass der gesamte Pressdruck abzüglich eines Reibungsanteils zwischen Stempel und Matrize auf den Kunststoff wirkt.

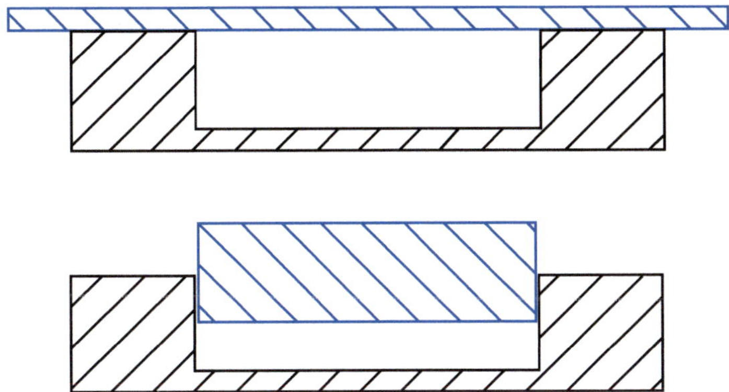

Bild 4.5 Abquetschpresswerkzeug (oben) und Füllraumpresswerkzeug (unten) nach ISO 293

Für die Herstellung von gepressten Probekörpern oder Platten wird das Werkzeug vorgeheizt, mit einer ausreichenden Menge an Granulat oder Pulver befüllt und in die Presse eingesetzt. Dort werden Werkzeug und Kunststoff unter so viel Druck, dass gerade kein Kunststoff austritt, weiter geheizt und schließlich 2 min mit dem vollen Pressdruck beaufschlagt. Danach erfolgt das Abkühlen auf Temperaturen kleiner als 40 °C. Dabei soll bevorzugt eine Kühlrate von $(15 \pm 5)°C \cdot min^{-1}$ vorgegeben werden. Es gibt drei weitere Abkühlverfahren mit größeren oder kleineren Kühlraten.

Die Eigenschaften von gepressten Probekörpern und Platten hängen dabei vom verwendeten Werkzeug und dem gewählten Abkühlverfahren bzw. der gewählten Abkühlrate ab.

- Beim Abquetschpresswerkzeug kann die Schwindung nicht ausgeglichen werden. Probekörper und Platten können Einfallstellen an der Oberfläche oder Hohlräume im Inneren zeigen. Wenn kein Kontakt zwischen Presswerkzeug und Kunststoff besteht, ist die Wärmeleitung geringer und daraus folgend die Kühlrate ebenfalls geringer. Probekörper werden aus Platten ohne Fehlstellen nur aus der Mitte entnommen.
- Beim Füllraumpresswerkzeug hängt die Dicke des Pressteils von der Kunststoffmenge, der Dichte als Funktion der Temperatur und den Verlusten durch den Spalt zwischen Stempel und Matrize ab.

Im Vergleich zum Spritzgießen werden Probekörper oder Platten hergestellt, wobei

- der Druck mit maximal 10 MPa deutlich kleiner als typische Spritz- und Nachdrücke beim Spritzgießen sind,
- die Temperaturverteilung sich nur langsam mit der Zeit verändert und vergleichsweise homogen ist und
- nahezu keine Einflüsse von Fließvorgängen, wie die Ausbildung von Orientierungen und Eigenspannungen oder scherinduzierte Kristallisation auftreten.

Entsprechend weisen formgepresste Probekörper und Platten eine sehr homogene Morphologie ohne Schichtstruktur mit geringen bis gar keinen Eigenspannungen auf. Ebenso weisen sie - bei teilkristallinen Thermoplasten - eher große Sphärolithe und einen hohen Kristallisationsgrad auf.

4.4 Entstehen von Orientierungen beim Spritzgießen

Polymermoleküle, Füllstoffe und Verstärkungsfasern werden bei der Verarbeitung in der fließenden Schmelze orientiert [7]. Orientierungen entstehen durch das Fließen der Schmelze mit von Ort zu Ort unterschiedlichen Geschwindigkeiten. Die Unterschiede können in Betrag oder Richtung des Geschwindigkeitsvektors bestehen und sich zudem mit der Zeit verändern.

Im einfachen Fall, dass die Geschwindigkeit einer Strömung in der x-y-Ebene die Richtung beibehält, kann man zwei grundsätzlich unterschiedliche Fälle unterscheiden:

- *Dehnströmung*: Die Geschwindigkeit ändert sich in Abhängigkeit vom Ort entlang der Strömungsrichtung, vgl. Bild 4.6. Hier ist sie zeitlich konstant und wird von einem Wert v_E am Einlauf kontinuierlich in x-Richtung größer bis zum Wert v_A am Auslauf.
- *Scherströmung*: Die Geschwindigkeit ändert sich entlang der Koordinate senkrecht zur Strömungsrichtung, vgl. Bild 4.7. Hier ist sie zeitlich konstant und nimmt vom Wert $v = 0$ an einer Wand auf einen Wert v_{max} an der gegenüberliegenden Wand zu, z. B. weil diese Wand sich selbst mit der Geschwindigkeit v_{max} bewegt.

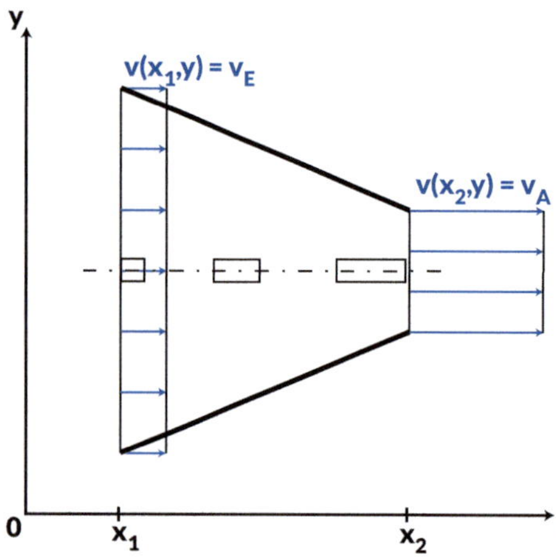

Bild 4.6
Orientierung von Molekülen in einer Dehnströmung durch Streckung von Volumenelementen

Sowohl bei einer Dehnströmung als auch bei einer Scherströmung wird die Länge eines Volumenelements in x-Richtung größer. Bei der Scherströmung, vgl. Bild 4.7, hängt die Verlängerung von der y-Koordinate ab. Ein Makromolekül, das in dem nicht verzerrten Volumenelement als statistisches Knäul vorgelegen hat, wird in x-Richtung gestreckt. Hierdurch werden einige der Hauptvalenzbindungen in x-Richtung orientiert.

Dehnströmungen treten, wie in Bild 4.6 gezeigt, auf, wenn sich der Fließquerschnitt verengt, was z. B. an Filmanschnitten in Spritzgießwerkzeugen oder vor der Düse in einem Kapillarrheometer der Fall ist. Dehnströmungen treten auch am Austritt aus einem Extrusionswerkzeug auf, wenn die Abzugsgeschwindigkeit v_{Abzug} größer als die Austrittsgeschwindigkeit v_A ist, vgl. Abschnitt 4.2.

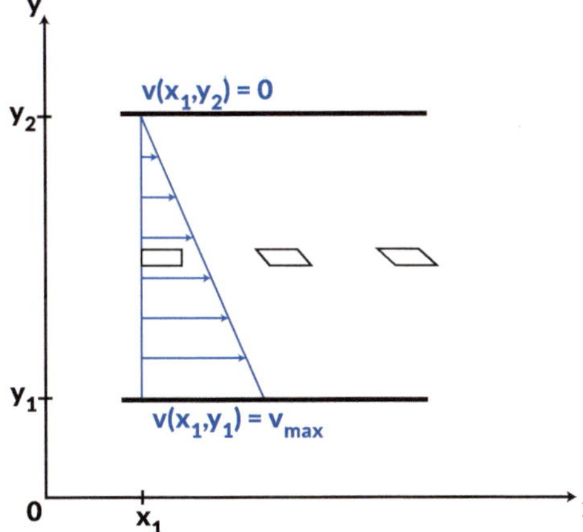

Bild 4.7
Orientierung von Molekülen in einer einfachen Scherströmung durch Scherung von Volumenelementen

Scherströmungen treten bei allen Fließvorgängen von Schmelzen auf: in Extrudern und Plastifiziereinheiten von Spritzgießmaschinen sowie in Werkzeugen. Immer gibt es einen Kanal, der durch metallische Wände begrenzt wird, an denen Kunststoffschmelzen in der Regel haften,[1] also die Geschwindigkeit $v = 0$ haben, vgl. Bild 4.8.

[1] Eine Ausnahme von der Regel stellt Polyvinylchlorid dar.

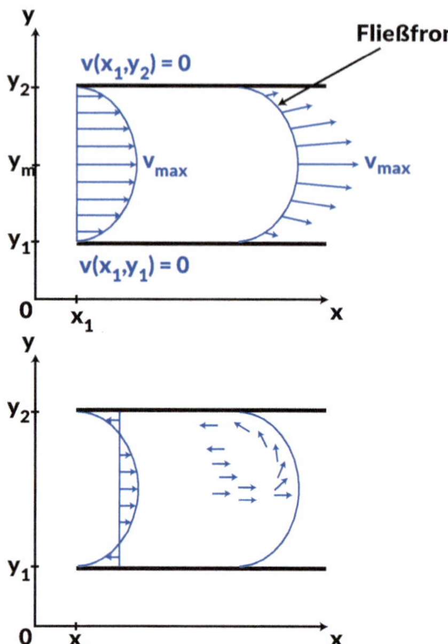

Bild 4.8
Geschwindigkeitsprofil in einem Kanal der Höhe $h = y_2 - y_1$ an einem Ort x_1 mit gefülltem Kanal und am Ort der gekrümmten Fließfront; oben: Geschwindigkeitsvektoren bezogen auf das Koordinatensystem *x*, *y*; unten: Geschwindigkeitsvektoren bezogen auf die mittlere Geschwindigkeit der sich bewegenden Schmelze [7]

Der Formfüllvorgang beim Spritzgießen, vgl. Bild 4.2 und Bild 4.8, ist dadurch gekennzeichnet, dass einerseits der Fließkanal vollständig gefüllt und die Strömung dort für den Zeitraum der Füllung als stationär angenommen werden kann und andererseits die Fließfront die Grenze zwischen sich frei ausbreitender Schmelze und noch im Werkzeug vorhandener Luft darstellt. Die Geschwindigkeitsprofile im Kanal und am Ort der Fließfront sind in Bild 4.8 oben eingezeichnet. Am Ort der Fließfront, die wegen der in der Mitte des Kanals schneller strömenden Schmelze gewölbt ist, ändert die Geschwindigkeit lokal auch ihre Richtung. Wird die Differenz der Geschwindigkeiten zur über den gesamten Querschnitt gemittelten Geschwindigkeit aufgetragen, ergibt sich Bild 4.8 unten. Es ist zu erkennen, dass an der Fließfront die Strömung aus der Mitte zu den Wänden und an diesen entgegen der Hauptströmungsrichtung fließt.[2] Diese Form der Strömung an der Fließfront wird *Quellströmung* genannt.

Rechteckige Volumenelemente in der Schmelze werden durch Scher- und Quellströmung deformiert und orientiert, vgl. Bild 4.9. Sie bilden die *Scherschicht* zwischen Rand und Kernschicht in spritzgegossenen Formteilen. In der realen, dreidimensionalen Strömung kommt es an der Fließfront zu einer biaxialen Dehnung der Volumenelemente.

In der Nachdruckphase existiert in der plastischen Seele ein Geschwindigkeitsprofil analog zu dem in Bild 4.8 für den gefüllten Kanal gezeigten. Wegen der am Rand des Fließkanals bereits erstarrten Schmelze ist die Höhe des Fließkanals allerdings

---

2) In der Schifffahrt und bei Paddlern sind ähnliche Effekte unter dem Begriff „Totwasser“ bekannt.

kleiner als beim Formfüllvorgang. Daher ist die Scherung am Rand des Fließkanals groß. Es entsteht eine entsprechend hochorientierte Schicht.

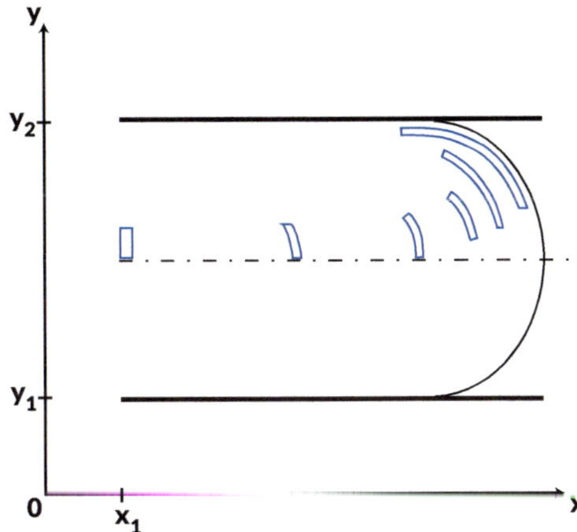

Bild 4.9
Deformation und Orientierung von Volumenelementen in der Quellströmung beim Spritzgießen [7]

Die Berechnung von Faserorientierungen in realen Prozessen ist wesentlich verknüpft mit den Namen von Jeffery, Advani, Folgar und Tucker und wird in [8] ausführlich behandelt. Ein einfacher Fall ist die Betrachtung einer einzelnen Faser endlicher Länge L mit verschwindend kleinem Durchmesser D, d. h. mit einem unendlich großen Aspektverhältnis L/D in einer einfachen Scherströmung. In einer Strömung bewegt sich die Faser mit den lokalen Geschwindigkeiten der sie umgebenden Schmelze, vgl. Bild 4.10. In der Scherströmung bewegt sich ein Faserende schneller als das andere und es kommt zur Drehung der Faser in x-Richtung. In einer einfachen Scherströmung sind deshalb nach ausreichend langer Zeit alle Fasern in Fließrichtung orientiert.

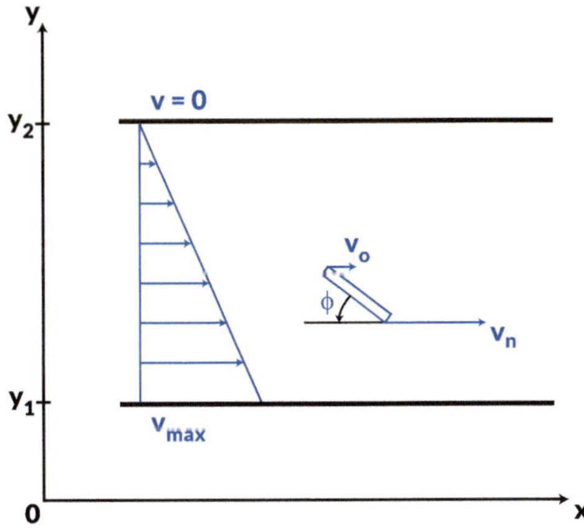

Bild 4.10
Orientierung von Fasern in einer einfachen Scherströmung

In Dehnströmungen nach Bild 4.6 werden Fasern ebenfalls in Fließrichtung ausgerichtet, weil die Geschwindigkeiten entlang des Fließweges und damit auch an den Faserenden unterschiedlich sind.

In der Mitte eines Fließkanals, vgl. Bild 4.8 oben, sind die Geschwindigkeiten sowohl in Dickenrichtung (*y*-Richtung) als auch in Fließrichtung (*x*-Richtung) annähend gleich. Daher verändert sich in der Mitte des Fließkanals die Faserorientierung nicht oder kaum. Die Fasern weisen somit in der Kanalmitte die Orientierung auf, die sie beim Eintritt in den Fließkanal hatten [9]. Der Eintritt in den Fließkanal ist ein Anguss (z. B. ein Punkt- oder Stangenanguss), eventuell gefolgt von einem Verteiler mit Stauelement (z. B. ein Filmanschnitt). In jeden Fall erweitert sich der Querschnitt direkt am Beginn des Fließkanals in der Kavität. Am Beginn des Fließkanals kommt es somit zu einer Quellströmung, vgl. Bild 4.8 unten, mit Drehung der Geschwindigkeitsvektoren. In diesem Geschwindigkeitsfeld werden Fasern quer zur Fließrichtung orientiert.

In spritzgegossenen Formteilen findet man somit typischerweise mehrere Schichten unterschiedlich orientierter Glasfasern vor, vgl. Bild 4.11.

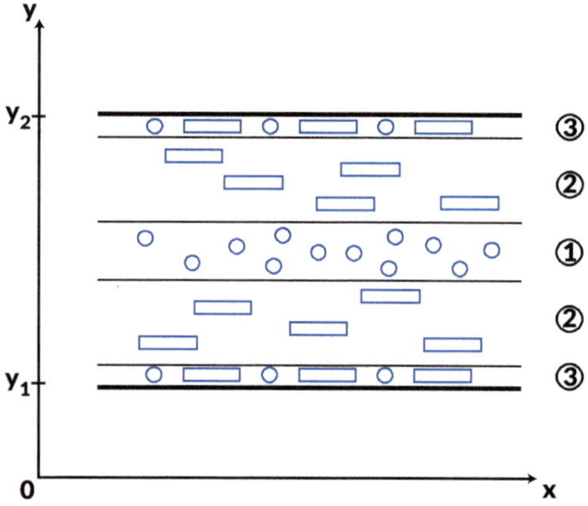

Bild 4.11 Charakteristische Schichtstruktur mit fünf Schichten der Glasfaserorientierung in spritzgegossenen Formteilen bestehend aus Mittelschicht ①, Scher- oder Randschicht ② und Oberflächenschicht ③ ohne Vorzugsorientierung der Fasern

In der Mittelschicht ① sind Fasern überwiegend quer und in der Scher- oder Randschicht ② überwiegend parallel zur Fließrichtung orientiert, während die Fasern in einer meist sehr dünnen Oberflächenschicht ③ keine Vorzugsorientierung aufweisen.

Die Oberflächenschicht entsteht durch die teilweise Drehung der Fasern an der Fließfront. Die Fließfront ist durch den Kontakt mit der Luft in der Kavität bereits kälter als die Schmelze, sie erstarrt sofort beim Kontakt mit dem kalten Werkzeug.

Da die Oberflächenschicht sehr dünn ist und daher keinen großen Einfluss auf die mechanischen Eigenschaften von spritzgegossenen Formteilen hat, wird sie meist nicht betrachtet. Dadurch wird die Struktur aus fünf Schichten auf drei Schichten reduziert und die Scherschicht wird zur Randschicht.

Die Dicke der Schichten und der Grad der Orientierung der Fasern in ihnen hängt von vielen Parametern ab, insbesondere aber von der Scherung, d.h. dem Geschwindigkeitsunterschied über die Kanalhöhe und von der Zeit, die für die Drehung zur Verfügung steht. Daher sind in Spritzgießprozessen mit den typischerweise kleinen Einspritzzeiten die Fasern in den Schichten nie vollständig in eine Richtung ausgerichtet.

In realen Strömungen ist die Vorhersage komplexer, da auch eine gegenseitige Behinderung von Fasern berücksichtigt werden muss. Die Faserorientierung wird in der mathematischen Beschreibung und somit in Simulationsprogrammen durch den sogenannten Faserorientierungstensor in den Berechnungen berücksichtigt. Die Komponenten des Tensors in die drei Raumrichtungen geben an, wie viel Prozent der Fasern in die jeweilige Raumrichtung orientiert sind.

Auch plättchen- und stäbchenförmige Partikel werden wie Fasern in Scher-, Dehn- und Quellströmungen ausgerichtet. Kugelförmige Partikel und alle Partikel mit einem Aspektverhältnis von ungefähr eins werden nicht ausgerichtet.

■ 4.5 Verarbeitungstypische Morphologien

In den in der Kunststofftechnik üblichen Thermoplasten sind im Fall teilkristalliner Thermoplaste selten große Sphärolithe beobachtbar, da die Kunststoffe in der Regel schnell abgekühlt werden, oft Keimbildner enthalten und die Polymere in ihnen auch komplexe Strukturen (Copolymere) aufweisen können. Mit der Polarisationsmikroskopie erhält man trotzdem einen Eindruck von der inneren Struktur, der sogenannten Morphologie, in Probekörpern, Bauteilen und Halbzeugen.

Mit *Morphologie* wird die innere Struktur in einem Festkörper (Bauteil oder Probekörper) bezeichnet, die insbesondere

- durch den Kristallisationsgrad,
- durch die Form, Größe, Verteilung und Orientierung von Kristallen und kristallinen Überstrukturen (Sphärolithe),
- durch die Molekülorientierung in der amorphen Phase sowie
- bei mehrphasigen Systemen (Blends, Compounds) durch die Verteilung der Phasen gekennzeichnet ist.

In der Werkstoffkunde der Metalle heißt dies *Gefügeaufbau*.

In spritzgegossenen Formteilen wird eine Schichtstruktur beobachtet, deren Entstehung für unverstärkte und verstärkte Thermoplaste in Abschnitt 4.4 hergeleitet wird. Diese Schichtstruktur besteht im Fall von unverstärkten Thermoplasten aus *Randschicht* und *Kernschicht*, zwischen denen auch eine sogenannte *Scherschicht* oder eine andere Form einer oder mehrerer Übergangsschichten vorliegen kann.

In einem spritzgegossenen Zugstab aus Polypropylen (PP), vgl. Bild 4.12, wird eine ca. 250 µm breite Randschicht ohne erkennbare Strukturen und eine sphärolithischen Kernschicht beobachtet. Die Sphärolithe haben Durchmesser kleiner als ca. 10 µm. Der Durchmesser der Sphärolithe nimmt von der Grenze zwischen Randschicht und Kernschicht bis zur Mitte der Kernschicht zu.

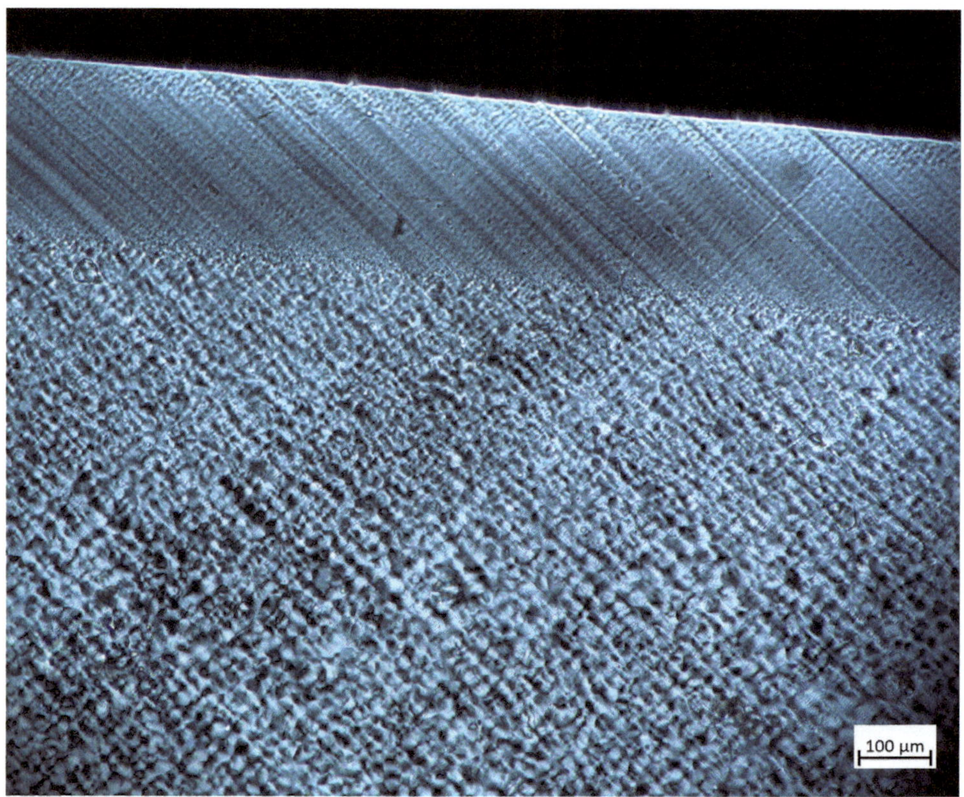

Bild 4.12 Morphologie in einem spritzgegossenen Zugstab aus Polypropylen (PP) mit einer ca. 250 µm breiten Randschicht (oben) ohne erkennbare Strukturen und einer sphärolithischen Kernschicht

In einem spritzgegossenen Zugstab aus Polyoxymethylen (POM-C) werden sehr detailreiche Strukturen sichtbar. Von oben nach unten können in Bild 4.13 eine Randschicht mit vereinzelten asymmetrischen Sphärolithen und eine ca. 30 µm breite transkristalline Zone am äußersten oberen Rand erkannt werden, gefolgt von einer ca. 150 µm breiten Übergangsschicht mit kleinen kristallinen Strukturen und unten schließlich einer Kernschicht mit großen Sphärolithen.

Bild 4.13 Morphologie in einem spritzgegossenen Zugstab aus Polyoxymethylen (POM-C) mit drei Schichten (von oben nach unten): Randschicht mit vereinzelten asymmetrischen Sphärolithen und transkristalliner Zone am oberen Rand (ca. 30 µm breit), Übergangsschicht mit kleinen kristallinen Strukturen (ca. 150 µm breit) und Kernschicht mit großen Sphärolithen

Das bei Bild 4.13 angesprochene asymmetrische Sphärolithwachstum kann in den Ecken des Querschnitts von Zugprobekörpern besonders deutlich erkannt werden, vgl. Bild 4.14. In den Sphärolithen kann ein Zentrum identifiziert werden, von dem Linien büschelartig nach außen verlaufen. Dieses Zentrum liegt in den asymmetrischen Sphärolithen nicht in der Mitte, sondern in Richtung der kühlen Werkzeugwand. Das Zentrum stellt den Ort des Kristallisationskeims dar, von dem Lamellen mit kleinen Geschwindigkeiten zum Werkzeugrand und mit größeren Geschwindigkeiten zur Mitte des Zugstabs gewachsen sind. Die Größe der Wachstumsgeschwindigkeit hängt, wie in Abschnitt 2.5.6 ausgeführt, stark von der Temperatur ab, vgl. Bild 2.56. Die Sphärolithe sind daher entlang des Temperaturgradienten maximal ausgedehnt und senkrecht zum Temperaturgradienten, also entlang von Isothermen symmetrisch. Die Richtung des maximalen Wachstums ist immer senkrecht zur Formteiloberfläche. Schließlich kann in Bild 4.14 auch eine transkristalline Schicht im Abstand von ca. 10 µm zum Formteilrand erkannt werden.

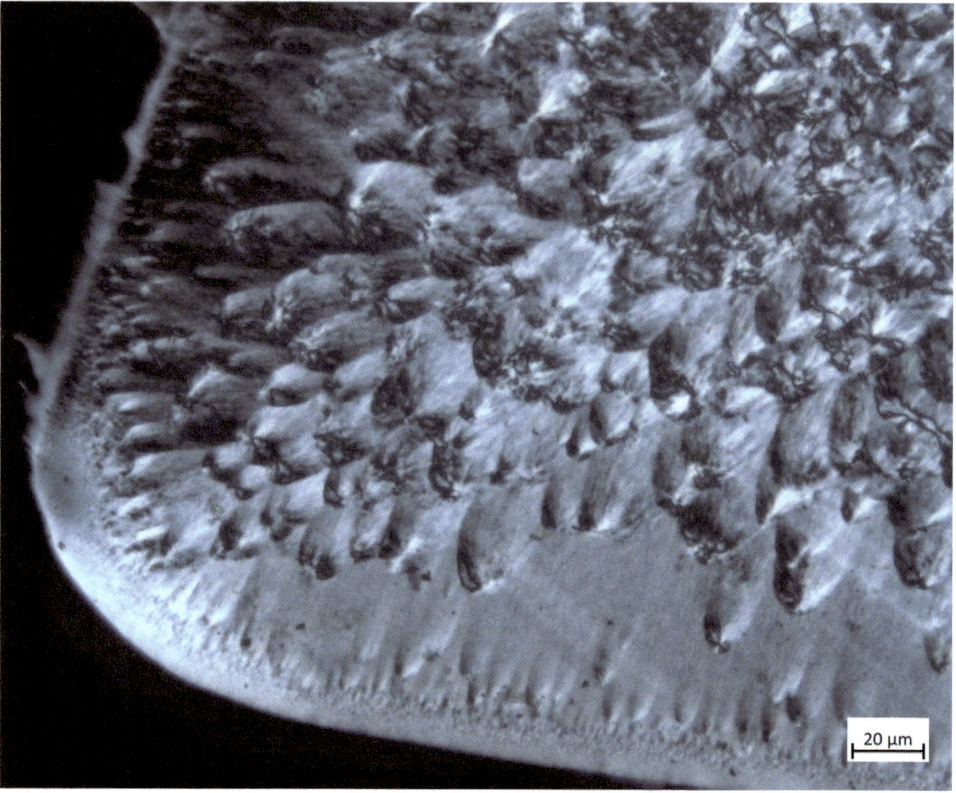

Bild 4.14 Ecke eines Dünnschnitts (Ebene senkrecht zur Fließrichtung) eines spritzgegossenen Zugstabs aus Polyoxymethylen (POM-C) mit asymmetrischen Sphärolithen, die entlang des Temperaturgradienten gewachsen sind, in einer ansonsten strukturlosen Randschicht. In der Randschicht ist eine transkristalline Schicht sehr dicht am Rand erkennbar.

Dass Polymere in unterschiedlichen Arten kristallisieren können, zeigt Bild 4.15. Dargestellt ist ein Detail aus der Mitte, der plastischen Seele, einer spritzgegossenen Platte aus Polyethylen. Es sind sogenannte *gebänderte Sphärolithe* zu sehen, die im Rest des Dünnschnitts nicht beobachtet werden können. Die Bänderung ist auf die Drehung der Lamellen um die radiale Richtung zurückzuführen. Die dunklen konzentrischen Ringe entsprechen Orten gleicher Phasenverschiebung von ordentlichem und außerordentlichem Strahl in doppelbrechenden Strukturen [10].

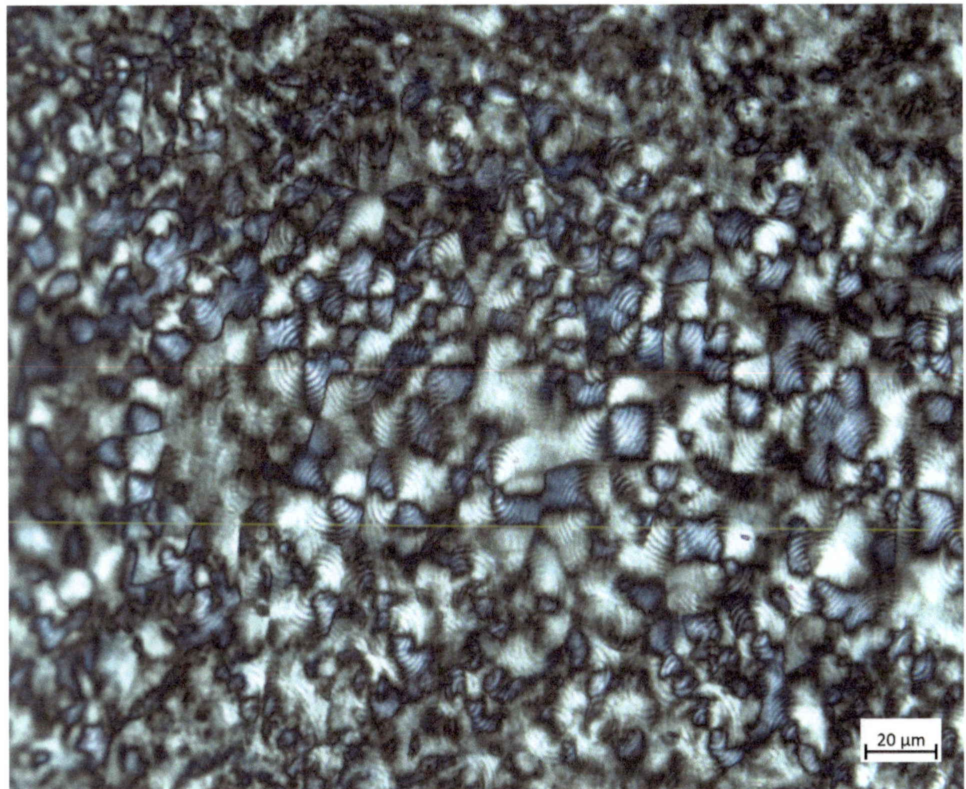

Bild 4.15 Gebänderte Sphärolithe in der Mitte (plastische Seele) einer spritzgegossenen Platte aus Polyethylen

Quellen

[1] Hopmann C. und Michaeli W. Einführung in die Kunststoffverarbeitung. 8., aktualisierte Auflage. München: Hanser, 2017. ISBN 9783446453562.

[2] Hopmann C., Michaeli W., Greif H. und Ehrig F. Technologie des Spritzgießens. Lern- und Arbeitsbuch. 4., aktualisierte Auflage. München: Carl Hanser Verlag, 2017. ISBN 9783446452961.

[3] Kaliske G. und Seifert H. Formfüllstudie beim Spritzgießen von glasfaserverstärktem Polyamid-6. Plaste und Kautschuk, 1973, 20 (11), 837–841.

[4] Rauwendaal C. Polymer extrusion. 5th edition. Munich: Hanser Publishers, 2014. ISBN 9781523101276.

[5] White J. L. und Berghaus U., Hrsg. Screw extrusion. Science and technology. Munich: Hanser; Hanser Gardner, 2003. Progress in polymer processing. ISBN 3446196242.

[6] Greif H., Limper A. und Fattmann G. Technologie der Extrusion. Lern- und Arbeitsbuch für die Aus- und Weiterbildung. 2., aktualisierte und neu bearbeitete Auflage. München: Hanser, 2018. ISBN 9783446436930.

[7] Osswald T. A. und Menges G. Materials science of polymers for engineers. 3rd edition. Munich: Hanser, 2012. ISBN 9781569905241.

[8] Tucker C. L. III. Fundamentals of Fiber Orientation. Description, Measurement and Prediction. München: Carl Hanser Verlag, 2022. ISBN 978-1-56990-875-4.

[9] Menges G. und Geisbüsch P. Die Glasfaserorientierung und ihr Einfluß auf die mechanischen Eigenschaften thermoplastischer Spritzgießteile – Eine Abschätzmethode. Colloid Polym. Sci., 1982, 260 (1), 73–81. Verfügbar unter: doi:10.1007/BF01447678

[10] Keller A. Investigations on banded spherulites. Journal of Polymer Science, 1959, 39 (135), 151–173. ISSN 2642-4150. Verfügbar unter: doi:10.1002/pol.1959.1203913512

5 Nachhaltigkeit von Kunststoffen

5.1 Kunststoffe in der Umwelt

Kurz gesagt scheint in den letzten Jahren die Einstellung vorzuherrschen: „Plastik ist böse!“. Der Werkstoff Kunststoff wird für Umweltprobleme verantwortlich gemacht, obwohl es Menschen sind, die unverantwortlich handeln. Andererseits gibt es große Herausforderungen für die Gesellschaft, zu denen auch ganz allgemein der Umgang mit begrenzten Ressourcen, also auch mit Rohstoffen und speziell mit Kunststoffwerkstoffen gehört. Und schließlich gibt es ernsthafte Risiken für Ökosysteme und damit letztlich, z. B. über die Nahrungskette, auch für den Menschen. Diese Risiken sind umso größer, als dass es einen Zeitverzug zwischen Ursache und Wirkung gibt, analog dem Zeitverzug beim Klimawandel.

So ist die weltweite Produktion ab 1950 exponentiell und seit 2020 linear auf 368 Millionen t im Jahr 2019 gestiegen, siehe Kapitel 1. Der Eintrag von Kunststoffabfällen in die Ozeane wurde 1997 von der US Academy of Sciences auf 6,4 Millionen t pro Jahr geschätzt [1], was gut 5 % der damaligen weltweiten Produktion von 126 Millionen t entspricht. Wenn man für die Folgejahre ebenfalls von 5 % ausgeht, was für 2010 gut mit anderen Quellen übereinstimmt [2], wären 2019 ca. 19 Millionen t an Kunststoffen in die Ozeane gelangt. Wegen seiner Langlebigkeit sammelt sich der in die Ozeane eingetragene Kunststoff dort an. Die Gesamtmenge an Kunststoffen in den Ozeanen muss dann größenordnungsmäßig gleich der im Jahr 2019 weltweit produzierten Menge sein!

Die einzelnen Gegenstände werden in den Ozeanen im Lauf von Jahren und Jahrzehnten – darin liegt der Zeitverzug – chemisch und mechanisch bis hin zur Größe von Mikroplastik zerkleinert. Dabei steigt ihre Zahl und damit die Verfügbarkeit für Lebewesen, die Mikroplastik wegen seiner Größe wie Nahrung aufnehmen [3].

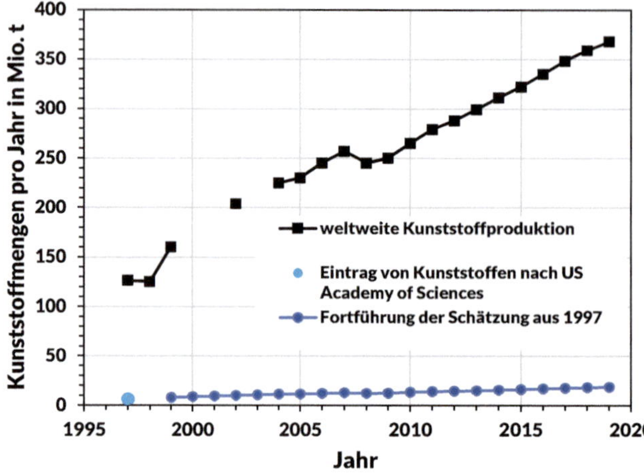

Bild 5.1 Weltweite Produktion von Kunststoffen und geschätzte jährliche Einträge von Kunststoffabfällen in die Ozeane (Quellen in Kapitel 1 und [1, 2])

Kunststoffe sind aber auch ein wichtiger Teil der Lösung, z.B. um Ressourcen und Energie zu schonen und damit nachhaltiger zu leben. Beispiele hierfür werden in Abschnitt 5.9 ausführlich diskutiert.

5.1.1 Mikroplastik

Der Begriff Mikroplastik taucht 2004 in der wissenschaftlichen Literatur auf [4], als der Fund von Partikeln aus Kunststoff mit Größen um 20 µm im Meerwasser und in Sedimenten um England und nördlich von Schottland berichtet wurde. Funde von größeren Kunststoffpartikel im Meer gab es bereits ab 1972 [5]. Auch in Binnengewässern wird Mikroplastik nachgewiesen [6].

Die Größe der Partikel spielt eine wichtige Rolle für die Meeresforschung, weil Meereslebewesen jeweils nur Partikel aufnehmen, die kleiner sind als sie selbst, weshalb Untersuchungsmethoden und -objekte direkt mit der Größe der Lebewesen zusammenhängen.

Tabelle 5.1 Klassifizierung und Bezeichnung von Kunststoffpartikeln nach [7] und Quellen dort

Größe der Partikel in mm	Bezeichnung	Betroffene Lebewesen
> 25	Makrokunststoffteile	Wirbeltiere (insbesondere Fische, Vögel und Säugetiere)
5-25	Mesokunststoffteile	Vögel, Fische
1-5	Große Mikropartikel aus Kunststoff	Fische, Schalentiere
< 1	Kleine Mikropartikel aus Kunststoff	Muscheln, Plankton

Seit 2008 gibt es eine Übereinkunft [8], die obere Grenze für die Größe von Mikroplastik bei 5 mm zu ziehen.

Als *Mikroplastik* werden Partikel aus Kunststoff mit einer Größe bis zu 5 mm bezeichnet.

Das Wort Partikel impliziert, dass es sich um Festkörper handeln muss, was Lösungen von Kunststoffen ausschließt. Auch spielen alle anderen Eigenschaften bei der Definition keine Rolle, „Kunststoff" schließt hier also Thermoplaste, Elastomere und Duromere unabhängig von ihrer Rohstoffbasis ein.

Das Umweltbundesamt zieht die untere Grenze für die Größe von Mikroplastik bei 1 µm, weil die Zusammensetzung von Partikeln bzw. der verwendete Werkstoff bei kleineren Partikeln nicht mehr bzw. nicht mehr mit vertretbarem Aufwand analytisch nachgewiesen werden können [7].

Man unterscheidet *primäres Mikroplastik*, wenn Partikel gemeint sind, die in dieser Größe in die Umwelt eingetragen werden, und *sekundäres Mikroplastik*, wenn die Partikel durch Zerkleinerung, also durch mechanischen Abbau, der meist mit chemischen Abbau verbunden ist, aus größeren Kunststoffpartikeln oder Produkten in der Umwelt entstehen.

Die in der Kunststofftechnik für die Verarbeitung eingesetzten Pulver (z. B. PVC-Dry Blends), Mikrogranulate sowie Mahlgüter (z. B. sogenannte rieselfähige Formmassen aus Phenol-Formaldehyd Harz) und Granulate mit Teilchengrößen kleiner 5 mm sind nach dieser Definition primäres Mikroplastik.

Mikrogranulate haben Durchmesser von weniger als 1 mm und werden für das Rotationsformen, Gewebebeschichtungen, den Mikrospritzguss [9], als Farbmasterbatch [10] und für die generative Fertigung (Lasersintern) eingesetzt. Dies sind meistens Mikrogranulate aus ABS, PS, PC, PA6, PA12, PE und PP [11]. Aus den Mikrogranulaten werden oft Produkte mit Abmessungen von mehr als 5 mm hergestellt. Mikrogranulat wird aber auch direkt als sogenannte *Mikrobeads* in kosmetischen Produkten eingesetzt. Hier dienen sie der Körper- und Gesichtsreinigung (Peeling-Effekt).

Die Menge des in Kosmetika in Deutschland eingesetzten Mikrogranulats wird in einer Studie des Umweltbundesamts aus dem Jahr 2014 mit insgesamt 496 t geschätzt [7], wobei mangels detaillierter Untersuchungen viele Annahmen über Umsatz von Kosmetika und Einsatz von Mikrogranulaten getroffen und aus anderen Daten abgeleitet werden müssen.

Tabelle 5.2 Geschätzte Verbrauchsmengen von Mikrogranulat in Kosmetika für Deutschland bis 2014 nach [7]

Produktgruppe	Mikrogranulat in t/Jahr
Duschgele und Flüssigseifen	150
Seifen und waschaktive Substanzen zur Körperpflege	177
Hautpflege- und Sonnenschutzmittel	39
Zahnpflegeprodukte	98
Andere Körperpflegeartikel	32
Summe	**496**

Eine freiwillige Selbstverpflichtung der Kosmetikindustrie im Jahr 2015, auf feste Kunststoffpartikel in abwaschbaren Produkten bis 2020 zu verzichten, wurde nach einer Umfrage weitgehend umgesetzt. Der Einsatz von festen Kunststoffpartikeln wurde zwischen 2012 - 2017 um 97 % reduziert [12].

Laut Bund für Umwelt und Naturschutz Deutschland finden sich 2020 [13] ca. 1000 kosmetische Produkte, die Mikrogranulat und Kunststoffe in flüssiger und gelöster Form enthalten. Die Liste umfasst Produkte, von denen insbesondere die flüssigen Produkte meist Kunststoffe wie Acrylatcopolymere, Polyethylenglykol und Polypropylenglykol enthalten. Diese liegen in gelöster und damit flüssiger Form vor. Sie dienen als Tenside und Filmbildner. Nur wenige Produkte enthalten tatsächlich Mikrogranulate. Allerdings enthalten fast alle Produkte Mikrogranulate, die zu den Gruppen „Puder/ Make-up/Concealer/Rouge“, „Lidschatten/Mascara/Eyeliner/Augenbrauenstift“ und „Lippenstifte“ gehören. Diese Mikrogranulate sind vorwiegend aus Polyethylen.

Inwieweit die Kosmetika im Abwasser oder wegen des Abwischens mit Tüchern im Restmüll landen, wie viel Mikrogranulate in Kläranlagen zurückgehalten werden und ob Kunststoffe wie Acrylatcopolymere, Polyethylenglykol und Polypropylenglykol in gelöster Form umweltschädlich sind, ist Gegenstand einer kontroversen Diskussion zwischen Industrie- und Naturschutzverbänden.

Ohnehin entstammt der überwiegende Teil von Mikroplastik anderen Quellen, siehe Tabelle 5.3.

Tabelle 5.3 Quellen und geschätzte Mengen von primärem und sekundärem Mikroplastik in Deutschland bis 2014 nach [7]

Quelle	Art	Menge in t/Jahr
Verlust von Granulat, Pulver und Flakes in der Herstellung und Weiterverarbeitung von Kunststoffen	Primär und sekundär	21 000–210 000
Reifenabrieb	Sekundär	60 000–111 000

Quelle	Art	Menge in t/Jahr
Mikronisierte Kunststoffwachse in technischen Anwendungen	Primär	100 000
Kosmetische Produkte	Primär	500
Synthetische Fasern aus Kleidungsstücken und sonstigen Textilien	Sekundär	80–400
Wasch-, Reinigungs- und Pflegemittel im Gewerbe und der Industrie	Primär	< 100
Strahlmittel zum Entgraten von Oberflächen	Primär	< 100

Wegen des großen Beitrags von Granulaten, Pulvern und Flakes, die in der Herstellung und Weiterverarbeitung von Kunststoffen verloren gehen, ist es nicht verwunderlich, dass Unternehmen der Kunststoffindustrie weltweit der Operation Clean Sweep [14] beigetreten sind.

Der Reifenabrieb von Fahrzeugen stellt die zweitgrößte Quelle dar. Dies erklärt auch, warum Mikroplastik in Gebirgsbächen gefunden wird. Im Winter wird der Schnee zusammen mit dem Reifenabrieb von den Straßen in die Bäche gekehrt, denn wenn das Bachwasser den Schnee schmilzt, wird dadurch sein Volumen deutlich verringert und der geschmolzene Schnee abtransportiert.

5.1.2 Marine Litter

Die *International Union for Conservation of Nature and Natural Resources* schätzt in einem Bericht von 2017 [15], dass pro Jahr von Land aus 10 Millionen t Kunststoffabfälle mit Dimensionen größer als 5 mm vom Strand (8 Millionen t) und über Flüsse (2 Millionen t) in die Meere eingetragen werden. Auf See selber entstehen 0,5 Millionen t Kunststoffabfälle. Außerdem werden weltweit direkt 1,5 Millionen t Mikroplastik in die Ozeane eingetragen.

Mit 35 % überwiegt weltweit der Anteil synthetischer Fasern aus Kleidungsstücken und sonstigen Textilien, die beim Reinigen in Abwässer gelangen, gefolgt von Reifenabrieb mit 28 % (nur synthetisches Gummi) und urbanem Staub mit 24 %, vgl. Bild 5.2. Der Verlust von Granulat, in Deutschland die Hauptquelle, vgl. Tabelle 5.3, spielt weltweit nur eine untergeordnete Rolle, während in Deutschland Fasern aus Textilien einen vergleichsweise niedrigen Anteil haben. Hier dürften die Gründe für die Unterschiede einerseits in der großen Bedeutung der kunststofferzeugenden und -verarbeitenden Industrie und andererseits in der Abwasserreinigung in Deutschland liegen.

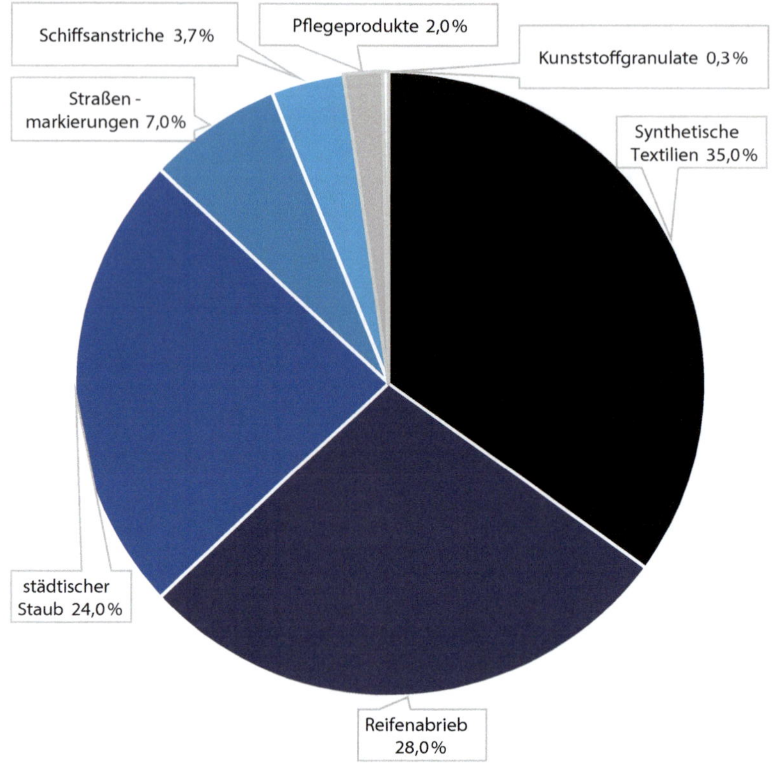

Bild 5.2 Globale Quellen und Massenanteile von Mikroplastik in den Ozeanen in Prozent bis 2017 nach [15]

Auch wenn die genannten Quellen von Land zu Land unterschiedlich zur Verschmutzung der Ozeane beitragen, wird „Marine Litter" immer mit Kunststoffen gleichgesetzt, denn ca. 75 % sind aus Kunststoffen, vgl. Bild 5.3.

Tatsächlich muss Müll, der auf dem Wasser treibt, entweder eine Dichte kleiner 1000 kg/m³ (bzw. ca. 1030 kg/m³, je nach Salzgehalt) oder geschlossene Hohlräume aufweisen. Daher werden auf der Wasseroberfläche Artikel aus Polyolefinen, geschäumte Kunststoffe und zum kleinen Teil verschlossene Behälter gefunden [17, S. 35 f]. Produkte aus Werkstoffen mit einer Dichte größer 1000 kg/m³ werden auf den Meeresboden nachgewiesen, darunter auch Kunststoffe. In der Wassersäule unterhalb der Oberfläche findet sich vor allem Kunststoff bis hin zu Resten von Fischernetzen aus Polyamid. An Stränden werden auch Produkte aus Glas (Flaschen) und Aluminium (Dosen und ihre Verschlüsse) sowie Zigarettenfilter aus Celluloseacetat gefunden, die klar dem Freizeitsektor zugeordnet werden können [17, S. 33]. Neuere Studien bestätigen diese Aufteilung und werden spezifischer hinsichtlich der Verteilung und Quellen der Kunststoffe in den Ozeanen [18, 19].

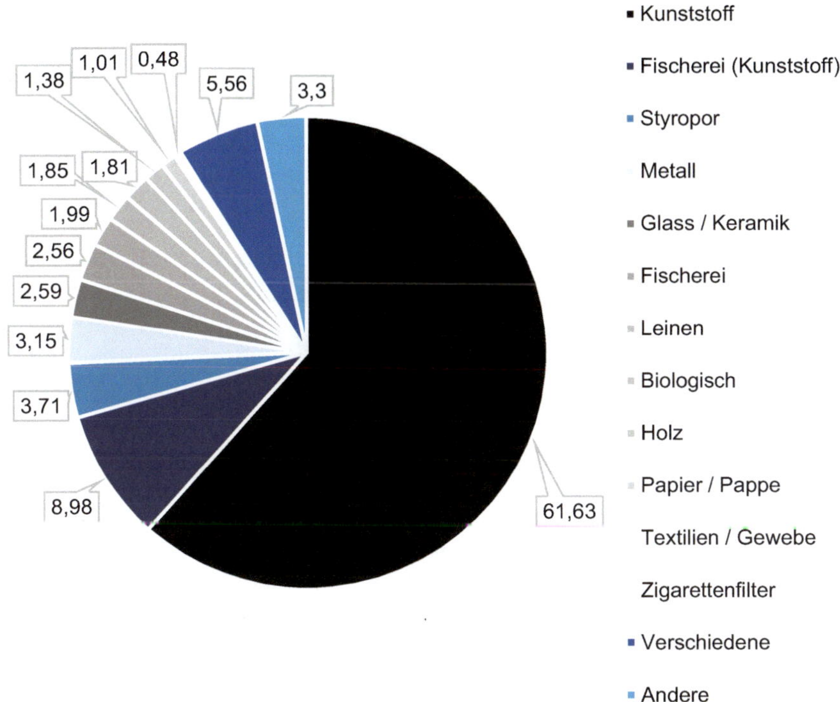

Bild 5.3 Globale Zusammensetzung des Mülls in den Ozeanen in Prozent bis 2022 nach [16]

Abgesehen von den direkten Gefahren für Meereslebewesen durch Verschlucken und Verheddern in Netzen und Tüten, ergibt sich durch Kunststoffe in Ozeanen ein weit größeres Risiko.

Erstens trägt die Langlebigkeit der Kunststoffe zum Risiko bei.

Generell geschieht der Abbau von Kunststoffen durch

- photooxidativen Abbau durch Bestrahlung mit UV-Licht,
- Thermooxidation,
- Hydrolyse und
- Biodegradation durch Mikroorganismen.

Dabei spielt für Polyolefine, die den Großteil der Kunststoffe an der Wasseroberfläche ausmachen, vor allem der photooxidative Abbau eine Rolle.

Diese Abbaumechanismen führen zu Vergilbung, Rissbildung an der Oberfläche und zur Abnahme von mechanischen Kennwerten wie Steifigkeit, Festigkeit und Bruchdehnung. Die Abnahme der Kennwerte bei der Bewitterung mit UV-Licht hängt zuerst vom Werkstoff, aber auch von Temperatur, relativer Luftfeuchte und Sauerstoffgehalt der Luft sowie der Strahlungsintensität ab. Für nicht stabilisiertes

Polyethylen (PE-LD) z.B. nimmt die Bruchdehnung nach 1000 h künstlicher Bestrahlung im Labor bei 30–40 °C schnell auf null ab [20, S. 436].

Allerdings gilt es für den photooxidativen Abbau in Ozeanen zu beachten [17, S. 65], dass

- die Bestrahlungsintensität nicht so hoch wie bei der Bewitterung im Labor ist, da
  - bei Labormethoden mit höheren Bestrahlungsintensitäten als in der Natur vorhanden gearbeitet wird, um die Prüfzeit zu verringern,
  - die Sonne nur tagsüber, aber auch dann nicht immer scheint,
  - die Kunststoffteile meist von Wasser überspült werden, welches die UV-Strahlung absorbiert, und
  - sich ein lichtabsorbierender Biofilm auf Gegenständen im Wasser bildet, was zusätzlich zum Absinken der Gegenstände führt, sowie zudem
- die Temperatur der Kunststoffteile aufgrund der Kühlung im offenen Ozean und der niedrigeren Bestrahlungsintensität niedriger als bei der Bestrahlung im Labor ist.

Die Zeit zum Abbau von Kunststoffen kann sich dadurch auf Jahrzehnte bis Jahrhunderte verlängern. Dabei ist mit Abbau die Abnahme der mechanischen Kennwerte Festigkeit und Steifigkeit gemeint. Wenn diese sinken, können über die Wellenbewegung einwirkende Kräfte zur Zerkleinerung der Kunststoffprodukte führen, es entsteht Mikroplastik. Ein abschließender Abbau der Polymere durch Mikroorganismen zu niedermolekularen Verbindungen findet nur sehr langsam statt und kann generell nur bei Anwesenheit von Heteroatomen in den Polymeren erfolgen, vgl. Abschnitt 2.2.1.

Der zweite wesentliche Aspekt für das Risiko von polymerem Meeresmüll ist, dass Kunststoffe niedermolekulare Stoffe wie Additive und Reste von Monomeren und Katalysatoren enthalten, aber auch organische Verbindungen und Metallionen aus dem Wasser aufnehmen [17, S. 119] können. Diese Stoffe werden nicht abgebaut. Sie sammeln sich in den Kunststoffen an und sind zum Teil giftig. Außerdem werden sie von Meereslebewesen beim Verschlucken und Verdauen von Kunststoffpartikeln aufgenommen.

Das Risiko von polymerem Meeresmüll lässt sich also wie folgt zusammenfassen:

- Große eingebrachte Menge: Der Eintrag von Kunststoffen in die Ozeane steigt mit zunehmender weltweiter Produktion von Kunststoffen weiter an. Ein Rückgang durch politische Vorgaben, ein umfassenderes Abfallmanagement weltweit oder ein Bewusstseinswandel der Konsumenten („Wegwerfmentalität") ist noch nicht feststellbar.

- Große Zeit zum Abbau: Kunststoffprodukte bauen sich im Wasser über sehr lange Zeiträume in der Größenordnung von 100 Jahren zu Mikroplastik ab.
- Aufnahmen von Giften: Kunststoffpartikel nehmen aus dem Meerwasser organische Verbindungen und Metallionen auf, die zum Teil giftig sind.
- Aufnahme in die maritime Nahrungskette: Die Kunststoffpartikel gelangen in die maritime Nahrungskette. Dies geschieht umso stärker in den frühen Stufen der Nahrungskette, je kleiner die Partikel werden.
- Gifte reichern sich an: In den Meereslebewesen werden die Inhaltsstoffe und Gifte aus den Kunststoffpartikeln bei der Verdauung aufgenommen und in der maritimen Nahrungskette an größere Organismen weitergegeben.

Es ist daher vermutlich nicht übertrieben, Marine Litter mit Klimawandel und Kernenergie auf eine Stufe zu stellen, was die Bedeutung für die Lebensgrundlage des Menschen sowie die zeitlichen Dimensionen angeht.

5.2 Entwicklung der Nachhaltigkeit

Der Begriff „Nachhaltigkeit“ wird 1713 in dem Buch „Sylvicultura Oeconomica“ von Hannß Carl von Carlowitz verwendet, der sich in seiner Position als Oberberghauptmann in Sachsen über eine nachhaltige Nutzung der Wälder Gedanken macht [21]. Der Grundsatz, nur so viele Bäume zu fällen, wie neu gepflanzt werden, um den Wald kontinuierlich nutzen zu können, war auch vorher schon in Forstordnungen verankert. Die Prägung des Begriffs wird aber in vielen Quellen Carlowitz zugeschrieben.

Es vergingen knapp 260 Jahre, bis im Jahr 1972 der Bericht „Die Grenzen des Wachstums“ [22] des 1968 gegründeten Club of Rome [23] große Aufmerksamkeit erregte. In diesem Bericht wird die einfache Tatsache, dass ein abgeschlossenes System mit endlichen Ressourcen (die Erde mit ihren Ökosystemen) auf Dauer keinen immer größer werdenden Ressourcenverbrauch durch wirtschaftliches Wachstum und Bevölkerungswachstum befriedigen kann, mit Daten und Modellen unterlegt. Die Autoren kommen zu dem Schluss, dass es nicht viel später als 2100 zwangsläufig zum Kollaps der vorherrschenden Wirtschafts- und damit auch Lebensweise kommen muss.

In den 70er-Jahren des 20. Jahrhunderts, 1973 und 1979, gab es zwei Ölpreiskrisen, die den Industrienationen und der westlichen Welt, deren Wirtschaft vom Erdöl abhängig war und es immer noch zu großen Teilen ist, die nicht grenzenlose Verfügbarkeit des Erdöls vor Augen führte. In Politik und Wirtschaft setzte auch die Erkenntnis ein, dass die Erdölvorräte weltweit begrenzt sind.

1987 erschien der Bericht des Generalsekretärs der vereinten Nationen A/42/427 „Development and International Co-operation: Environment“ [24]. Er enthält als Anhang den „Report of the World Commission on Environment and Development: Our Common Future“ [25]. Dieser wird nach der Vorsitzenden der „Weltkommission für Umwelt und Entwicklung der Vereinten Nationen“, die den Bericht ausgearbeitet hat, der ehemaligen norwegischen Ministerpräsidentin Gro Harlem Brundtland, kurz Brundtland-Bericht genannt. In diesem Bericht wird in Kapitel 2 „Nachhaltige Entwicklung“ definiert:

„Sustainable development is development that meets the needs of the present without compromising the ability of future generations to meet their own needs. It contains within it two key concepts:

- the concept of ‚needs‘, in particular the essential needs of the world’s poor, to which overriding priority should be given; and
- the idea of limitations imposed by the state of technology and social organization on the environment‘s ability to meet present and future needs.“

Ein weiterer Aspekt in dieser Definition der Nachhaltigkeit ist, dass die Bedarfe („needs“) zukünftiger Generationen heute noch nicht bekannt sind und generell auch erst von den zukünftigen Generationen definiert werden („their own needs“). In jüngster Zeit wurde dieser Ansatz in einem Urteil des Bundesverfassungsgerichts mit Bezug auf die Klimaziele der Bundesregierung bestätigt (Pressemitteilung Nr. 31/2021 vom 29. April 2021 [26]).

Schließlich verabschiedeten die UN-Mitgliedstaaten auf dem Weltgipfel für nachhaltige Entwicklung 2015 einstimmig die Ziele für eine nachhaltige Entwicklung, die 2016 als „Sustainable Development Goals Report“ [27] veröffentlicht worden sind. In dem Bericht werden 17 Ziele definiert, um den dringenden globalen Herausforderungen bis 2030 zu begegnen.

Bild 5.4
Die 17 Nachhaltigkeitsziele der Vereinten Nationen von 2016 [27]

Ebenfalls im Jahr 2015 tagte die UN-Klimakonferenz in Paris und verabschiedete ein Übereinkommen [28], das sogenannte Pariser Klimaabkommen, in dem alle Länder der Erde verpflichtet werden, auf die Bedrohung durch Klimaänderungen zu reagieren. Dies soll erreicht werden, indem unter anderem

- „der Anstieg der durchschnittlichen Erdtemperatur deutlich unter 2 °C über dem vorindustriellen Niveau gehalten wird und Anstrengungen unternommen werden, um den Temperaturanstieg auf 1,5 °C über dem vorindustriellen Niveau zu begrenzen, da erkannt wurde, dass dies die Risiken und Auswirkungen der Klimaänderungen erheblich verringern würde;
- die Fähigkeit zur Anpassung an die nachteiligen Auswirkungen der Klimaänderungen erhöht und die Widerstandsfähigkeit gegenüber Klimaänderungen sowie eine hinsichtlich der Treibhausgase emissionsarme Entwicklung so gefördert wird, dass die Nahrungsmittelerzeugung nicht bedroht wird;
- die Finanzmittelflüsse in Einklang gebracht werden mit einem Weg hin zu einer hinsichtlich der Treibhausgase emissionsarmen und gegenüber Klimaänderungen widerstandsfähigen Entwicklung.“

Es ist festzustellen, dass „Nachhaltigkeit“ in Politik, Gesellschaft und Wirtschaft ein dominierendes Thema ist. Das Thema ist damit für die Berufspraxis und Ausbildung von Ingenieurinnen und Ingenieuren relevant.

5.3 Gesetzliche Vorgaben

Für die Kunststoffindustrie in Europa sind Vorgaben der Europäischen Union und nationale Gesetze der Länder, in denen die Unternehmen Standorte haben und in die sie liefern, relevant.

Für die Kunststofftechnik bedeutsam mit Bezug zur Nachhaltigkeit sind neben vielen anderen Gesetzen und Verordnungen in der jüngeren Vergangenheit folgende Vorgaben:

- Richtlinie (EU) 2019/904 [29] vom 5. Juni 2019 „über die Verringerung der Auswirkungen bestimmter Kunststoffprodukte auf die Umwelt“
- „Ein neuer Aktionsplan für die Kreislaufwirtschaft – Für ein saubereres und wettbewerbsfähigeres Europa“ [30] vom 11. März 2020

Richtlinie (EU) 2019/904 definierte in Artikel 1 das Ziel, „die Auswirkungen bestimmter Kunststoffprodukte auf die Umwelt, insbesondere die Meeresumwelt, und die menschliche Gesundheit zu vermeiden und zu vermindern und den Übergang zu einer Kreislaufwirtschaft mit innovativen und nachhaltigen Geschäftsmodellen, Artikeln und Werkstoffen zu fördern, um auf diese Weise auch zum reibungslosen Funktionieren des Binnenmarkts beizutragen.“

Dazu sollen die EU-Mitgliedstaaten Maßnahmen treffen, die folgendes bewirken oder ändern sollen:

- Verbrauchsminderung (Einweggetränkebecher, Einweglebensmittelverpackungen)
- Beschränkung des Inverkehrbringens (Verbot von Wattestäbchen, Besteck, Tellern, Trinkhalmen, Rührstäbchen, Luftballonstäben sowie Lebensmittelverpackungen, Getränkebehältern und Getränkebechern aus expandiertem Polystyrol)
- Produktanforderungen
- Kennzeichnungsvorschriften (Hygieneeinlagen, Tampons und Tamponapplikatoren, Feuchttücher, Filter in und für Tabakprodukte, Getränkebecher)
- erweiterte Herstellerverantwortung
- getrennte Sammlung
- Sensibilisierungsmaßnahmen

Bei der Verbrauchsminderung und dem Verbot betrifft es, abgesehen von Wattestäbchen und Luftballonstäben, Produkte, die mit der „Coffee to go“- und „Fast Food“-Kultur zusammenhängen. Verpackungen zum Schutz und Transport von Lebensmitteln wie solche für Wurst, Käse und Tiefkühlprodukte sind damit nicht gemeint. Eine Änderung im Bereich der Einmalverpackungen setzt nicht nur neue Produkte, sondern auch neue Geschäftsmodelle und eine Verhaltensänderung bei Konsumenten voraus. Ein Beispiel für eine entsprechend transdisziplinäre Lösung sind in einigen Städten aufkommende, speziell designte Becher (z.B. Darmstädter Mehrwegbecher [31]), die gegen eine Pfandmarke in einem Geschäft herausgegeben und in anderen Geschäften wieder befüllt oder zurückgenommen werden.

Noch weitreichender ist allerdings der Aktionsplan für die Kreislaufwirtschaft, der zurzeit noch in der Umsetzung ist [32]. Das Wort Kreislaufwirtschaft bildet dabei den Gegensatz zur linearen Wirtschaft, bei der das Leben eines Produktes von der Entwicklung ausgeht, dann über Produktion und Vertrieb in die Nutzungsphase übergeht, an die sich die Entsorgung anschließt. Diese lineare Abfolge geht in der Kreislaufwirtschaft in einen Produktlebenszyklus über, bei dem nach der Nutzungsphase Modelle stehen müssen, mit denen das Produkt oder seine Bestandteile einer erneuten Nutzung zugeführt werden.

Für Produktentwickler*innen bedeutet dies, Produkte so zu gestalten, dass sie wiederverwendet werden können (engl. design for recycling, Ökodesign), für Unternehmen, dass sich daraus ein Mehrwert für das Unternehmen ergeben muss (z.B. mieten statt kaufen). Beispiele für Geschäftsmodelle mit dem Kern „mieten statt kaufen“ sind Carsharing und „Software as a Service“.

Im Rahmen des Aktionsplans für die Kreislaufwirtschaft will die EU-Kommission folgende Nachhaltigkeitsgrundsätze festlegen:

- „Verbesserung der Haltbarkeit, Wiederverwendbarkeit, Nachrüstbarkeit und Reparierbarkeit von Produkten, Umgang mit dem Vorhandensein gefährlicher Chemikalien in Produkten sowie Steigerung der Energie- und Ressourceneffizienz von Produkten;
- Erhöhung des Rezyklatanteils in Produkten bei gleichzeitiger Gewährleistung von deren Leistung und Sicherheit;
- Ermöglichung der Wiederaufarbeitung und eines hochwertigen Recyclings;
- Verringerung des CO_2-Fußabdrucks und des ökologischen Fußabdrucks;
- Beschränkung des einmaligen Gebrauchs und Maßnahmen gegen vorzeitige Obsoleszenz;
- Einführung eines Verbots der Vernichtung unverkaufter, nicht verderblicher Waren;
- Schaffung von Anreizen für das Modell „Produkt als Dienstleistung“ oder andere Modelle, bei denen der Hersteller Eigentümer des Produkts bleibt oder die Verantwortung für dessen Leistung während des gesamten Lebenszyklus übernimmt;

- Mobilisierung des Potenzials der Digitalisierung von Produktinformationen, mit Lösungen wie digitale Produktpässe, Markierungen und Wasserzeichen;
- Auszeichnung von Produkten auf der Grundlage ihrer jeweiligen Nachhaltigkeitsleistung, auch durch Schaffung von Anreizen für hohe Leistungsniveaus".

Alle diese Vorgaben haben offensichtlich direkte Auswirkungen auf die Kunststoffindustrie und befinden sich, wie die Vorgabe zum Rezyklatanteil und zur Reduzierung des CO_2-Fußabdrucks, bereits in der Umsetzung.

In Deutschland regelt das bereits seit dem 7. Oktober 1996 geltende „Gesetz zur Förderung der Kreislaufwirtschaft und Sicherung der umweltverträglichen Bewirtschaftung von Abfällen" (Kreislaufwirtschaftsgesetz – KrWG) [33] den Umgang mit Abfällen inklusive der Kunststoffabfälle. Die aktuelle Fassung trat am 9. Dezember 2020 in Kraft.

Abfälle werden in § 3, Absatz 1, KrWG definiert als alle Stoffe oder Gegenstände, derer sich ihr Besitzer

- entledigt (der Besitzer gibt sie weg oder auf; Beispiel für Aufgabe: Autowrack auf dem eigenen Gelände),
- entledigen will (diese fallen bei der Produktion von etwas ganz anderem an oder sie werden nicht mehr benötigt) oder
- entledigen muss (Pflicht, falls Schäden für die Allgemeinheit und die Umwelt verursacht werden können; Beispiel: giftige Produktionsabfälle).

Abfälle können verwertet oder beseitigt werden.

Viele Stoffe, für die eigene Gesetze gelten (Lebensmittel, Tierkörper, Kernbrennstoffe, …), werden im KrWG ausgenommen. Weggeworfene Kunststoffprodukte aber sind Abfälle im Sinn des Gesetzes, insbesondere alle Kunststoffprodukte, die Endverbraucher kaufen und nutzen, und die sich in den sogenannte *Siedlungsabfällen* oder *Post-Consumer-Abfällen* wiederfinden.

Siedlungsabfälle enthalten Hausmüll, Sperrmüll, Bioabfälle und getrennt gesammelte Abfälle (wie Papier, Glas, Metall, Textilien und Kunststoff) aus Privathaushalten und dem Gewerbe, aber auch Straßenkehricht und Parkabfälle [33].

Kunststoffabfälle aus der Produktion gehören seit der Gesetzesnovelle 2020 nicht mehr zu den Siedlungsabfällen nach dem KrWG. Dies führt dazu, dass die sortenreinen und daher gerne für Recyclingprodukte verwendeten Produktionsabfälle nicht mehr in die *Recyclingquoten* eingerechnet werden können. Zudem sind nur noch die in die Verwertungsanlage für *Siedlungsabfälle* gelieferten Mengen Bezugsgröße, nicht mehr die Mengen, die in die davor geschaltete Sortieranlage geliefert werden. Dadurch werden Recyclingquoten zusätzlich kleiner. Bei gleichzeitiger Erhöhung der zu erfüllenden Recyclingquoten vergrößert dies also den Druck, Rezyklate zu erzeugen und einzusetzen. Beim Einsatz von Rezyklaten sind die Unternehmen und die Kunststoffingenieur*innen gefragt, Rezyklate mit ihren Eigenschaften wie Neuware zu akzeptieren und zu nutzen, siehe Abschnitt 5.7.8.

In § 6 KrWG wird die Abfallhierarchie definiert, nach der die Maßnahmen zu wählen sind, „die den Schutz von Mensch und Umwelt [...] am besten gewährleisten". Dabei sind Emissionen, Schonung natürlicher Ressourcen, einzusetzende und zu gewinnende Energien und die Anreicherung von Schadstoffen zu berücksichtigen. Es handelt sich um eine in Politik, Wirtschaft und Gesellschaft allgemein anerkannte Hierarchie.

Tabelle 5.4 Abfallhierarchie im Kreislaufwirtschaftsgesetz

Priorität	Maßnahme	Beispiele
1.	Vermeidung	Verzicht auf Verpackungen (Unverpacktläden, Brotdose statt Papier- oder Aluverpackung), Reparaturfreundlichkeit, nachhaltiges Produktdesign
2.	Vorbereitung zur Wiederverwendung	Second-Hand-Läden, Buchantiquariate, Aufbereitung von Autoreifen
3.	Recycling	Kunststoffrezyklate, Recyclingpapier, PET-Flaschen-Recycling, Glasrecycling, Metallschrottrückführung, chemisches Recycling von Kunststoffen
4.	Sonstige Verwertung, insbesondere energetische Verwertung und Verfüllung	Verbrennung mit Energiegewinnung, Gummigranulat als Füllstoff
5.	Beseitigung	Verbrennung ohne Energiegewinnung, Deponierung (maximal 10 % der Siedlungsabfälle ab 2035), Einleitung in Gewässer

5.3.1 Vermeidung

Vermeidung im Sinn des KrWG ist „jede Maßnahme, die ergriffen wird, bevor ein Stoff, Material oder Erzeugnis zu Abfall geworden ist, und dazu dient, die Abfallmenge, die schädlichen Auswirkungen des Abfalls auf Mensch und Umwelt oder den Gehalt an schädlichen Stoffen in Materialien und Erzeugnissen zu verringern".

Zur Vermeidung von Abfällen aus Produkten tragen drei Maßnahmenbereiche bei:

- eine abfallarme Produktion und abfallarme Produktgestaltung, also Effizienzsteigerung in der Produktion und vorausschauend in der Produktentwicklung,

- die Vermeidung von Produkten, also der Verzicht auf diese und ihre Produktion (Änderung des Konsumverhaltens) und
- die Vermeidung des Übergangs der Produkte von der Nutzungs- in die Nachnutzungsphase, also dass aus Produkten Abfall wird (Verlängerung der Nutzungsdauer).

Verzicht ist durch jeden Einzelnen auf der Basis von Appellen und Einsicht oder gesetzlichen Vorgaben zu realisieren und damit im Bereich von Gesellschaft und Gesetzgebung verortet.

Beispiele für die Vermeidung von Produkten sind:

- Verzicht auf Postsendungen durch den Umstieg auf E-Mail-Verkehr und Apps,
- Verzicht auf Einwegprodukte (Verpackungen),
- Nutzung von Mehrwegsystemen statt Einwegprodukten (Mehrwegflaschen, Akkus) und
- Reduktion auf das Kernbedürfnis, z. B. „Wasser mit Sprudel" und die Nutzung von Wassersprudlern statt dem Kauf von Flaschen mit Sprudelwasser (auch ein Mehrwegsystem).

Die Vermeidung des Übergangs in die Nachnutzungsphase bzw. die Verlängerung der Nutzungsphase kann eher durch Unternehmen und Ingenieur*innen gelöst werden durch

- die Verlängerung der Lebensdauer von Produkten durch
  - haltbare Werkstoffe und Konstruktionen,
  - die Möglichkeit, Produkte durch Austausch von Teilen auf einem modernen und für Verbraucher attraktiven Stand zu halten,
  - modulare Bauweisen zur Vereinfachung des Austausches defekter Teile,
  - ein reparaturfreundliches Design, z. B. durch Verzicht auf Kleb- und Rastverbindungen und Einsatz von Schraubverbindungen, sowie durch
- geänderte Geschäftsmodelle,
  - die auf Pfand- und Mehrwegsysteme statt Einwegprodukte setzen,
  - die es Unternehmen erlauben, auch mit Produkten mit langer Lebensdauer Geld zu verdienen (mieten statt kaufen),
  - bei denen die Nutzung von Produkten und nicht der Besitz im Vordergrund stehen und dadurch weniger Produkte benötigt werden (Carsharing).

Die Verlängerung der Nutzungsphase kann in einer linearen wie in einer Kreislaufwirtschaft einen Beitrag zur Nachhaltigkeit liefern.

5.3.2 Wiederverwendung

Unter Wiederverwendung im Sinne des KrWG wird die Wiederverwendung des Produkts oder seiner Teile für den gleichen Zweck verstanden.

Beispiele sind:

- Second-Hand-Märkte für Kleidung, Möbel, Bücher, Elektronikprodukte, Autos und vieles andere mehr, z. B. über Handelsplattformen im Internet für den Verkauf von privat an privat oder Tauschbörsen, und
- die industrielle Aufbereitung von Autoreifen, Druckern und Tonerkartuschen, Industrierobotern, Lichtmaschinen, Bremsanlagen und carbonfaserverstärkten Kunststoffkomponenten [34].

Zur Wiederverwendung gehören Prüfung, Reinigung und Reparatur, die es ermöglichen, Produkte ohne sonstige Vorbereitung wieder für den ursprünglichen Zweck einzusetzen.

Wenn man unter Wiederverwendung auch die Nutzung für andere Einsatzzwecke versteht, erkennt man Wiederverwendung als ein bekanntes Phänomen in Mangelsituationen. Die Generation der Großeltern, die Nachkriegsgeneration, hat alle Gegenstände so lange wie möglich für den ursprünglichen Einsatzzweck und danach für andere Zwecke genutzt. Wenn Löcher in einem Bekleidungsstück nicht mehr geflickt werden konnten, wurden daraus Putzlappen, es wurde immer alles aufgegessen und Essen nicht weggeworfen und generell wurde alles aufbewahrt, weil es vielleicht noch mal nützlich sein konnte.

Heute findet man dieses Verhalten und sehr kreative Lösungen für den Umgang mit Mangel in Entwicklungsländern. Dort sind Produkte, die in Industrieländern jederzeit verfügbar sind, z. B. wegen des Preises für Importwaren nicht einsetzbar.

Bild 5.5 Wiederverwendung von LKW-Reifen als Abfallbehälter in Laos

5.3.3 Recycling

Recycling im Sinne des KrWG „ist jedes Verwertungsverfahren, durch das Abfälle zu Erzeugnissen, Materialien oder Stoffen entweder für den ursprünglichen Zweck oder für andere Zwecke aufbereitet werden".

Ausgenommen sind die energetische Verwertung, Verbrennung und Verfüllung oder die Vorbereitung dazu. Eingeschlossen sind nach Anlage 2 KrWG Kompostierung, andere biologische Umwandlungsverfahren, Vergasung und Pyrolyse.

Recycling fällt im KrWG wie die Vorbereitung zur Wiederverwendung und die Verfüllung in die Kategorie *stoffliche Verwertung.*

Rezyklate sind die *sekundären Rohstoffe,* die durch Verwertungsverfahren aus Abfällen oder bei der Beseitigung von Abfällen gewonnen werden. Ein Beispiel für Rezyklate, die bei der Beseitigung von Abfällen gewonnen werden, sind Phosphorrezyklate, die bei der Beseitigung von Klärschlamm aus Kläranlagen gewonnen und als Dünger auf Feldern ausgebracht werden.

5.3.4 Sonstige Verwertung

Verwertung im Sinne des KrWG „ist jedes Verfahren, als dessen Hauptergebnis die Abfälle innerhalb der Anlage oder in der weiteren Wirtschaft einem sinnvollen Zweck zugeführt werden" und dabei andere Materialien ersetzen.

Dies schließt bei Kunststoffen insbesondere die energetische Verwertung in Müllheizkraftwerken („Verbrennungsanlagen für Siedlungsabfälle") und den Einsatz als Ersatzbrennstoff bei der Zementerzeugung mit ein. In Drehrohröfen zur Erzeugung von sogenanntem Zementklinker herrschen Temperaturen von mindestens 1200 °C. In der oxidierender Atmosphäre können Schwermetalle und tendenziell schädliche Rauchgase im Zement gebunden werden [35].

Energetische Verwertung setzt Verbrennungsanlagen voraus, die im KrWG definierte Effizienzkriterien erfüllen.

5.3.5 Beseitigung

Beseitigung im Sinne des KrWG „ist jedes Verfahren, das keine Verwertung ist, auch wenn das Verfahren zur Nebenfolge hat, dass Stoffe oder Energie zurückgewonnen werden."

Beseitigung meint bei Kunststoffen insbesondere Verbrennung ohne Energiegewinnung und Deponierung. Beseitigung ist als unterste Hierarchiestufe in jedem Fall zu vermeiden.

5.4 Abfallmengen und ihre Entwicklung

Die jährliche Menge an *Siedlungsabfällen* in Deutschland schwankt seit 1999 zwischen 46,5 Millionen t (im Jahr 2006) und 52,8 Millionen t (im Jahr 2002) [36]. Die in den Siedlungsabfällen enthaltene Menge an Hausmüll (Restmülltonne) hat in diesem Zeitraum von 17 Millionen auf 13,5 Millionen t abgenommen. Die Anteile der getrennt gesammelten und recycelbaren Abfälle an den Siedlungsabfällen haben sich im gleichen Zeitraum wie folgt verändert, vgl. Bild 5.6:

- Glas: ungefähr 7% bis zum Jahr 2005, Abnahme 2006, danach um 5%
- Papier, Pappe und Kartonagen: von 14% auf 17% gestiegen und ab 2016 bei 15%
- gemischte Verpackungen und Wertstoffe (Gelbe Tonne/Grüner Punkt): 3% bis zum Jahr 2001, 2002 sprunghaft gestiegen auf 10–11%, bis heute gleichbleibend
- Verbunde, Metalle, Textilien usw.: von unter 1% bis zum Jahr 2001 im Jahr 2002 sprunghaft gestiegen auf 2,5% und danach weiter stetig auf gut 4% gestiegen

Die Änderungen in den Jahren 2001 und 2005 sind auf gesetzliche Vorgaben zurückzuführen. 2001 trat die Abfallablagerungsverordnung (AbfAblV) in Kraft, die unter anderem regelt, dass die Deponierung unbehandelter Abfälle aus Haushalten und Gewerbe seit dem 1. Juni 2005 verboten ist.

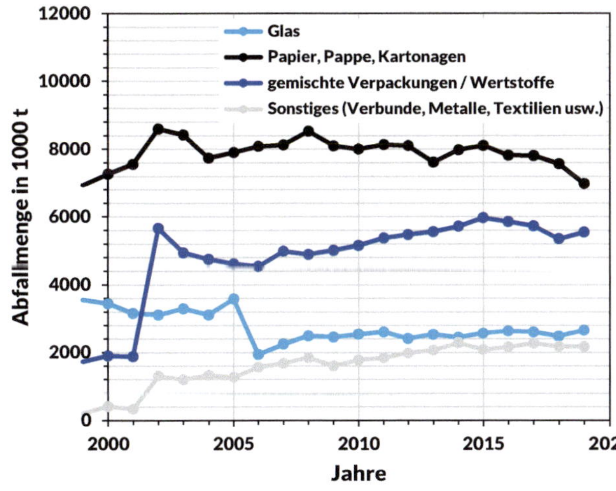

Bild 5.6
Entwicklung der Abfallmengen von Glas, Papier und Pappe, Wertstoffen und Gebinden in den Siedlungsabfällen in Deutschland zwischen 1999 und 2018 [36]

Wenn man berücksichtigt, dass die Dichte von Glas mit 2500 kg/m³ ungefähr doppelt so groß wie die von Kunststoffen ist und dass Verbunde und Textilien auch Kunststoffe enthalten, wird deutlich mehr Kunststoff getrennt gesammelt als Glas. Die Menge an gesammeltem Papier, Pappe und Kartonage ist ungefähr gleich groß wie die der gemischten Verpackungen/Wertstoffe und der Verbunde, Metalle, Textilien usw. zusammen.

5.5 Stoffstrombild Kunststoffe in Deutschland

Es gab von 1997 bis 2015 eine Stoffbilanz mit dem Titel „Produktion, Verarbeitung und Verwertung von Kunststoffen" des damaligen Verbands der Kunststoffverarbeitenden Industrie e. V. (VKE) in Deutschland, später getragen von PlasticsEurope und anderen Verbänden. Im Jahr 2021 sind es 15 Verbände und Organisationen entlang der Kunststoffwertschöpfungskette. Seit 2018 heißt diese Studie „Stoffstrombild Kunststoffe in Deutschland". Beide Studien wurden und werden in geraden Jahren auf der Basis der Daten des Vorjahres durch das Beratungs- und Marktforschungsunternehmen Conversio Market & Strategy GmbH erstellt [37], weshalb sie in der Kunststoffbranche auch als Conversio-Studie bekannt sind. Die Studie fasst die Kennzahlen und Entwicklungen zusammen für

- Produktion, Verarbeitung und Verbrauch,
- Abfallaufkommen und Verwertung sowie
- Kunststoffrezyklate und deren Einsatzgebiete.

Für andere Werkstoffe gibt es solche branchenweiten und die gesamte Wertschöpfungskette umfassenden Stoffbilanzen nicht. Die Kunststoffbranche ist hier Vorreiter. Die Daten werden auch vom Umweltbundesamt genutzt [38].

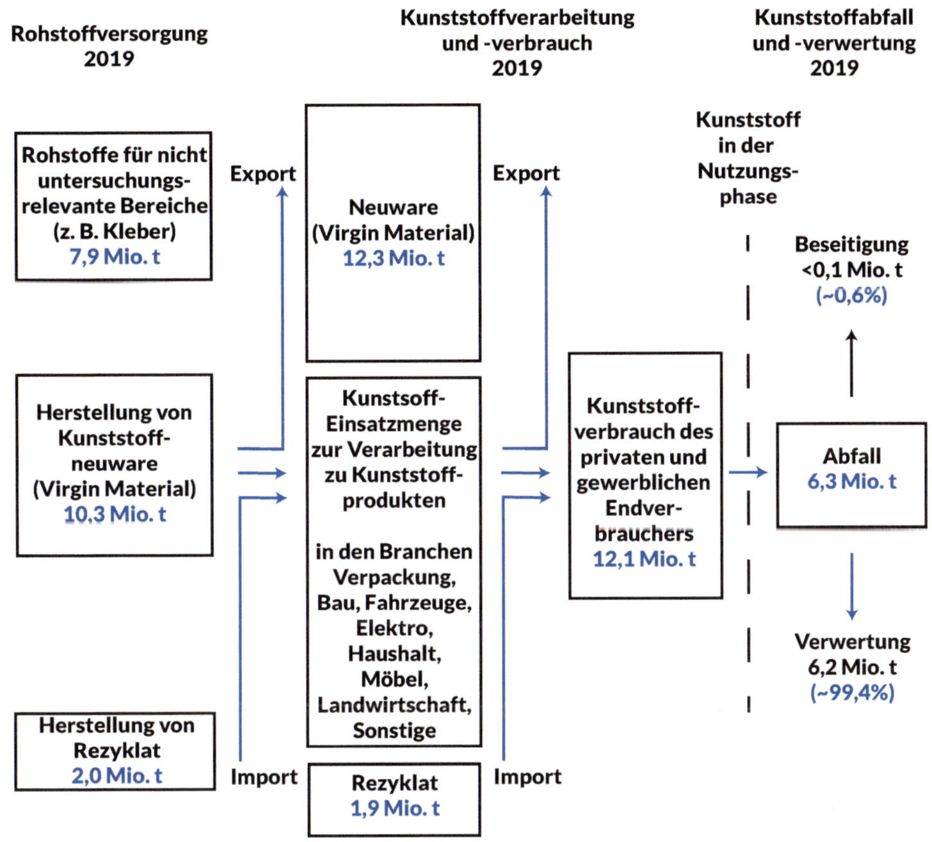

Bild 5.7 Überblick über den Stoffstrom der Kunststoffe in Deutschland im Jahr 2019 nach [37]

2019 wurden in Deutschland 10,3 Millionen t Kunststoffe als Neuware und 2,0 Millionen t als Rezyklat hergestellt. Verarbeitet wurden 12,3 Millionen t Neuware und 1,9 Millionen t Rezyklat, von denen 12,1 Millionen t als Produkte in Deutschland verblieben. Das Abfallaufkommen ist deutlich kleiner als die Mengen in der Herstellung und der Verarbeitung, was sich durch die Produktlebensdauern und den Export erklären lässt.

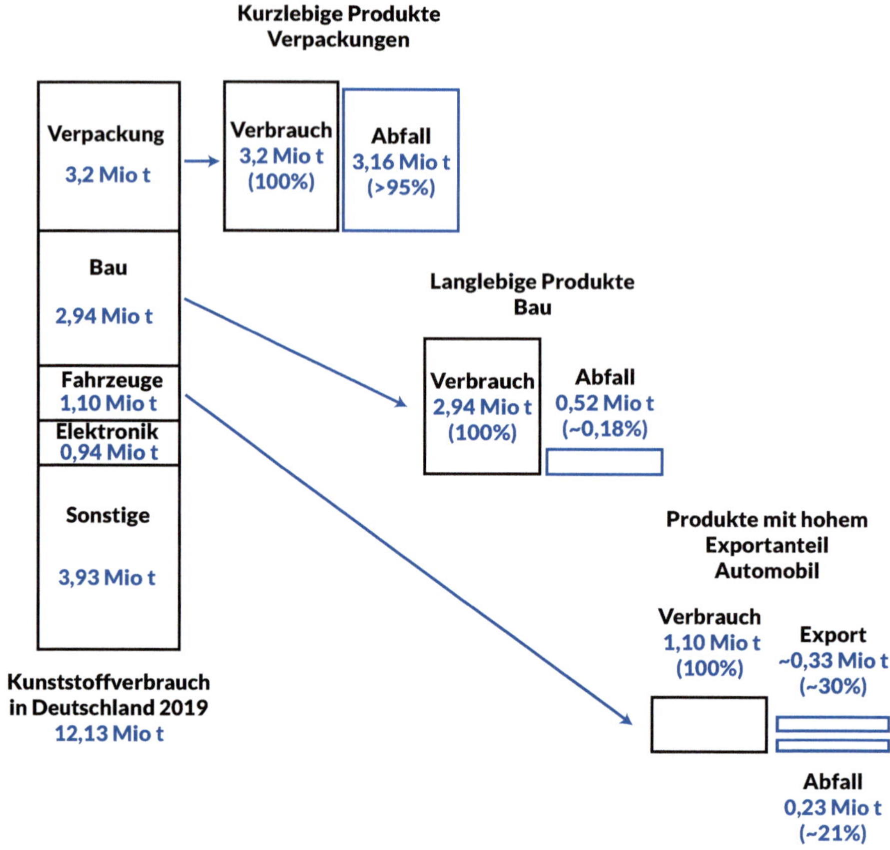

Bild 5.8 Verbrauchs- und Abfallmengen für einzelne Bereiche in Deutschland im Jahr 2019 nach [37]

Während Verpackungen als kurzlebige Produkte nach einer Gebrauchsdauer von wenigen Wochen zu mehr als 95 % als Abfall anfallen und über die Sammelsysteme gesammelt werden, sind die Produkte für die Bauindustrie mehrere Jahrzehnte im Gebrauch. Die geringen Abfallmengen im Baubereich sind somit auf Produkte zurückzuführen, die vor mehreren Jahrzehnten in den Markt gebracht wurden. Der verstärkte Einsatz von Kunststoffen begann in der Baubranche erst um 1980. Die jetzt noch geringen Abfallmengen aus dem Baubereich werden also in den nächsten Jahren zunehmen. Mittlerweile sind auch große Kunststoffmengen in Fahrzeugen enthalten. Personenkraftwagen werden aber zum großen Teil als Neu- und Gebrauchtwagen exportiert, sodass die Abfälle nicht in Deutschland anfallen. Die Verpackungen haben einen Anteil von gut 26 % am Kunststoffverbrauch in Deutschland und fallen zu 95 % als Abfall im selben Jahr an. Daher ist es nicht verwunderlich, dass die Verwertung dieser Abfälle bislang im Fokus von Politik und Öffentlichkeit steht.

Wenn Kunststoffe als Abfälle gesammelt werden, spielen vor allem das Recycling (werkstoffliche und rohstoffliche Verwertung) und die energetische Verwertung eine Rolle. Im Jahr 2019 wurden über diese Maßnahmen 99,4 % der gesammelten Kunststoffabfälle verwertet, davon 46,6 % stofflich und 52,8 % energetisch [37]. Der Anteil der stofflichen Verwertung von Kunststoffverpackungen war mit 55,2 % sogar noch höher als für alle Kunststoffabfälle. Gegenüber 2018 stieg dieser Anteil um 6,4 %.

Tabelle 5.5 Verwertung von Kunststoffabfällen in Deutschland 2019 [37]

Verwertungsart	Gesamtmenge der Kunststoffabfälle in Millionen t und %	Post-Consumer-Abfälle in Millionen t und %	Kunststoffverpackungsabfälle in Millionen t und % [39]
Stoffliche Verwertung/Recycling	**2,93 (46,6)**	**2,06 (38,6)**	**1,765 (55,2)**
Werkstoffliches Recycling	2,92 (46,4)	2,05 (38,3)	-
Rohstoffliches Recycling	0,01 (0,2)	0,01 (0,3)	-
Energetische Verwertung	**3,31 (52,8)**	**3,25 (60,8)**	**1,419 (44,4)**
In Müllverbrennungsanlagen	2,15 (34,3)	2,12 (39,7)	-
Als Ersatzbrennstoff/ Sonstiges	1,16 (18,5)	1,13 (21,1)	-
Beseitigung/ Deponierung	**0,04 (0,6)**	**0,03 (0,6)**	**0,012 (0,4)**
Gesamtabfallmenge	**6,28 (100)**	**5,35 (100)**	**3,196 (100)**

Post-Consumer-Abfälle enthalten weniger als 40 % Kunststoffverpackungen. Umgekehrt enthalten Kunststoffverpackungsabfälle neben Verpackungen in Post-Consumer-Abfällen auch Abfälle von Transportverpackungen.

Die Gesamtmenge der Kunststoffabfälle in Deutschland nimmt seit 1994 stetig zu, vgl. Bild 5.9. Wegen des Verbots der Deponierung von unbehandelten Siedlungsabfällen steigt der Anteil der energetischen Verwertung 2005 deutlich und wird seitdem kontinuierlich größer. In absoluten Zahlen steigt aber auch die Menge des werkstofflich recycelten Kunststoffs, während das rohstoffliche Recycling 2007 deutlich zurückging und seitdem einen Anteil von ca. 0,2 % an der verwerteten Kunststoffmenge hat.

Das rohstoffliche Recycling nahm in Deutschland um 2007 ab, weil die komplexen Anlagen nicht wirtschaftlich betrieben werden konnten und die Betreiberunternehmen insolvent wurden. In Asien und speziell in Japan gibt es aufgrund von höheren Abfallbehandlungskosten positive Erfahrungen [40] mit solchen Anlagen. Die Verfahren könnten auch in Deutschland wieder an Bedeutung gewinnen, um Recyclingquoten weiter zu steigern.

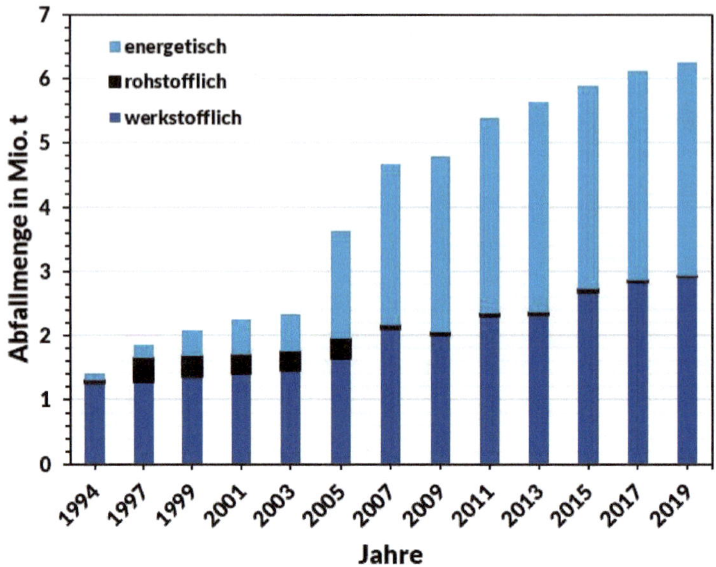

Bild 5.9 Zeitliche Entwicklung der Kunststoffabfallmengen und ihrer Verwertung [37]

Der Anteil von Rezyklaten an der gesamten Verarbeitungsmenge lag 2019 bei 13,7 %, die sich aber ungleich über die Branchen verteilten, vgl. Bild 5.10. Mit 42,9 % wird der größte Teil der gesamten Rezyklatmenge in der Baubranche eingesetzt, was zu einem Anteil von 23,3 % in der Baubranche selber führt. Dies ist in dem vorteilhaften, weil dickwandigen, Produktdesign und den gesetzlichen Vorgaben, die den Einsatz von Rezyklat anders als z. B. in der Medizin zulassen, begründet. In der Landwirtschaft wird wenig Kunststoff eingesetzt, damit verbraucht diese Branche auch nur 11,0 % der gesamten Rezyklatmenge, aber mit 36,5 % ist der Anteil an Produkten aus Rezyklat in der Landwirtschaft bereits hoch. Das Schlusslicht bezüglich Rezyklateinsatz bildet die Medizin, was aufgrund der hohen Anforderungen an die Reinheit und Verfügbarkeit nicht verwundert. In allen anderen Branchen, in denen höhere Anforderungen an mechanische Eigenschaften und Ästhetik der Produkte gestellt werden als in der Baubranche und der Landwirtschaft, gibt es demzufolge ein großes Potenzial, zukünftig mehr Rezyklat einzusetzen.

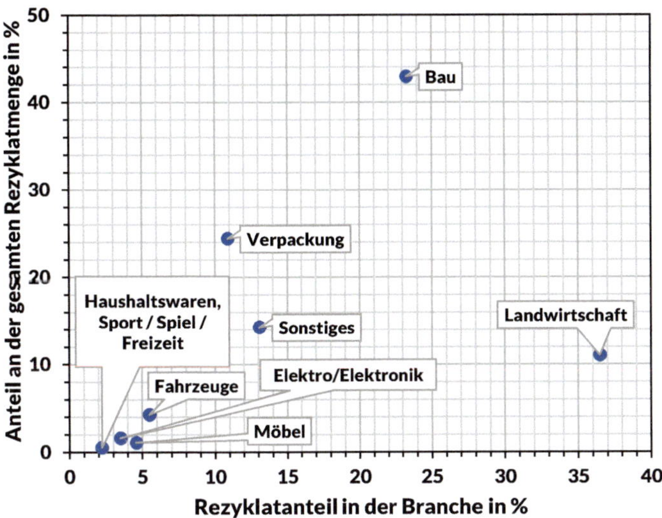

Bild 5.10 Einsatz von Rezyklat in einzelnen Branchen in Deutschland im Jahr 2019 [37]

5.6 Sammlung von Kunststoffabfällen

Für Kunststoffe ist die Sammlung als erster Schritt für jede Verwertung besonders relevant, da es darum geht, sortenreine Abfallströme zu erhalten, siehe Abschnitt 5.7.4. Dies kann durch produktspezifische Sammelsysteme erreicht werden.

Tabelle 5.6 Produktspezifische Sammelsysteme für Kunststoffabfälle in Deutschland

Produkte	Kunststoffe	Sammelsystem	Anlass	Link
Verpackungen	PE, PP, PET, PVC, PS	Duales System (Grüner Punkt, Gelbe Tonne/ Gelber Sack), Hol- und Bring-systeme	2017: § 31 Verpackungsgesetz vom 5. Juli 2017 in der aktuellen Fassung vom 9. Juni 2021 [41]	*www.gesetze-im-internet.de/verpackg* *www.gruener-punkt.de*
Einweggetränke-flaschen	PET	Rücknahme im Einzelhandel	2017: § 31 Verpackungsgesetz vom 5. Juli 2017 in der aktuellen Fassung vom 9. Juni 2021 [41]	*www.gesetze-im-internet.de/verpackg*

Tabelle 5.6 Produktspezifische Sammelsysteme für Kunststoffabfälle in Deutschland *(Fortsetzung)*

Produkte	Kunststoffe	Sammelsystem	Anlass	Link
Fenster, Roll-läden und Türen	PVC	Deutschland-weit flächende-ckendes System von Anlieferung oder Abholung	2002: Freiwillige Selbst-verpflichtung der Hersteller	*www.rewindo.de*
Dachbahnen	PVC	Europaweites System für Sammlung und Transport	Freiwillige Selbst-verpflichtung der Hersteller	*www.eswa-synthetics.org*
Bodenbeläge	PVC	Anlieferung bei zentraler Recyclinganlage	Freiwillige Selbst-verpflichtung der Hersteller	*www.agpr.de*
Planen, Membra-nen, Zelte und Kunstleder	PVC		Freiwillige Selbst-verpflichtung der Hersteller	*www.ivk-europe.com*
Rohre	PVC		Mitte 1990: Freiwillige Selbst-verpflichtung der Hersteller	*www.krv.de*

Die Angebote zum PVC-Recycling richten sich an Gewerbebetriebe. Ein Dach für das PVC-Recycling bildet die Initiative *www.vinylplus.eu* der PVC Industrie.

Für weitere großvolumige Produkte wie Matratzen [42] und weiße Ware (Geschirrspüler, Waschmaschinen etc.) sind Rücknahmesysteme seitens der Hersteller in Erprobung oder in Vorbereitung. Auch hier können produktspezifische Sammelsysteme zu sortenreinen Rezyklaten oder Vorprodukten führen.

Für Endverbraucher besonders relevant ist die Sammlung und Verwertung von Kunststoffen in den Siedlungsabfällen. Hierzu wurde 1991 die „Verordnung über die Vermeidung und Verwertung von Verpackungsabfällen (*Verpackungsverordnung* – VerpackV)“ beschlossen, die 2019 vom „Gesetz über das Inverkehrbringen, die Rücknahme und die hochwertige Verwertung von Verpackungen (*Verpackungsgesetz* – VerpackG)“ [41] abgelöst wurde.

1990 wurde das Unternehmen „Duales System Deutschland (DSD)“ gegründet [43], dem als Monopolist die Verantwortung für die Sammlung und Verwertung von Verpackungsabfällen von den Kommunen übertragen wurde. Es verlangt von Verpackungsherstellern ein Entgelt für die Entsorgung der Verpackungen. Im Gegenzug kann die Verpackungen mit dem Logo *„Der Grüne Punkt“* gekennzeichnet werden und die Sammlung und Verwertung wird von Duales System Deutschland über den *Gelben Sack* oder die *Gelbe Tonne* übernommen. Die Verpackungskunststoffe werden nach § 6 und Anlage 5 Verpackungsgesetz basierend auf einer Entscheidung der Kommission der Europäischen Union vom 28.01.1997 (97/129/EG) durch Nummern auf den Verpackungen gekennzeichnet.

Tabelle 5.7 Kennzeichnung von Kunststoffverpackungen nach § 6 und Anlage 5 Verpackungsgesetz basierend auf einer Entscheidung der Kommission der Europäischen Union vom 28.01.1997 (97/129/EG)

Stoff	Abkürzung	Nummer
Polyethylenterephthalat	PET	1
Polyethylen hoher Dichte	HDPE	2
Polyvinylchlorid	PVC	3
Polyethylen niedriger Dichte	LDPE	4
Polypropylen	PP	5
Polystyrol	PS	6
Andere Kunststoffe, noch nicht festgelegt		7–19
Papier und Pappe/Kunststoff	C/*	81
Papier und Pappe/Kunststoff/Aluminium	C/*	84
Papier und Pappe/Kunststoff/Aluminium/Weißblech	C/*	85
Kunststoff/Aluminium	C/*	90
Kunststoff/Weißblech	C/*	91
Kunststoff/verschiedene Metalle	C/*	92
Glas/Kunststoff	C/*	95

Oft wird die Nummer „7" für andere Kunststoffe verwendet. Nur die Abkürzungen und Nummern sind gesetzlich vorgeschrieben.
Bei Verbundstoffen wird die Abkürzung „C/*" benutzt, wobei der Stern für die Abkürzung des Hauptbestandteils steht (Glas: GL, Aluminium: ALU, Papier und Pappe: PAP oder die einzelnen Kunststoffabkürzungen).

Bild 5.11
Recyclingsymbol auf Verpackungen. Nummer und Abkürzung sind in Anlage 5 des Verpackungsgesetzes festgelegt.

Über die Beteiligung an diesem Verwertungssystem wurden die Hersteller erstmalig für ihre Produkte nach deren Nutzungsdauer in die Verantwortung genommen. Heute existieren neun duale Systeme [44], also Unternehmen, die gemäß Verpackungsgesetz die Sammlung und Verwertung von Verpackungsabfällen übernehmen.

Für die verschiedenen Verpackungsstoffe bestehen per Gesetz festgelegte Mindestquoten für die Verwertung.

Tabelle 5.8 Mindestverwertungsquoten für Verpackungen nach § 16 Verpackungsgesetz

Stoff	Quote bis 31. 12. 2021 in %	Quote ab 01. 01. 2022 in %
Kunststoffe	90, davon mindestens 65 werkstofflich	90, davon mindestens 70 werkstofflich
Glas	80	90
Papier, Pappe, Kartonage	85	90
Eisenmetalle	80	90
Aluminium	80	90
Getränkekartonverpackungen	75	80
Sonstige Verbundverpackungen	55	70

Mindestens 50 Masseprozent der Kunststoff-, Metall- und Verbundverpackungen sind dem Recycling zuzuführen.

Mittlerweile werden in einigen Kommunen auch *stoffgleiche Nichtverpackungen* in den Gelben Säcken und Tonnen bzw. der *Wertstofftonne* gesammelt, die wie Verpackungen verwertet werden. Hierdurch müssen Endverbraucher nicht mehr zwischen Verpackungen und anderen Abfällen unterscheiden, sondern nur nach Werkstoff. In der Wertstofftonne können z. B. in Darmstadt [45] entsorgt werden:

- Produkte aus Metall wie z. B. Töpfe, Pfannen, Besteck, Werkzeuge, Backbleche, Siebe, Schüsseln, Sanitärarmaturen, Aluminiumfolien und Kleiderbügel sowie
- Produkte aus Kunststoff wie z. B. Eimer, Kanister, Siebe, Wannen, Körbe, Blumentöpfe, Gießkannen, Gefrierdosen, Schneidebretter, CDs, DVDs, Spielzeug, Einwegrasierer, Zahnbürsten, Kehrbleche und Besen.

Während der *Grüne Punkt* Verpackungen kennzeichnet, für deren Sammlung und Verwertung Lizenzgebühren bezahlt wurden, bezeichnen der *Gelbe Sack* bzw. die *Gelbe Tonne* Sammelsysteme, die in einigen Kommunen auch für die Sammlung von stoffgleichen Nichtverpackungen genutzt werden.

■ 5.7 Recycling

5.7.1 Anfänge des Kunststoffrecyclings in Deutschland

Recycling ist in der Kunststofftechnik seit Jahrzehnten bekannt. So gab es in der Bundesrepublik Deutschland in den 1970-Jahren auf Betreiben des Verbands Kunststofferzeugende Industrie e. V. ein umfassendes Forschungsprogramm zur „Wiederverwertung von Kunststoffabfällen“ [46]. Im Abschlussbericht von 1981 werden umfangreiche Informationen zu den folgenden Themenfeldern dargestellt:

- Erfassung von Kunststoffabfällen
- Sammlung von Kunststoffabfällen

- Zerkleinern und Klassieren von Kunststoffabfällen
- Sortierung von Kunststoffabfällen
- Pyrolyse von Kunststoffabfällen
- Hydrolyse von Kunststoffabfällen
- Verwertung über die Schmelze
- anwendungstechnische Untersuchungen an Formteilen aus Kunststoffen des Hausmülls

1970 verdoppelte sich die Menge des erzeugten Kunststoffs alle fünf Jahre, dabei waren 1974 knapp 17 % der 6,3 Millionen t produzierten Kunststoffs PVC, jedoch betrug der Massenanteil der Kunststoffe im Müll nur 5 %. Die Sorge und letztlich Motivation für das Projekt war, dass eine absehbar starke Mengenzunahme des Abfalls und der PVC-Anteil Verbrennung und Deponierung an den Rand der Machbarkeit führen würden [46]. Außerdem hatte die Ölkrise 1973 die Abhängigkeit von den Importen dieses Rohstoffs deutlich gemacht. Diese sollte durch Wiederverwertung verringert werden.

In der ehemaligen Deutschen Demokratischen Republik (DDR) wurden Plaste seit 1958 produziert, seit 1963 mit ausreichenden Erdölmengen über eine Pipeline aus der ehemaligen Sowjetunion. Hier wirkte die Ölkrise von 1973 sogar deutlich mehr und Recyclinganstrengungen wurden verstärkt. Starke [47] führt die umfangreichen Aktivitäten zu der Zeit auf:

- Sammlung von Plastabfällen und -altstoffen
- Thermoplastregenerate aus Verarbeitungsabfällen
- Thermoplastregenerate aus Plastaltstoffen
- typenreiner thermoplastischer Sekundärrohstoff
- Verwertung gemischter Thermoplastabfälle und -altstoffe
- Spaltung oder chemische Umsetzung von Plastabprodukten zu niedermolekularen Rohstoffen
- nicht plastgerechte Verwertung und Beseitigung von Plastabfällen und -altstoffen als Füll- und Zuschlagstoffe, als Bodenverbesserer, durch chemischen und biologischen Abbau sowie durch Verbrennung

Während zur gleichen Zeit in der Bundesrepublik Deutschland Müll deponiert oder verbrannt wird, gibt es in der DDR bereits ein umfassendes Sammlungs- und Verwertungssystem mit 17 000 SERO-Annahme-Stellen [48]. SERO steht für Sekundär-Rohstofferfassung. Es gab Überlegungen, das System nach der Wiedervereinigung auf ganz Deutschland auszurollen [49]. Daraus ist schließlich das heutige Unternehmen Intersero entstanden. Auch gab es in der Deutschen Demokratischen Republik verbindliche technische Normen, mit denen letztlich die Langlebigkeit von Produkten vorgeschrieben wurde [50].

5.7.2 Kunststoffrecycling in der Europäischen Union

Die *Recyclingquoten* für Kunststoffverpackungen in der Europäischen Union lagen 2018 im Mittel bei 41,8 % und reichten von 11,1 % in Malta bis 69,3 % in Litauen, vgl. Bild 5.12. Die bevölkerungsreichen Länder Deutschland (46,44 %), Frankreich (26,9 %), Italien (43,4 %), Spanien (50,7 %) und das Vereinigte Königreich (43,8 %) liegen bis auf Frankreich bei der Recyclingquote nahe beieinander. Die höchsten Recyclingquoten haben aber die bevölkerungsärmeren Länder Niederlande (52,0 %), Litauen (69,3 %), Tschechien (57,0 %), Slowakei (51,4 %), Bulgarien (59,2 %) und Zypern (54,3 %). Es kann somit nicht die Rede davon sein, dass Deutschland „Recycling-Weltmeister" wäre.

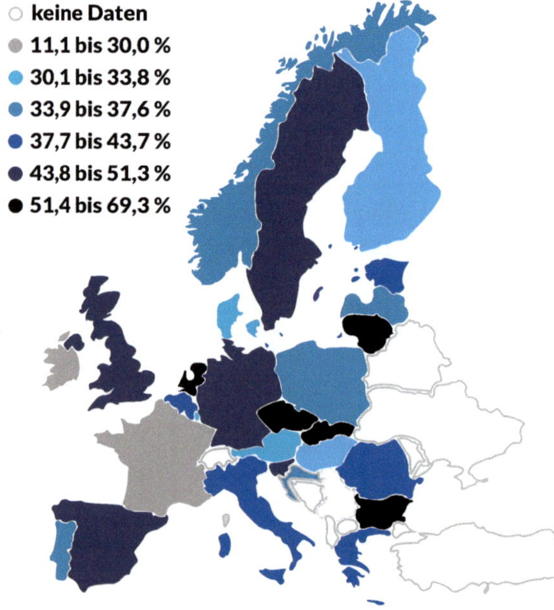

Bild 5.12
Recyclingquoten für Kunststoffverpackungen in der Europäischen Union 2018 [51]

5.7.3 Werkstoffabhängige Arten des Recyclings

Im Kreislaufwirtschaftsgesetz wird Recycling als eine Art der *stofflichen Verwertung* definiert, siehe Abschnitt 5.3.3. Im Stoffstrombild wird die stoffliche Verwertung weiter in die *werkstoffliche* und die *rohstoffliche Verwertung*, siehe Tabelle 5.3, unterteilt. Diese Unterteilung ist bei den anderen Werkstoffen aus Siedlungsabfällen, die in großem Umfang recycelt werden, den Metallen, Gläsern und Papier, Pappe und Kartonage nicht bekannt, was auf die unterschiedlichen Bindungen zwischen den Atomen in diesen Werkstoffen zurückzuführen ist.

- Metalle und Gläser bestehen aus einzelnen Atomen bzw. Ionen, die die Metalllegierung oder die Glasrezeptur ausmachen und über metallische Bindung oder Ionenbindung zusammengehalten werden. Das werkstoffliche Recycling von Metallen und Gläsern überführt Abfälle letztlich fast immer über einen Schmelzprozess, bei dem diese Bindungen gelöst werden, in neue Werkstoffe. Dieser Prozess ist aus physikalischer Sicht unendlich oft wiederholbar.
- Papier, Pappe und Kartonage basiert auf Cellulosefasern, in denen kovalente Bindungen in den Fasern und Nebenvalenzkräfte zwischen den Fasern wirken. Die Nebenvalenzkräfte werden beim Dispergieren der Fasern in Wasser überwunden, die Fasern aufgeschlossen und neu zu Produkten verarbeitet. Die Fasern werden wegen ihrer geringen mechanischen Festigkeit dabei geschädigt, weshalb dieser Prozess nur begrenzt wiederholbar ist.
- Kunststoffe, zumindest Thermopaste, können ebenfalls durch Schmelzen, also Überwinden der Nebenvalenzkräfte zwischen Polymermolekülen, wieder zu neuen Produkten geformt werden. Die Polymermoleküle bleiben erhalten. Dabei findet allerdings in den meisten Fällen eine thermische Schädigung statt. Dabei werden die Moleküle kürzer und der Werkstoff verändert seine Eigenschaften. Dieser Prozess ist wie bei Papier, Pappe und Kartonage daher nur begrenzt wiederholbar. Diese Art von Recycling wird in der Kunststofftechnik als werkstoffliches oder *mechanisches Recycling* bezeichnet, siehe Abschnitt 5.7.6.
- Kunststoffe können aber auch in Monomere oder andere Grundbausteine bzw. Vorprodukte, also kleine Moleküle zerlegt und anschließend zu neuen Polymeren polymerisiert werden. Dieser Prozess ist wie bei Metallen und Gläsern unendlich oft wiederholbar. Diese Art von Recycling wird in der Kunststofftechnik als rohstoffliches oder *chemisches Recycling* bezeichnet, siehe Abschnitt 5.7.7.

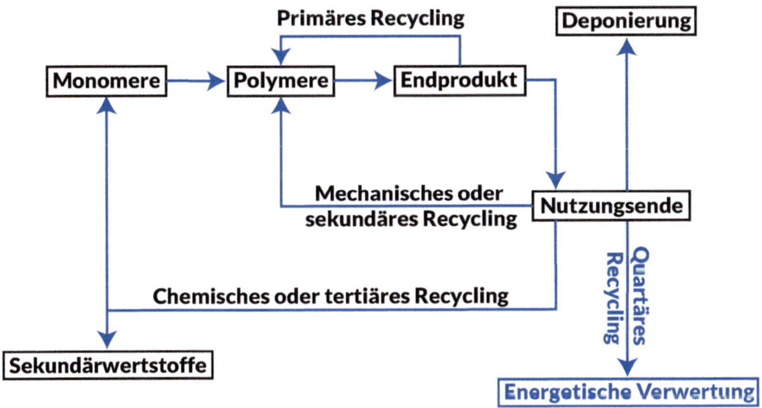

Bild 5.13 Kategorisierung der Arten des Recyclings bzw. der Verwertung von Kunststoffen nach [52]

Die Arten des Recyclings bzw. der Verwertung werden oft auch abhängig von der Größe des Kreislaufs, der geschlossen wird, nummeriert:

- Primäres Recycling meint das werkstoffliche Recycling von Produktionsabfällen und Ausschuss direkt im Anschluss an die Produktion.
- Sekundäres Recycling bezeichnet das werkstoffliche Recycling nach der Nutzungsphase von Produkten.
- Tertiäres Recycling bezeichnet das rohstoffliche Recycling nach der Nutzungsphase von Produkten.
- Quartäres Recycling meint die energetische Verwertung und ist damit kein Recycling im Sinn des Kreislaufwirtschaftsgesetzes oder allgemein der Kreislaufführung von Werkstoffen.

5.7.4 Herausforderungen beim Recycling von Kunststoffen

Es gibt gegenüber Metallen, Gläsern und Papier, Pappe und Kartonage einige Eigenschaften von Kunststoffen, die das Recycling prinzipiell erschweren [53].

- Thermooxidativer und oxidativer Abbau der Polymere während des Gebrauchs von Kunststoffprodukten vor dem Recycling und während des Recyclingprozesses führen zu einer Verringerung mechanischer Kennwerte. Abfall und Rezyklat haben nicht die gleichen Eigenschaften wie Neuware.
- Die eingeschränkte Mischbarkeit der Polymere untereinander führt in Blends, was Rezyklate bei nicht sortenreiner Weiterverarbeitung automatisch sind, zur Entmischung und damit zur Verringerung mechanischer Kennwerte.
- Kunststoffe enthalten gelöste oder feindispergierte Zusatzstoffe wie Additive, Farbmittel und Füll- und Verstärkungsstoffe, die nur aufwendig entfernt werden können.

Die großen Vorteile der Kunststoffwerkstoffe, dass sie erstens beliebig für fast jede Anwendung angepasst werden können (Vielfalt der Werkstoffe) und zweitens sehr günstig zu einer Vielzahl von Produkten verarbeitet werden können (Vielfalt der Produkte), zeigt sich hier als eine Seite einer Medaille, deren andere Seite Kunststoffrecycling sehr komplex macht.

- Die Vielfalt der Werkstoffe macht Sortierung notwendig und aufwendig, sodass eine vollständige Sortierung in die einzelnen Typen technisch kaum möglich und ab einem gewissen Grad der Sortierung wirtschaftlich nicht sinnvoll ist.

- Die Vielfalt der Produkte führt zu den unterschiedlichsten Anwendungen in allen Branchen mit der Folge, dass
  - Abbauprozesse unterschiedlich und unterschiedlich stark bei kurz- und langlebigen Produkten ablaufen, weshalb sich auch identische Werkstoffe als Abfall und Rezyklat in ihren Eigenschaften unterscheiden können, und
  - Produkte unterschiedlich verunreinigt als Abfall anfallen (mit Erde verschmutze Agrarfolien aus PE-LD oder mit Spülmittel, Duschgel oder Mineralöl verschmutzte Flaschen aus PE-HD).

In der Folge entstehen Rezyklate, die andere Eigenschaften als Neuware haben, was zu Akzeptanzproblemen und geringeren Gewinnen für Rezyklate führt. Wenn dann wie im Jahr 2021 in der Coronakrise der Preis für Kunststoffneuware infolge gesunkener Rohölpreise einbricht und Rezyklate im Vergleich teuer sind, bricht der Markt für Rezyklate vollständig ein [54].

Aus den oben genannten Gründen werden Rezyklate aus Produktionsabfällen (*Post-Production-Abfälle*), die als solche nicht gealtert, nicht verschmutzt und sortenrein sind, gegenüber Rezyklaten aus Siedlungsabfällen (*Post-Consumer-Abfälle*) bevorzugt.

Der Sammlung und Sortierung kommt deshalb bei Kunststoffabfällen eine besondere Bedeutung zu. Es lassen sich Zusammenhänge und Regeln für Endverbraucher ableiten, die das Recycling vereinfachen, siehe Abschnitt 5.7.5. Auch bei der Entwicklung von Produkten aus Kunststoffen gibt es Zusammenhänge und Regeln zu beachten, siehe Abschnitt 5.7.8. Kunststoffrecycling ist daher komplex und ein Feld für rasche Entwicklungen und Veränderungen [52, 55].

5.7.5 Sortierung

Nach der möglichst sortenreinen Sammlung von Kunststoffabfällen ist die Sortierung der zweite relevante Schritt zur Erzielung von Rezyklaten mit anforderungsgerechter Qualität.

Es gibt wie in den Anfängen der Abfallverwertung beim Recycling von Verpackungen und Wertstoffen eine manuelle Sortierung, allerdings nur zur Auslese von sogenannten Fehlwürfen.

Als *Fehlwurf* werden Abfälle bezeichnet, die nicht für das jeweilige Sammelsystem vorgesehen sind. Beispiele sind Hausmüll in der Gelben Tonne und umgekehrt Verpackungen in der Restmülltonne.

2021 liegt die Fehlwurfquote laut Bundesverband der Deutschen Entsorgungs-, Wasser- und Rohstoffwirtschaft wie in den Vorjahren bei mehr als 40 % [56]. Fehlwürfe im Gelben Sack können sein

- Schutzmasken und -handschuhe (gehört in Restmüll),
- Windeln (Restmüll),
- Batterien (getrennte Sammlung) und
- verpackte Lebensmittelreste (nach der Trennung Bioabfall und Gelber Sack).

Die *Vorsortierung* findet vor der Zerkleinerung und Klassierung des Abfalls statt, um

- Fehlwürfe gut zu erkennen,
- den Abfall nicht weiter zu verunreinigen und dadurch die automatische Sortierung weiter zu erschweren und
- weil z. B. von Lithium-Ionen-Batterien oder -Akkus bei Beschädigung eine Brandgefahr ausgeht.

Nach der Vorsortierung findet oft eine Zerkleinerung und Klassierung statt.

Durch die *Zerkleinerung* der Abfallbestandteile mit Schreddern oder Schneidmühlen sollen Größen erreicht werden, die für die automatische Sortierung vorteilhaft sind. Außerdem können beim Zerkleinern form- und kraftschlüssige Verbindungen gelöst werden. Das sind in der Kunststofftechnik z. B. Verbindungen mittels Schnapphaken, Klipsen und Schrauben. Der Anteil von Teilen, in denen verschiedene Kunststoffe stoffschlüssig verbunden sind, wird durch die Zerkleinerung ebenfalls verringert, da diese aus nur einem Kunststoff bestehenden Anteile eines Produkts außerhalb der Stellen mit Kleb- oder Schweißverbindungen nach der Zerkleinerung separat vorliegen.

Unter *Klassierung* versteht man die Aufteilung der Bestandteile des Abfalls nach Größe in verschiedene Korn- oder Stückgrößenklassen. Klassierung erfolgt z. B. mittels Sieben.

Bei Kunststoffabfällen wird vor die Stufe der Zerkleinerung meist die *Windsichtung* geschaltet, um Folien auszusortieren. Diese lassen sich durch Zerkleinerungsprozesse nicht ausreichend zerkleinern und bestehen aus wenigen Kunststoffwerkstoffen wie PP, PE und PET. Durch die Windsichtung ist daher bereits eine Trennung hin zu sortenreinen Stoffströmen möglich.

Die folgende automatische Sortierung hat die Ziele, erstens fremde Werkstoffe wie Metalle, Papier und Glas abzutrennen und zweitens die Kunststoffabfälle möglichst sortenrein zu sortieren. Für die automatische Sortierung von Kunststoffabfällen werden die chemisch-physikalischen Eigenschaften der Abfallbestandteile ausgenutzt.

- **Dichte**

  Genutzt wird die Schwimm-Sink-Trennung in Wasser zur Trennung der Polyolefine von anderen Kunststoffen und Werkstoffen mit Dichten größer 1000 kg/m^3. Der Schwimm-Sink-Trennung in Wasser muss eine Zerkleinerung und Klassierung vorausgehen, da Form und Größe der Partikel den Auftrieb in Wasser beeinflussen. Ebenfalls zum Einsatz kommen Hydrozyklone und Sortierzentrifugen.

- **Magnetische Eigenschaften**

  - Eisen, Nickel und Cobalt sind ferromagnetisch. Auf ferromagnetische Stücke im Abfall wirken in einem Magnetfeld Kräfte, die zur Sortierung genutzt werden können. So werden mittels Permanentmagneten Eisenmetallen abgetrennt.
  - In jedem elektrischen Leiter (Metall) werden in einem zeitlich oder räumlich veränderlichen Magnetfeld Wirbelströme und dadurch Kräfte erzeugt, die zur Abstoßung der Leiter vom Magneten führen. Vor der Abtrennung durch *Wirbelstrominduktion* muss eine Abtrennung der ferromagnetischen Metalle erfolgen, da diese sonst am Magneten haften bleiben. Die Wirbelstrominduktion wird zur Abtrennung von Nichteisenmetallen wie Aluminium und legiertem Stahl von Nichtleitern wie Kunststoffe, Papier und Glas genutzt.

- **Elektrische Eigenschaften**

  Es findet eine Separation unterschiedlicher Kunststoffe in einem elektrischen Feld nach vorheriger triboelektrischer Aufladung, also Aufladung durch Reibung aneinander statt. Hierdurch kann getrennt werden:

  - PVC von PET, PE oder Gummi
  - PE-HD von PP
  - PS von ABS

  Dieses Verfahren kann auch bei mit Ruß gefüllten Kunststoffen angewandt werden.

- **Optische Eigenschaften**

  An den Sortierbändern werden hochauflösende Kameras mit hoher Bildaufnahmerate zur Erkennung einzelner Teile genutzt. Eine Bildauswertung liefert dann Informationen zu Farbe, Helligkeit und Transparenz, aber auch zu Form und Größe der Teile. Zusammenhänge wie „transparente Teile mit dieser speziellen Form sind Flaschen“ werden zur Sortierung genutzt. Hierfür wird künstliche Intelligenz angewendet, die auf spezifische Sortieraufgaben angelernt werden kann. Problematisch hierbei sind Verschmutzungen. So lassen z. B. Ketchupreste eine an sich transparente Flasche rot erscheinen. Eine Kombination mit weiteren Sensoren (siehe „Moleküleigenschaften“) ist Stand der Technik.

- **Moleküleigenschaften**

  In der Kunststoffanalytik wird seit Jahrzehnten die Nahinfrarotspektroskopie (NIR-Spektroskopie) genutzt, bei der IR-Spektren erlangt werden, in denen Absorptionsbanden auftreten, die einzelnen Molekülschwingungen zugeordnet werden können. Ein IR-Spektrum ist daher charakteristisch für ein Polymer, sozusagen sein Fingerabdruck.

  - Bei mit Ruß schwarz eingefärbten Kunststoffen absorbiert der Ruß Strahlung mit Wellenlängen im Bereich des nahen Infrarots. Hier wird einerseits der Wellenlängenbereich des mittleren Infrarots zur Identifikation einzelner Polymere genutzt. Dies ist nicht so aussagekräftig, weshalb vor der Sortierung mittels IR-Spektroskopie eine Sortierung in schwarze und nicht schwarze Teile erfolgen sollte. Andererseits nutzen Betreiber von Sortieranlagen auch eine weiterentwickelte NIR-Spektroskopie [57].
  - Mittlerweile gibt es Schwarz-Masterbatches verschiedener Hersteller, die auf Ruß verzichten und die NIR-Sortierung schwarzer Kunststoffe erlauben [58, 59].

- Mittels Röntgenfluoreszenz lassen sich chlorhaltige Kunststoffe identifizieren und aussortieren. Dies ist wichtig, weil bereits kleinste Mengen Chlor nachfolgende Aufbereitungsprozesse wie z. B. beim PET-Recycling stören würden.

Für jede Sortiermethode gibt es die genannten Randbedingungen bzw. Voraussetzungen für eine effektive Sortierung. Hierdurch ergibt sich eine sinnvolle Reihenfolge der Sortierschritte, die aber sehr stark von dem zu sortierenden Abfall und der Sortieraufgabe abhängt. Sortieranlagen werden also sehr spezifisch für einzelne Abfallströme und Sortieraufgaben entwickelt und gebaut. Sie nehmen an Komplexität zu, es werden immer mehr Sortiermethoden integriert und kombiniert sowie immer mehr Sortierschritte durchlaufen. Dadurch sollen Sortierfraktionen mit höherer Reinheit erzielt bzw. die Menge der Restfraktion, die nur energetisch verwertet werden kann, minimiert und so die gesetzlichen Vorgaben für Recyclingquoten erfüllt werden.

Beispiele für Sortier- und Recyclingprozesse finden sich hier:

Gelbe-Sack-Abfall:

VDI Zentrum Ressourceneffizienz, Kunststoffrecycling- Ressourceneffizienz durch optimierte Sortierverfahren, 27.09.2018, Dauer 16:04 min, verfügbar unter:

https://www.youtube.com/watch?v=EvuNJ_yZi3g, gesehen am 06.07.2021

PVC-Fenster:

Welt der Wunder, Nachhaltige Fenster durch den Einsatz von Recycling-Material - Green Life, 06.11.2020, Dauer 8:09 min, verfügbar unter: *https://www.youtube.com/watch?v=jKJoKPcH3Pk*, gesehen am 06.07.2021

Carbonfaser-Kunststoff-Verbunde:
VDI Zentrum Ressourceneffizienz, Recycling von carbonfaserverstärktem Kunststoff, 15.07.2014, Dauer 10:47 min, verfügbar unter:
https://www.youtube.com/watch?v=90HPXbw6SMY, gesehen am 06.07.2021

Bei der Sortierung von Abfällen aus dem Gelben Sack entstehen in Deutschland meist folgende *Sortierfraktionen*:

- PP
- PE-HD
- PE-LD
- PS
- PET
- Aluminium, Nichteisenmetalle
- Weißblech, Eisenmetalle
- Papier, Pappe, Karton
- Glas
- Verbundmaterialien, Getränkekartons (92 % Reinheit) [60]
- Sortierreste (zur energetischen Verwertung)

Die PET-Fraktion stammt dabei aus Flaschen für z. B. Haushaltsreiniger und nicht von Ein- oder Mehrweggetränkeflaschen, für die es separate Sammlungs- und Verwertungssysteme gibt.

5.7.6 Werkstoffliches Recycling von Kunststoffabfällen

Auf die Sortierung folgt beim werkstofflichen Recycling die Herstellung von Granulaten und Compounds.

Aus den Sortierfraktionen stellen drei der Unternehmen des Dualen Systems selber Rezyklate als Granulat aus den in großer Menge anfallenden Kunststoffen her:

- PP
- PE-HD
- PE-LD (zum Teil mit Anteilen von PE-LLD, PE-MD, PE-HD, PP)

Die anderen Fraktionen werden an spezialisierte Recyclingunternehmen weitergegeben, die aus den Kunststofffraktionen Granulate und Compounds herstellen. Dazu werden die als verpresste Ballen bei den Recyclingunternehmen angelieferten Sortierfraktionen zunächst zerkleinert, gewaschen und getrocknet. Es entstehen sogenannte *Flakes*, die auch allgemeiner als Mahlgut bezeichnet werden. Hieran schließt sich die in der Kunststofftechnik bekannte Herstellung von Granulaten über Extrusion an oder es werden Compounds mit kundenspezifischen Eigenschaften durch Zugabe von Additiven und Farbstoffen über Compoundierprozesse auch zum Teil durch Vermischen von Fraktionen und Chargen unterschiedlicher Qualität erzeugt.

Dabei werden nach DIN SPEC 91446 [61] folgende Begriffe unterschieden, vgl. Bild 5.14:

- *Rezyklat* ist ein Kunststoff, der durch Recycling aus Kunststoffabfällen gewonnen wird.
- *Mahlgut* (engl. regrind) ist ein förderbarer Kunststoff und wird durch Mahlen oder Schreddern von Kunststoffen erzeugt, die bereits einmal verarbeitet wurden.
- *Flakes* sind ein plättchenförmiges Mahlgut.
- *Regranulat* ist ein Rezyklat, dass über einen Schmelzprozess, bei dem die Kunststoffzusammensetzung nicht wesentlich geändert wird, erzeugt wird.
- *Regenerat* oder *Recompound* ist ein Rezyklat, das über einen Schmelzprozess, bei dem durch Zugabe von Zusatzstoffen die Kunststoffzusammensetzung geändert wird, erzeugt wird.
- *Agglomerat* oder *Kompaktat* bezeichnet Partikel, die aus kleineren Partikeln durch Kompaktieren erzeugt werden und bei denen die kleineren Partikel noch erkannt werden können.
- *Post-Consumer*-Abfälle sind Abfälle von Haushalten oder von kommerziellen, industriellen und institutionellen Organisationen, die als Endverbraucher auftreten (vgl. Abschnitt 5.7.4).
- *Post-Industrial*-Abfälle sind Abfälle aus einem Produktionsprozess (vgl. Abschnitt 5.7.4).

Ein Rezyklat ist eine Formmasse bzw. ein aufbereiteter Kunststoff mit definierten Eigenschaften. Ein Rezyklat entsteht in einem *Aufbereitungsprozess*, der ein Schmelzprozess mit anschließender Granulierung oder ein Mahl- bzw. Agglomerationsprozess sein kann. Mahlgut wird aus Kunststoffformteilen, Angüssen usw. erzeugt. Es weist unterschiedliche Formen und Größen der Partikel auf. Die für die Weiterverarbeitung auf Schneckenmaschinen geeigneten Partikelgrößen liegen zwischen 2–5 mm. Mahlgut kann auch Partikel in der Größe von Staub enthalten (Staubanteil). Regranulat wird z. B. durch die Verarbeitung auf einem Einschneckenextruder aus Mahlgut, Textilen oder Filmen gewonnen. Das Granulat weist eine gleichmäßige Größe und keinen Staubanteil auf. Der Schmelzprozess bei Regeneraten ist ein *Compoundierprozess*, der meist auf Doppelschneckenextrudern durchgeführt wird. Auch hierbei entsteht Granulat mit gleichmäßiger Größe ohne Staubanteil. Ein Agglomerat wird aus Mahlgut z. B. in einem Prozess hergestellt, bei dem die Mahlgutpartikel mittels Walzen durch Lochplatten gepresst werden (die sogenannte Matrizenagglomeration) und dabei über Formschluss und Anschmelzen Partikel einheitlicher Größe bilden. Dieses Verfahren wird bei Mischkunststoffen angewendet, in denen die verschiedenen Kunststoffe unverträglich sind und sich in einem Schmelzprozess nicht homogen mischen würden.

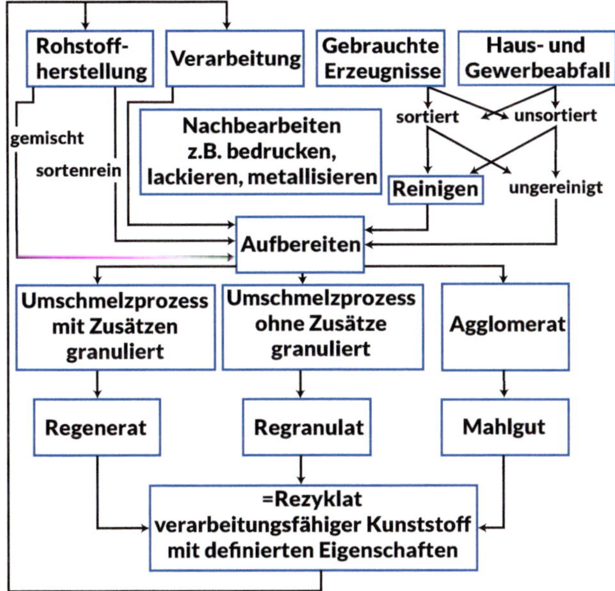

Bild 5.14 Schema für das werkstoffliche Recycling von Kunststoffabfällen [62]

Begriffe zur Reinheit der Rezyklate sind:

- *Typenrein:* Ein Kunststoff eines Rohstoffherstellers mit derselben Typenbezeichnung wird aufbereitet.
- *Sortenrein:* Mehrere Kunststoffe verschiedener Rohstoffhersteller mit der gleichen Kennzeichnung nach ISO 11469 bzw. ISO 1043 werden aufbereitet.
- *Sortenähnlich:* Mehrere Kunststoffe verschiedener Rohstoffhersteller aus demselben Grundpolymer aber mit verschiedenen Zusätzen (Additive, insbesondere Flammschutz) werden aufbereitet.
- *Gemischt:* Verschiedene aber chemisch verträgliche Kunststoffe werden aufbereitet.
- *Verunreinigt:* Rezyklate enthalten Stoffe aus dem vorherigen Gebrauch, die die Eigenschaften eines daraus herzustellenden Formteils beeinträchtigen können. Der Gehalt an *Feststoffverunreinigungen* wird nach DIN CEN/TS 17627 geprüft.

Um das Vertrauen in Rezyklate und damit deren Einsatz zu erhöhen, werden in DIN SPEC 91446 Kennzeichnungsstandards festgelegt. Dazu werden Vorgaben an Datenblätter und die Menge und Qualität von Informationen auf diesen gemacht, indem *Datenqualitätslevel* bzw. *Data Quality Levels* festgelegt werden. Zu den Angaben gehört in jedem Fall der Anteil an Rezyklat, für den in DIN SPEC 91446 die Ermittlung vorgegeben wird.

Für die Kunststoffe, die den größten Anteil an den Rezyklaten haben, gibt es spezifische Normen, die die Rückverfolgbarkeit und die geforderte und freigestellte Charakterisierung von Eigenschaften festlegen, siehe Tabelle 5.9.

Tabelle 5.9 Rückverfolgbarkeit und Charakterisierung von Rezyklaten

Norm	Titel
DIN EN 15342	Charakterisierung von Polystyrol (PS)-Rezyklaten
DIN EN 15343	Rückverfolgbarkeit bei der Kunststoffverwertung und Bewertung der Konformität und des Rezyklatgehalts
DIN EN 15344	Charakterisierung von Polyethylen (PE)-Rezyklaten
DIN EN 15345	Charakterisierung von Polypropylen (PP)-Rezyklaten
DIN EN 15346	Charakterisierung von Polyvinylchlorid (PVC)-Rezyklaten
DIN EN 15347	Charakterisierung von Kunststoffabfällen
DIN EN 15348	Charakterisierung von Polyethylenterephthalat (PET)-Rezyklaten
DIN CEN/TS 16010	Probenahmeverfahren zur Prüfung von Kunststoffabfall und Rezyklaten
DIN EN 17410	Geregelter Recyclingkreislauf von Fenster- und Türprofilen aus PVC-U

Ein weiterer Weg des werkstofflichen Recyclings sind lösemittelbasierte Verfahren [63], bei denen Kunststoffe in Lösemitteln selektiv gelöst und anschließend ausgefällt werden, wodurch aus Gemischen reine Kunststoffe gewonnen werden können. Dabei werden auch Fremdstoffe und Additive sowie Füll- und Verstärkungsstoffe abgetrennt. Die Verfahren bieten Vorteile bei Verbunden, Gemischen und schadstoffbelasteten Kunststoffabfällen. Die Verfahren sind unter den Namen „Newcycling®" [64] und „CreaSolve®" [65] bekannt.

Gütezeichen

Der im Jahr 2018 gegründete Verein [66] „Gütegemeinschaft Rezyklate aus haushaltsnahen Wertstoffsammlungen e. V." [67] vergibt das gleichnamige Gütezeichen, mit dem der Anteil an Rezyklat in einem Produkt auch im Sinn des Verpackungsgesetzes ausgewiesen werden kann. Das Gütezeichen (GZ) wurde nach den Regeln des „RAL Deutsches Institut für Gütesicherung und Kennzeichnung" (RAL) erstellt und anerkannt. RAL ist weitläufig bekannt durch die RAL-Farbpalette. Der Name stammt vom 1925 gegründeten „Reichsausschuss für Lieferbedingungen". Zur Erlangung des Gütezeichens müssen alle Stufen der Wertschöpfungskette, Sortieranlagen, Aufbereitung und Compoundierung sowie Artikelhersteller, Abfüller und Inverkehrbringer den Anteil der Kunststoffe aus haushaltsnahen Wertstoffsammlungen in ihren Produkten nachweisen.

Bild 5.15
Gütezeichen „Rezyklate aus haushaltsnahen Wertstoffsammlungen“ (RAL GZ 720)

Mit dem Blauen Engel werden seit 1978 auf freiwilliger Basis umweltfreundliche Produkte in Deutschland ausgezeichnet. Das Umweltzeichen für Produkte aus Recyclingkunststoffen wird auf Antrag erteilt, wenn sie mindestens 80% Post-Consumer-Rezyklate enthalten. Dieses Umweltzeichen (UZ) wird ebenfalls nach den Regeln von RAL erstellt und anerkannt.

Bild 5.16
Umweltzeichen „Blauer Engel“ (RAL UZ 30a) für Produkte aus Recyclingkunststoffen

International wird die Vergabe von Umweltkennzeichnungen in der Normenreihe ISO 14020 geregelt. Der Blaue Engel war dabei das Vorbild für DIN EN ISO 14024 „Umweltkennzeichnungen und -deklarationen – Umweltkennzeichnung Typ I – Grundsätze und Verfahren“ [68].

Gerüche

Eine Herausforderung stellen allerdings Gerüche in den Kunststoffen dar, die einerseits auf Duftstoffe wie *Limonen* z. B. in Spül-, Wasch- und Putzmitteln zurückgehen. Die niedermolekularen, organischen Duftstoffe diffundieren während Lagerung und Gebrauch der Produkte in die Verpackungen und verbleiben in diesen. Eine andere Quelle sind am Abfall anhaftende Verschmutzungen oder auch Papier- und Holzreste sowie Gummi- oder Silikonstückchen. Diese können beim Verarbeiten im Extruder Gerüche entstehen lassen und müssen durch die vorherigen Schritte Sortieren und Waschen entfernt werden [69].

Strategien, um geruchsbelastete Kunststoffe dennoch zu nutzen, sind:

- die Überdeckung der Gerüche mit anderen Düften,
- die verfahrensseitige Entfernung der Gerüche bzw. der Gerüche erzeugenden Störstoffe durch
  - Spülen der Flakes in einem heißen Luftstrom vor dem Einfülltrichter des Extruders oder des Extrudats nach der Granulierung [70],
  - Schmelzefiltration im Extruder und
  - Entgasungszonen im Extruder sowie
- die Zugabe von geruchsbindenden Additiven [71].

Abbau

In der Nutzungsphase sind Kunststoffe Belastungen durch Wärme, UV-Strahlung, Medien und weiteren Einflüssen ausgesetzt. Um eine Änderung der Eigenschaften der Werkstoffe zu vermeiden, werden den Kunststoffen daher Additive zugesetzt, vgl. Abschnitt 3.1. Die Additive werden zum Teil während der Nutzungsphase aufgebraucht. Auch bei Recyclingprozessen, z. B. beim Granulieren oder Compoundieren, können Polymere wegen der Zufuhr von thermischer und mechanischer Energie abbauen. Meistens verringern sich damit auch beim Recycling die Länge von Polymermolekülen und damit die mechanischen Kennwerte für Festigkeit und Steifigkeit, vgl. Abschnitt 2.3.

Der Abbau bei der mehrfachen Verarbeitung, wie sie das Recycling darstellt, ist von der Verwendung von Produktionsabfällen bekannt. Man kann den Einfluss des abgebauten Materials minimieren, indem man es mit Neuware mischt. Es kommt dadurch zu *Verdünnungseffekten*. Sogar hohe Rezyklatanteile von 70 % führen zu Mischungen mit stabilem Eigenschaftsniveau, die immer wieder eingesetzt und recycelt werden können [55].

Es werden Konzepte entwickelt, Rezyklate geeignet zu stabilisieren [72]. Dabei geht es um eine Erneuerung der Grundstabilisierung und Metalldesaktivatoren. Letztere kommen beim Recycling zum Einsatz, weil einerseits kleine Mengen an Metallen und insbesondere Kupfer in den Kunststoffströmen nicht ausgeschlossen werden können und weil andererseits diese kleinen Mengen bereits Abbauprozesse z. B. in Polyethylen katalysieren können.

Nachkondensation beim Recycling von PET

Das Recycling von Polyethylenterephthalat (PET) hat eine besondere Bedeutung beim Recycling der Verpackungsmaterialien. Aus Sicht der Gesellschaft steht PET als Material für (Einweg-)Flaschen im Fokus des öffentlichen Interesses [73]. Aus Sicht der Chemie kann es bei der Verarbeitung und beim Recycling nachkondensieren [74]. Dies ist als Festphasenpolymerisation bekannt und führt zu einer Erhöhung der Molmasse bis zum Erreichen der Molmasse von Neuware oder darüber hinaus. Daher wird auch von einem Upcycling von PET gesprochen.

Das recycelte PET-Granulat wird mittlerweile für Kosmetikverpackungen eingesetzt, bei denen erhöhte Anforderungen an die Reinheit des Kunststoffs gestellt werden. Mit besonderen Maßnahmen zur Qualitätssicherung kann es auch wieder für Verpackungen im Lebensmittelbereich genutzt werden [75].

5.7.7 Rohstoffliches Recycling von Kunststoffabfällen

Rohstoffliches oder chemisches Recycling [76] hat zum Ziel, aus Kunststoffabfällen durch *Depolymerisation* Monomere oder andere Grundbausteine zu gewinnen, aus denen erneut Polymere synthetisiert oder andere Produkte gewonnen werden können. Die Depolymerisation kann durch Pyrolyse, Hydrolyse, Vergasung oder Verflüssigung (Verölung oder Solvolyse) [77] sowie durch Enzyme [78] erfolgen.

- Bei der *Pyrolyse* werden Kunststoffabfälle wie bei der Herstellung von Holzkohle oder Koks unter Ausschluss von Sauerstoff erwärmt, wodurch Bindungsenergien aufgebracht und Bindungen gelöst werden (siehe Kapitel 2), ohne dass es zu (vielen) weiteren chemischen Reaktionen kommt. Es entstehen kurzkettige Öle und Wachse aus den Kunststoffen in den Abfällen. Bei heterogenen Kunststoffgemischen z. B. aus Siedlungsabfällen sind die Pyrolyseprodukte daher auch heterogen und deshalb nicht für die erneute Herstellung spezifischer Polymere geeignet. Pyrolyse kann bei allen Polymeren angewandt werden.
- *Hydrolyse* bezeichnet den Abbau von Polymeren in Anwesenheit von Wasser bei erhöhten Temperaturen und oft in Anwesenheit von Katalysatoren. Die Methode eignet sich für Polymere, die über Polykondensation hergestellt werden wie PET, PU und PA.

- Bei der *Vergasung* werden Kunststoffabfälle ebenfalls unter Sauerstoffmangel erwärmt. Im Unterschied zur Pyrolyse ist die Kettenspaltung vollständig. Es entsteht ein Gemisch aus Wasserstoff und Kohlenstoffmonoxid, das sogenannte Synthesegas. Je nach Zusammensetzung der Kunststoffabfälle entstehen aber auch Verbindungen, die die sogenannten Heteroatome Stickstoff, Schwefel, Fluor und Silizium z. B. aus Amid- und Urethangruppen oder Kautschuken und Silikonen enthalten, was wiederum aufwendige Reinigungsverfahren erfordert.
- *Verölung* bezeichnet die Zersetzung fester Kunststoffabfälle mittels thermischer Energie und Katalysatoren zu niedermolekularen Produkten, meist eine Flüssigkeit. Die ebenfalls entstehenden höhermolekularen Produkte, die oft Feststoffe sind, und die gasförmigen Produkte müssen durch Reinigungsverfahren abgetrennt werden.
- *Solvolyse* meint die Kombination von Lösen der Kunststoffe in Lösemitteln und gleichzeitiger Kettenspaltung zu Monomeren.
- Abbau mittels Enzymen stellt eine weitere Möglichkeit zum rohstofflichen Recycling dar. *Enzyme* sind Bestandteile des Stoffwechselprozesses von Bakterien, die beim Abbau von natürlichen Polymeren (Proteine, Zucker, Stärke, Cellulose und Lignin) eine Rolle spielen. Künstliche Polymere müssen, um durch Enzyme abgebaut werden zu können, wie natürliche Polymere Heteroatome, vor allem Stickstoff- oder Esterbindungen enthalten. Polyolefine lassen sich daher mittels Enzymen nicht depolymerisieren.

Beim rohstofflichen Recycling sind wie schon beim werkstofflichen Recycling möglichst homogene Stoffströme zu Beginn der Prozesse notwendig, um Produkte zu erhalten, die für die erneute Synthese von Polymeren genutzt werden können. Auch hier sind die getrennte Sammlung und die sortenreine Sortierung für die Qualität des Produkts und den Aufwand für seine Herstellung auschlaggebend.

Wenn rohstoffliches Recycling nach den eben beschriebenen Verfahren nicht möglich oder gewünscht ist, können Kunststoffabfälle als Reduktionsmittel (Kohlenstofflieferant) im Hochofenprozess oder als flüssige Energieträger bzw. Treibstoffe eingesetzt werden. Auch wenn dadurch die Rohstoffe genutzt werden, dient diese Art von Verwertung offensichtlich nicht dem Schließen von Werkstoffkreisläufen und sollte daher nicht dem rohstofflichen Recycling zugeordnet werden. Die Verwendung als flüssiger Energieträger ist zudem energetisch nicht sinnvoll, weil die energetische Verwertung von Kunststoffabfällen bereits in fester Form als Ersatzbrennstoff in der Zementindustrie oder bei der Müllverbrennung mit hoher Effizienz erfolgt, siehe Abschnitt 5.3.4.

Rohstoffliches Recycling benötigt zweimal Energie. Einmal zur Depolymerisation von Makromolekülen und das zweite Mal zur erneuten Polymerisation. Daher ist die Energiebilanz generell ungünstiger als beim werkstofflichen Recycling, bei dem die Makromoleküle prinzipiell erhalten bleiben.

Bei vernetzten Polymeren, Elastomeren und Duromeren hingegen ist Schmelzen und Lösen nicht möglich. Hier sind die Verfahren des rohstofflichen Recyclings geeignet, um Stoffkreisläufe zu schließen.

Während in Deutschland das rohstoffliche Recycling in den letzten 15 Jahren fast keine Rolle gespielt hat und davor nicht über Pilotanlagen hinausgekommen ist, gibt es in anderen Ländern industrielle Ansätze [79].[1]

5.7.8 Design für Recycling

Das Ziel beim Design for Recycling („D4R") ist es, in den bestehenden Sortierprozessen eine weitgehende Sortierung der Abfälle in die vorgegebenen Fraktionen und damit die Herstellung möglichst sortenreiner Rezyklate zu ermöglichen.

Dazu wurden an verschiedenen Stellen Designregeln für ein funktionierendes Recycling entwickelt [80, 81]. Im Fall von Verkaufsverpackungen sollen die Regeln dazu beitragen, dass Stoffgemische vermieden oder getrennt und die einzelnen Kunststoffe im Sortierprozess erkannt und getrennt werden können.

In DIN EN 13430:2004 werden dazu an verschiedenen Stellen Kriterien genannt, nach denen die Eignung für den Recyclingprozess bewertet werden kann:

- Die Verpackungsausführung soll mit Spezifikationen der angewendeten Recyclingtechnologie vereinbar sein.
- Die Verpackungskomponenten sollen trennbar sein.
- Die Materialzusammensetzung soll verträglich sein (z.B. Mischbarkeit von Kunststoffen).
- Die Verpackungen sollen vollständig entleerbar sein (Restentleerung).
- Verpackungsbestandteile aus verschiedenen Materialien sollen durch die Endverbraucher trennbar sein.
- Die Endverbraucher sollen das Material der Verpackung eindeutig identifizieren können, um die Verpackung dem korrekten Sammelsystem (Papier, Glas, Gelber Sack) zuordnen zu können.

Konkrete Hinweise zur Entwicklung von Verpackungen und auch online verfügbare Werkzeuge können bei den dualen Systemen in Deutschland und anderen europäischen Entsorgern eingesehen werden. Die Industrievereinigung Kunststoffverpackungen e.V. hat 2014 einen runden Tisch zum „Eco Design von Kunststoffverpackungen" [82] ins Leben gerufen, der einen Leitfaden zum Design for Recycling für Kunststoffverpackungen geschaffen hat, vgl. Tabelle 5.10.

[1] Beispiele für aktuell im Bereich des chemischen bzw. rohstofflichen Recyclings tätige Unternehmen sind Pyrum Innovation (Deutschland), Quantafuel (Norwegen), OMV (Österreich), Covestro (Deutschland), New Energy (Ungarn) und andere mehr.

Tabelle 5.10 Regeln für das Design for Recycling für Verpackungen

Regel	Erläuterung
Informationen zur Entsorgung aufbringen	Endverbraucher müssen die Verpackung dem korrekten Sammelsystem zuordnen können.
Die Materialvielfalt einschränken	Je weniger Materialien in einer Verpackung verwendet werden, umso weniger Sortier- und Trennschritte werden benötigt.
Materialien der Hauptsortierfraktionen verwenden	Für PE-HD, PE-LD, PP und PET existieren effektive Sortiermethoden. Diese Stoffströme führen zu Rezyklaten mit Qualitäten und Mengen, die nachgefragt werden.
Mischung unverträglicher Polymere in nicht lösbaren Verbindungen vermeiden	Teile aus unverträglichen, nicht voneinander lösbaren Werkstoffen verringern die Qualität von Rezyklaten oder werden als Sortierrest energetisch verwertet. Verträglich sind PE und PP mit EVOH-Barrieren.
Materialien mit gleicher Dichte und Dichteänderungen durch Füllstoffe vermeiden	Die Schwimm-Sink-Sortierung wird durch ähnliche Dichten unterschiedlicher Materialien erschwert.
Transparente, wenig gefärbte oder hell gefärbte Kunststoff verwenden	Farben lassen sich nicht entfernen und führen zu ungewollten Mischfarben in Rezyklaten, für die es keine Abnehmer gibt. Das Überdecken durch eine weitere Einfärbung verschärft das Problem beim erneuten Recycling. Ungefärbte Rezyklate sind daher wertvoller, schwarz gefärbte Rezyklate führen zu niedrigen Erlösen.
Kleine Verpackungsbestandteile vermeiden	Teile mit Größen von weniger als 2 cm werden direkt beim Klassieren aussortiert und nicht recycelt. IR-Sensoren benötigen zur effektiven Sortierung Mindestflächen, die die IR-Strahlung reflektieren.
Verpackungen restentleerbar gestalten	Beim Recycling ist die Verpackung der Wertstoffe, der Inhalt der Abfall. Reinigung und Entsorgung sind aufwendig.
Etiketten und Schrumpffolien („Sleeves“) dürfen nur einen kleinen Teil der Verpackung bedecken	Die Verpackung muss für IR-Sensoren erkennbar bleiben. Große Etiketten und große und dicke Schrumpffolien aus einem anderen Kunststoff führen zu einer Fehlsortierung.
Wasserlösliche Klebstoffe für Etiketten verwenden	Etiketten müssen von der Verpackung bei der Schwimm-Sink-Sortierung oder beim Schreddern und Waschen getrennt werden können.
Papieretiketten und keine (großflächigen) Aufdrucke verwenden	Aufdrucke führen zur Verunreinigung der Kunststofffraktion.
Auf Bestandteile aus PVC und Silikon verzichten	Diese Kunststoffe führen bei der Extrusion und Compoundierung zu Abbau oder Gelpartikeln, damit zu veränderten Materialeigenschaften und zu Fehlern bei der Produktion neuer Kunststoffartikel.

Für Endverbraucher ergeben sich wenige, einfache Hinweise für effektives Recycling:

- alle Verpackungen und Wertstoffe den Sammelsystemen zuführen
- alle Verpackungen und Wertstoffe dem korrekten Sammelsystem zuführen (Papier, Glas, Verpackungen, Metall, Batterien, ...)
- Verpackungsbestandteile trennen (Aluminiumdeckel von Kunststoffbecher vollständig abziehen, Kunststoffbecher von evtl. vorhandener Papierumhüllung vollständig trennen)
- Verpackungen restentleeren
- Verschmutzte Verpackungen säubern, dabei nur wenig kaltes Wasser verwenden, da sonst Wasser- und Energieverbrauch steigen und die CO_2-Bilanz des Recyclings insgesamt verschlechtert wird.

Rezyklate technischer Thermoplaste ergeben sich nicht aus dem Recycling von Verpackungen, sondern z. B. durch Recyclingströme, die über das „Gesetz über das Inverkehrbringen, die Rücknahme und die umweltverträgliche Entsorgung von Elektro- und Elektronikgeräten (Elektro- und Elektronikgerätegesetz - ElektroG)" [83] generiert werden. Mit diesem Gesetz wird in Deutschland die EU-Richtlinie 2012/19/EU über Elektro- und Elektronik-Altgeräte (engl. waste electrical and electronic equipment, WEEE) [84] umgesetzt.

Für diese Wertstoffströme gelten die gleichen prinzipiellen Aussagen wie für Verpackungen sowie ergänzend:

- Materialvielfalt einschränken, d. h. auf gut sortierbare Kunststoffe wie PE, PP, PS, PS-HI, ABS beschränken,
- unlösbare Verbindungen, die z. B. über 2K-Spritzguss erzeugt werden, vermeiden,
- Flammhemmer vermeiden, da diese die Sortierung über Dichteunterschiede erschweren.

Um die Verwendung von Rezyklaten für technische Teile und Gebrauchsgegenstände zu vergrößern, muss auch das Produktdesign an die Spezifika der Rezyklate angepasst werden. So ist es vorteilhaft,

- matte Oberflächen gegenüber glänzenden zu bevorzugen,
- extreme Farbgebung wie hellweiß und pianoschwarz zu vermeiden,
- Anpassungen der Produkte an geänderte Materialeigenschaften z. B. im Spritzgussprozess vorzunehmen und
- unerwünschte Inhaltsstoffe wie Halogene aus Flammschutzmitteln in geringen Mengen zu tolerieren, da diese in jetzt zum Recycling anstehenden Produkten enthalten sind.

Von politischer Seite könnten laut Umweltbundesamt konkrete Quoten für den Einsatz von Rezyklaten bei Produkten gefordert werden und Maßnahmen zur Sensibilisierung und Bewusstseinsbildung bei Verbraucher*innen zur Vergrößerung der Akzeptanz von Produkten aus Rezyklaten durchgeführt werden.

5.8 Ökobilanz, Life Cycle Assessment (LCA)

5.8.1 Vorgehen bei der Erstellung einer Ökobilanz

Die *Ökobilanz* ist eine Methode, um die mit einem Produkt verbundenen Umweltaspekte und produktspezifischen potenziellen Umweltwirkungen im Verlauf des Lebenswegs eines Produktes (d. h. „von der Wiege bis zur Bahre“) zu untersuchen.

Ökobilanz ist der deutsche Ausdruck für *Life Cycle Assessment* (LCA). Im Life Cycle Assessment kommt zum Ausdruck, dass der Fokus auf der Bewertung des Lebenswegs eines Produktes, vgl. Bild 5.17, und speziell der durch den Lebensweg erzeugten Auswirkungen auf die Umwelt liegt. Der Ausdruck Ökobilanz fokussiert eher auf die quantitative Erfassung und die Bilanzierung von Stoff- und Energieströmen, die während der einzelnen Lebensphasen entlang des Lebensweges benötigt oder freigesetzt werden [85].

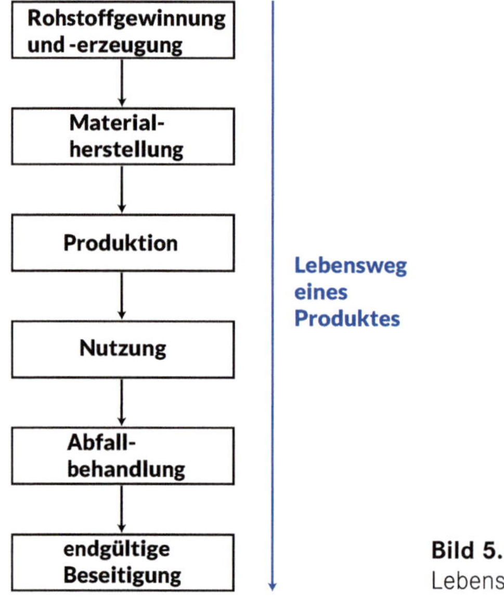

Bild 5.17
Lebensweg eines Produktes

Wie in vielen Bereichen muss als Erstes ein Ziel festgelegt werden. Für die Ökobilanz heißt das, dass definiert wird, was genau untersucht werden soll, warum die Untersuchung und für welche Zielgruppe sie durchgeführt wird und wie die Ergebnisse berichtet oder veröffentlicht werden.

Wenn z. B. das Thema die Versorgung mit Trinkwasser am Arbeitsplatz ist, gibt es viele Dinge, die untersucht werden können, unter anderem

- die Quelle: Wasserspender, Wasser in Flaschen, Wasser aus dem Wasserhahn und
- die Art der Darreichung: Becher und Gläser aus Papier, Glas oder Kunststoff für die einmalige oder mehrfache Verwendung, private Gefäße gegenüber Gefäßen, die gestellt werden.

Offenbar gibt es sehr viele Aspekte und es ist notwendig, den Untersuchungsgegenstand genau zu benennen. Der Grund kann sein, die Umweltauswirkung „CO_2-Emmission" zu vergleichen und eine Entscheidung treffen zu wollen, welches System eingesetzt werden soll. Solch eine Untersuchung richtet sich dann an Mitglieder und Entscheidungsträger einer Organisation und wird sinnvollerweise für beide Gruppen innerhalb der Organisation zur Verfügung gestellt.

Bei der Benennung des Untersuchungsziels (Definition) wird auch gleichzeitig benannt, was nicht untersucht wird (Abgrenzung). Es wird der *Untersuchungsrahmen* festgelegt, also was untersucht werden soll und wo die Grenzen des zu Untersuchenden sind: Es wird z. B. nur ein Jahr betrachtet (zeitliche Grenzen), nur das Unternehmen mit seinen Standorten in Europa (räumliche Grenzen), die Bereitstellung des Wassers vom Abfüller, aber nicht vom Brunnen usw.

Als Nächstes wird insbesondere bei Vergleichen nach der *Funktion* gefragt, die das Produkt erfüllt. Wenn die Funktion bekannt ist, können auch andere Produkte oder Möglichkeiten gefunden und verglichen werden, die ebenfalls die definierte Funktion erfüllen.

Eine mögliche Funktion ist, ungekühltes und nicht sprudelndes Wasser zur Verfügung zu stellen, das während eines Arbeitstages getrunken wird. Wenn die Verpackungen für dieses Wasser betrachtet werden sollen, gibt es unter anderem folgende Möglichkeiten:

- Wasser aus PET-Mehrwegflaschen mit 1 l Inhalt
- Wasser aus PET-Einwegflaschen mit 0,5 l Inhalt
- Wasser aus Glas-Mehrwegflaschen mit 0,75 l Inhalt
- Wasser aus dem heimischen Wasserhahn, abgefüllt in eine Edelstahlflasche mit 1,2 l Inhalt

Dies sind offenbar verschiedene Möglichkeiten, bei denen die Lebenswege der Verpackungsprodukte sehr unterschiedlich sind. Für eine vollständige Analyse und

Bewertung der Umweltauswirkungen einer Wasserflasche darf daher nicht die Flasche selbst betrachtet werden. Es muss der vollständige Lebensweg mit allen Stoff- und Energieströmen erfasst werden, die z. B. für Herstellung und Transport benötigt oder dabei an die Umwelt abgegeben werden, siehe Bild 5.18.

Den Lebensweg eines Produktes mit allen Stoff- und Energieströmen nennt man *Produktsystem*.

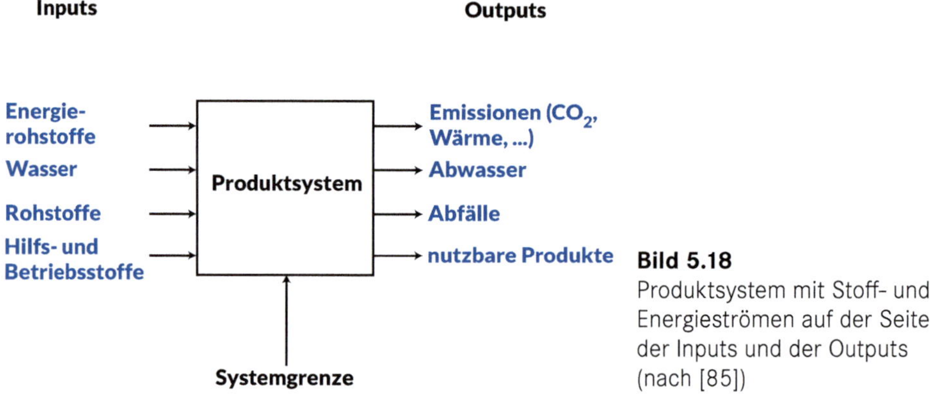

Bild 5.18 Produktsystem mit Stoff- und Energieströmen auf der Seite der Inputs und der Outputs (nach [85])

Die vier Flaschen unterscheiden sich auch beim Inhalt. Um die Umweltauswirkungen der verschiedenen Flaschen zu vergleichen, muss man die gleiche Funktion betrachten. Dazu gehört auch die Menge des zur Verfügung gestellten Wassers. Wären dies 6 l Wasser, also das kleinste gemeinsame Vielfache der Volumina, könnte man z. B. die Energie zur Herstellung von sechs PET-Mehrwegfalschen, zwölf PET-Einwegflaschen und acht Glasflaschen miteinander vergleichen. Allerdings fällt die Edelstahlflasche aus dieser Betrachtung zunächst heraus. Sie wird mehrfach benutzt, bis sie kaputt geht.[2] Die Bezugsmenge sollte also sinnvollerweise so groß sein, dass auch die Edelstahlflasche einmal ihren Lebensweg durchläuft.

Als *funktionelle Einheit* (FU) bezeichnet man die Bezugsgröße, die die definierte Funktion eines Produkts erfüllt.

[2] Da die Edelstahlflaschen zu unterschiedlichen Zeitpunkten kaputt sein werden, kann man nicht auf einfach Art eine Zeit für ihre Verwendung oder die Menge des ihnen bereitgestellten Wassers angeben. Man muss dann Daten sammeln oder Abschätzungen vornehmen, die in Aussagen münden wie z. B.: „Nach vier Jahren sind 70 % der Flaschen defekt und Abfall. In vier Jahren werden im Durchschnitt 800 l Wasser in einer Edelstahlflasche transportiert."

Beim Vergleich verschiedener Flaschen ist es letztlich egal, ob die Bezugsgröße 1 l, 10 l oder 1000 l beträgt. Sie muss nur für alle zu vergleichenden Produktsysteme gleich sein. Es werden also nicht Flaschen (das Produkt), sondern funktionelle Einheiten von Produktsystemen verglichen.

Die Festlegung der funktionellen Einheit ist auch aus einer anderen Sicht nicht eindeutig. Denn sie hängt von dem vorher definierten Ziel der Ökobilanzstudie ab.

Ist das Ziel, die Umweltauswirkungen zu untersuchen, die das Trinken von Wasser während einer Pause verursacht, so kann man einen Papierbecher mit 0,2 l Wasser aus einem Wasserspender mit einer entsprechenden Menge aus einer gekauften PET-Einwegflasche vergleichen. Die funktionelle Einheit sind dann 0,2 l Wasser bzw. ein Papierbecher oder ein Teil einer PET-Einwegflasche. Investitionsgüter wie Trinkwasserspender und ihre Produktion und Entsorgung werden wegen der großen Menge des Produkts, hier Wasser, die sie bereitstellen, meist nicht in die Untersuchung mit einbezogen. Alles, was für den Betrieb, wie z. B. eine Reinigung, notwendig ist, dagegen schon. Ist aber der Vergleich der Wasserversorgung über einen ganzen Tag das Ziel, reicht die 0,5 l PET-Einwegflasche nicht aus, es kommen mehrere Flaschen zum Einsatz. Der Trinkwasserspender ist immer noch der gleiche, die Reinigung geht zu einem höheren Anteil in die Untersuchung ein. Weil Wasser aus einem Trinkwasserspender aber auch viel bequemer zu erhalten ist, als Wasserflaschen selber zu tragen, wird vielleicht auch mehr Wasser aus einem Trinkwasserspender getrunken, z. B. 2 l Wasser, und es werden weniger Wasserflaschen als eigentlich benötigt getragen. Das können dann drei PET-Einwegflaschen mit 1,5 l Inhalt sein. Die funktionelle Einheit ist das pro Tag getrunkene Wasser, einmal 1,5 l und das andere Mal 2 l. Das Ergebnis der Untersuchung fällt dann eher zugunsten der Einwegflaschen aus als bei Betrachtung eines Bechers Wasser als funktionelle Einheit.

In Bild 5.18 ist das Produktsystem gezeigt. Beim Beispiel des Wasserspenders wurde schon gesagt, dass der Spender selber mit Produktion und Entsorgung nicht, seine Reinigung aber schon betrachtet wird. Würde die Produktion des Wasserspenders in das Produktsystem „Wasser für einen Tag“ einbezogen, müssten alle Stoff- und Energieströme dafür bekannt sein. Der Aufwand wäre groß. Andererseits stellt der Wasserspender sehr viele funktionelle Einheiten zur Verfügung, sein Beitrag zur Umweltauswirkung einer funktionellen Einheit wäre klein. Der Nutzen der Einbeziehung des Wasserspenders wäre also klein. Daher wird er nicht in das Produktsystem aufgenommen. Diese Abwägung muss an vielen Stellen getroffen werden. Es wird eine *Systemgrenze* festgelegt. Auch das Wasser selber wird sich in der Flasche und im Spender nicht groß unterscheiden. Es hat auf den Vergleich der beiden Produktsysteme Flasche und Wasserspender keinen Einfluss und muss nicht Bestandteil der Produktsysteme sein. Die Umwelt, die z. B. Energie in Form von Solarenergie, Wasser- und Windkraft als „Energierohstoff“ zur Verfügung stellt, wird ebenfalls nicht berücksichtigt. Die konkrete technische Maßnahme zur Erzeugung der Energie in Kraftwerken ist dagegen Teil des Produktsystems.

Die *Systemgrenze* ergibt sich dadurch, dass festgelegt wird, was für die Untersuchung des Produktsystems und insbesondere den Vergleich verschiedener Produktsysteme relevant ist und was nicht berücksichtigt werden muss. Außerhalb des Produktsystems liegt auch die Umwelt, die Energierohstoffe und materielle Rohstoffe bereitstellt oder Abwässer, Emissionen usw. aufnimmt. ▪

Eine Ökobilanz enthält auch die Wirkungsabschätzung. Dabei wird die Wirkung einer funktionellen Einheit auf die Umwelt in bestimmten *Wirkungskategorien* abgeschätzt und durch *Wirkungsindikatoren* angegeben:

- Die Auswirkungen auf das Klima (Wirkungskategorie Klimaänderung) wird in kg CO_2-Äquivalente angegeben (Wirkungsindikator CO_2-Fußabdruck), die mit der Erderwärmung verknüpft sind.
- In den 70er- und 80er-Jahren des 20. Jahrhunderts war in den Industrieländern die Versauerung der Böden durch Schwefeloxide in der Luft und das dadurch bedingte Sterben der Wälder ein großes Thema. Bei der Versauerung ist die Konzentration der Schwefeloxide und weiterer Gase wie Stickstoffoxide relevant, alle werden in kg SO_2-Äquivalenten zusammengefasst.
- In der Wirkungskategorie „Ressourcenverbrauch“ werden z. B. die Verbräuche von Erdöl und Erdgas in kg Rohöläquivalenten ermittelt.
- Umweltwirkungen im Zusammenhang mit Wasser wie die Verfügbarkeit von Wasser oder die Verschlechterung z. B. durch Überdüngung werden durch den Wirkungsindikator „Wasser-Fußabdruck“ wiedergegeben.

Der *CO_2-Fußabdruck* ist der Wirkungsindikator für die Wirkungskategorie Klimaänderung und gibt an, wie viele kg CO_2-Äquivalente durch ein Produktsystem erzeugt und der Umgebung entzogen werden. ▪

Die quantitative Bestimmung des CO_2-Fußabdrucks wird durch die ISO 14044 für die Ökobilanzen und speziell durch die ISO 14067 vorgegeben, vgl. Tabelle 5.11.

1 kg *CO_2-Äquivalent* bezeichnet die Menge eines bestimmten Gases in Kilogramm, das die gleiche Wirkung auf die Klimaänderung, also das gleiche *Treibhauspotenzial* oder *Global Warming Potential* (GWP), hat wie 1 kg CO_2. ▪

5.8.2 Normen zur Ökobilanz

In der erstmals 1996 herausgegebenen ISO 14040 [86] werden die Grundsätze und die Rahmenbedingungen für die Erstellung der Ökobilanz beschrieben. In ISO 14044 werden die Anforderungen an eine Ökobilanz aufgeführt [87]. Das sind Mindestanforderungen, die eingehalten werden müssen, um sagen zu können: „Diese Ökobilanz wurde nach ISO 14044 erstellt." Damit ist die Ökobilanz die einzige international genormte Methode zur Analyse der Umweltaspekte und potenziellen Wirkungen von Produktsystemen innerhalb der Normen zum Umweltmanagement („ISO 14000 Familie"). Aktuell existieren die in Tabelle 5.11 gelisteten internationalen Normen zur Ökobilanz. Es gibt noch weitere deutsche Normen für bestimmte Produkte und weitere Leitfäden.

Tabelle 5.11 DIN EN ISO-Normen zur Ökobilanz

Nummer	Titel
14040	Ökobilanz – Grundsätze und Rahmenbedingungen
14044	Ökobilanz – Anforderungen und Anleitungen
14045	Ökoeffizienzbewertung von Produktsystemen - Prinzipien, Anforderungen und Leitlinien
14046	Wasser-Fußabdruck – Grundsätze, Anforderungen und Leitlinien
14064	Treibhausgase Teil 1: Spezifikation mit Anleitung zur quantitativen Bestimmung und Berichterstattung von Treibhausgasemissionen und Entzug von Treibhausgasen auf Organisationsebene Teil 2: Spezifikation mit Anleitung zur quantitativen Bestimmung, Überwachung und Berichterstattung von Reduktionen der Treibhausgasemissionen oder Steigerungen des Entzugs von Treibhausgasen auf Projektebene Teil 3: Spezifikation mit Anleitung zur Validierung und Verifizierung von Aussagen über Treibhausgase
14067	Treibhausgase - Carbon Footprint von Produkten - Anforderungen an und Leitlinien für Quantifizierung

Eine Ökobilanz umfasst nach ISO 14044 vier Phasen, siehe Bild 5.19.

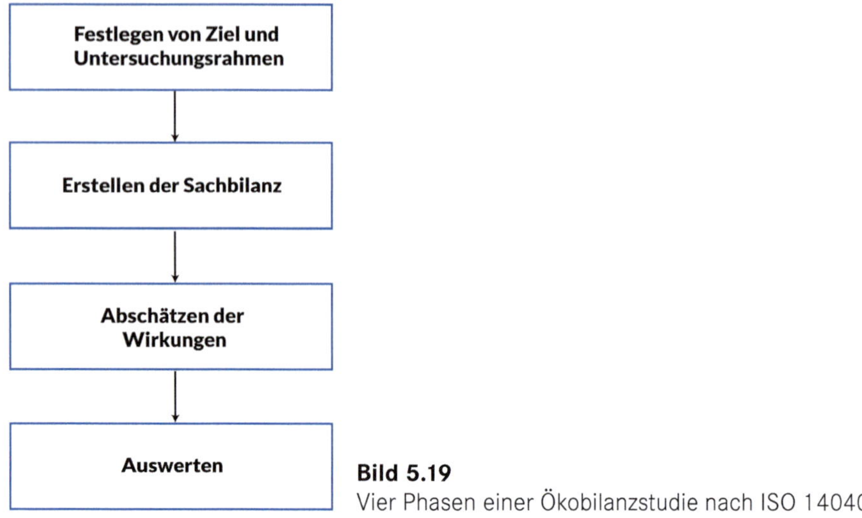

Bild 5.19
Vier Phasen einer Ökobilanzstudie nach ISO 14040

Die Bestandteile der vier Phasen müssen nach ISO 14044 mindestens folgende Anforderungen erfüllen:

- Ziel und Untersuchungsrahmen:
  - Ziel:

    Legt Anwendung der Ökobilanz, Gründe für ihre Durchführung, die angesprochene Zielgruppe und die Verwendung der Ergebnisse fest, insbesondere, ob vergleichende Aussagen gemacht werden sollen.
  - Untersuchungsrahmen:

    Definiert Produktsystem mit Funktionen, funktionelle Einheit, Systemgrenzen, Allokationsverfahren, Methoden für Wirkungsabschätzung und Auswertung, Anforderungen an Daten und die Datenqualität, getroffene Annahmen und Einschränkungen, Werthaltungen und Art der kritischen Prüfung sowie des Berichts.
- Sachbilanz:

  Umfasst die Zusammenstellung und Quantifizierung von Inputs und Outputs eines Produktes im Verlauf seines Lebensweges.
- Wirkungsabschätzung:

  Dient dem Erkennen und der Beurteilung der Größe und Bedeutung von potenziellen Umweltwirkungen eines Produktsystems im Verlauf des Lebensweges des Produktes.
- Auswertung:

  Beurteilt die Ergebnisse der Sachbilanz oder der Wirkungsabschätzung oder von beiden bezüglich des festgelegten Ziels und Untersuchungsrahmens, um Schlussfolgerungen abzuleiten und Empfehlungen zu geben.

5.8.3 Datenquellen für Ökobilanzen

Daten werden für die Sachbilanz innerhalb einer Ökobilanz benötigt. Sie werden zum Teil von Wirtschaftsverbänden auf der Basis der Daten der Mitgliedsunternehmen gesammelt, die Rohstoffe verarbeiten, vgl. Kapitel 1, oder Halbzeuge und Produkte herstellen. Diese Daten werden dann in Datenbanken zum Teil kostenlos zur Verfügung gestellt.

Tabelle 5.12 Datenbanken für Ökobilanzen

Name	URL
EcoInvent	*https://ecoinvent.org/*
GaBi	*https://gabi.sphera.com/databases/gabi-databases/plastics/*
SimaPro	*https://simapro.com/*
Global LCA Data Access Netzwerk (GLAD)	*https://www.globallcadataaccess.org/*

Erste Hinweise auf vorteilhafte Werkstoffe und Verarbeitungsverfahren für die Produktentwicklung gibt die App *Idemat* [88].

PlasticsEurope stellt für die bedeutendsten Kunststoffe Lebenswegdaten auf seiner Homepage als Inputdaten für eine Sachbilanz bereit [89].

Die Europäische Union stellt Regularien und auch Daten zur Durchführung von Ökobilanzen auf ihren Seiten zum International Life Cycle Data System (ILCD) zur Verfügung [90].

Das Umweltbundesamt veröffentlicht viele Studien, darunter auch einige zu Ökobilanzen für spezielle Produkte oder Produktgruppen.

Und schließlich gibt es eine wissenschaftliche Fachzeitschrift, „The International Journal of Life Cycle Assessment“, die zum Thema „Ökobilanz“ gegründet wurde. Als wissenschaftliche Zeitschrift widmet sie sich der Weiterentwicklung der LCA-Methode.

■ 5.9 Beitrag von Kunststoffen zu einer nachhaltigen Entwicklung

Kunststoffe können an allen Stellen zur Erreichung der von den Vereinten Nationen formulierten 17 Ziele für nachhaltige Entwicklung (siehe Bild 5.4) beitragen, da sie in Produkten in allen Lebensbereichen eingesetzt werden. Der Beitrag von Werkstoffen allgemein und Kunststoffen im Speziellen ergibt sich vor allem dadurch, dass, bezogen auf den aktuellen Zustand,

- Ressourcen eingespart werden durch einen geringeren Verbrauch von
  - Rohstoffen,
  - Flächen und
  - Wasser sowie
- Energie eingespart wird durch
  - geringere Massen in bewegten Systemen,
  - geringere Energien zur Erzeugung und Verarbeitung von Kunststoffen im Vergleich zu bislang eingesetzten Werkstoffen und
  - mehr Energie nachhaltig erzeugt werden kann, wodurch konventionelle Energieerzeugung ersetzt wird.

Weil durch entsprechende Maßnahmen weniger Ressourcen und Energie bei gleichem Nutzen eingesetzt werden, wird von *Ressourcen-* und *Energieeffizienz* gesprochen.

Der Klimawandel wird durch Energieeinsparungen direkt bekämpft (Nachhaltigkeitsziel 13), weil zurzeit noch mehr konventionelle Energieträger (Kohle, Öl und Gas) als erneuerbare Energien zur Energieerzeugung genutzt werden, vgl. Bild 5.20 [91]. Durch die Verbrennung von Kohle, Öl und Gas entstehen Treibhausgase wie CO_2, die zur Erderwärmung beitragen.

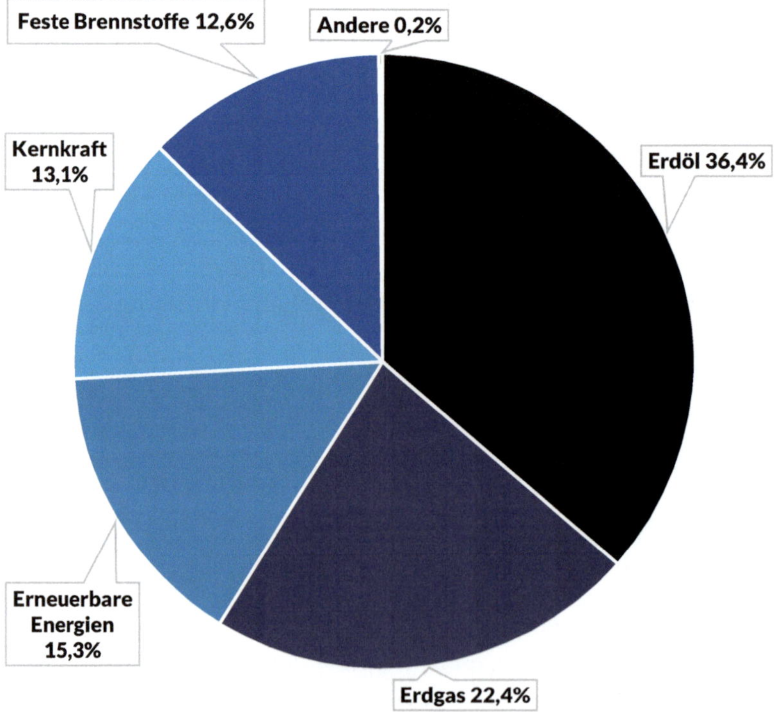

Bild 5.20 Energiemix in der Europäischen Union 2019 [91]

Dass die Vermehrung von Wohlstand (gemessen als Bruttoinlandsprodukt, BIP) und die gleichzeitige Senkung des Energieverbrauchs möglich ist, also Maßnahmen zur Energieeffizienz wirken, zeigt die Entwicklung der Energieproduktivität für Deutschland von 1990 bis 2019.

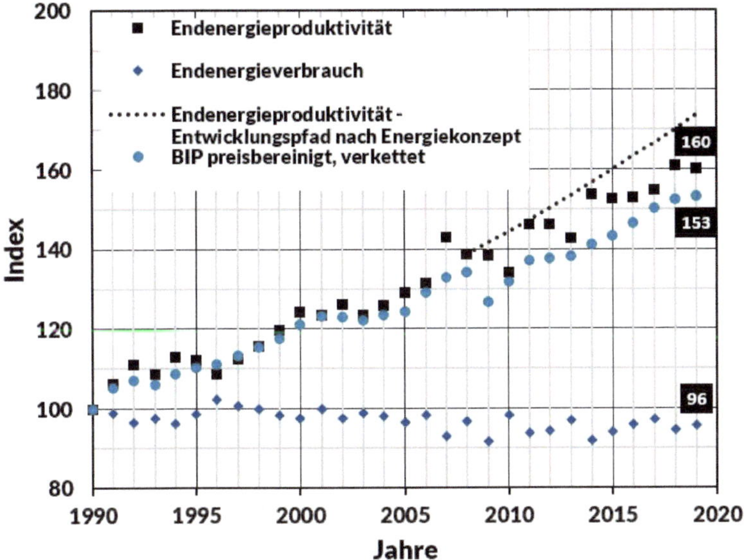

Bild 5.21 Zeitliche Entwicklung der Energieproduktivität in Deutschland von 1990 bis 2019 [92]

Meist werden durch den Einsatz von Kunststoffen Beiträge in beiden Bereichen geleistet, also gleichzeitig Ressourcen und Energie eingespart. Einige Beispiele sollen die mit Kunststoffen erreichbaren großen, aber wenig bekannten Effizienzsteigerungen verdeutlichen.

5.9.1 Verringerung von Lebensmittelabfällen durch Kunststoffverpackungen

Verpackungen erfüllen generell vier wesentliche Zwecke:

- Schutz des Füllguts vor äußeren Einflüssen und Schutz der Umwelt vor dem Füllgut,
- Vereinfachung von Transport und Lagerung,
- Vereinfachung der Nutzung des Füllguts z. B. durch verschließbare Öffnungen und
- Bereitstellung von Informationen (z. B. Mindesthaltbarkeitsdatum, Sammelsystem, Inhaltsstoffe, Rückverfolgbarkeit des Produkts).

Dabei kann zunächst festgehalten werden, dass die Umweltauswirkungen von Lebensmittelverpackungen auf die Klimaerwärmung gemessen in CO_2-Äquivalenten und bezogen auf die CO_2-Äquivalente von Lebensmitteln in Europa zwischen 3,0–3,5 % betragen.

Tabelle 5.13 Anteil des CO_2-Äquivalents der Verpackung am CO_2-Äquivalent des verpackten Lebensmittels [93] und Quellen dort

Lebensmittel	Anteil CO_2-Äquivalent in %	Lebensmittel	Anteil CO_2-Äquivalent in %
Butter	0,4	Brot	3
Roastbeef	0,5–0,6	Fischstäbchen	3,2
Rinderschnitzel	0,6–0,7	Spinat, gefroren	3,4
Hefezopf	0,7–1,5	Milch	4
Camembert	0,9–1,5	Bier	4
Schnittkäse	1,2–3,2	Milchschokolade	7,0
Schinken	1,5–4,1	Gemüse, tiefgefroren	10
Kaffee, gemahlen	1,6	Minigurken	10–23
Frischkäse	1,6–2,9	Früchte, tiefgefroren	11
Salatgurke	2	Snacktomaten	ca. 12
Eier	2,3–2,7	Kräuter, tiefgefroren	18

Für die Beantwortung der Frage, ob dieser kleine Anteil notwendig oder verzichtbar ist, darf allerdings nicht der Anteil alleine betrachtet werden, sondern es müssen für die Verpackung Aufwand und Nutzen abgewogen werden.

Schutz führt zu Abfallvermeidung

Der Schutz des Füllguts ist bei Lebensmittelverpackungen entscheidend für den Ressourcenverbrauch und die CO_2-Bilanz [93]:

- Verpackungen steigern die Haltbarkeit des Lebensmittels, verlängern also das *Mindesthaltbarkeitsdatum* und – bei leicht verderblichen Lebensmitteln wie Hackfleisch – das *Verbrauchsdatum* [94].
- Lebensmittel, die länger haltbar sind, werden im Handel später entsorgt:
  - Bei Ablauf des Mindesthaltbarkeitsdatums werden Lebensmittel entsorgt, weil mit diesem Datum die Verantwortung vom Produzenten auf den Handel übergeht.
  - Bei Ablauf des Verbrauchsdatums dürfen Lebensmittel nicht mehr verkauft werden.
- Bei der Produktion von Lebensmitteln werden Ressourcen verbraucht und es entstehen CO_2-Emmissionen. Werden Lebensmittel entsorgt, waren Ressourcenverbrauch und CO_2-Emmissionen ohne jeden Nutzen.

Die Frage ist somit, ob Ressourcenverbrauch und CO_2-Emmissionen durch Herstellung, Nutzung und Entsorgung einer Verpackung geringer sind als durch die durch die Verpackung vermeidbare Entsorgung von Lebensmitteln.

Messbar ist die Schutzwirkung im Lebensmittelhandel, da dort Abfallmengen ermittelt und mit der Haltbarkeit korreliert werden können.

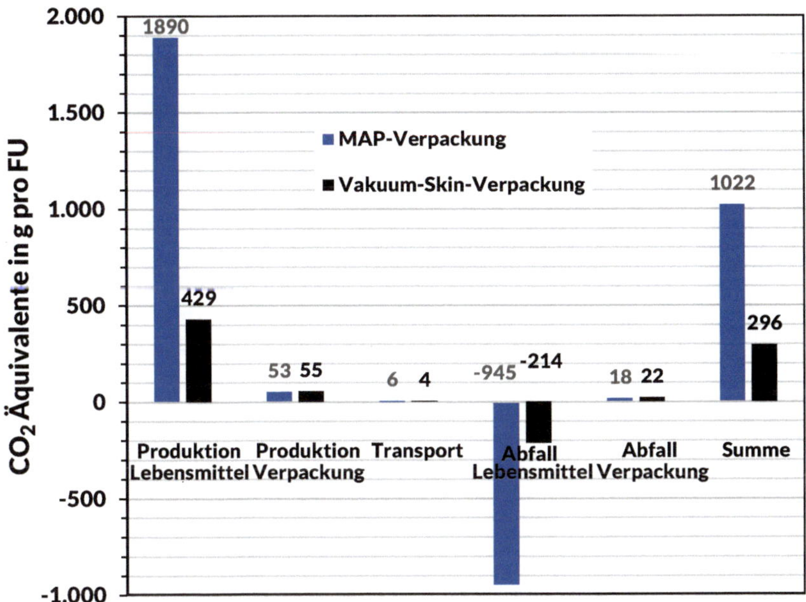

Bild 5.22 Einsparung von CO_2-Äquivalenten durch verlängerte Haltbarkeit aufgrund einer verbesserten Verpackung für Roastbeef (nach [95]), FU = functional unit, hier 330 g Roastbeef

Am Beispiel „Roastbeef" werden eine Verpackung aus einer EPS-Schale mit Deckelfolie und Schutzgasfüllung (MAP-Verpackung; modified atmosphere packaging, MAP) sowie eine Vakuum-Skin-Verpackung aus einer PS-Basisfolie mit PE-EVA-Oberfolie verglichen [95]. Die Mindesthaltbarkeit des Roastbeefs wird von sechs Tagen für die MAP-Verpackung auf 16 Tage für die Vakuum-Skin-Verpackung gesteigert, weshalb im Handel der Abfall von 13,7 % für die MAP-Verpackung auf 3,1 % für die Vakuum-Skin-Verpackung gesenkt wird. Dadurch reduzieren sich die CO_2-Äquivalente für die Produktion des Fleisches von 1890 g CO_2-Äquivalente auf 429 g CO_2-Äquivalente und ebenfalls im gleichen Verhältnis die CO_2-Äquivalente für die Entsorgung des Abfalls des Fleisches.

Während bei Herstellung und Entsorgung der Skin-Verpackung zwar 6 g mehr CO_2-Äquivalente entstehen als bei der MAP-Verpackung, werden durch die Verringerung des Abfalls im Handel 730 g CO_2-Äquivalente bei der Fleischproduktion und Entsorgung des Fleischabfalls eingespart. Dass bei der Entsorgung des Lebensmittelabfalls CO_2-Äquivalente eingespart werden, liegt an der nach EU-Verordnung Nr. 1069/2009 [96] zur möglichen Weiterverarbeitung zu Tierersatznahrung statt der für Lebensmittelabfälle üblichen Biogaserzeugung sowie Kompostierung.

Für Roastbeef ergibt sich somit, dass durch eine verbesserte Verpackung aus Kunststoffen

- der Abfall im Lebensmitteleinzelhandel um 10,6 % reduziert und dadurch
- das 244-Fache der CO_2-Äquivalente für Produktion und Entsorgung der Verpackung bei Produktion und Entsorgung des Fleisches eingespart werden kann.

Auf die Verpackung selbst bezogen (77 g CO_2-Äquivalente) wird knapp das Zehnfache eingespart (730 g CO_2-Äquivalente)

Roastbeef ist ein Beispiel für ein hochwertiges Produkt, bei dessen Herstellung große Mengen CO_2-Äquivalente freigesetzt werden, sodass die Lebensdauer verlängernde Verpackungen zu großen Einsparungen von CO_2-Äquivalenten führen.

Ein anderes Beispiel sind Salatgurken, bei denen die Verpackung, ein Schrumpfschlauch aus PE-LD, insbesondere den Wasserverlust minimiert und damit Bissfestigkeit und Geschmack erhält.

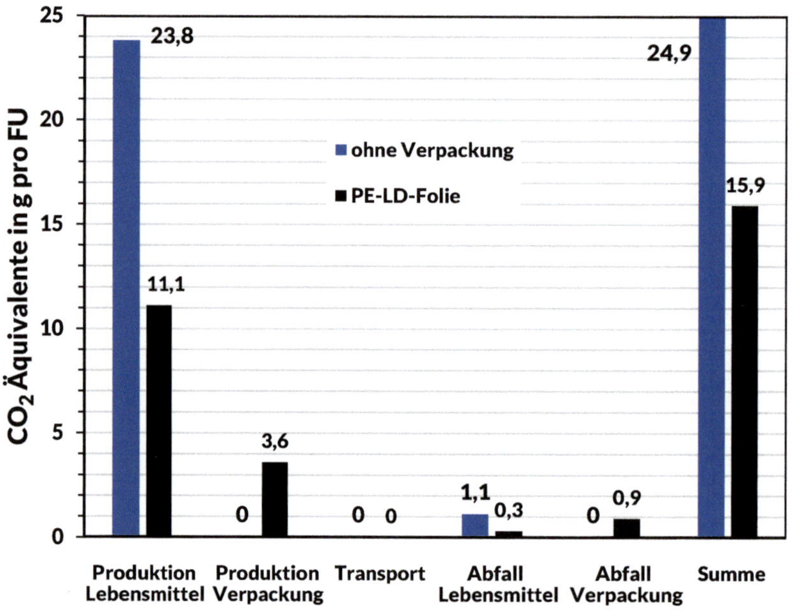

Bild 5.23 Einsparung von CO_2-Äquivalenten durch verlängerte Haltbarkeit aufgrund einer Verpackung für eine Salatgurke im Vergleich zum unverpackten Produkt (nach [95]), FU = functional unit, hier 480 g Salatgurke

Hier führt die Verpackung zu einer Reduktion des Abfalls im Handel von 10,3 auf 4,8 % im Vergleich zu einer nicht verpackten Salatgurke [95]. Die Salatgurke wiegt 480 g und erzeugt in der Produktion 24,9 g CO_2-Äquivalente, die PE-LD-Folie wiegt 1,5 g und erzeugt 4,5 g CO_2-Äquivalente.

Durch die Verpackung der Salatgurke mit PE-Folie wird

- der Lebensmittelabfall um 5,5 % reduziert und dadurch
- das Dreifache (13,5 g CO_2-Äquivalente) der für die Produktion und Entsorgung der PE-Folie erzeugten CO_2-Äquivalente eingespart.

Dieses Beispiel steht für ein Produkt, bei dem es auf die genaue Betrachtung der CO_2-Bilanz ankommt. Wenn die CO_2-Äquivalente bei der Produktion der Salatgurke durch Kauf regionaler Gurken mit kurzen Transportwegen ohne Anbau im Gewächshaus und in deren Anbausaison minimiert werden und wenn die Abfälle bei Händler und Konsument 6 % der Abfälle der verpackten Variante nicht überschreiten, dann erzeugt eine Verpackung keinen Nutzen.

Tabelle 5.14 Nutzen von Verpackungen aus Kunststoffen durch Einsparung von Lebensmittelabfällen

	Roastbeef	Salatgurke
CO_2-Äquivalente für Produktion und Entsorgung des Produkts	945 g	24,9 g
CO_2-Äquivalente für Produktion und Entsorgung der Verpackung	77 g	4,5 g
Anteil der CO_2-Äquivalente der Verpackung am Gesamtprodukt	8,1 %	18,1 %
Reduktion des Lebensmittelabfalls im Einzelhandel durch die Verpackung	von 13,7 auf 3,1 %	von 10,3 auf 4,8 %
Einsparung CO_2-Äquivalente durch Abfallvermeidung	730 g	13,5 g
Nutzen durch Verpackung als Verhältnis der CO_2-Äquivalente der Einsparung bezogen auf die CO_2-Äquivalente für Produktion und Entsorgung der Verpackung	9,5-fach	3-fach

Zusammenfassend ist anzumerken, dass Verpackungen aus Kunststoffen in vielen Fällen zur Vermeidung von Lebensmittelabfällen beitragen, also zu einer Effizienzsteigerung bei der Lebensmittelversorgung, und damit schließlich zu

- einem geringeren Flächenverbrauch und zu weniger CO_2-Emmissionen in der Landwirtschaft,
- zu einem geringeren Energieverbrauch beim Transport der Lebensmittel und
- zu weniger Aufwand bei der Abfallverwertung.

5.9.2 Weniger Treibstoffverbrauch durch Leichtbau mit Kunststoffen

Ungefähr 27 % des gesamten deutschen Endenergieverbrauchs von 2,333 · 10^9 kWh (Terawattstunden) wurden im Jahr 2020 im Verkehrssektor verbraucht. Davon stammen 91,8 % aus Mineralölprodukten, gut 6,1 % sind Biokraftstoffe und 1,8 % betrug der Anteil von Strom inklusive erneuerbarer Energien [97].

Aus physikalischer Sicht dient die Energie der Beschleunigung, der Überwindung von Luftwiderstand und Rollwiderstand sowie der Steigerung der Höhe (potenzielle Energie). Die Energie zur Beschleunigung und die Energie zur Steigerung der Höhe sind beide direkt proportional zur Masse des Fahrzeugs.

Durch Leichtbau können je nach Szenario ungefähr 0,2 l Treibstoff pro 100 km Fahrstrecke und 100 kg Massereduktion eingespart werden. Die spezifischen CO_2-Einsparungen pro km Fahrstrecke betragen bei einer Reduktion der Masse um 100 kg zwischen 3 und 10 g CO_2/km für Personenkraftwagen und zwischen 3 und 9 g CO_2/km für Lieferwagen (Kastenwagen). Über die gesamte Lebensdauer aufsummiert ergeben sich damit Einsparungen von 1 bis 2 t CO_2 pro 100 kg Massereduktion für ein Fahrzeug (Pkw und Lieferwagen) [98].

Daher ist die Reduktion der Masse von Flugzeugen und Fahrzeugen aller Art ein zentrales Ziel bei ihrer Entwicklung sowie in Strategien zur Senkung des Ressourcenverbrauchs im Allgemeinen. Weil immer mehr Funktionen und immer mehr Komfort in Flug- und Fahrzeuge integriert werden, kann dies nur durch Materialien mit geringer Dichte erreicht werden, vgl. Bild 5.24.[3] Diese haben neben der geringeren Dichte auch eine geringere Steifigkeit als Stahl, trotzdem kann mit Kohlenstofffaser-Kunststoff-Verbundwerkstoffen mit unidirektional orientierten Fasern die Masse auf 24 % der Masse der Stahlbauweise reduziert werden [99].

Daher nimmt neben dem Anteil von Aluminium und Magnesium vor allem der Anteil der Kunststoffe in Flug- und Fahrzeugen immer weiter zu. 2012 wird der Massenanteil der Kunststoffe im Automobil auf 15–20 % geschätzt, sodass ca. 250 kg Kunststoffe vor allem im Interieur (62 % der Kunststoffe) eingesetzt werden [100]. Im Jahr 2022 wird der Anteil der Kunststoffe am Fahrzeug mit 15 % angegeben [101].

[3] Das Potenzial wird für einen Biegebalken dargestellt, der bei einer Länge von 1000 mm mit einer Kraft von 1000 N belastet wird und unabhängig vom Material und seinem E-Modul um 5 mm ausgelenkt werden darf [99].

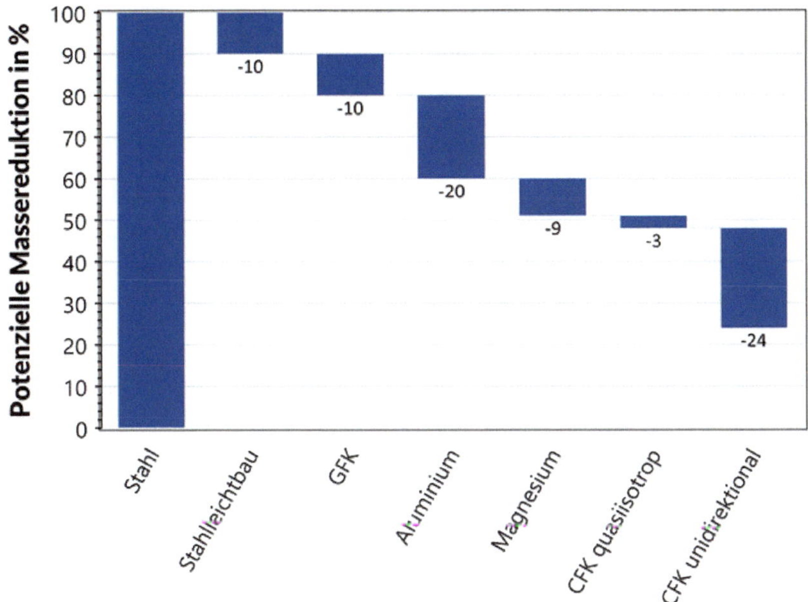

Bild 5.24 Leichtbaumöglichkeiten durch Werkstoffaustausch [99]

5.9.3 Energieeinsparungen durch Kunststoffdämmstoffe

Ungefähr 50 % des gesamten deutschen Endenergieverbrauchs von $2{,}333 \cdot 10^9$ kWh (Terawattstunden) im Jahr 2020 wurden für die Wärmeerzeugung verbraucht: als Raumwärme oder zur Klimatisierung, für Warmwasser, Prozesswärme oder zur Kälteerzeugung [97].

Vom Energiebedarf der privaten Haushalte in Deutschland entfallen ungefähr zwei Drittel auf die Erzeugung von Raumwärme. Das entsprach 2017 einer Energiemenge von $0{,}464 \cdot 10^9$ kWh und damit ca. 20 % aller in Deutschland verbrauchten Energie [102]. Soll der Energieverbrauch in Deutschland aus Klimaschutzgründen oder wegen der Unabhängigkeit von Energieexporteuren reduziert werden, ist es also sehr lohnend, den Wärmeverbrauch von Gebäuden zu reduzieren. Eine Maßnahme dazu ist die Dämmung der Gebäude.

Gebäudedämmung wird durch Dämmstoffe realisiert, die meist von außen auf die Fassade aufgebracht werden. Hierdurch wird in unseren Breitengraden die Wärmeleitung im Winter von innen nach außen und damit der Bedarf an Heizenergie minimiert. In südlichen Ländern steht eher der sommerliche Schutz vor zu hohen Temperaturen im Vordergrund. Hier werden z. B. reflektierende Folien im Dachbereich und weiße Gebäudeanstriche genutzt.

Soll die Wärmeleitung auf der Gebäudefassade reduziert werden, müssen Materialien mit einer geringen Wärmeleitfähigkeit verwendet werden. Dämmstoffe müssen dazu eine Wärmeleitfähigkeit kleiner als 0,1 W/(K·m) haben. Meist werden hierzu Schäume oder Faserstoffe verwendete, bei denen Luft oder Gase in kleinen Hohlräumen eingeschlossen werden. Die wärmedämmende Wirkung wird größer, wenn die Wärmeleitfähigkeit des verwendeten Materials abnimmt oder die Dicke der Dämmschicht zunimmt. Letzteres aber führt zu mehr Ressourcenverbrauch und nach der Nutzungsphase der Dämmung zu mehr Abfall.

Es gibt einige mögliche Dämmstoffe und Produktformen [103]:

- mineralische Dämmstoffe:
  - Platten, Matten: Kalzium-Silikat, Glaswolle, Perlit, Steinwolle, Vermikulit
  - Schäume: Beton, Gips, Glas, Perlit
  - Einblasprodukte: Glaswolle, Steinwolle
  - Schüttungen, Stopfmassen: Blähton, Glaswolle, Perlit, Steinwolle, Vermikulit
- organische Dämmstoffe aus nachwachsenden Rohstoffen:
  - Platten, Matten: Baumwolle, Flachs, Hanf, Holzweichfaserplatte, Holzwolle-Leichtbauplatte, Kokos, Kork, Polyester, Schafwolle, Cellulose
  - Einblasprodukte: Baumwolle, Flachs, Hanf, Holz (Wolle, Späne), Cellulose
  - Schüttungen, Stopfmassen: Baumwolle, Flachs, Hanf, Holzwolle, Hobelspäne, Jute, Kokos, Kork, Schafwolle, Cellulose
- organische Dämmstoffe aus fossilen (synthetischen) Rohstoffen:
  - Hartschaumplatten: Melaminharz, Phenolharz, Polystyrol, Polyurethan
  - Ortschäume: Harnstoff-Formaldehyd (UF), Polyurethan
- Verbundsysteme:
  - Wärmedämmverbundsysteme, Hartschaum- und Mineralfaser Mehrschicht-Leichtbauplatten, Vakuum-Isolationspaneele
  - sonstige Verbundplatten

Dabei ist es so, dass alle Dämmstoffe in ihrer Nutzungsphase von 40 Jahren deutlich mehr Energie einsparen, als für ihre Herstellung benötigt wird. Unter rein energetischen Gesichtspunkten[4] muss das Ziel also sein, den Dämmstoff zu verwenden, bei dem die Differenz zwischen dem Energieaufwand bei Herstellung und Abfallverwertung sowie der eingesparten Energie maximal ist.

Für die Dämmstoffplatten aus Kunststoffen wird zwar am meisten Primärenergie für ihre Herstellung benötigt, allerdings ist ihre Wärmeleitfähigkeit auch sehr ge-

[4] Diese Betrachtung trägt zur Minimierung des Wirkungsindikators CO_2-Fußabdruck bei. Werden andere Wirkungsindikatoren wie z. B. Ressourcenverbrauch (Erdöl) oder Wasser-Fußabdruck (Verfügbarkeit von sauberem Wasser) betrachtet, wird die Bewertung einer Ökobilanz eine andere sein.

ring, vgl. Tabelle 5.15. Der Unterschied zwischen einem Wert von 0,025 W/(K·m) für Polyurethan und 0,035 W/(K·m) für Stein- oder Glaswolle ist relevant. Denn eine Dämmschicht aus Polyurethan muss nur etwa halb so dick sein wie eine gleich gut dämmende aus Stein- oder Glaswolle.

Zusätzlich zur niedrigen Wärmeleitfähigkeit weisen insbesondere die Polyurethanschäume eine große Druckfestigkeit auf. Daher sind Platten aus Polyurethandämmstoffen besonders gut für die Fußboden- und Dachdämmung geeignet.

Tabelle 5.15 Eigenschaften und Primärenergiebedarf für die Herstellung von Dämmstoffen für die Dämmung von Außenwänden [104]

Dämmstoff	Wärmeleitfähigkeit in W/(K·m)	Primärenergiebedarf für die Herstellung in kWh/m³
Holzweichfaserplatte	0,045–0,055	280 ... 1160
Korkplatten	0,045–0,055	320 ... 420
Glaswolle	0,035–0,050	100 ... 800
Steinwolle	0,035–0,050	100 ... 1400
Polystyrolhartschaumplatten, EPS	0,035–0,040	340 ... 740
Polystyrolhartschaumplatten, XPS	0,035–0,040	500 ... 1800
Polyurethanhartschaumplatte	0,025–0,035	840 ... 1500

Der Primärenergiebedarf ist angegeben für die Herstellung inklusive vorgelagerte Prozesse wie Erdöl- oder Holzgewinnung. Die Primärenergie wird auf 1 m^3 Produkt bezogen. Sie schwankt, weil unterschiedliche Produktionsprozesse und Materialdichten betrachtet werden.

5.9.4 Wasser- und Energieeinsparung in der Landwirtschaft

In der Landwirtschaft und im Gartenbau in Deutschland wurden 2019 ungefähr 1,1 Millionen t Kunststoffe als Betriebsmittel für vielfältige Anwendungen eingesetzt [105, 106]:

- Folien:
  - Gewächshäuser und -tunnel
  - Mulchen und Schutzsysteme im Pflanzenbau
  - Silage im Futterbau
- Rohre und Verbindungsstücke:
  - Bewässerungssysteme
- Pflanzhilfen:
  - Pflanzstäbe, -pfähle, Drähte, Kabelbinder, Schnüre und Bänder zur Befestigung von Pflanzen, außerdem Netze, Hüllen und Säulen für den Verbiss-,

Mäh- und Herbizidschutz im Gemüse-, Wein- und Obstbau sowie in Baumschulen
  - Pflanztöpfe, -container und -hilfen
- Erntekisten
- technische und logistische Ausrüstungen in landwirtschaftlichen Betrieben

Dabei kommen verschiedene Kunststoffe zum Einsatz wie glasfaserverstärktes Polyamid (Pfähle/Stäbe), PVC (Bänder, Schläuche) sowie Polypropylen (PP) und Polyethylen (PE) (Netze, Hüllen) [105].

Der Nutzen von Folien für Gewächshäuser und -tunnel, vgl. Bild 5.25, ist dabei vielfältig [107]:

- Gewächshäuser und -tunnel schützen Pflanzen vor Starkregen und vor allem in südlichen Ländern auch vor zu starker Sonneneinstrahlung, sodass Ausfälle vermindert werden können und pro Flächeneinheit mehr geerntet werden kann.
- In ihnen wird es dank der Sonneneinstrahlung früher im Jahr warm, weshalb heimische Früchte und Gemüse eher aus regionalen Quellen angeboten werden können. Transporte aus ferneren Ländern mit den damit verbundenen Treibhausgasemissionen werden dadurch reduziert.

Bild 5.25 Gewächshaus mit Erdbeerfeld bei Darmstadt

Mulchfolien, wie Bild 5.25 unter den Erdbeeren und in Bild 5.26 auf den Spargeldämmen zu erkennen, dienen wie die Gewächshäuser zur Erwärmung des Bodens und der frühen Ernte, haben aber noch weitere Nutzen:

- Sie verhindern das Austrocknen der Böden und vermindern damit den Wasserverbrauch in der Landwirtschaft.

- Außerdem verhindern sie das Wachstum von anderen Pflanzen („Unkräuter") und vermindern dadurch den Einsatz von Herbiziden.
- Die Kulturen werden vor Schädlingen geschützt, was den Einsatz von Pestiziden reduziert.
- Bei den im Spargelanbau genutzten Folien kommen noch zwei Aspekte hinzu:
  - Die opaken Folien verhindern erstens das Violettwerden der Spargelköpfe beim Auswachsen aus dem Damm und damit eine Einstufung der Spargelstangen in eine niedrigere Qualitätsstufe mit geringerem Preis.
  - Außerdem hat die weiße Seite eine kühlende und die schwarze Seite eine wärmende Funktion, sodass die Erntezeitpunkte für jeden Damm einzeln taggenau gesteuert werden können und am Wochenende mehr Spargel geerntet werden kann als an Wochentagen. Lebensmittelverschwendung durch nicht verkaufte Ware wird minimiert.

Die Folien können acht Jahre verwendet und dann dem Recycling zugeführt werden.

Bild 5.26 Feld mit einzelnen Spargeldämmen und klimaregulierenden Mulchfolien bei Darmstadt

5.9.5 Schutzmasken aus Kunststoffen

Während der Coronapandemie wurde das Tragen von Masken zur Pflicht zum Schutz vor Viren oder Flüssigkeitströpfchen, an denen Viren haften können. Dabei gibt es zwei technisch gegenläufige Ziele:

- Coronaviren haben eine Größe von 80 bis 140 nm [108], Flüssigkeitströpfchen weisen Größen zwischen 1 nm und mehr als 100 µm [109] auf. Diese sollen wirksam aus der Atemluft sowohl beim Ausatmen (Schutz anderer Menschen) wie auch beim Einatmen (Eigenschutz) gefiltert werden. Dies kann durch Filter mit entsprechend kleinen Poren realisiert werden.
- Der Widerstand im Luftstrom beim Atmen soll nicht so groß werden, dass das Atmen schwerfällt und deswegen andere gesundheitliche Beschwerden entstehen. Dies lässt sich durch entsprechend große Poren realisieren.

Dieser Zielkonflikt wird durch Vliese aus dem unpolaren Kunststoff Polypropylen gelöst, vgl. Bild 5.27.

Bild 5.27 Rasterelektronenmikroskopische Aufnahme des innenliegenden Filtervlieses aus einer mehrlagigen FFP2-Maske. Die meisten einzelnen Filamente haben Durchmesser von ca. 2 µm.

Die Filtervliese werden mittels Melt-Blown-Extrusion hergestellt [110] und bestehen aus sehr vielen ungeordneten Fasern mit Durchmessern von weniger als 1 µm. Die Filterwirkung eines Vlieses wird generell durch mehrere Effekte erzeugt [111]:

- Abfang- oder Siebeffekt: Partikel fliegen direkt auf Fasern zu und bleiben dort haften. Oder sie bleiben zwischen Fasern hängen. Dazu müssen sie größer als die Faserzwischenräume sein. Das trifft auf die Flüssigkeitströpfchen zu.
- Trägheitseffekt: Der Luftstrom bewegt sich auf die Fasern zu und wird um sie herum abgelenkt. Er nimmt die Partikel mit, die wegen ihrer Massenträgheit dem Luftstrom, aber nicht um die Fasern herum folgen können. Sie bleiben an den Fasern haften.

- Diffusionseffekt: Sehr kleine Partikel folgen nicht direkt dem Luftstrom, sondern bewegen sich ungeordnet zwischen verschiedenen Bahnen des Luftstroms, sie diffundieren also. Bei dieser ungeordneten Bewegung können sie auf Fasern treffen und dort haften, während die Luft um die Fasern herum strömt.
- Elektrostatische Anziehung: Kleine Partikel und Fasern sind unterschiedlich geladen und ziehen sich deshalb an.

Von diesen Effekten ist insbesondere die elektrostatische Anziehung zum Filtern der sehr kleinen Viren geeignet. Die dafür notwendigen entgegengesetzten Ladungen von Viren und Fasern können dabei durch Reibung der beiden erzeugt werden. Dafür eignen sich Fasern aus unpolaren, isolierenden Kunststoffen wie Polypropylen besonders, da Oberflächenladungen auf ihnen nicht abgeführt werden können. Die Oberflächenladungen auf den Vliesfasern können zudem vorab erzeugt werden, indem die Vliese bereits bei der Produktion in starken elektrischen Feldern mit Spannungen von 30-kV mit Ladungen belegt werden [110]. Wenn die Fasern sehr kleine Faserdurchmesser aufweisen, wie dies bei der Melt-Blown-Extrusion möglich ist, ist das Oberflächen-Volumen-Verhältnis besonders groß. Es ergibt sich eine große geladene Oberfläche bei kleinem Materialeinsatz und kleiner Filtermasse, also sehr effektive und effiziente Filter.

Diese Filtervliese sind so nur mit Kunststoffen realisierbar. Sie ließen sich mit leitenden Materialien nicht erzeugen, sodass metallische Filter ausscheiden. Gläser als Fasermaterial scheiden wegen ihrer Bruchanfälligkeit aus. Naturfasern haben ungefähr 100-fach größere Durchmesser. Diese Anwendung ist daher nur aus Kunststoffen realisierbar. Zudem sprechen die geringen Kosten und die geringe Dichte, also das gewünschte geringe Gewicht der Masken für Kunststoffe.

5.9.6 Kunststoffe als Enabler für die Nutzung regenerativer Energien

Nachhaltige Energieerzeugung basiert auf der Nutzung von Energierohstoffen (vgl. Abschnitt 5.8.1), die von der Natur zur Verfügung gestellt und in der Lebenszeit von Menschen oder in deutlich kürzeren Zeiten regeneriert werden. Dies sind die sogenannten regenerativen Energien Solarenergie, Wasser- und Windkraft. Diese werden meist in elektrische Energie gewandelt. Für diese Umwandlung werden technische Systeme verwendet, die wenige Verluste bzw. einen hohen Wirkungsgrad haben sollten.

Bei Windkraftanlagen [112] wird dies heutzutage realisiert, indem Rotoren aus drei Rotorblättern mit Rotordurchmessern von 100 bis 180 m und horizontalen Drehachsen auf Türmen mit Höhen von 100 m und mehr verwendet werden, siehe Bild 5.28. Die Energieausbeute steigt mit zunehmender Turmhöhe, weil der Wind mit größerem Abstand vom Boden gleichmäßiger und stärker weht. Die Energieausbeute steigt mit dem Rotordurchmesser, weil nur der Wind, der durch den vom Rotor beschriebenen Kreis hindurchweht, Energie abgeben kann.

Bild 5.28 Windkraftanlagen (Photo 13790907 © Miyazawa | Dreamstime.com)

Daher werden Rotorbauweisen und dafür Materialien benötigt, die

- große Rotoren,
- über die Lebensdauer von mindestens 20 Jahren stabile, robuste und sichere Anlagen sowie
- kostengünstig zu errichtende und zu betreibende Anlagen

ermöglichen.

Generell einsetzbare und aus dem Flugzeugbau über die Jahrzehnte bekannte Materialien sind [112]:

- Aluminium
- Stahl
- Titan
- Faser-Kunststoff-Verbunde mit Glas-, Kohlenstoff- oder Aramidfasern
- Holz

Hochfeste Stähle scheiden wegen der Materialkosten aus, Aluminium wegen der zu teuren Fertigungstechnologie für große Rotoren und Titan wegen beidem. Bei Holz und Aramidfasern sind die Wasseraufnahme und bei Holz zusätzlich die mögliche Fäulnis ein Problem. Es bleiben also für heutige Windkraftanlagen nur Glasfaser-Kunststoff-Verbunde und bei noch größer werdenden Rotoren Kohlenstofffaser-Kunststoff-Verbunde als mögliche Materialien übrig.

Diese beiden Faser-Kunststoff-Verbunde weisen mit Epoxiden als Matrix die höchste spezifische Bruchfestigkeit (Zugfestigkeit bezogen auf die Masse) aller in Betracht kommenden Werkstoffe auf. Dieser Wert ist wegen der hohen Drehzahlen der Rotoren und der daraus resultierenden Zugkräfte im Rotorblatt relevant. Ebenfalls relevant ist die Dauerfestigkeit bei Biegebelastung, da die Rotorblätter sich bei einer Umdrehung wegen ihres Eigengewichts zweimal in entgegengesetzte Richtung biegen und somit während ihrer Lebensdauer mehr als 10^7 Lastwechsel überstehen müssen. Hier weist der Glasfaser-Epoxid-Verbund vergleichbare und der Kohlenstofffaser-Epoxid-Verbund die höchsten Werte für die Dauerfestigkeit aller einsetzbaren Materialien auf. Ohne den Einsatz von Kunststoffen und die in der Kunststofftechnik üblichen Laminierverfahren wären die heutigen Windkraftanlagen und eine nachhaltige Energieerzeugung gar nicht möglich.

Im Bereich der Photovoltaik haben sich Solarzellen auf Basis von ein- oder polykristallinem Silizium etabliert. Allerdings stellen die Siliziumwafer starre Festkörper dar und der Abscheideprozess ist aufwendig. Hier bieten Solarzellen auf Basis von organischen Halbleitermaterialien, den konjugierten Polymeren, einige Vorteile:

- Solarzellen aus ihnen sind flexibel und können an gekrümmte Oberflächen problemlos angepasst werden. Dies ist z. B. bei Fahrzeugen vorteilhaft.
- Die geringe Masse von Polymeren ist ebenfalls ein Vorteil beim Einsatz auf oder an bewegten Systemen wie Fahrzeugen oder an Fassaden.
- Kunststofffolien, dies sind die polymeren Solarzellen letztlich, sind nicht bruchanfällig.
- Vor allem aber können die Produktionsprozesse für polymere Solarzellen der Folien- und Druckindustrie entlehnt werden. Diese Prozesse sind kostengünstiger als die Herstellung von siliziumbasierten Solarzellen und es wären auch höhere Stückzahlen möglich.

Polymere Solarzellen können auch Infrarotlicht in Energie umwandeln und sind dabei im Wellenlängenbereich des sichtbaren Lichts durchlässig. Sie können also vor Fenstern eingesetzt werden. Dies macht zusammen mit der kostengünstigen Produktion von großflächigen Photovoltaikbahnen ihren Einsatz auf Fassaden von modernen Hochhäusern attraktiv. Bis dahin muss allerdings die Ausbeute von polymeren Solarzellen noch steigen und ihre Lebensdauer verlängert werden.

Die Nutzung regenerativer Energien im Verkehrsbereich erfolgt neben der Verwendung von Treibstoffen auf Basis nachwachsender Rohstoffe über die Nutzung von elektrischer Energie aus regenerativen Quellen. Dabei wird die regenerative elektrische Energie entweder außerhalb des Fahrzeugs erzeugt und im Fahrzeug gespeichert oder dort erzeugt. In beiden Fällen wird sie über Elektromotoren in mechanische Energie gewandelt. Wird die elektrische Energie im Fahrzeug erzeugt, geschieht dies über Brennstoffzellen, die mit Wasserstoff betrieben werden, siehe Bild 5.29. Der Wasserstoff selber muss natürlich unter Einsatz regenerativer Energie erzeugt worden sein.

Bild 5.29 Öffentlicher Nahverkehr in Tokyo 2019: Bus mit Brennstoffzellen (iStock.com/oasis2me)

Brennstoffzellen [113] im Verkehrssektor wandeln die in den kovalenten Bindungen von Wasserstoff und Sauerstoff gespeicherte chemische Energie in elektrische Energie und Wärme um. Für den mobilen Einsatz geeignete Brennstoffzellen besitzen eine Polymermembran, die Anode und Kathode trennt, wobei sie gleichzeitig bestimmte Ionen durchlässt. Die Polymermembran besteht aus einer Folie aus sulfoniertem PTFE. Dieses Material ist für Betriebstemperaturen bis 200 °C geeignet und leitet wegen der Sulfonierung nur Wasserstoffionen, aber keine Elektronen. Ohne die Kunststofffolie wäre diese Art der Brennstoffzelle nicht denkbar.

Auch die Tanks für den Wasserstoff sind aus Kunststoffen, siehe Bild 5.30. Sie werden aktuell für Lastkraftwagen entwickelt und bestehen wegen der angestrebten geringen Masse aus einem Druckbehälter aus Glasfaser-Epoxid-Verbund mit Endkappen aus Kunststoff und wegen der Gasdichtheit zusätzlich aus einem innenliegenden Liner aus Kunststoff.

Bild 5.30 Wasserstofftanks in einem LKW-Chassis auf der IAA im Jahr 2015 (iStock.com/Tramino)

■ 5.10 Entwicklungsfelder für nachhaltige Kunststoffe

Es gibt drei große Entwicklungsfelder für den nachhaltigen Einsatz von Kunststoffen:

- Die Entkopplung der Produktion von Kunststoffen von den endlichen Kohlenstofflieferanten Erdöl, Kohle und Gas, also die Änderung der Rohstoffbasis.
- Die vollständige Kreislaufführung von Kunststoffen. Hierbei müsste weniger Kunststoff neu produziert werden, was auch dazu beiträgt, die Änderung der Rohstoffbasis zu erreichen.
- Die Verlängerung der Nutzungsphase von Produkten aus Kunststoffen, was wiederum die Herstellung von Neuware vermindern könnte.

Die beiden letztgenannten Punkte gelten gleichermaßen für alle Werkstoffe.

5.10.1 Rohstoffbasis ändern

Kunststoffe basieren auf Kohlenstoff, der aus natürlich vorkommenden Verbindungen gewonnen werden kann, die bereits als Moleküle mit hohen Molmassen vorliegen [114], vgl. Abschnitt 2.2.8. Über Stärke und Zucker aus Pflanzen gelangt man zu den gleichen Vorprodukten wie in der Petrochemie und erzeugt die sogenannten Drop-in-Polymere, Smart-Drop-in-Polymere oder nicht aus der Petrochemie bekannte Biopolymere. Kritisch ist hierbei die mögliche Konkurrenz zur Nahrungsmittelproduktion.

Ein ganz anderer Weg ist die Nutzung von CO_2 als Kohlenstoffquelle [115]. Dies hat den Charme, das klimawirksame Gas selbst als Rohstoff für Kunststoff zu verwenden. CO_2 ist ein stabiles Molekül. Um die kovalenten Bindungen zwischen Kohlenstoff und Sauerstoff zu lösen und Reaktionen durchzuführen, wird viel Energie benötigt. Dies macht den Einsatz uninteressant. Mit der Entwicklung neuer Katalysatoren kann der Energieeinsatz vermindert werden. Dies macht CO_2 für die Herstellung von Polyolen und in der Folge für Polyurethanerzeugung interessant [116].

5.10.2 Stoffkreisläufe schließen

Das Thema „Stoffkreisläufe schließen“ ist eng mit dem Recycling verknüpft, vgl. Abschnitt 5.7. Spätestens seit der Vorstellung des Europäischen Grünen Deals im Dezember 2019 und vorbereitet durch die in Abschnitt 5.2 vorgestellten vorangegangenen Schritte, nimmt die Entwicklung des Recycling an Geschwindigkeit zu.

Wichtig für jede Art von Recycling ist die sortenreine Erfassung und Sammlung von Abfällen. Hier bauen Hersteller von weißer Ware eigene Sammelsysteme für ihre Produkte auf. Es gibt Tracertechnologien, um Produkte oder Werkstoffe unabhängig von deren physikalischen Eigenschaften zu sortieren [117].

Das chemische Recycling wird seit der Auflösung verschiedener damit befasster Unternehmen in den ersten Jahren des 21. Jahrhunderts wieder beforscht und erfolgreich in Unternehmen eingesetzt.

Der Wert von Rezyklaten wird zunehmend erkannt. Rezyklate werden vermehrt genutzt, Normen zur Qualitätssicherung bei Rezyklaten sind geschaffen worden.

Design for Recycling wird bei Verpackungen von nachhaltigen Unternehmen für Reinigungsmittel und Lebensmittel bereits sehr häufig angewendet und von Verbänden prämiert.

Es gibt Normen zur nachhaltigen Produktentwicklung, erste Apps geben Personen in der Produktentwicklung Hinweise auf vorteilhafte Werkstoffe, vgl. Abschnitt 5.8.3.

Die Möglichkeit der Demontage von Produkten wird im Kreislaufwirtschaftsgesetz höher bewertet als das Recycling, hat sich aber noch nicht durchgesetzt. Allerdings wird in der Ausbildung von Ingenieur*innen das Wissen zur nachhaltigen Produktentwicklung wieder verstärkt vermittelt.

5.10.3 Nutzungsphase verlängern

Die Nutzungsphase zu verlängern, ist sicher das schwierigste Thema, weil es einerseits bestehende Geschäftsmodelle infrage stellt und andererseits von Endverbrauchern Disziplin verlangt.

Geschäftsmodelle müssen sich weg von kurzlebigen oder Einmalprodukten und hin zu langlebigen Produkten entwickeln. Dies wird z. B. ermöglicht, wenn die Produzenten Eigentümer ihrer Produkte bleiben und an der Nutzung über Miet- oder Leasingmodelle verdienen. Diese Geschäftsmodelle gibt es schon seit Längerem z. B. für Investitionsgüter und Fahrzeuge. Carsharing funktioniert ähnlich. Es geht also letztlich darum, diese Geschäftsmodelle auf deutlich mehr Produkte auszudehnen. Von Verbrauchern verlangt dies aber ebenfalls ein Umdenken: vom „Besitzen" zum „Nutzen". Verbraucher müssen dafür langlebige Produkte der kurzfristigen Bedürfnisbefriedigung vorziehen.

Bei Kunststoffprodukten werden dazu auch technische Maßnahmen notwendig werden. Dies sind unter anderem eine angepasste Additivierung der Kunststoffe für lange Produktlebensdauern und generell die Steigerung der Dauergebrauchstauglichkeit und Reparierbarkeit. Die Herausforderung hier ist sicherlich die durch das Spritzgießen erreichbare Funktionsintegration und insbesondere die Verbindungstechnik über z. B. Schnapphaken.

Aus Sicht der Abfallhierarchie bedeutet dies eine Fokussierung auf die oberen zwei Stufen: 1. Vermeiden von Abfall und 2. Wiederverwenden von Produkten.

Die Chance, die auch von den Verbänden der Kunststoffindustrie gesehen wird, ist der Wandel der Sicht der Verbraucher auf den Werkstoff Kunststoff. Langlebige und werthaltige Produkte aus Kunststoffen können dazu beitragen, dass das Image der Kunststoffe als vermeintlich schlechte und billige Werkstoffe sich wandelt und der Werkstoff die Wertschätzung erfährt, die ihm gebührt. Aus Sicht der Verbraucher kurz: „Wertschätzung statt Convenience".

Quellen

[1] United Nations Environment Programme. Marine Litter. An analytical overview, 2005.

[2] Jambeck J. R., Geyer R., Wilcox C., Siegler T. R., Perryman M., Andrady A., Narayan R. und Law K. L. Marine pollution. Plastic waste inputs from land into the ocean. Science, 2015, 347 (6223), 768–771. Verfügbar unter: doi:10.1126/science.1260352

[3] Wright S. L., Thompson R. C. und Galloway T. S. The physical impacts of microplastics on marine organisms: a review [online]. Environmental pollution, 2013, 178, 483–492 [Zugriff am: 11. Oktober 2021]. Verfügbar unter: doi:10.1016/j.envpol.2013.02.031

[4] Thompson R. C., La Belle B. E., Bouwman H. und Neretin L. N. Marine debris as a global environmental problem. Introducing a solutions-based framework focused on plastic. Washington, DC: Scientific and Technical Advisory Panel (STAP, 2011. A STAP information document.

[5] Carpenter E.J., Anderson S.J., Harvey G.R., Miklas H.P. und Peck B.B. Polystyrene Spherules in Coastal Waters [online]. Science, 1972, 178 (4062), 749 – 750 [Zugriff am: 9. Oktober 2021]. Verfügbar unter: doi:10.1126/science.178.4062.749

[6] Fath A. Mikroplastik. Verbreitung, Vermeidung, Verwendung. Berlin, Heidelberg: Springer Spektrum, 2019. ISBN 978-3-662-57851-3.

[7] Esse, R., Engel L., Carus M. und Ahrens R.H. Quellen für Mikroplastik mit Relevanz für den Meeresschutz in Deutschland. Dessau-Roßlau, 2015. Texte.

[8] Arthur C., Baker J. und Bamford H. Proceedings of the International Research Workshop on Microplastic Marine Debris. Effects and Fate of Microplastic Marine Debris. Sept 9-11, 2008. NOAA Technical Memorandum NOS-OR&R-30. Tacoma, WA, USA, 2009.

[9] geba Kunststoffcompounds GmbH. Mikrogranulate [online]. 1 September 2021 [Zugriff am: 9. Oktober 2021]. Verfügbar unter: *https://www.geba.eu/kunststoffe/mikrogranulate/*

[10] kunststoff-magazin.de. Einfärben von Thermoplasten mit Mikrogranulat [online]. 1 September 2021 [Zugriff am: 9. Oktober 2021]. Verfügbar unter: *https://www.kunststoff-magazin.de/additive-farben/novopearl-granulate/einfaerben-von-thermoplasten-mit-mikrogranulat.htm?thema=mikro granulate*

[11] kgk-rubberpoint.de. Mirkogranulate – Neue rotierfähige Feingranulate und elektrisch leitfähige PE-Pulver [online], 12. Februar 2018. 25 Januar 2018 [Zugriff am: 9. Oktober 2021]. Verfügbar unter: *https://www.kgk-rubberpoint.de/21306/neue-rotierfaehige-feingranulate-und-elektrisch-leitfaehige-pe-pulver/*

[12] Cosmetics Europe – The Personal Care Association. Over 97 % of plastic microbeads already phased out from cosmetics – Cosmetics Europe announces [online], 2018. 1 September 2021 [Zugriff am: 9. Oktober 2021]. Verfügbar unter: *https://cosmeticseurope.eu/news-events/over-97-plastic-micro beads-already-phased-out-cosmetics-cosmetics-europe-announces*

[13] Ziebarth N. Mikroplastik und andere Kunststoffe in Kosmetika [online]. Der BUND-Einkaufsratgeber, 2020. November 2020 [Zugriff am: 9. Oktober 2021]. Verfügbar unter: *https://www.bund.net/fileadmin/user_upload_bund/publikationen/meere/meere_mikroplastik_einkaufsfuehrer.pdf*

[14] American Chemistry Council. Operation Clean Sweep [online], 2021. 28 Juli 2021 [Zugriff am: 9. Oktober 2021]. Verfügbar unter: *https://www.opcleansweep.org/*

[15] Boucher J. und Friot D. Primary Microplastics in the Oceans. a Global Evaluation of Sources. Gland: IUCN International Union for Conservation of Nature, 2017.

[16] Alfred-Wegener-Institut. LITTERBASE: Online Portal for Marine Litter [online] [Zugriff am: 25. Februar 2022]. Verfügbar unter: *https://litterbase.awi.de/litter_graph#*

[17] Bergmann M., Gutow L. und Klages M., Hrsg. Marine Anthropogenic Litter. Cham: Springer, 2015. ISBN 9783319165097.

[18] Tsakona M., Baker E., Rucevska I., Maes T., Rosendahl Appelquist L., Macmillan-Lawler M., Harris P., Raubenheimer K., Langeard R., Savelli-Soderberg H., Woodall K. O., Dittkrist J., Zwimpfer T. A., Aidis R., Mafuta C. und Schoolmeester T. Drowning in Plastics. Marine Litter and Plastic Waste Vital Graphics. Nairobi: UNEP – UN Environmental Programme, 2021. ISBN 978-92-807-3888-9.

[19] Tekman M. B., Walther B. A., Peter C., Gutow L. und Bergmann M. Impacts of plastic pollution in the oceans on marine species, biodiversity and ecosystems. Berlin: WWF Deutschland, 2022. ISBN 978-3-946211-46-4. DOI *https://zenodo.org/record/5898684*

[20] Ehrenstein G. W. und Pongratz S. Resistance and Stability of Polymers. München: Carl Hanser Verlag GmbH & Co. KG, 2013. ISBN 978-3-446-41645-1.

[21] Von Carlowitz H. C. Sylvicultura Oeconomica, oder hauswirthliche Nachricht und naturmässige Anweisung zur wilden Baumzucht. Leipzig: Johann Friedrich Braun, 1713.

[22] Meadows D. H., Meadows D. L., Randers J. und Behrens W. W. The Limits to Growth. New York: Universe Books, 1972. ISBN 0-87663-165-0.

[23] The Club of Rome. About The Club of Rome [online], 2021 [Zugriff am: 11. Oktober 2021]. Verfügbar unter: *https://www.clubofrome.org/about-us/*

[24] Vereinte Nationen Generalsekretär. Development and International Co-operation: Environment [online], 1987 [Zugriff am: 11. Oktober 2021]. Verfügbar unter: *http://www.un-documents.net/a42-427.htm*

[25] Vereinte Nationen Generalsekretär. Report of the World Commission on Environment and Development: Our Common Future [online], 1987 [Zugriff am: 11. Oktober 2021]. Verfügbar unter: *http://www.un-documents.net/wced-ocf.htm*

[26] Bundesverfassungsgericht. Verfassungsbeschwerden gegen das Klimaschutzgesetz teilweise erfolgreich [online], 29. April 2021 [Zugriff am: 11. Oktober 2021]. Verfügbar unter: *https://www.bundesverfassungsgericht.de/SharedDocs/Pressemitteilungen/DE/2021/bvg21-031.html*

[27] Vereinte Nationen. The Sustainable Development Goals Report 2016. New York, 2016.

[28] Vereinte Nationen. Pariser Klimaschutzübereinkommen, 2015.

[29] Richtlinie 2019/904 über die Verringerung der Auswirkungen bestimmter Kunststoffprodukte auf die Umwelt. In: Amtsblatt der Europäischen Union, 2019.

[30] Europäische Kommission. Ein neuer Aktionsplan für die Kreislaufwirtschaft. Für ein saubereres und wettbewerbsfähigeres Europa. Brüssel, 11. März 2020. MITTEILUNG DER KOMMISSION AN DAS EUROPÄISCHE PARLAMENT, DEN RAT, DEN EUROPÄISCHEN WIRTSCHAFTS- UND SOZIALAUSSCHUSS UN.

[31] Colin S. Nachhaltig: Mehrwegbecher für Darmstadt [online], 2018 [Zugriff am: 11. Oktober 2021]. Verfügbar unter: *https://impact.h-da.de/forschung/nachhaltig-mehrwegbecher-fuer-darmstadt/*

[32] Europäische Kommission. Circular economy action plan [online] [Zugriff am: 19. Januar 2022]. Verfügbar unter: *https://ec.europa.eu/environment/strategy/circular-economy-action-plan_en*

[33] Bundesministerium der Justiz und für Verbraucherschutz. Gesetz zur Förderung der Kreislaufwirtschaft und Sicherung der umweltverträglichen Bewirtschaftung von Abfällen. KrWG.

[34] Lange U. Ressourceneffizienz durch Remanufacturing – Industrielle Aufarbeitung von Altteilen. Berlin, August 2017. VDI ZRE Publikationen.

[35] Zeschmar-Lahl B., Schönberger H. und Waltisberg J. Abfallmitverbrennung in Zementwerken [online]. Sachverständigengutachten, 2020 [Zugriff am: 19. Januar 2022]. Verfügbar unter: *https://www.umweltbundesamt.de/publikationen/abfallmitverbrennung-in-zementwerken*

[36] Statistisches Bundesamt. Abfallbilanz 2019 [online] [Zugriff am: 19. Januar 2022]. Verfügbar unter: *https://www.destatis.de/DE/Themen/Gesellschaft-Umwelt/Umwelt/Abfallwirtschaft/Publikationen/Downloads-Abfallwirtschaft/abfallbilanz-pdf-5321001.html*

[37] Lindner C., Schmitt J. und Hein J. Stoffstrombild Kunststoffe in Deutschland 2019 [online]. Kurzfassung der Conversio Studie, 2020. 1 September 2021 [Zugriff am: 9. Oktober 2021]. Verfügbar unter: *https://www.bkv-gmbh.de/files/bkv-neu/studien/Kurzfassung_Stoffstrombild_2019.pdf*

[38] Umweltbundesamt. Kunststoffabfälle [online], 11. Januar 2021. 1 September 2021 [Zugriff am: 9. Oktober 2021]. Verfügbar unter: *https://www.umweltbundesamt.de/daten/ressourcen-abfall/verwertung-entsorgung-ausgewaehlter-abfallarten/kunststoffabfaelle#kunststoffe-produktion-verwendung-und-verwertung*

[39] GVM Gesellschaft für Verpackungsmarktforschung mbH. Recycling-Bilanz für Verpackungen. Berichtsjahr 2019 – Zusammenfassung der Ergebnisse, 2020.

[40] Quicker P., Neuerburg F., Noel Y., Huras A., Eyssen R. G., Seifert H., Vehlow J. und Thomé-Kozmiensky K. Sachstand zu den alternativen Verfahren für die thermische Entsorgung von Abfällen, 2017. Texte.

[41] Bundesministerium der Justiz und für Verbraucherschutz. Gesetz über das Inverkehrbringen, die Rücknahme und die hochwertige Verwertung von Verpackungen. VerpackG.

[42] Covestro AG. Den Kreislauf für Polyurethan-Matratzen schließen [online]. 25 März 2021 [Zugriff am: 9. Oktober 2021]. Verfügbar unter: *https://www.covestro.com/press/de/den-kreislauf-fuer-polyurethan-matratzen-schliessen-public/*

[43] DSD – Duales System Holding GmbH & Co. KG. Ein Vordenker der Kreislaufwirtschaft [online]. 2 September 2021 [Zugriff am: 9. Oktober 2021]. Verfügbar unter: *https://www.gruener-punkt.de/de/unternehmen/ueber-uns*

[44] Wikipedia. Verpackungsverordnung (Deutschland) [online], 2021. 14 März 2021 [Zugriff am: 9. Oktober 2021]. Verfügbar unter: *https://de.wikipedia.org/w/index.php?title=Verpackungsverordnung_(Deutschland)&oldid=209799629*

[45] Eigenbetrieb für kommunale Aufgaben und Dienstleistungen. Abfall von A–Z [online]. Wertstofftonne. 2 September 2021 [Zugriff am: 9. Oktober 2021]. Verfügbar unter: *https://ead.darmstadt.de/abfall-von-a-z/wertstofftonne/*

[46] Verband Kunststofferzeugende Industrie e. V. Forschungsprogramm Wiederverwertung von Kunststoffabfällen. Zusammenfassung Teilprojekte 1–8. Frankfurt am Main, 1981.

[47] Starke L. Verwerten von Plastabfällen und Plastaltstoffen. Leipzig: VEB Deutscher Verlag für Grundstoffindustrie, 1984.

[48] Lehmann E. und Reich S. Siegeszug der Plaste [online]. Kunststoff-Boom in der DDR, 2021. 2 September 2021 [Zugriff am: 2. September 2021]. Verfügbar unter: *https://www.mdr.de/zeitreise/ddr/siegeszug-der-plaste-ddr-plastik-recycling-100.html*

[49] Mitteldeutscher Rundfunk. SERO: Mülltrennung in der DDR | MDR.DE [online], 2021. 2 September 2021 [Zugriff am: 2. September 2021]. Verfügbar unter: *https://www.mdr.de/zeitreise/sero-recycling-made-in-ddr-100.html*

[50] Arnold B. DDR-Haushaltsgeräte: Per Gesetz unkaputtbar [online]. Langlebigkeit garantiert, 2021. 16 August 2021 [Zugriff am: 9. Oktober 2021]. Verfügbar unter: *https://www.mdr.de/zeitreise/ddr/gesetzliche-zuverlaessigkeit-von-ddr-elektrogeraten-100.html*

[51] Eurostat. Recyclingquoten für Verpackungsabfälle zur Überwachung der Einhaltung von politischen Zielen, aufgeschlüsselt nach Verpackungsart [online] [Zugriff am: 29. März 2022]. Verfügbar unter: *https://ec.europa.eu/eurostat/databrowser/view/ENV_WASPACR__custom_1162544/default/map?lang=de*

[52] Francis R., Hrsg. Recycling of polymers. Methods, characterization and applications. Weinheim: Wiley-VCH Verlag GmbH & Co. KGaA, 2016. ISBN 978-3-527-33848-1.

[53] Martens H. und Goldmann D. Recyclingtechnik. Fachbuch für Lehre und Praxis. 2. Aufl. 2016. Wiesbaden: Springer Fachmedien Wiesbaden, 2016. Springer eBook Collection. ISBN 9783658027865.

[54] Bundesverband der Deutschen Entsorgungs-, Wasser- und Rohstoffwirtschaft e. V. Umfrage: Rezyklatmarkt in der Corona-Krise flächendeckend eingebrochen [online], 2020. 3 September 2021 [Zugriff am: 9. Oktober 2021]. Verfügbar unter: *https://www.bde.de/presse/umfrage-rezyklatmarkt-in-der-corona-krise-flaechendeckend-eingebrochen/*

[55] Rudolph N., Kiesel R. und Aumnate C. Understanding plastics recycling. Economic, ecological, and technical aspects of plastic waste handling. 2nd edition. Cincinnati, Ohio: Hanser Publications, 2020. ISBN 9781569908464.

[56] Bundesverband der Deutschen Entsorgungs-, Wasser- und Rohstoffwirtschaft e. V. BDE zum Tag der Mülltrennung: Fehlwürfe verringern, Kreisläufe schließen [online]. Verband fordert mehr Informationen für Verbraucher – Kaum Möglichkeiten zur Müllvermeidung in Zeiten von Corona, 2021. 3 September 2021 [Zugriff am: 3. September 2021]. Verfügbar unter: *https://www.bde.de/presse/tag-der-muelltrennung-fehlwuerfe-verringern-kreislaeufe-schliessen/*

[57] INTERSEROH Dienstleistungs GmbH. Leichtverpackungen: High-Tech-Sortierdienstleistungen [online], 2021. 3 September 2021 [Zugriff am: 9. Oktober 2021]. Verfügbar unter: *https://www.interseroh.de/leistungen/recycling/sortierdienstleistungen/*

[58] Kunststoffe.de. Schwarz mit COTREP-Zertifizierung [online]. NIR-detektierbares Masterbatch, 2021. 3 September 2021 [Zugriff am: 9. Oktober 2021]. Verfügbar unter: *https://www.kunststoffe.de/a/article-333375?etcc_cmp=Newsletter+KU-News&etcc_med=Newsletter*

[59] K-AKTUELL.de. Koehler: Lignin-Füllstoff soll Carbon Black ersetzen | K-AKTUELL.de [online], 2021. 21 Juni 2021 [Zugriff am: 9. Oktober 2021]. Verfügbar unter: *https://www.k-aktuell.de/technologie/koehler-lignin-fuellstoff-soll-carbon-black-ersetzen-82959/*

[60] plasticker.de. Erweiterung der Kunststoff-Sortieranlage Sortec 3.0 in Hannover [online], 13. Januar 2003. 3 September 2021 [Zugriff am: 3. September 2021]. Verfügbar unter: *https://plasticker.de/news/shownews.php?nr=330*

[61] DIN SPEC 91446 2021, Klassifizierung von Kunststoff-Rezyklaten durch Datenqualitätslevels für die Verwendung und den (internetbasierten) Handel.

[62] Baur E., Harsch G. und Moneke M. Werkstoff-Führer Kunststoffe. Eigenschaften – Prüfungen – Kennwerte. 11., aktualisierte Auflage. München: Hanser, 2019. ISBN 9783446460676.

[63] Schlummer M., Fell T., Mäurer A. und Altnau G. Die Rolle der Chemie beim Recycling [online]. Kunststoffe, 2020, (6), 51–54. Verfügbar unter: *https://www.kunststoffe.de/a/fachartikel/die-rolle-der-chemie-beim-recycling-212517*

[64] APK AG. DSM and APK cooperate on recycling multilayer food packaging films [online], 2018. 4 April 2019 [Zugriff am: 9. Oktober 2021]. Verfügbar unter: *https://www.apk-ag.de/en/dsm-and-apk-cooperate-on-recycling-multilayer-food-packaging-films/*

[65] Fraunhofer-Institut für Verfahrenstechnik und Verpackung IVV. Kunststoff-Recycling – CreaSolv® Prozess [online]. 3 September 2021 [Zugriff am: 9. Oktober 2021]. Verfügbar unter: *https://www.ivv.fraunhofer.de/de/recycling-umwelt/kunststoff-recycling-creasolv.html#creasolv*

[66] RECYCLING magazin – Trends, Analysen, Meinungen und Fakten zur Kreislaufwirtschaft. Neues RAL-Gütezeichen für Recyclingkunststoff [online], 19. Oktober 2018. 2 September 2021 [Zugriff am: 3. September 2021]. Verfügbar unter: *https://www.recyclingmagazin.de/2018/10/19/neues-ral-guete zeichen-fuer-recyclingkunststoff/*

[67] Gütegemeinschaft Rezyklate aus haushaltsnahen Wertstoffsammlungen e. V. RAL Gütezeichen Recyclingkunststoff [online], 2021. 30 Juni 2021 [Zugriff am: 9. Oktober 2021]. Verfügbar unter: *https://ral-rezyklat.de/*

[68] RAL gGmbH. Blauer Engel [online]. Umweltzeichen mit Geschichte, 2013. 21 September 2020 [Zugriff am: 9. Oktober 2021]. Verfügbar unter: *https://www.blauer-engel.de/de/blauer-engel/was-steckt-dahinter/umweltzeichen-mit-geschichte*

[69] Strangl M., Fell T., Schlummer M., Maeurer A. und Buettner A. Characterization of odorous contaminants in post-consumer plastic packaging waste using multidimensional gas chromatographic separation coupled with olfactometric resolution. Journal of separation science, 2017, 40(7), 1500–1507. DOI 10.1002/jssc.201601077

[70] Erema. ReFresher [online]. Geruchsoptimierte Regranulate in Premium-Qualität. 2019 [Zugriff am: 19. März 2022]. Verfügbar unter: *https://www.erema.com/en/download_center/*

[71] PlasticsEurope Deutschland e. V. Technologie gegen Gerüche von Rezyklaten [online]. 3 September 2021 [Zugriff am: 9. Oktober 2021]. Verfügbar unter: *https://www.plasticseurope.org/de/focus-areas/circular-economy/special-kreislaufwirtschaft/technologie-gegen-gerueche-von-rezyklaten*

[72] Hansen B. Additive im Recycling. Schlüsselbausteine für eine erfolgreiche Wiederverwertung von Kunststoffen. Frankfurt am Main, 9. April 2019. Praxisforum Kunststoffrezyklate.

[73] Kauertz B. und Detzel A. Verwendung und Recycling von PET in Deutschland. Eine Kurzstudie im Auftrag des NABU – Naturschutzbund Deutschland e. V. Heidelberg, 2017. Verfügbar unter: *https://www.nabu.de/imperia/md/content/nabude/veranstaltungen/171025-nabu-01b_studie_verwendung-und-recycling-pet-deutschland.pdf*

[74] Singh A., Banerjee S. L., Kumari K. und Kundu P. P. Recent Innovations in Chemical Recycling of Polyethylene Terephthalate Waste: A Circular Economy Approach Toward Sustainability. In:

Baskar C., Ramakrishna S., Baskar S., Sharma R., Chinnappan A. und Sehrawat R., Hrsg. Handbook of Solid Waste Management. Sustainability through Circular Economy. Singapore: Springer Singapore; Imprint Springer, 2022, S. 1149–1176. ISBN 978-981-16-4229-6. DOI 10.1007/978-981-16-4230-2_53

[75] Bekanntmachung des Bundesinstituts für gesundheitlichen Verbraucherschutz und Veterinärmedizin. Gesundheitliche Beurteilung von Kunststoffen im Lebensmittelverkehr. Bundesgesundheitsblatt – Gesundheitsforschung – Gesundheitsschutz, 2000, 43 (10), 826–828. ISSN 1436-9990. DOI 10.1007/s001030050364

[76] Vogel J., Krüger F. und Fabian M. Chemisches Recycling [online]. Juli 2020 [Zugriff am: 26. November 2021]. Verfügbar unter: *https://www.umweltbundesamt.de/en/publikationen/chemisches-recycling*

[77] Ignatyev I. A., Thielemans W. und Vander Beke B. Recycling of polymers: a review [online]. ChemSusChem, 2014, 7 (6), 1579–1593. DOI 10.1002/cssc.201300898

[78] Shah A. A., Hasan F., Hameed A. und Ahmed S. Biological degradation of plastics: a comprehensive review [online]. Biotechnology advances, 2008, 26 (3), 246–265. ISSN 0734-9750. DOI 10.1016/j.biotechadv.2007.12.005

[79] Thiounn T. und Smith R. C. Advances and approaches for chemical recycling of plastic waste. Journal of Polymer Science, 2020, 58 (10), 1347–1364. ISSN 2642–4150. Verfügbar unter: doi:10.1002/pol.20190261

[80] Der Grüne Punkt. Über Design4Recycling [online]. [Zugriff am: 30. März 2022]. Verfügbar unter: *https://www.gruener-punkt.de/de/nachhaltige-verpackungen/ueber-design4recycling*

[81] IK – Industrievereinigung Kunststoffverpackungen e. V. Eco Design von Kunststoffverpackungen [online]. Was ist Eco Dsign? 29 Januar 2021 [Zugriff am: 30. März 2022]. Verfügbar unter: *https://ecodesign-packaging.org/*

[82] IK Industrievereinigung Kunststoffverpackungen e. V. Eco Design von Kunststoffverpackungen [online], 2021. 29 Januar 2021 [Zugriff am: 9. Oktober 2021]. Verfügbar unter: *https://ecodesign-packaging.org/*

[83] Bundesministerium der Justiz und für Verbraucherschutz. Gesetz über das Inverkehrbringen, die Rücknahme und die umweltverträgliche Entsorgung von Elektro- und Elektronikgeräten. ElektroG.

[84] Richtlinie 2012/19/EU über Elektro- und Elektronik-Altgeräte. WEEE. In: Amtsblatt der Europäischen Union, 2012.

[85] Klöpffer W. und Grahl B. Ökobilanz (LCA). Ein Leitfaden für Ausbildung und Beruf. Weinheim: Wiley-VCH, 2009. ISBN 3527627162.

[86] DIN EN ISO 14040 2021, Umweltmanagement – Ökobilanz – Grundsätze und Rahmenbedingungen

[87] DIN EN ISO 14044 2021, Umweltmanagement – Ökobilanz – Anforderungen und Anleitungen.

[88] Meursing M. und Vogtländer J. Idemat [online]. Sustainable materials selection [Zugriff am: 30. März 2022]. Verfügbar unter: *http://idematapp.com/*

[89] PlasticsEurope. Eco-profiles set [online]. Eco-profiles for determining environmental impacts of plastics [Zugriff am: 17. Januar 2022]. Verfügbar unter: *https://plasticseurope.org/sustainability/circularity/life-cycle-thinking/eco-profiles-set/*

[90] European Commission. International Life Cycle Data System [online]. 16 Februar 2022 [Zugriff am: 30. März 2022]. Verfügbar unter: *https://eplca.jrc.ec.europa.eu/ilcd.html*

[91] European Commission, Eurostat. Shedding light on energy in the EU [online]. Where does our energy come from?, 2019. 19 Juli 2021 [Zugriff am: 9. Oktober 2021]. Verfügbar unter: *https://ec.europa.eu/eurostat/cache/infographs/energy/bloc-2a.html*

[92] Umweltbundesamt. Indikator: Endenergieproduktivität [online]. 14 September 2021 [Zugriff am: 14. September 2021]. Verfügbar unter: *https://www.umweltbundesamt.de/node/27026*

[93] Obersteiner G. und Pilz H. Lebensmittel – Verpackungen – Nachhaltigkeit: Ein Leitfaden für Verpackungshersteller, Lebensmittelverarbeiter, Handel, Politik & NGOs. 2. Auflage. Wien, 2020. Verfügbar unter: *https://www.ofi.at/news-events/398-stopwaste-leitfaden.html*

[94] Verordnung Nr. 1169/2011 betreffend die Information der Verbraucher über Lebensmittel. In: Amtsblatt der Europäischen Union, 2011.

[95] Gesellschaft für Verpackungsmarktforschung und denkstatt. Nutzen von Verpackungen: Verpackungen nutzen – auch in ökologischer Hinsicht [online], 2018 [Zugriff am: 10. Januar 2022]. Verfügbar unter: *https://kunststoff.swiss/Downloads/Nachhaltigkeit/ds_Verpackungen-nutzen-auch-in-%C3%B6kologischer-Hinsicht.pdf*

[96] Europäisches Parlament und Rat. Verordnung (EG) Nr. 1069/2009 des Europäischen Parlaments und des Rates vom 21. Oktober 2009 mit Hygienevorschriften für nicht für den menschlichen Verzehr bestimmte tierische Nebenprodukte und zur Aufhebung der Verordnung (EG) Nr. 1774/2002 (Verordnung über tierische Nebenprodukte). In: Amtsblatt der Europäischen Union, 2009.

[97] Umweltbundesamt. Energieverbrauch nach Energieträgern und Sektoren [online] [Zugriff am: 15. April 2022]. Verfügbar unter: *https://www.umweltbundesamt.de/daten/energie/energieverbrauch-nach-energietraegern-sektoren#allgemeine-entwicklung-und-einflussfaktoren*

[98] Helms H. und Kräck J. Energy savings by light-weighting – 2016 Update. Commissioned by the International Aluminium Institute supported by European Aluminium. Heidelberg, 2016.

[99] Friedrich H. E. Leichtbau in der Fahrzeugtechnik. 2. Auflage. Wiesbaden: Springer Vieweg, 2017. ATZ/MTZ-Fachbuch. ISBN 978-3-658-12294-2. DOI *https://doi.org/10.1007/978-3-658-12295-9*

[100] Günnel T. Leichtbau und Design mit Kunststoffen [online]. Automobil Industrie, 12. Juni 2012 [Zugriff am: 18. April 2022]. Verfügbar unter: *https://www.automobil-industrie.vogel.de/leichtbau-und-design-mit-kunststoffen-a-367062/*

[101] Plastics Europe. Mobility & transport [online]. 16 Februar 2022 [Zugriff am: 18. April 2022]. Verfügbar unter: *https://plasticseurope.org/sustainability/sustainable-use/sustainable-mobility-transport/*

[102] Umweltbundesamt. Energieverbrauch für fossile und erneuerbare Wärme [online] [Zugriff am: 15. April 2022]. Verfügbar unter: *https://www.umweltbundesamt.de/daten/energie/energieverbrauch-fuer-fossile-erneuerbare-waerme#warmeverbrauch-und-erzeugung-nach-sektoren*

[103] Bade M., Eckermann F., Fischer J., Moriske H.-J., Plehn W., Schuberth J. und Wurbs J. Wärmedämmung. Umweltbundesamt. Dessau-Roßlau, 2016.

[104] Umweltbundesamt. Das Energie-Sparschwein. Dessau-Roßlau, 2013.

[105] NABU – Naturschutzbund Deutschland e. V. Plastik in der Landwirtschaft [online]. [Zugriff am: 15. April 2022]. Verfügbar unter: *https://www.nabu.de/umwelt-und-ressourcen/ressourcenschonung/kunststoffe-und-bioplastik/29998.html*

[106] Bertling J., Zimmermann T. und Rödig L. Kunststoffe in der Umwelt: Emissionen in landwirtschaftlich genutzte Böden: Fraunhofer UMSICHT, 2021.

[107] Bundesinformationszentrum Landwirtschaft. Folien im Spargel- und Erdbeeranbau [online] [Zugriff am: 15. April 2022]. Verfügbar unter: *https://landwirtschaft.de/diskussion-und-dialog/umwelt/folien-im-spargel-und-erdbeeranbau*

[108] Laue M., Kauter A., Hoffmann T., Moller L., Michel J. und Nitsche A. (2021). Morphometry of SARS-CoV and SARS-CoV-2 particles in ultrathin plastic sections of infected Vero cell cultures. Sci Rep 11, 3515.

[109] Hinds W. Aerosol Technology: Properties, Behavior, and Measurement of Airborne Particles, New York. Wiley, 1999.

[110] Schmidt F. Meltblown-Verfahren: So entsteht das Corona-Masken-Filtervlies [online] [Zugriff am: 19. Januar 2022]. Verfügbar unter: *https://www.dw.com/de/meltblown-verfahren-so-entsteht-das-corona-masken-filtervlies/a-53453856*

[111] Adanur S. und Jayswal A. Filtration mechanisms and manufacturing methods of face masks: An overview [online]. Journal of Industrial Textiles, 2020, 1–35. ISSN 1528-0837 [Zugriff am: 19. Januar 2022]. Verfügbar unter: doi:10.1177/1528083720980169

[112] Hau E. Windkraftanlagen. Grundlagen, Technik, Einsatz, Wirtschaftlichkeit. 6. Auflage. Berlin: Springer Vieweg, 2016. ISBN 978-3-662-53153-2. Verfügbar unter: DOI 10.1007/978-3-662-53154-9

[113] Töpler J. und Lehmann J. Wasserstoff und Brennstoffzelle. Technologien und Marktperspektiven. 2., aktualisierte und erweiterte Auflage. Berlin: Springer Vieweg, 2017. ISBN 978-3-662-53359-8. DOI 10.1007/978-3-662-53360-4

[114] Türk O. Stoffliche Nutzung nachwachsender Rohstoffe. Grundlagen – Werkstoffe – Anwendungen; mit 128 Tabellen. Wiesbaden: Springer Vieweg, 2014. ISBN 978-3-8348-1763-1. DOI 10.1007/978-3-8348-2199-7

[115] Hölscher M., Gürtler C., Keim W., Müller T. E., Peters M. und Leitner W. Carbon Dioxide as a Carbon Resource – Recent Trends and Perspectives [online]. Zeitschrift für Naturforschung B, 2012, 67 (10), 961–975. ISSN 0932-0776. Verfügbar unter: doi:10.5560/znb.2012-0219

[116] Covestro AG. CO_2 als Rohstoff [online]. 30 März 2022 [Zugriff am: 30. März 2022]. Verfügbar unter: *https://www.covestro.com/de/sustainability/flagship-solutions/co2-as-a-raw-material*

6 Grundlagen der Normung

6.1 Entwicklung und Nutzen der Normung

Es ist gut zehn Jahre her, dass es schwierig war, das eigene Mobiltelefon am Ladegerät einer befreundeten oder bekannten Person aufzuladen, denn der Stecker des Ladegerätes passte meist nicht. Jeder Hersteller hatte einen anderen Stecker. Ab 2010 gab es dann nach politischem Druck in der Europäischen Union (EU) eine freiwillige Selbstverpflichtung der Industrie auf den Standard Micro-USB. Nur ein amerikanischer Hersteller bietet weiterhin einen anderen Stecker an. Einerseits ist es für Kunden heute leichter, unter vielen Anbietern das gewünschte Ladegerät zu finden, andererseits vereinfachte die Standardisierung den Marktzugang für neue Anbieter von Ladegeräten. Das Gleiche kann heute wieder bei Ladestationen für E-Autos beobachtet werden, wo zum schnellen Ausbau der Ladeinfrastruktur ein gemeinsamer Standard gesucht und gefunden wurde. Diese zwei Beispiele zeigen, dass Standardisierung zu Vorteilen für Produzenten und Kunden führt.

Menschen in der EU kennen auch die CE-Kennzeichnung. Mit dieser Kennzeichnung erklären Hersteller, „dass das Produkt den geltenden Anforderungen genügt, die in den Harmonisierungsrechtsvorschriften der Gemeinschaft über ihre Anbringung festgelegt sind“ [1]. Letztlich heißt dies, dass ein Produkt den in Normen festgelegten Anforderungen „für ein hohes Niveau in Bezug auf den Schutz öffentlicher Interessen wie Gesundheit und Sicherheit im Allgemeinen, Gesundheit und Sicherheit am Arbeitsplatz, Verbraucher- und Umweltschutz und Sicherheit“ [1] genügt. Normen schützen also Menschen und Umwelt durch die Formulierung von zu erfüllenden Anforderungen.

Normen sind Dokumente, die *Anforderungen* an Produkte, Dienstleistungen, Verfahren oder Managementsysteme festlegen [2] oder Leitfäden sind, vgl. Tabelle 6.1.

Tabelle 6.1 Beispiel für Normen in den verschiedenen Bereichen

Bereich	Beispiele
Produkte	DIN EN 1789:2020 Rettungsdienstfahrzeuge und deren Ausrüstung - Krankenkraftwagen DIN EN ISO 24022-1:2020 Kunststoffe - Polystyrol (PS)-Formmassen - Teil 1: Bezeichnungssystem und Basis für Spezifikationen DIN ISO 21882:2020 Sterilverpackungen für die Abfüllung vorgefertigter Flaschen
Dienstleistungen	DIN 33961-1:2015 Fitness-Studio - Anforderungen an Studioausstattung und -betrieb - Teil 1: Grundlegende Anforderungen DIN 2347:2017 Übersetzungs- und Dolmetschdienstleistungen - Dolmetschdienstleistungen - Konferenzdolmetschen DIN 24975:1996 Dienstleistungsautomaten - Fahrausweisautomaten - Allgemeine Anforderungen an die Gebrauchstauglichkeit
Verfahren	DIN 820-1:2014 Normungsarbeit - Teil 1: Grundsätze DIN EN 14995:2007 Kunststoffe - Bewertung der Kompostierbarkeit - Prüfschema und Spezifikationen DIN EN ISO 527-1:2019 Kunststoffe - Bestimmung der Zugeigenschaften - Teil 1: Allgemeine Grundsätze
Managementsysteme	DIN EN ISO 9001:2015 Qualitätsmanagementsysteme - Anforderungen DIN EN ISO 14001:2015 Umweltmanagementsysteme - Anforderungen mit Anleitung zur Anwendung DIN EN ISO 50001:2018 Energiemanagementsysteme - Anforderungen mit Anleitung zur Anwendung

Schreib- und Zitierformat für Normen

Normengeber („DIN EN ISO"), *Normennummer* („527"), evtl. Bindestrich und Nummer des *Normenteils* („-1"), Doppelpunkt und *Jahr der Ausgabe* der Norm („:2019"), *Titel der Norm* (bestehend aus den Elementen *allgemeines Fachgebiet* („Kunststoffe") und *Hauptthema* („Bestimmung der Zugeigenschaften") sowie eventuell noch *besondere Merkmale bzw. Einzelheiten zur Unterscheidung* („Teil 1: Allgemeine Grundsätze").

Mögliche Schreibweisen sind:

Eindeutig und kurz: DIN EN ISO 527-1:2019

Eindeutig und verständlich: DIN EN ISO 527-1:2019 Kunststoffe - Bestimmung der Zugeigenschaften - Teil 1: Allgemeine Grundsätze

Durch Normen wird der Stand der Technik für ein Produkt, eine Dienstleistung, ein Verfahren oder ein Managementsystem beschrieben. Der so beschriebene Stand bzw. die Regeln der Technik stellen den Konsens vieler Experten dar und daher im Umkehrschluss auch eine von allen anerkannte Definition des Produkts, der Dienstleistung, des Verfahrens oder des Managementsystems. Durch Bezug auf eine Norm mit Ausdrücken wie „Das Produkt entspricht DIN EN ISO …" oder „… ist gemäß DIN EN ISO …" erklärt eine Person oder Organisation, dass alle *Anforderungen* der Norm erfüllt werden. In der Sprache der Normen wird damit die *Konformität* von Produkt, Dienstleistung, Verfahren oder Managementsystem mit der Norm erklärt.

Letztlich wird durch Normen eine gemeinsame Sprache geschaffen, was zu einer erheblichen Vereinfachung der Kommunikation in nationalen und internationalen Wirtschaftsbeziehungen führt. Damit wird das Ziel der Normung erreicht, Abläufe zu vereinfachen und damit zu mehr Handel, mehr Wohlstand, mehr Sicherheit und mehr Vertrauen der Verbraucher beizutragen.

Für Ingenieur*innen bedeutet die Einhaltung von Normen neben der vereinfachten Kommunikation zwischen Unternehmen, dass sie sich immer auf dem sicheren Niveau der anerkannten Regeln der Technik bewegen. Gleichzeitig bedeutet dies aber auch, dass Forschung, die den Stand der Regeln der Technik der nächsten Jahre vorbereitet, immer über Normen hinausgehen muss. Wenn Normen nicht befolgt werden oder Forschungsergebnisse angewendet werden, ist in jedem einzelnen Anwendungsfall das Vorgehen genau zu beschreiben und zu definieren, zu erklären sowie zu verifizieren und zu validieren.

6.2 Normung in der Kunststofftechnik

Für die Werkstofftechnik der Kunststoffe ist es wichtig, diese Unterscheidung zwischen Norm- oder Forschungsbezug immer vor Augen zu haben. Das Ziel der Normung in der Werkstoffprüfung ist es, Bedingungen festzulegen, bei deren Einhaltung weltweit vergleichbare *Kennwerte* für Werkstoffe gewonnen werden können. Werkstoffprüfnormen beschreiben daher Anforderungen an Prüfgeräte, Probekörper und die Durchführung der Prüfung. Hier ergibt sich auch der Zusammenhang zur *CAMPUS*-Datenbank, für die die internationalen Normen für die Kunststoffprüfung erst geschaffen wurden. Wenn hingegen nicht vergleichbare Kennwerte, sondern Daten für die Bauteilauslegung und Simulation, sogenannte *Designdaten*, benötigt werden, muss oft von Normen abgewichen werden, indem die Bedingungen der Prüfung näher am Anwendungsfall definiert werden: Bauteil statt Probekörper und Belastung „wie in der Anwendung" statt „wie in der Norm beschrieben" oder auch wahre Spannung und Dehnung statt technischer Spannung und Dehnung.

Einrichtungen, die die Normung betreiben, gibt es in vielen Ländern und dies seit gut 100 Jahren. In Deutschland existiert das Deutsche Institut für Normung (DIN) seit 1917 (*www.din.de*) und in den USA die „American Society for Testing and Materials", heute ASTM International, seit 1898 (www.astm.org). Weltweit wird die Normung seit 1947 von der „International Organization for Standardization", ISO, (*www.iso.org*) und europaweit seit 1960 vom „European Committee for Standardization", CEN, (*www.cen.eu*) harmonisiert und vorangetrieben. Es gibt seit 1906 außerdem mit der „International Electrotechnical Commission" (IEC) eine Parallelorganisation zu ISO für die Elektrotechnik.

Die Normenarbeit im Bereich der Kunststoffe in Deutschland wird im DIN-Normenausschuss Kunststoffe (FNK) gebündelt. Für Unternehmen ist dies eine wichtige Möglichkeit, ihre Expertise in den Stand der Technik einzubringen und somit letztlich auch auf die Rahmenbedingungen für ihr Geschäft Einfluss zu nehmen.

Der Prozess bei Entstehung und Aktualisierung der für die Kunststofftechnik relevanten Normen beginnt typischerweise in einem Land durch Experten aus Unternehmen und Hochschulen bzw. Forschungseinrichtungen in einem Normungsgremium wie dem FNK, die einen Vorschlag für eine Norm formulieren. In Europa werden diese Vorhaben bei CEN abgestimmt und dann bei ISO eingebracht, vgl. Bild 6.1. Wenn auf der internationalen Ebene eine neue oder aktualisierte Norm – auch durch europäische Experten – beschlossen wird (ISO-Norm), dann beschließt CEN zumindest für Normen der Kunststofftechnik in den meisten Fällen die Übernahme als europäische Norm ohne Änderungen als „EN ISO"-Norm. Durch europäische Verträge sind dann die Mitgliedsländer der Europäischen Union gehalten, diese Norm in eine nationale Norm zu überführen und ihr entgegenstehende Normen zurückzuziehen, also ältere DIN-Normen zum gleichen Thema durch die neue DIN-EN-ISO-Norm zu ersetzen. Natürlich kann ein Land auch direkt eine ISO-Norm bzw. eine europäische Norm übernehmen. Diese heißen dann DIN-ISO-Norm bzw. DIN-EN-Norm.

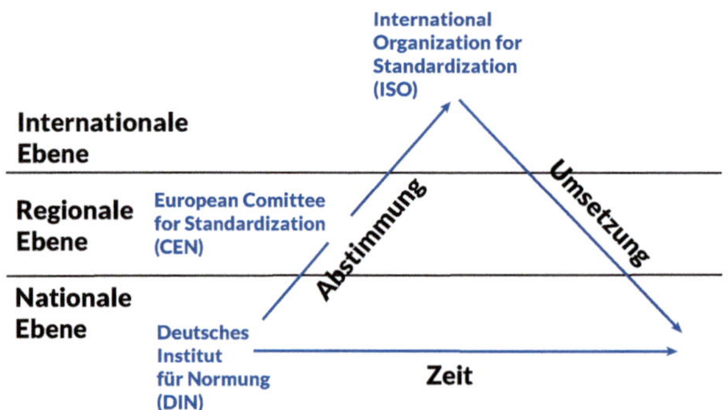

Bild 6.1
Weg der Normentstehung von nationalen Ausschüssen über regionale zur internationalen Abstimmung und zurück zur nationalen Norm

Zum Beispiel gibt es in der *Perinorm*-Datenbank 834 in Deutschland gültige Normen für die Gummi- und Kunststoffindustrie (Stand: Februar 2021), davon sind die meisten DIN-EN, DIN-EN-ISO oder DIN-ISO-Normen, also internationale Normen, nur 143 sind DIN-Normen, also rein nationale Normen. Die Perinorm-Datenbank umfasst insgesamt ungefähr 2,4 Millionen Datensätze.

Weil in der Kunststofftechnik DIN-EN-ISO-Normen überwiegen, wird in diesem Buch verkürzt von ISO-Normen gesprochen. Gemeint ist dann immer die aktuelle, in Deutschland übernommene ISO-Norm.

Neben den Normen der verschiedenen nationalen und internationalen Normengeber gibt es auch Verbände und Vereine, die Richtlinien und technische Regeln herausgeben. In Deutschland sind das der Verein Deutscher Ingenieure (VDI), der Verband der Automobilindustrie (VDA), der Verband der Elektrotechnik, Elektronik und Informationstechnik (VDE), der Verband der europäischen Luft- und Raumfahrt (ASD) und viele weitere.

Große Industrieunternehmen wie Automobil- oder Luftfahrzeughersteller erstellen eigene Unternehmensnormen, die von Lieferanten eingehalten werden müssen, z. B. interne Normen bei der Daimler AG: „Daimler Benz Lieferbedingungen" (DBL) und „Mercedes Benz Normen" (MBN).

Quellen

[1] Europäisches Parlament und Rat. Verordnung Nr. 765/2008 über die Vorschriften für die Akkreditierung und Marktüberwachung im Zusammenhang mit der Vermarktung von Produkten und zur Aufhebung der Verordnung (EWG) Nr. 339/93 des Rates. In: Amtsblatt der Europäischen Union, 2008.

[2] DIN - Über Normen & Standards [online], 2021. 25 Oktober 2021 [Zugriff am: 25. Oktober 2021]. Verfügbar unter: *https://www.din.de/de/ueber-normen-und-standards/basiswissen*

7 Mechanisches Verhalten fester Kunststoffe

7.1 Methoden der Werkstoffprüfung

7.1.1 Zusammenhang zwischen Normen

Bei allen Werkstoffen, ob aus Metall, Glas, Keramik oder Kunststoff, werden die Eigenschaften von Bauteilen durch das Zusammenspiel von Werkstoff, Herstellungsverfahren und Bauteilgeometrie beeinflusst. Bei Kunststoffen geschieht dies allerdings in besonders großer Weise.

Begünstigt wird dies auch dadurch, dass in der Kunststofftechnik vor allem Urformverfahren wie Spritzgießen und Extrudieren genutzt werden. Bei diesen Urformverfahren ergeben sich die Eigenschaften im Verarbeitungsprozess und werden durch diesen und beim Spritzgießen die Formteilgeometrie und beim Extrudieren die Halbzeuggeometrie stark beeinflusst.

- Beim Fließen der Schmelze orientieren sich die Makromoleküle. Dies führt zu *Anisotropie* mechanischer Eigenschaften und *Eigenspannungen*, vgl. Abschnitt 4.4. Auch als Verstärkungsstoff genutzte Fasern [1] sowie Füllstoffe, bei denen die Partikel ein großes Aspektverhältnis aufweisen, werden beim Fließen orientiert. Dies hat einen deutlich größeren Effekt auf die mechanischen Eigenschaften als die Orientierung von Molekülen.
- Der Wärmefluss bei der Abkühlung hängt von der Geometrie des Bauteils und den verwendeten Werkzeugen und Prozessen ab. Die Kristallisation wird dadurch beeinflusst, der Kristallisationsgrad ist inhomogen.
- Insbesondere an Dünnstellen im Fließweg kommt es zu innerer Reibung in den hochviskosen Kunststoffschmelzen. Innere Reibung führt zu Erwärmung, auch *Schererwärmung* genannt. Dadurch sind Temperaturen lokal erhöht, Temperaturunterschiede beeinflussen die Kristallisation und den Abbau (die Relaxation) von Orientierungen.

Die Unterschiede zu den anderen Werkstoffen sind in dem molekularen Aufbau begründet, vgl. Kapitel 2.

- Molekülorientierung kann nur auftreten, wenn große Moleküle vorhanden sind, deren Gestalt beim Fließen geändert werden kann.
- Wegen der gebundenen Elektronen ist die Wärmeleitfähigkeit von Kunststoffen deutlich geringer als die von Metallen. Die Abkühlung findet langsamer statt, wodurch alle Effekte verstärkt werden.
- Wegen der großen Moleküle findet die Kristallisation langsamer als bei Metallen statt. Hierdurch haben Prozessparameter einen großen Einfluss auf den Kristallisationsgrad.

Würde wie auch in der Metallverarbeitung in der Kunststofftechnik viel mit Halbzeugen gearbeitet, wären die Effekte geringer, da Fließen, Schererwärmung und Kristallisation einerseits und Formgebung andererseits getrennt wären.

Auch während des Einsatzes von Produkten aus Kunststoffen ist der Einfluss der Temperatur und von niedermolekularen Stoffen, die aus einem Kunststoffwerkstoff aus- oder in diesen hineindiffundieren können, auf die Nebenvalenzkräfte und damit auf die Eigenschaften der Produkte sehr groß, wie in Abschnitt 7.2.2 und Abschnitt 7.2.4 für die mechanischen Eigenschaften gezeigt wird. Der niedermolekulare Stoff, der für polare Polymere und damit für die meisten Kunststoffe relevant ist, besteht aus Wassermolekülen, die über die Luftfeuchte aufgenommen werden.

Daher gibt es einen Zusammenhang zwischen den Normen für Prüfung, Probekörper, Probekörperherstellung, Prüfklima und Werkstoff, vgl. Bild 7.1. Die Normen greifen ineinander und müssen bei der Werkstoffprüfung berücksichtigt werden.

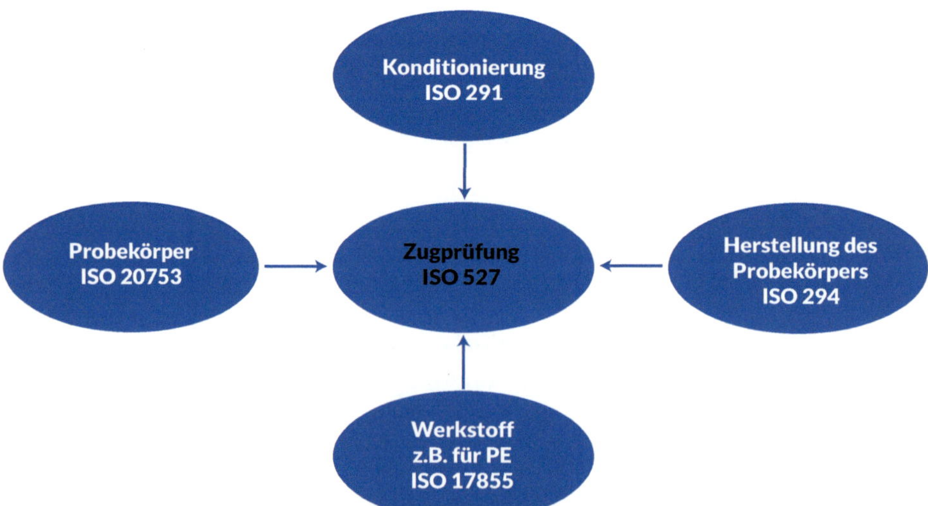

Bild 7.1 Zusammenhang zwischen den Normen für Prüfung, Probekörper, Probekörperherstellung, Prüfklima und Werkstoff am Beispiel des Zugversuchs

7.1.2 Normalklimate für Konditionierung und Prüfung

Weil die Eigenschaften von Kunststoffen stark von Temperatur und Feuchte abhängen, die zu ermittelnden Werkstoffkennwerte aber vergleichbar sein sollen, müssen Temperatur und Feuchte bei einer Prüfung, das *Prüfklima*, festgelegt werden. Die Werte sollten zeitlich konstant sein und im ganzen Prüfraum, ob kleiner Klimaschrank oder großer Klimaraum, an jedem Ort gleich sein. Ein Klima mit stationären und homogenen Werten für Temperatur und Feuchte wird *Konstantklima* genannt. Das Prüfklima muss ein Konstantklima sein. Bei Prüflaboren und insbesondere akkreditierten Prüflaboren ist dies sichergestellt, es wird Normalklima garantiert.

Normalklima bezeichnet ein bevorzugtes Konstantklima, für das Werte für Lufttemperatur und Luftfeuchte, deren Grenzabweichung, Luftdruck und Luftgeschwindigkeit festgelegt sind.

Prüfungen an Kunststoffen sollten immer in einem Klimaraum stattfinden, in dem Normalklima herrscht, vgl. Tab. 7.1.

Tabelle 7.1 Definition der Normalklimate nach ISO 291

Bezeichnung	Lufttemperatur in °C	Relative Feuchte in %	Anmerkungen
23/50	23	50	Für nicht tropische Länder und Vergleichsdaten in Datenbanken
27/65	27	65	Für tropische Länder
Zudem sollte die Luft keine signifikanten zusätzlichen Bestandteile (z. B. Lösungsmitteldämpfe) enthalten und es sollten keine zusätzlichen Strahlungseinflüsse (z. B. erhöhte UV-Strahlung, die zur Alterung der Proben führen würde) vorhanden sein.			

Je nach erlaubter Schwankungsbreite für diese Werte spricht man von Normalklima Klasse 1 oder Klasse 2, vgl. Tab. 7.2.

Tabelle 7.2 Klassen der Normalklimate und zugehörige Grenzabweichung nach DIN EN ISO 291

Klasse	Grenzabweichung bei der Temperatur in °C	Grenzabweichung bei der relativen Feuchte in % r. F.
1	±1	±5
2	±2	±10

Wenn Probekörper von einem Lagerort mit einem Klima in den Prüfraum mit einem anderen Klima gebracht werden, müssen sie sofort geprüft werden, damit sich ihre Temperatur und Feuchte nicht im Verlauf der Prüfung ändern. Zum Beispiel können vor Prüfungen mit Prüfzeiten im Bereich von Sekunden wie dem *Schlagversuch* oder der *Schlagzähigkeitsprüfung* Proben in einem kleinen Klimaschrank direkt neben dem Prüfgerät gelagert werden.

Freier von möglichen Fehlern ist ein Vorgehen, bei dem das Klima bei Lagerung und Prüfung identisch ist, die Probekörper vor der Prüfung die gleiche Temperatur aufweisen wie der Prüfraum und ihr Feuchtegehalt sich nicht mehr ändern kann. Generell gilt, dass an jeder Stelle im Probekörper Temperatur und Feuchtegehalt zeitlich konstant und gleich sein sollten. Man spricht dann auch von einem stationären und homogen Zustand, vgl. Abschnitt 7.3.1.7. Die Probekörper befinden sich dann in einem Gleichgewichtszustand, also einem Zustand, der sich nicht mehr ändert, solange die Umgebungsbedingungen gleich bleiben.

Konditionierung bezeichnet einen oder mehrere Arbeitsgänge, mit denen Proben oder Probekörper bezüglich Temperatur und Feuchtegehalt in einen Gleichgewichtszustand gebracht werden. Das Konstantklima, in dem dies geschieht, heißt *Konditionierklima* und ist im besten Fall identisch mit dem Prüfklima, das wiederum Normalklima sein sollte.

Konditionierklima = Prüfklima = Normalklima ■

Die *Konditionierdauer* muss lang genug sein, damit Temperatur und Feuchte einen Gleichgewichtszustand erreichen können. Wärmeleitung und Feuchtediffusion sind aber Transportvorgänge, die vom Werkstoff abhängen und für jeden Werkstoff andere Zeitdauern haben.

In ISO 291 gibt es daher eine bevorzugte Reihenfolge:

1. Die Konditionierdauer muss so sein, wie in der entsprechenden Werkstoffnorm festgelegt.
2. Die Dauer soll mindestens 88 h im Normalklima sein.
3. Die Dauer soll mindestens 4 h bei einer Temperatur von 23 °C ± 5 °C betragen.

Die Zeit in Punkt 2 ergibt sich aus betrieblichen Abläufen, nicht aus physikalischen Gründen: Bei einer Konditionierdauer von 88 h kann montags mit der Konditionierung begonnen und freitags geprüft werden. Punkt 3 gilt für Prüfungen, die in Räumen erfolgen müssen, bei denen nicht auch die Luftfeuchte gesteuert werden kann, z. B. bei der Qualitätssicherung in Werken, nach dem Grundsatz: Wenn schon das Normalklima nicht eingehalten wird, dann wenigstens die Temperatur.

Wichtig ist auch das Wort „mindestens" in den Anforderungen. Denn Geometrie und Größe von Proben oder Probekörpern und die Differenz zwischen Ausgangswerten und Zielwerten für Temperatur und Feuchte beeinflussen neben dem Werkstoff die Zeiten zur Erreichung des Gleichgewichtszustands. Hinzu kommt, dass die Wärmeleitung in Kunststoffen üblicherweise innerhalb von wenigen Stunden zu einer homogenen Temperaturverteilung führt, während die Diffusion von Feuchte Tage bis Wochen oder Monate bis zur Sättigung (Gleichgewichtszustand) dauern kann [2].

Die Wasseraufnahme wird mit den in ISO 62 „Kunststoffe – Bestimmung der Wasseraufnahme" beschriebenen Methoden bestimmt.

Weil die Einstellung einer definierten Feuchte insbesondere bei den Polyamiden wichtig ist, gibt es speziell für diesen Werkstoff beschleunigte *Konditionierungsverfahren* nach ISO 1110 (Lagerung im Klimaschrank mit (70 ± 1)°C und (62 ± 1)% relativer Feuchte) oder nach Unternehmensrichtlinien. Die Konditionierung zu beschleunigen, ist auch immer noch Gegenstand der Forschung.

Speziell bei Polyamiden werden Werkstoffkennwerte für drei Konditionierungszustände angegeben:

- *Trocken*: Trocknung im Exsikkator (Labor) oder Umlufttrockner (Produktion) bis zu Restfeuchten (Massenanteile Wasser) kleiner als 0,2 %. Bauteile haben direkt nach der Fertigung diese Restfeuchte, weshalb für „trocken" auch der Begriff *spritzfrisch* verwendet wird.
- *Feucht*: Konditionierung im Normalklima (Verfahren 4 in ISO 62). Der Zustand wird auch *konditioniert* genannt, was wegen der nicht spezifischen Aussage vermieden werden sollte.
- *Nass*: Lagerung im destilliertem Wasser bei 23 °C (Verfahren 1 in ISO 62) oder bei höherer Temperatur, z. B. 60 °C (nicht in ISO 62 beschreiben), oder in siedendem Wasser (Verfahren 2 in ISO 62).

ISO 16396-2 „Kunststoffe – Polyamid (PA)-Formmassen für das Spritzgießen und die Extrusion – Teil 2: Herstellung von Probekörpern und Bestimmung von Eigenschaften" definiert die beiden Zustände spritzfrisch und feucht.

Das bislang Geschriebene gilt für die Ermittlung von Werkstoffkennwerten. Konditionierung kann aber auch gezielt in einem anderen Klima stattfinden als die Prüfung. Dies passiert regelmäßig, wenn Probekörper in Medien wie Wasser oder Treibstoffen und meist bei höheren Temperaturen gelagert, aber im Normalklima geprüft werden. Hier geht es z. B. um die Ermittlung von mechanischen Kennwerten als Funktion der Auslagerungszeit zur Abschätzung von Gebrauchsdauern oder um Werkstoffe auf ihre Gebrauchstauglichkeit hin zu prüfen.

7.1.3 Probekörper

In der Kunststofftechnik werden für mechanische Prüfungen meist stab- und plattenförmige Probekörper eingesetzt, die im Spritzgieß- oder Pressverfahren hergestellt oder durch spanende Bearbeitung aus Halbzeugen oder Bauteilen entnommen werden.

Der in der Kunststofftechnik verwendete Begriff Probekörper hat dabei die gleiche Bedeutung wie der Begriff *Prüfkörper* im Maschinenbau.

Ein *Probekörper* ist ein Stück eines Werkstoffs von einer Form und Größe und dermaßen hergestellt, dass es direkt für Prüfungen eingesetzt werden kann. ■

Der Begriff Probe hat hingegen zwei Bedeutungen, die sich von der des Probekörpers unterscheiden.

Zunächst ist eine *Probe* kein *Körper* mit definierten Maßen. Proben können Schüttgüter wie Pulver und Granulate sein, aber auch Bauteile, aus denen noch Probekörper entnommen werden. Zum Beispiel wird bei thermischen Analyseverfahren mit Materialmengen im Mikrogrammbereich gearbeitet, wobei das Material als Pulver, Granulatteilchen oder Hobelspan vorliegen kann, also kein Körper mit definiert herstellbaren Dimensionen ist.

Zum anderen ist mit Probe im Sinn der Statistik eine Materialmenge gemeint, die einer größeren Menge entnommen wird. Zum Beispiel wird zur Wareneingangsprüfung aus dem Silo-LKW mit Kunststoffgranulat eine Probe entnommen, von der wiederum eine Teilmenge zur Bestimmung der Schmelzefließrate verwendet wird. Es könnten aber auch Probekörper für mechanische Prüfungen aus der Probe hergestellt werden.

ISO 20753 legt die Bezeichnungen, Dimensionen und Herstellverfahren für fünf verschiedene Probekörpertypen fest. ISO 3167, die den Zugprobekörper als Vielzweckprobekörper definiert und inhaltlich fast identisch ist, wird schrittweise durch ISO 20753 ersetzt.

Häufig verwendet wird der Zugprobekörper Typ A1, vgl. Bild 7.2 und Bild 7.3. Dieser wird in der Norm ISO 527-2 zur Bestimmung der Zugeigenschaften Typ 1A genannt.

Tabelle 7.3 Probekörper nach ISO 20753

Typ	Bezeichnung	Maße
A	Zugprobekörper	Siehe Tabelle 7.4
B	Stabprobekörper	Länge: 80 mm Breite: 10 mm Höhe: 4 mm
C	Kleiner Zugprobekörper	Siehe Tabelle 7.4
D	Quadratischer Tafelprobekörper (auch *CAMPUS-Platte* genannt)	Länge: 60 mm Breite: 60 mm Höhe: 1 oder 2 mm
F	Rechteckiger Tafelprobekörper	Länge: 120 mm Breite: 80 mm Höhe: 2 mm

Steht an der zweiten Stelle eine Ziffer wie z. B. beim Probekörper Typ A1, bedeutet „1" Herstellung durch Spritzgießen und „2" durch mechanische Bearbeitung.

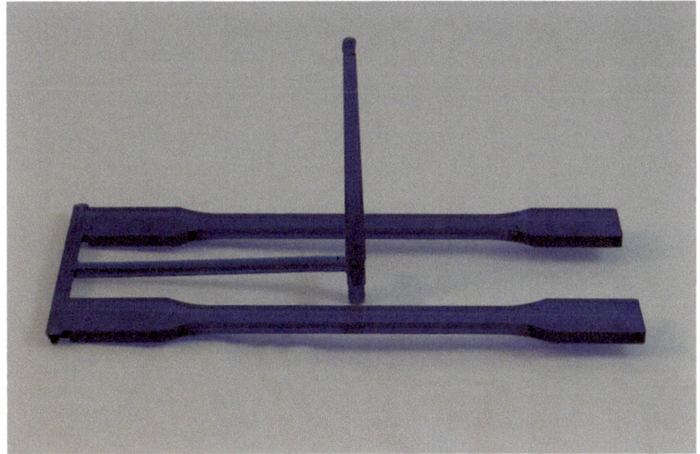

Bild 7.2 Zwei spritzgegossene Probekörper Typ A1 mit zentralem Stangenanguss und Verteilersystem

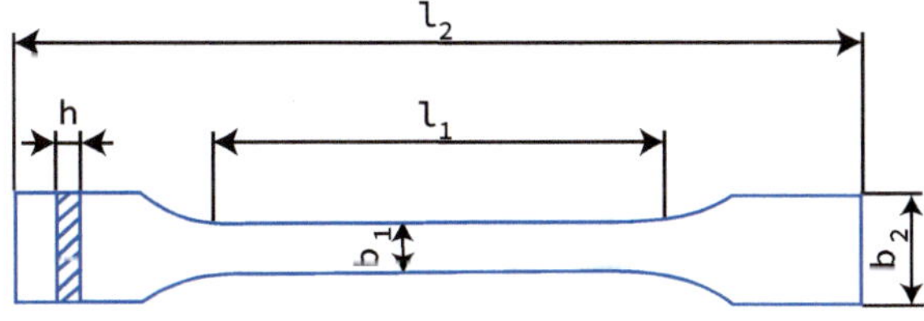

Bild 7.3 Bemaßung des Zugprobekörpers Typ A1 nach ISO 20753

Tabelle 7.4 Für die Prüfung relevante Maße des Zugprobekörpers Typ A1 und des kleinen Zugprobekörpers (Typ CW13) nach ISO 20753

Bezeichnung		Typ A1 Werte in mm	Typ CW13 Werte in mm
l_1	Länge des schmalen parallelen Teils	80	0 (der schmale Mittelteil ergibt sich aus zwei Kreisbögen mit Radius 15 mm)
l_2	Gesamtlänge	≥ 170	60
b_1	Breite des schmalen parallelen Teils	10	3
b_2	Breite an den Enden	20	10
h	Dicke	4	3

Die Dicke wird nicht mit dem Symbol *b*, sondern mit *h* bezeichnet, weil bei prismatischen, also quaderförmigen Körpern wie dem für die Prüfung interessanten Mittelteil des Zugprobekörpers die Dimensionen Länge, Breite und Höhe genannt werden, wobei mit Länge die größte Dimension und mit Höhe die kleinste Dimension bezeichnet wird.

Die Herstellung von Probekörpern über die Urformverfahren Spritzgießen und Formpressen wird bei Thermoplasten und Duroplasten bevorzugt, weil damit Arbeitsschritte gegenüber der mechanischen Bearbeitung von Halbzeugen wie extrudierten Platten eingespart werden können. Da dann aber für jeden Probekörper ein Werkzeug zur Herstellung vorhanden sein müsste, wurde ein sogenannter – zunächst ab 1997 in ISO 3167 beschriebener – Vielzweckprobekörper entwickelt. Aus diesem können verschiedene stabförmige Probekörper für weitere Prüfverfahren entnommen werden, vgl. Bild 7.4 und Tabelle 7.5. Dies hat außerdem den Vorteil, dass viele Prüfungen an Probekörpern mit identischer Herstellung und damit identischer innerer Struktur (Morphologie) wie Orientierung der Glasfasern, Kristallisationsgrad und Molekülorientierung durchgeführt werden können.

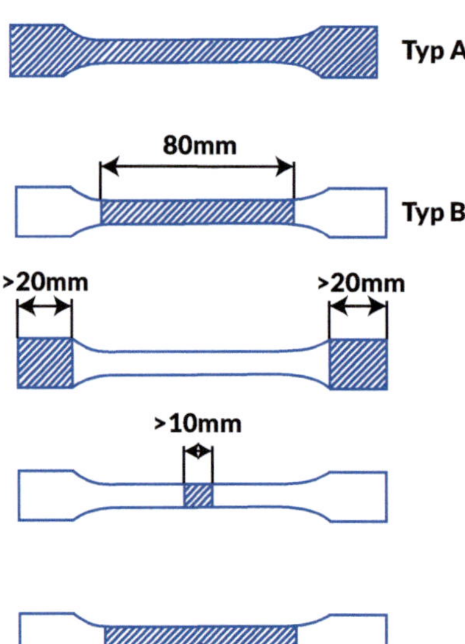

Bild 7.4
Der Zugprobekörper Typ A1 als Vielzweckprobekörper

Tabelle 7.5 Anwendungen für Teile des Vielzweckprobekörpers bzw. Zugprobekörpers Typ A1

Probekörperteil	Bezeichnung	Prüfverfahren oder Eigenschaft
Vollständiger Zugprobekörper	Typ A	▪ Zugversuch ▪ Zeitstand-Zugversuch ▪ Spannungsrissbildung
Schmaler paralleler Teil	Typ B	▪ Biegeversuch ▪ Biegekriechversuch ▪ Schlagzähigkeit (Charpy, Izod, Zug), mit oder ohne Kerbe ▪ Wärmeformbeständigkeitstemperatur ▪ Spannungsrissbildung ▪ Sauerstoffindex
Einspannfläche	-	▪ Härte (Kugeleindruck, Rockwell, Shore)
Mitte des Mittelteils	-	▪ Druckprüfung ▪ Vicat-Erweichungstemperatur ▪ Dichte ▪ lineare Wärmeausdehnung

Herstellung von Probekörpern

Probekörper werden entweder direkt durch Formpressen oder Spritzgießen (siehe Bild 7.2) hergestellt oder aus Platten, die selber wieder formgepresst, spritzgegossen, gegossen oder extrudiert worden sind, durch mechanische Bearbeitung, meist durch Fräsen, gefertigt.

Tabelle 7.6 Normen zur Fertigung von Probekörpern

Nummer	Titel
ISO 293	Kunststoffe - Formgepresste Probekörper aus Thermoplasten
ISO 294	Kunststoffe - Spritzgießen von Probekörpern aus Thermoplasten (Teil 1 bis 5 für Vielzweckprobekörper (Typ A) und Stäbe (Typ B), kleine Zugstäbe (Typ C), kleine Platten (Typ D), Platten zur Bestimmung der Verarbeitungsschwindung (Typ D) und Platten zur Bestimmung der Anisotropie (Typ F))
ISO 295	Kunststoffe - Pressen von Probekörpern aus duroplastischen Werkstoffen
ISO 10724	Kunststoffe - Spritzgießen von Probekörpern aus duroplastischen rieselfähigen Formmassen (PMC) (Teil 1 und 2 für Vielzweckprobekörper (Typ A) und kleine Platten (Typ D))
ISO 2818	Kunststoffe - Herstellung von Probekörpern durch mechanische Bearbeitung (fräsen, abstechen, sägen, rohrschneiden, drehen, hobeln, stanzen, räumen)

Bei den Pressverfahren sind die Kavitäten, auch Formnester genannt, nicht explizit festgelegt. Es lassen sich alle Probekörpertypen damit herstellen.

Welches Verfahren Anwendung finden soll, wird in den Werkstoffnormen festgelegt. Zum Beispiel steht in ISO 16396-2:2020 „Kunststoffe – Polyamid (PA)-Formmassen für das Spritzgießen und die Extrusion – Teil 2: Herstellung von Probekörpern und Bestimmung von Eigenschaften", dass zur Ermittlung vergleichbarer Daten (z. B. in Datenbanken) nur das Spritzgießen verwendet werden soll. Es wird aber ebenfalls das Lasersintern beschrieben, da in der Praxis oft der Wunsch besteht, Daten an Probekörpern zu ermitteln, die mit dem eingesetzten Fertigungsverfahren erzeugt wurden.

Allgemein gilt aber: Probekörper sollen der Vergleichbarkeit wegen spritzgegossen werden.

Dies beruht auf dem Einfluss des Verarbeitungsverfahrens auf die innere Struktur des Probekörpers, die Morphologie. Insbesondere unterscheiden sich die Abkühlung und das Fließen deutlich zwischen Spritzgießen (hohe Kühlgeschwindigkeiten, hohe Scher- und Dehnraten) und Formpressen (kleine Kühlgeschwindigkeiten, kleine Scher- und Dehnraten). Das hat Auswirkungen auf den Kristallisationsgrad bei teilkristallinen Thermoplasten und allgemein auf die Orientierung von Molekülen sowie Füll- und Verstärkungsstoffen. Es werden durch die Wahl des Fertigungsverfahrens letztlich alle Eigenschaften von Probekörpern beeinflusst.

Bestimmung der Maße von Probekörpern

Für die Versuche zur Bestimmung der mechanischen Eigenschaften müssen die linearen Maße der Probekörper, also Länge, Breite und Höhe (Dicke) bestimmt werden, um z. B. die Querschnittsfläche des Probekörpers berechnen zu können. Diese Maße werden immer mehrfach (mindestens dreimal) im Prüfbereich gemessen. Der Prüfbereich liegt bei Zug- und Stabprobekörpern in der Mitte, vgl. Bild 7.4.

Da Probekörper oft durch Spritzgießen hergestellt werden und Formteile aus dem Spritzgießprozess typischerweise Einfallstellen und Entformungsschrägen aufweisen, haben die Probekörper keinen rechteckigen Querschnitt, siehe Bild 7.5. Der tatsächliche Querschnitt weist oben und unten Einfallstellen[1] und links und rechts Entformungsschrägen auf. Um trotzdem reproduzierbar und effizient die Maße eines idealen Rechtecks ermitteln zu können, werden Bereiche definiert, in denen gemessen werden soll. Durch Messen in diesen Bereichen (b_{mess} für die Breite und d_{mess} für die Höhe) und die Wahl des geeigneten Messgeräts findet dann bereits während der Messung ein Mittelung zwischen minimaler und maximaler Breite bzw. Höhe des Probekörpers statt.

[1] Auch links und rechts gibt es Einfallstellen. Der Einfluss der Entformungsschräge auf die Abweichung von der rechteckigen Form des Querschnitts ist aber größer.

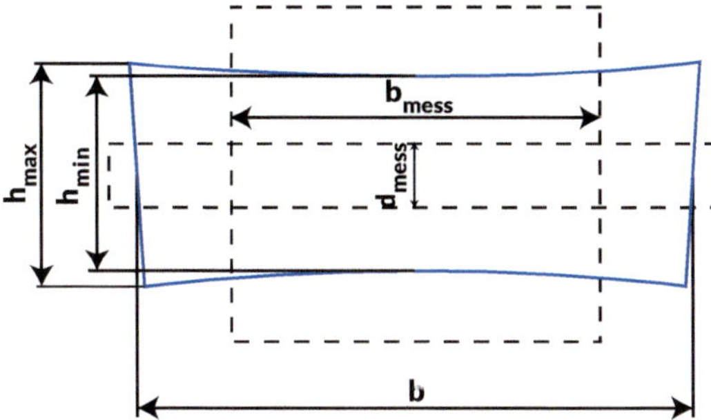

Bild 7.5
Querschnitt eines spritzgegossenen Probekörpers (in blau) im schmalen parallelen Teil senkrecht zur längsten Achse, vgl. Bild 7.3, mit *Einfallstellen* auf Ober- und Unterseite und *Entformungsschrägen* links und rechts sowie den empfohlenen Bereichen für die Bestimmung der Breite *b* und Höhe *h* des Probekörpers nach ISO 16012 (gestrichelte Linien)

Nach ISO 16012 sind Messschrauben, Messschieber, Fühlhebelmessuhren und berührungslose Messgeräte zur Bestimmung der Maße zulässig, wobei Fühlhebelmessuhren schnell und einfach in der Anwendung sind.

Fühlhebelmessuhren können mit Spitzen mit 4 mm langer Schneide, zylindrischen und rechteckigen Spitzen als Kontaktfläche verwendet werden. Diese werden auf den nicht ebenen Flächen in den empfohlenen Bereichen für die Bestimmung von Breite und Höhe, vgl. Bild 7.5, so angesetzt, dass direkt ein mittlerer Wert für Breite und Höhe ermittelt wird, vgl. Bild 7.6.

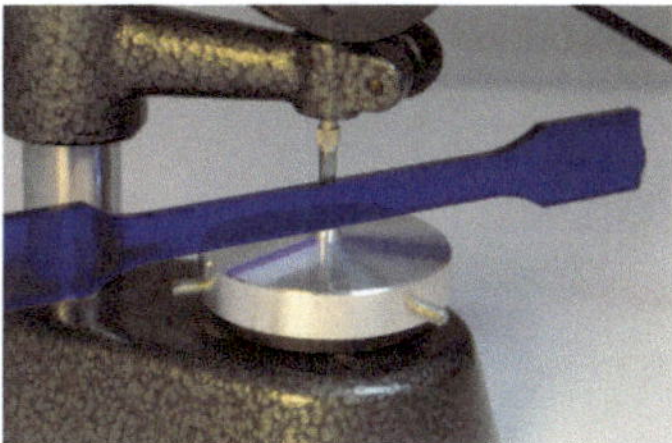

Bild 7.6 Schneide einer Fühlhebelmessuhr zur Bestimmung von Höhe (links) und Breite (rechts) von Probekörpern

Es sind Schneiden erhältlich, die der Geometrie der Kerbe im Probekörper Typ B mit Kerbe (unten in Bild 7.4) entsprechen. Dies erlaubt eine schnelle und eindeutige Ermittlung der sogenannten Restbreite am Kerbgrund, die für die Kerbschlagzähigkeitsprüfung bekannt sein muss.

7.1.4 Bestimmung der Zugeigenschaften

Der Zugversuch für Kunststoffwerkstoffe wird in ISO 527 „Kunststoffe – Bestimmung der Zugeigenschaften" beschrieben:

- Teil 1: Allgemeine Grundsätze
- Teil 2: Prüfbedingungen für Form- und Extrusionsmassen

- Teil 3: Prüfbedingungen für Folien und Tafeln
- Teil 4: Prüfbedingungen für isotrop und anisotrop faserverstärkte Kunststoffverbundwerkstoffe
- Teil 5: Prüfbedingungen für unidirektional faserverstärkte Kunststoffverbundwerkstoffe

Nach Teil 2 werden Prüfungen an meist spritzgegossenen Probekörpern (ISO 20753) aus gefüllten und faserverstärkten Thermoplasten durchgeführt. Teil 4 findet Anwendung auf Probekörper aus duroplastischen und thermoplastischen Verbundwerkstoffen mit nicht unidirektionaler Verstärkung (Matten, Gewebe, Prepregs und weitere Verstärkungsmaterialien sowie Schichten mit Verstärkung) und Bauteile, die spanend aus Platten gewonnen werden. Teil 3 kommt bei Folien und Tafeln zur Anwendung, deren Dicke weniger als 1 mm beträgt. Bei Dicken größer 1 mm wird Teil 2 verwendet. Teil 5 wird bei Probekörpern aus duroplastischen und thermoplastischen Verbundwerkstoffen mit vollständig in eine Richtung ausgerichteten Fasern, Rovings, unidirektionalen Geweben und Bändern angewendet.

Prüfverfahren beim Zugversuch

Beim Zugversuch wird ein Zugprobekörper entlang der größten Hauptachse mit konstanter Prüfgeschwindigkeit verlängert. Während dieses Vorgangs werden die Kraft und die Längenänderung gemessen, bis der Probekörper bricht oder eine vorgegebene Kraft oder Längenänderung erreicht wird.

Bild 7.7
Eine der Universalprüfmaschinen mit Temperierkammer am Institut für Kunststofftechnik Darmstadt

Meist wird der Probekörper stehend in die Prüfmaschine eingespannt, die größte Hauptachse zeigt nach oben und die Bewegung findet in der Vertikalen statt, vgl. Bild 7.7. Die untere Einspannung ist unbeweglich, die obere hängt an der Traverse (in ISO 527 *Querhaupt* genannt) und wird mit dieser nach oben bewegt. Zwischen oberer Einspannung und Traverse befindet sich eine Kraftmessdose. Die Wegmessung erfolgt bei kleinen Längenänderungen mit verschiedenen *Extensometern* (berührend, vgl. Bild 7.8, oder optisch und damit berührungslos) bzw. *Dehnungsmesstreifen* sehr genau am Probekörper.

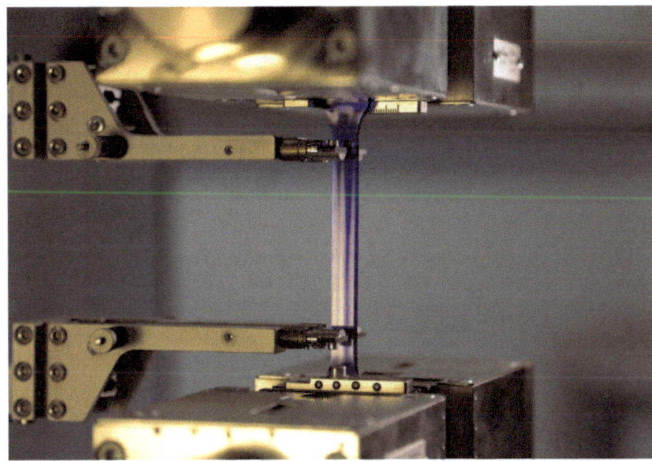

Bild 7.8
Einspannung und Kontaktextensometer beim Zugversuch

Große Längenänderungen werden nicht mittels Extensometer, sondern über den Traversenweg[2] gemessen und sind nicht so genau. Bei kleinen Dehnungen wird der Probekörper zudem mit geringen Prüfgeschwindigkeiten (z. B. 1 mm/min) gezogen, um in diesem für die Bestimmung des E-Moduls interessanten Bereich möglichst viele Datenpunkte zu erzeugen. Bei einer Dehnung von ca. 0,3 % wird die Prüfgeschwindigkeit auf z. B. 50 mm/min gesteigert, um die Messzeit bis zum Bruch zu verkürzen, da Bruchdehnungen von 10 bis 100 % bei vielen Kunststoffen üblich sind. Die gesamte Messzeit liegt außer bei sehr duktilen Kunststoffen und Elastomeren im Bereich von 1 min. Da die Änderung der Belastung mit zunehmender Zeit klein ist (*quasistatische Belastung*), spricht man auch vom *quasistatischen Zugversuch* und grenzt ihn dadurch von sehr schnellen Belastungen wie im Schlagzugversuch oder *Schnellzerreißversuch*[3] (Prüfgeschwindigkeit bis zu 20 m/s) einerseits und von sehr langsamen Vorgängen bei *statischer Belastung* wie dem Zeit-

[2] Hieraus wird die nominelle Dehnung berechnet. Die Messung der Längenänderung über den Traversenweg wird angewendet, wenn der Messbereich von Extensometern zu klein für die Dehnungsmessung ist. Sie wird nach ISO 572-1 auch bei kleinen Proben oder beim Auftreten von Einschnürungen angewendet.

[3] Der Zugversuch bei hohen Dehngeschwindigkeiten wird in ISO 26203 für metallische Werkstoffe beschrieben und ähnlich auf Kunststoffe angewendet. Eine Norm für den Zugversuch bei hohen Dehngeschwindigkeiten für Kunststoffe befindet sich in der Vorbereitung.

stand-Zugversuch, vgl. Abschnitt 7.1.7, andererseits ab. Der Begriff „quasistatisch" ist ansonsten bedeutungslos, weil auch im Zugversuch elastisches, viskoelastisches und viskoses sowie lineares und nicht lineares Verhalten beobachtet werden. In Normen der Werkstoffprüfung von Kunststoffen wird der Begriff daher nicht verwendet.

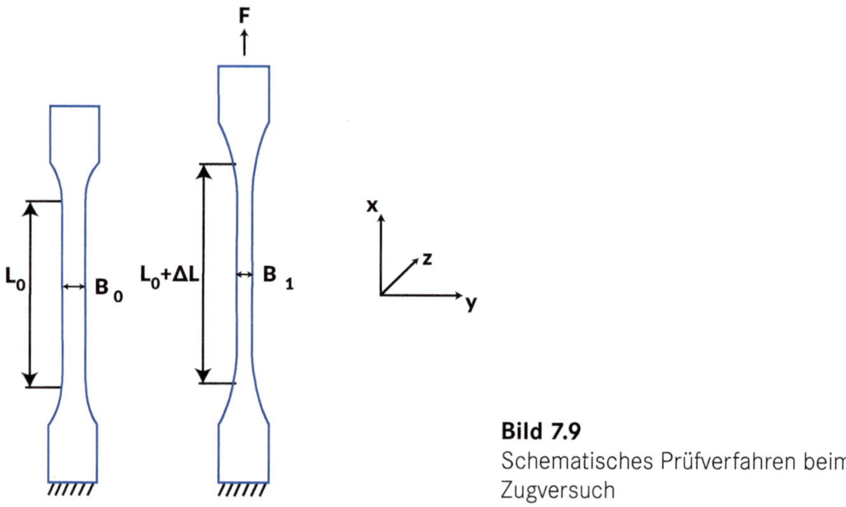

Bild 7.9
Schematisches Prüfverfahren beim Zugversuch

Im Zugversuch stellen sich im schmalen parallelen Teil mit der Messlänge L_0[4] ein uniaxialer Normalspannungszustand und ein dreidimensionaler Verzerrungszustand ein, vgl. Bild 7.9. Als Messwerte ergeben sich die Kraft F und die Längenänderung ΔL als Funktion der Zeit, vgl. Formel 7.1 und Formel 7.2. Diese werden in Spannung σ und Dehnung ε umgerechnet mittels

$$\sigma = \frac{F}{A_0} \tag{7.1}$$

und

$$\varepsilon = \frac{\Delta L}{L_0} \tag{7.2}$$

Dabei werden *Querschnittsfläche* A_0 und *Messlänge* L_0 vor dem Versuch ermittelt, siehe Abschnitt 7.1.3, sind also Größen zum Zeitpunkt null des Versuchs, daher der Index. Die Messlänge L_0 soll nach ISO 527, Teil 2, 75 mm betragen. Breite b und Dicke h werden im Lauf des Versuchs kleiner, es findet während der Verlängerung eine Querkontraktion ε_y in Breiten- und ε_z in Dickenrichtung statt. Es wird die *Querkontraktionszahl* ν oder *Poissonzahl* definiert, Formel 7.3, die bei isotropen und homogenen Materialien in beide Richtungen gleich groß ist:

---

[4] Der schmale parallele Teil hat eine Länge von 80 mm, die bevorzugte Messlänge L_0 beträgt 75 mm.

$$\nu = -\frac{\varepsilon_y}{\varepsilon_x} = -\frac{\varepsilon_z}{\varepsilon_x} \tag{7.3}$$

Ändert sich das Volumen des Körpers bei der Deformation nicht, spricht man von inkompressiblen Materialien und die Querkontraktionszahl hat den Wert 0,5. Bei Kunststoffen findet man häufig den Wert 0,35, was bedeutet, dass im Zugversuch Volumen geschaffen wird.

Werden Spannung und Dehnung nach Formel 7.1 und Formel 7.2 berechnet, nennt man sie auch *technische Spannung* und *technische Dehnung*. Die Dehnung, die aus der Verschiebung der Traverse bestimmt wird, wird in ISO 527 zur Unterscheidung *nominelle Dehnung* genannt.

Wegen der Abnahme des Querschnitts des Probekörpers im Zugversuch aufgrund der Querkontraktion wirkt die Kraft auf einen kleineren Querschnitt und die Spannung ist tatsächlich größer als nach Formel 7.1. Man definiert daher die *wahre Spannung* σ_w durch Bezug auf den aktuellen Querschnitt A, vgl. Formel 7.4:

$$\sigma_w = \frac{F}{A} \tag{7.4}$$

Wird ein Probekörper belastet, dann bei dieser Belastung gehalten und schließlich weiter belastet, stellt sich mit Recht die Frage, auf welche Messlänge L_0 die erneute Längenänderung während der zweiten Belastung bezogen werden soll: auf die Ursprungslänge oder auf die nach der ersten Belastung vergrößerte Länge? Dieses Beispiel zeigt, dass es sinnvoller ist, eine Längenänderung immer auf die aktuelle Länge zu einem Zeitpunkt zu beziehen. Hier werden nur sehr kleine, also differenzielle Änderungen der Dehnung, vgl. Formel 7.5, betrachtet:

$$d\varepsilon_w = \frac{dL}{L} \tag{7.5}$$

Um die Dehnung für eine größere Längenänderung zu erhalten, werden die differenziellen Dehnungsänderung gemäß Formel 7.6 integriert:

$$\varepsilon_w = \int_{L_0}^{L} \frac{dL}{L} = ln\frac{L}{L_0} = ln\left(\frac{L_0}{L_0} + \frac{\Delta L}{L_0}\right) = ln(1+\varepsilon) \tag{7.6}$$

Wegen dieses Zusammenhangs zwischen wahrer und technischer Dehnung wird die wahre Dehnung ε_w auch *logarithmische Dehnung* genannt.

Wahre Spannung und wahre Dehnung werden in der Mechanik und damit auch in Finite-Element-Programmen zur strukturmechanischen Simulation verwendet.

Da es in der Werkstoffprüfung nach den in der Kunststofftechnik dafür gebräuchlichen Normen vor allem um die Vergleichbarkeit der Werkstoffe geht, wird das einfacher umzusetzende Verfahren mit technischer Spannung und technischer Dehnung verwendet, da hier die Probekörperdimensionen nur einmal und nur vor dem Versuch ermittelt werden müssen. Für Kunststoffe ergeben sich dabei prinzipiell vier verschiedene Spannungs-Dehnungs-Verläufe, siehe Bild 7.10.

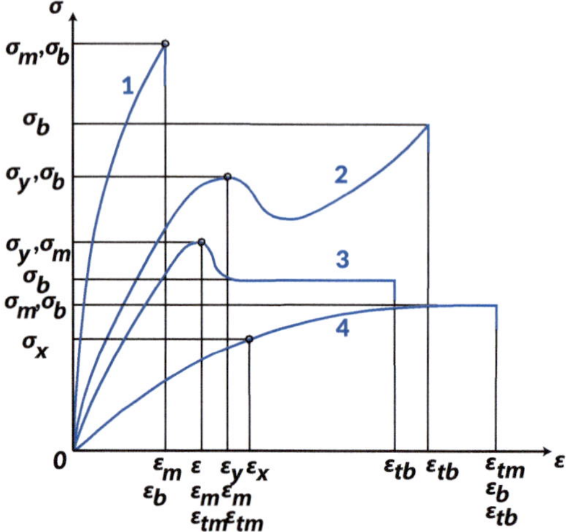

Bild 7.10 Typische Spannungs-Dehnungs-Verläufe für Elastomere, Duromere und Thermoplaste mit und ohne Füll- und Verstärkungsstoffe (1: spröde Werkstoffe, 2: Werkstoffe mit Streckgrenze und Verfestigung, 3: Werkstoffe mit Streckgrenze ohne Verfestigung, 4: gummiartige Werkstoffe) nach ISO 527-1

Spröde Werkstoffe brechen bei kleinen Dehnungen von wenigen Prozent, gummiartig werden nach ISO 527-1 alle Werkstoffe genannt, die bei Dehnungen größer 50 % brechen.

Aus diesen Spannungs-Dehnungs-Verläufen werden Spannungs- und Dehnungskennwerte abgelesen, vgl. Tabelle 7.7.

Tabelle 7.7 Spannungs- und Dehnungskennwerte aus dem Zugversuch nach ISO 527-1

Symbol	Bezeichnung	Definition
σ_m	*Zugfestigkeit*	Spannung beim ersten Spannungsmaximum im Verlauf des Zugversuchs
σ_b	*Bruchspannung*	Spannung, bei der die Probe bricht
σ_y	*Streckspannung* (*y* für engl. yield)	Spannung bei der Streckdehnung
σ_x	Zugspannung bei x % Dehnung	Spannung, bei der die Dehnung ε den in Prozent angegebenen festgelegten Wert x erreicht
ε_m	*Dehnung bei Zugfestigkeit*	Dehnung, die auftritt, wenn die Zugfestigkeit erreicht ist

Symbol	Bezeichnung	Definition
ε_b	*Bruchdehnung*	Zuletzt aufgezeichneter Dehnungswert, bevor ein Abfall der Spannung auf weniger als oder gleich 10 % der Zugfestigkeit erfolgt, wenn der Bruch vor Erreichen der Streckdehnung erfolgt
ε_y	*Streckdehnung*	Bei einem Zugversuch der erste Dehnungswert, bei dem ein Zuwachs der Dehnung ohne Steigerung der Spannung auftritt
ε_{tm}	*Nominelle Dehnung bei Zugfestigkeit*	Nominelle Dehnung, die auftritt, wenn die Zugfestigkeit erreicht ist
ε_{tb}	*Nominelle Bruchdehnung*	Zuletzt aufgezeichneter nomineller Dehnungswert, bevor ein Abfall der Spannung auf weniger als oder gleich 10 % der Zugfestigkeit erfolgt, wenn der Bruch nach Erreichen der Streckdehnung auftritt

In der Kunststofftechnik werden im Unterschied zur Werkstofftechnik der Metalle das in der Mechanik übliche Symbol für die Spannung und Indizes verwendet, die der englischen Sprache entstammen. Dies ist darauf zurückzuführen, dass die Normen für die Kunststoffprüfung mit dem Ziel geschrieben wurden, Kunststoffwerkstoffe international vergleichen zu können, während die Bezeichnungen in der Werkstofftechnik der Metalle älter sind und aus einer Zeit stammen, als national gedacht wurde.

Die Dehnung an den Streckgrenzen der Verläufe 2 und 3 werden in Bild 7.10 gleichzeitig mit ε_m und ε_{tm} bezeichnet. Je nachdem, ob die Dehnung über Extensometer oder über die Querhauptverschiebung erfasst wird, wird nur die passende Bezeichnung (ε_m oder ε_{tm}) verwendet.

Ein weiterer wichtiger Kennwert, der Zugmodul E_t (t für engl. tensile) kann auf zwei Arten ermittelt werden:

- als *Sekantensteigung* zwischen den Punkten, deren Dehnungswerte 0,0005 und 0,0025 sind, oder
- als *Steigung der Regressionsgerade* im Dehnungsintervall [0,0005; 0,0025].

Zu bevorzugen ist die Ermittlung aus der Regressionsgerade, weil hier wesentlich mehr als nur zwei Datenpunkte für die Bestimmung des E-Moduls verwendet werden. Bei üblichen Abtastraten für die Messwertaufnahme sind es mehr als 200 Messpunkte.

7.1.5 Bestimmung der Biegeeigenschaften

Der Biegeversuch für Kunststoffwerkstoffe wird in ISO 178 „Kunststoffe – Bestimmung der Biegeeigenschaften“ und für faserverstärkte Kunststoffwerkstoffe in ISO 14125 „Faserverstärkte Kunststoffe – Bestimmung der Biegeeigenschaften“ beschrieben.

Prüfverfahren beim Biegeversuch

Beim Biegeversuch liegt ein stabförmiger Probekörper mit rechteckigem Querschnitt[5] auf zwei Auflagern und wird in der Mitte zwischen den Auflagern mit konstanter Prüfgeschwindigkeit senkrecht zur längsten Achse belastet. Diese Anordnung und Krafteinleitung entspricht einem mittig belasteten Biegebalken. Während der Belastung werden die dafür notwendige Kraft F und die entstehende *Durchbiegung* s gemessen, bis der Probekörper bricht oder eine vorgegebene Dehnung erreicht wird.

Wird wie in ISO 178 beschrieben eine Druckfinne in der Mitte zwischen den Auflagern angesetzt, handelt es sich um den *Drei-Punkt-Biegeversuch*, vgl. Bild 7.11.

Werden zwei Druckfinnen in gleichem Abstand von der Mitte zwischen den Auflagern angesetzt, handelt es sich um den in ISO 14125 beschriebenen *Vier-Punkt-Biegeversuch*, vgl. Bild 7.12.

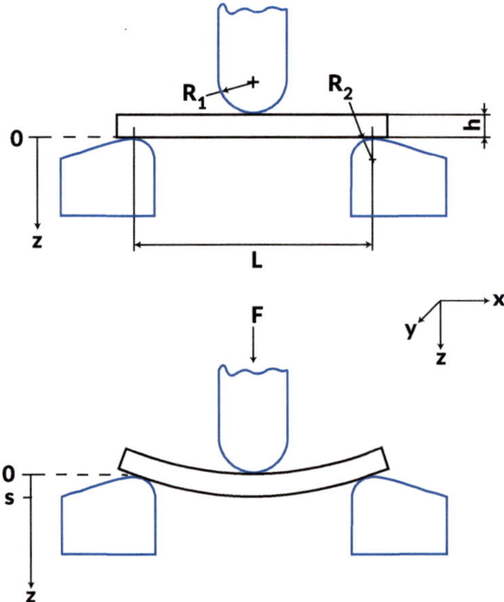

Bild 7.11
Schematisches Prüfverfahren beim Drei-Punkt-Biegeversuch nach ISO 178 (oben: ohne Kraft, unten: während der Belastung mit einer Kraft F und einer konstanten Prüfgeschwindigkeit v)

Das Verfahren nach ISO 178 ist für Thermoplaste sowie für Duromere jeweils mit und ohne Füll- oder Verstärkungsstoffe geeignet, wobei Fasern eine Länge kleiner als 7,5 mm aufweisen sollen. Für Fasern mit einer Länge größer als 7,5 mm ist der Vier-Punkt-Biegeversuch nach ISO14125 anzuwenden, vgl. Bild 7.12.

---

[5] Stabförmige Probekörper mit rechteckigem Querschnitt heißen auch *prismatische Probekörper*.

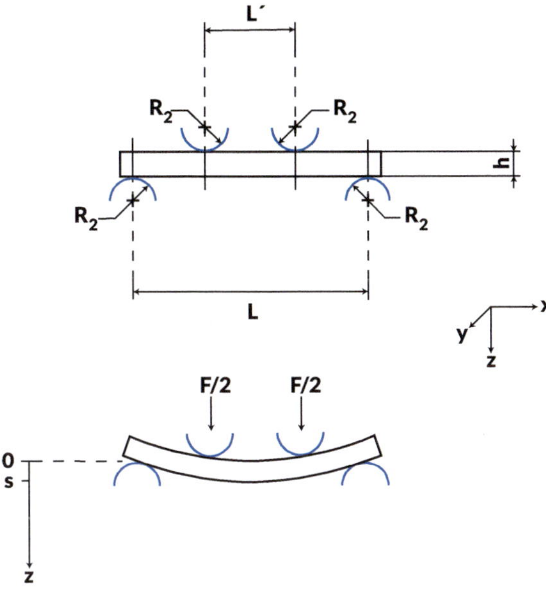

Bild 7.12
Schematisches Prüfverfahren beim Vier-Punkt-Biegeversuch nach ISO 14125 (oben: ohne Kraft, unten: während der Belastung mit einer Kraft *F* und einer konstanten Prüfgeschwindigkeit *v*)

Vorgegeben werden bei den Versuchen bezüglich der Geometrie die Radien R_1 bzw. R_2 der *Druckfinne*(n) und R_2 der Lager, der Abstand *L* der Lager und die Höhe *h* der Probe. Der Abstand *L* zwischen den Lagern wird in ISO 14125 *Stützweite* und der Abstand *L'* zwischen den Druckfinnen *mittlere Stützweite* genannt. Diese Größen sind für das mechanische System und seine Berechnung relevant. Außerdem wird die Geschwindigkeit der Bewegung der Druckfinne nach unten, die sogenannte *Prüfgeschwindigkeit v*, vorgegeben. Gemessen werden die Kraft *F*, mit der die Druckfinne bzw. die Druckfinnen den Probekörper belastet bzw. belasten und die *Durchbiegung s*, die sich aus der Belastung ergibt.

Bild 7.13
Der Drei-Punkt-Biegeversuch an einer Universalprüfmaschine, die Durchbiegung wird über den Traversenweg gemessen

Linear-elastische Betrachtung

Nach den Regeln der Elastostatik werden für deformierbare *Biegebalken* die sogenannten Schnittgrößen Normalkraft, Querkraft und Biegemoment bestimmt. Dabei reicht eine zweidimensionale Betrachtung aus. Die Verläufe von Querkraft und Biegemoment sind in Bild 7.14 über der Länge des Probekörpers zwischen den Lagern dargestellt. Man kann erkennen, dass bei der Vier-Punkt-Biegung zwischen den Finnen nur ein konstantes Biegemoment, aber keine Querkraft vorliegt. Die Beanspruchung des Probekörpers bei der Vier-Punkt-Biegung für $1/3L < x < 2/3L$ ist daher eine *reine Biegung*, bei der in den Querschnitten des Probekörpers senkrecht zur *x*-Richtung zwischen den Druckfinnen nur Normalspannungen wirken. Beim Drei-Punkt-Biegeversuch wirken zusätzlich Querkräfte und damit Schubspannungen in der *y*-*z*-Ebene.

Der Vier-Punkt-Biegeversuch ist somit aus Sicht der Mechanik einfacher zu beschreiben als der Drei-Punkt-Biegeversuch. In der Praxis der Werkstoffprüfung ist allerdings die Anforderung, beide Druckfinnen beim Vier-Punkt-Biegeversuch ohne Verkippung auf den Probekörper aufzusetzen und somit über jede Druckfinne tatsächlich die halbe Kraft wirken zu lassen, schwerer zu erfüllen, als wenn eine Druckfinne mittig aufsetzt. Daher wird bei Thermoplasten und Duromeren, wenn es sich nicht um endlosfaserverstärkte Kunststoffe handelt, meist der Drei-Punkt-Biegeversuch nach ISO 178 angewendet.

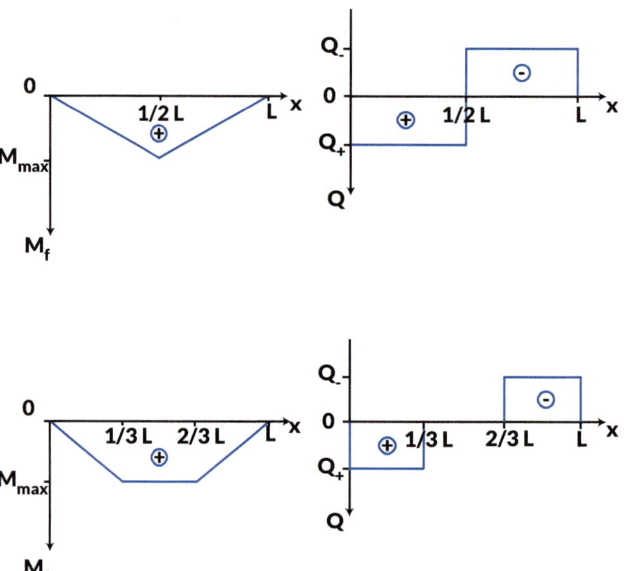

Bild 7.14 Querkraft *Q* und Biegemoment *M* beim Drei-Punkt- (oben) und beim Vier-Punkt-Biegeversuch (unten) für einen starren Biegebalken

Aus der Elastostatik ist bekannt, dass schlanke Balken als *schubstarr* angenommen werden können. Das bedeutet, dass der Anteil an der Durchbiegung aufgrund des Schubs vernachlässigt werden kann. Dies ist der Fall, wenn das Verhältnis von Länge L zu Höhe h deutlich größer als eins wird. Aus diesem Grund wird in ISO 178 verlangt, dass

$$L = 16 \cdot h \tag{7.7}$$

ist. Weil für die Biegeprüfung der schmale parallele Teil des Zugprobekörpers mit einer Höhe $h = 4$ mm verwendet wird, muss der *Lagerabstand* $L = 64$ mm sein, vgl. Formel 7.7.

Die sich beim Drei-Punkt-Biegeversuch ergebenden Normalspannungen senkrecht auf der *y-z*-Ebene werden in Bild 7.15 dargestellt. Offenbar ist die Spannung linear vom Ort z abhängig und nimmt alle Werte zwischen einer maximalen Druckspannung $-\sigma_{max}$ an der oberen Seite des Probekörpers und einer maximalen Zugspannung $+\sigma_{max}$ an der unteren Seite des Probekörpers an. Für Thermoplaste ist die Zugfestigkeit typischerweise niedriger als die Druckfestigkeit (*Zug-Druck-Asymmetrie*).[6] Thermoplaste versagen im Biegeversuch eher an der Seite, an der Zugspannungen auftreten. Daher wird als Kennwert aus dem Biegeversuch die Spannung an der unteren Probenoberfläche, die sogenannte *Biegespannung* σ_f, herangezogen. Da die Schicht bzw. Linie in der zweidimensionalen Betrachtung, an der die Zugspannungen null sind, *neutrale Faser* genannt wird, spricht man bei der äußersten Schicht bzw. Linie an der unteren Probeseite, an der die Biegespannung ermittelt wird, von der *Randfaser*.

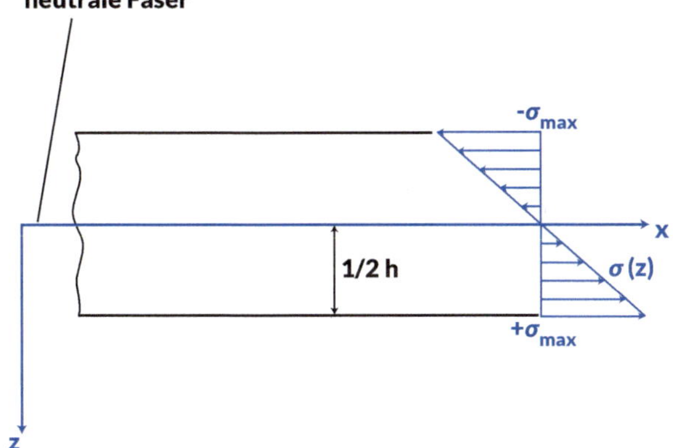

Bild 7.15
Normalspannungsverteilung im Biegebalken mit Druckspannungen in der oberen Hälfte und Zugspannungen in der unteren Hälfte des Biegebalkens

[6] Mit *Zug-Druck-Asymmetrie* ist gemeint, dass die Zugfestigkeit ungleich der Druckfestigkeit ist. Es kann auch gemeint sein, dass die Elastizitätsmoduln bei Zugbeanspruchung und bei Druckbeanspruchung nicht gleich sind.

Beim Drei-Punkt-Biegeversuch ergeben sich gemäß der Formel 7.8, Formel 7.9, Formel 7.10 und Formel 7.11 mit dem Flächenträgheitsmoment I_z bezüglich der z-Achse für den rechteckigen Querschnitt des prismatischen Probekörpers mit Höhe h und Breite b

$$I_z = \frac{h \cdot b^3}{12} \tag{7.8}$$

die Biegespannung σ_f

$$\sigma_f = \frac{3}{2} \cdot \frac{F \cdot L}{b \cdot h^2} \text{ in } \frac{\mathrm{N}}{\mathrm{mm}^2} \tag{7.9}$$

die Biegedehnung ε_f

$$\varepsilon_f = 600 \frac{s \cdot h}{L^2} \text{ in } \% \tag{7.10}$$

und der Biegemodul E_f

$$E_f = \frac{\sigma_{f2} - \sigma_{f1}}{\varepsilon_{f2} - \varepsilon_{f1}} \text{ in } \frac{\mathrm{N}}{\mathrm{mm}^2} \tag{7.11}$$

Der Index f für steht für „flexural“ (Biegung). Die Größen werden in ISO 178 wie folgt definiert.

Die *Biegespannung* σ_f ist die Nennspannung an der Außenfläche des Probekörpers mittig zwischen den Auflagepunkten.

Die *Biegedehnung* ε_f ist die rechnerische bezogene Längenänderung eines Elementes der Außenfläche des Probekörpers in der Mitte zwischen den Auflagepunkten.

Der *Biege-Elastizitätsmodul* oder kurz *Biegemodul* ist das Verhältnis der Spannungsdifferenz, $\sigma_{f2} - \sigma_{f1}$, zur dazugehörigen Dehnungsdifferenz, $\varepsilon_{f2} - \varepsilon_{f1}$, wobei $\varepsilon_{f2} = 0{,}0025$ und $\varepsilon_{f1} = 0{,}0005$.

Die Durchbiegung s_1 und s_2, bei denen die geforderten Dehnungen ε_{f1} und ε_{f2} erreicht werden, müssen dabei zunächst berechnet werden, um bei diesen Durchbiegungen die Spannungen aus den Messdaten zu entnehmen, vgl. Formel 7.12.

$$s_i = \frac{\varepsilon_{fi} L^2}{6h} \text{ mit } i = 1 \text{ oder } 2 \tag{7.12}$$

In Bild 7.16 sind typische Spannungs-Dehnungs-Verläufe beim Drei-Punkt-Biegeversuch dargestellt.

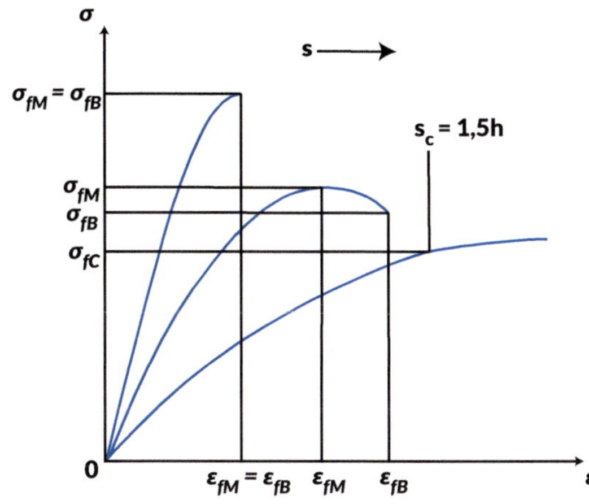

Bild 7.16 Typische Spannungs-Dehnungs-Verläufe beim Drei-Punkt-Biegeversuch für Thermoplaste und Duromere, die Durchbiegung *s* hat die gleiche Richtung wie die Dehnung ε.

Auf der Basis der Messdaten werden die in Tabelle 7.8 genannten Kennwerte bestimmt.

Tabelle 7.8 Spannungs- und Dehnungskennwerte aus dem Biegeversuch nach ISO 178

Symbol	Bezeichnung	Definition
σ_{fM}	*Biegefestigkeit*	Maximale Biegespannung, die während der Biegeprüfung von dem Probekörper ertragen wird
σ_{fB}	*Biegespannung beim Bruch*	Biegespannung beim Bruch des Probekörpers
σ_{fc}	*Biegespannung bei konventioneller Durchbiegung*	Biegespannung bei konventioneller Durchbiegung s_C
s_C	*Konventionelle Durchbiegung*	Durchbiegung, die dem 1,5-Fachen der Dicke *h* des Probekörpers entspricht
ε_{fM}	*Biegedehnung bei Biegefestigkeit*	Biegedehnung bei maximaler Biegespannung
ε_{fB}	*Biegedehnung beim Bruch*	Biegedehnung, bei der der Probekörper bricht

Die konventionelle Durchbiegung s_C und die Kennwerte für Spannung und Dehnung bei konventioneller Durchbiegung werden eingeführt, weil es Kunststoffe gibt, die nicht brechen, sondern so stark deformiert werden, dass die Probekörper die Form eines „V“ zwischen den Lagern annehmen. Dann sind die Voraussetzungen aus der Elastostatik wie eine konstante Länge *L*. zwischen den Lagern nicht mehr erfüllt. Eine Auswertung würde also nicht korrekte Kennwerte liefern.

Die konventionelle Durchbiegung s_c beträgt das 1,5-Fache der Höhe *h* des Probekörpers. Für den schmalen parallelen Teil des Zugprobekörpers beträgt die Höhe $h = 4$ mm. Dann ist die konventionelle Durchbiegung $s_C = 6$ mm, was einer Biegedehnung von 3,5 % entspricht.

Gleichheit von Biege- und Zug-Elastizitätsmodul im linear-elastischen Fall

Bei einer reinen Biegung eines isotropen und homogenen Probekörpers entspricht der nach Formel 7.11 ermittelte Biege-Elastizitätsmodul dem Zug-Elastizitätsmodul. Sobald keine reine Biegung vorliegt, wie es beim Drei-Punkt-Biegeversuch und beim Auftreten von Scherung der Falls ist, oder die Probekörper nicht homogen und isotrop sind, wie es aufgrund der Schichtenbildung beim Spritzgießen, siehe Kapitel 4, sowohl für unverstärkte wie für verstärkte Kunststoffe der Fall ist, sollte der Biege-Elastizitätsmodul größer als der Zug-Elastizitätsmodul sein. Offenbar aber wirkt die nicht rechteckige Form des Querschnitts eines Probekörpers, siehe Abschnitt 7.1.3 und Bild 7.5, dem entgegen. In ISO 178 wird für drei Kunststoffe gezeigt, dass Biege- und Zug-Elastizitätsmoduln gleich groß sind. Dies trifft allerdings nicht immer zu.

Praxisnähe der Biegeprüfung

In der Praxis tritt bei den oft flächigen Kunststoffbauteilen eine Biegebeanspruchung häufiger auf als eine Zugbeanspruchung. Daher liegt es nahe, Kunststoffe durch eine Prüfung mit Biegebeanspruchung zu charakterisieren. Für die Verwendung des Zugversuchs wird argumentiert [3], indem auf das nicht lineare und viskoelastische Verhalten der Kunststoffe verwiesen wird. Dieses führt dazu, dass Dehnungen und Spannungen nicht proportional zueinander sind, die linear-elastische Herleitung der Formeln in ISO 178 nicht mehr korrekt ist und damit die im Biegeversuch ermittelte Biegefestigkeit über der im Zugversuch ermittelten Zugfestigkeit liegt. Wenn aber bedacht wird, dass Biege-Elastizitätsmodul und Biegefestigkeit der Zug-Elastizitätsmodul und die Zugfestigkeit in der Randfaser sind, und generell immer berücksichtigt wird, dass Kunststoffe ein nicht lineares und zeitabhängiges mechanisches Verhalten aufweisen, sind die Werte aus dem Biegeversuch sehr nützlich. Es sei daran erinnert, dass im Vier-Punkt-Biegeversuch ebenfalls nur Zugbeanspruchungen auftreten und dass im Zugversuch ebenfalls ein dreidimensionaler Verzerrungszustand vorliegt. Zugversuch und Vier-Punkt-Biegeversuch unterscheiden sich in mechanischer Hinsicht also nur durch das Auftreten von Druckspannungen im Biegeversuch und die damit zusammenhängende Zug-Druck-Asymmetrie.

Der Biegeversuch ist sehr gut für spröde Kunststoffe geeignet, die im Zugversuch aufgrund ihres Versagensverhaltens Probleme mit der Dehnungsmesstechnik und der Reproduzierbarkeit hervorrufen können. Er ist nicht für sehr weiche Probekörper aus Elastomeren und Schäumen geeignet.

Biegeprüfung bei Alterung durch UV-Strahlung und Oxidation in Umgebungsluft

Da bei der Biegeprüfung die Eigenschaften der äußersten Randschicht die ermittelten Kennwerte am stärksten beeinflussen, kann man die Biegeprüfung nutzen, um

Veränderungen in der Randschicht festzustellen. Die Biegeprüfung ist daher besser als die Zugprüfung geeignet, Proben zu untersuchen, die z. B. durch UV-Strahlung oder Oxidation in sauerstoffhaltiger Atmosphäre gealtert wurden. Die Biegeprüfung ist hier deutlich sensitiver.

7.1.6 Bestimmung der Härte

7.1.6.1 Grundlagen der Härtemessung

Mit *Härte* wird der Widerstand bezeichnet, den ein Körper dem Eindringen eines anderen Körpers entgegensetzt.

Diese Definition basiert auf der Beobachtung, dass ein Material beim Bewegen auf einem anderen Material eine mehr oder weniger tiefe Kratzspur auf diesem hinterlässt, also eine bleibende Deformation erzeugt. Im Vergleich von zwei Materialien, also relativ zueinander, können mit dieser Methode das *härtere* und das *weichere* Material unterschieden werden. Daraus wurde in der Mineralogie die *Mohs'sche Härteskala* abgeleitet.

Absolute Härtewerte werden durch Messungen mit einem Prüfgerät erzeugt, wobei es viele verschiedene Verfahren gibt, die für Kunststoffe und Elastomere in VDI/VDE 2616 Blatt 2 zusammengefasst sind. Allen gemeinsam ist folgendes Prüfprinzip:

Bei der *Härteprüfung* von Kunststoffen wird ein *Eindringkörper* durch eine Kraft in eine Kunststoffoberfläche gedrückt und dabei die *Eindringtiefe* gemessen. Aus der Eindringtiefe wird bei den verschiedenen Verfahren auf unterschiedliche Weise ein Härtewert abgeleitet.

Der Eindringkörper besteht dabei aus Stahl, ein Werkstoff, der härter ist als Kunststoff. Die Kraft wirkt senkrecht zur Oberfläche des Probekörpers auf diesen ein.

Die Härteprüfung ist einfach und damit schnell und effizient durchführbar, sie ist auch für kleine Bauteile und dünne Schichten anwendbar, sie liefert ein Maß für die Kratzempfindlichkeit und andere mechanische Eigenschaften wie Festigkeit und Streckspannung. Daher wird sie in der Kunststofftechnik häufig angewendet.

Wie bei Metallen wird die Härte von Kunststoffen durch Eindringen eines Eindringkörpers in die Werkstoffoberfläche ermittelt. Die Härteprüfung von Kunststoffen unterscheidet sich wegen der *viskoelastischen* Eigenschaften von Kunststoffen allerdings in einem entscheidenden Punkt von der Härteprüfung bei Metallen: Der

Härtewert wird unter Last und nicht wie bei Metallen üblich aus der Geometrie eines *Eindrucks* nach dem Wirken einer Last ermittelt, siehe Bild 7.17.

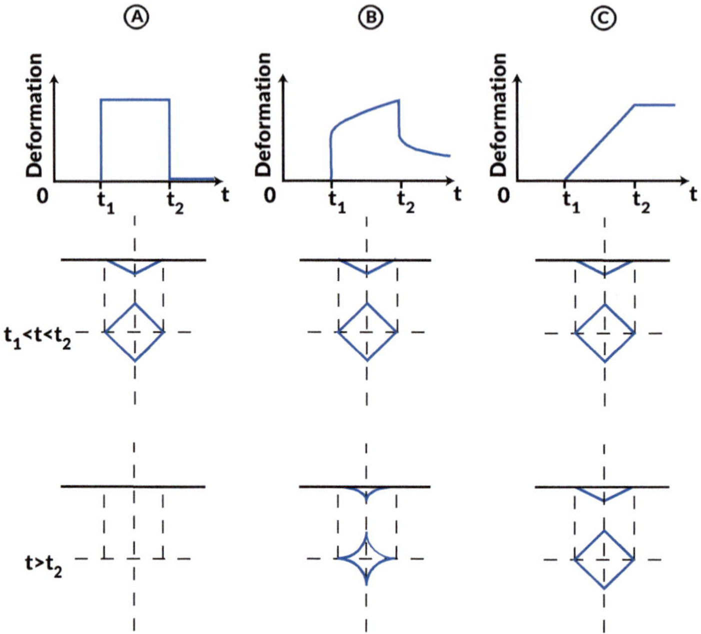

Bild 7.17 Härteeindrücke eines pyramidenförmigen Eindringkörpers in Abhängigkeit von den mechanischen Eigenschaften. Spalte A: elastisch, Spalte B: viskoelastisch und Spalte C: plastisch; obere Reihe: zeitabhängige Deformation der Oberfläche, mittlere Reihe: Eindrucktiefe und -form unter Last, untere Reihe: Eindrucktiefe und -form nach Wegnahme des Eindringkörpers

Der Härtewert ist von vielen Einflussfaktoren abhängig:

1. Form des Eindringkörpers (Kugel, Kegel, Pyramide, ...)
2. Werkstoff des Eindringkörpers (Stahl, Hartmetall, Diamant, ...)
3. Form und innere Struktur des Probekörpers
4. Größe der wirkenden Kraft und Geschwindigkeit der Kraftaufbringung
5. Zeitpunkt der Messung der Eindringtiefe

Punkt 1 ist darauf zurückzuführen, dass das Eindringen eines Körpers in einen Werkstoff mechanisch komplex ist, denn Spannungs- und Deformationszustand sind dreidimensional, vgl. Abschnitt 7.3.1. Es kommt beim Eindringen z. B. zu einer Stauchung des Materials direkt unter dem Eindringkörper (Kompression), während das Material an der Oberfläche des Eindringkörpers in zwei Richtungen gestreckt wird (biaxialer Zug). Die Form des Eindringkörpers (z. B. flach oder spitz wie bei Shore A und D, vgl. Bild 7.20) legt also fest, welcher Deformationsanteil mehr zur Gesamtdeformation und damit zur Messgröße „Eindringtiefe" beiträgt.

Punkt 2 ergibt sich daraus, dass die Betrachtung vereinfacht wird, wenn der Eindringkörper als starrer Festkörper angenommen werden kann, dazu muss seine Härte deutlich größer sein als die des zu prüfenden Werkstoffs. Für Eindringkörper zur Prüfung von Kunststoffen ist Stahl geeignet.

Punkt 3 umfasst zwei Aspekte. Erstens sollte die zu prüfende Oberfläche eben und die Dicke am Ort der Härteprüfung so groß sein, dass Deformationen und mechanische Spannungen an der dem Eindruck gegenüberliegenden Seite nicht mehr feststellbar sind. Sonst würde dort die Deformation durch die Auflage behindert, Spannungs- und Deformationszustand wären andere als bei dickeren Probekörpern und damit wäre auch der Messwert ein anderer. Diese Überlegung wird auch auf die Länge und Breite des Probekörpers, also seine Oberfläche, angewendet. Die Oberfläche muss so groß sein, dass Eindrücke nicht zu dicht am Rand liegen, denn jenseits des Randes gibt es kein weiteres Material, das einer Verformung Widerstand leiste würde. Das zu dicht am Rand geprüfte Material würde weicher erscheinen. Zweitens wird bei der Werkstoffprüfung stillschweigend davon ausgegangen, dass der Probekörper homogen und isotrop ist und somit der mechanisch einfachste Fall für die Beschreibung vorliegt. Diese Annahme ist bei spritzgegossenen Probekörpern prinzipiell nicht erfüllt, vgl. Abschnitt 4.5. Die bei der Herstellung erzeugte innere Struktur hat einen Einfluss und daher sollten bekannt sein:

- Kristallisationsgrad und allgemeiner Größe und Verteilung amorpher und kristalliner Bereiche und der Überstrukturen (Spärolithe),
- Orientierungen in amorphen und kristallinen Bereichen,
- Eigenspannungen sowie
- Art, Form und Größe von Füll- und Verstärkungsstoffen sowie deren Verteilung und Orientierung.

Umgekehrt wird eine Härteprüfung wegen dieser Einflussfaktoren auch gerne genutzt, um diese mit großer lokaler Auflösung zu erfassen.

Die Punkte 4 und 5 ergeben sich durch das Werkstoffverhalten selbst. Bei rein elastischem Verhalten hat nur die Kraft einen Einfluss auf die Eindringtiefe, bei zeitabhängigem Werkstoffverhalten, also dem bei Kunststoffen typischen viskoelastischen Verhalten, hat auch die Geschwindigkeit der Kraftaufbringung und damit die Zeit zur Bestimmung der Eindringtiefe einen Einfluss, siehe Bild 7.17. Deshalb werden in der Werkstoffprüfung Probekörper und die Verfahren zu ihrer Herstellung ebenfalls in Normen festgelegt. Und dies alles wird bei Kunststoffen zusätzlich durch Feuchte und Temperatur beeinflusst, vgl. Abschnitt 7.1.1 und Abschnitt 7.2.4.

Wegen dieser Einflussfaktoren auf das Messergebnis werden die Prüfverfahren, die ja zur Ermittlung von vergleichbaren Werkstoffkennwerten gedacht sind, in

Normen festgelegt, wobei insbesondere Eindringkörper, Lastaufbringung und Zeitpunkt der Messung definiert werden. Je nach gewählter Kombination dieser Einflussgrößen eignen sich die Verfahren eher für härtere oder eher für weichere Kunststoffwerkstoffe.

In der Kunststofftechnik häufig gebräuchlich sind zwei Verfahren:

- Prüfung der Kugeleindruckhärte für Duromere und harte Thermoplaste
- Prüfung der Shore A und Shore D-Härte für Elastomere und weiche Thermoplaste

7.1.6.2 Kugeleindruckhärte

Die *Kugeleindruckprüfung* für Kunststoffwerkstoffe wird in ISO 2039-1 „Kunststoffe - Bestimmung der Härte - Teil 1: Kugeleindruckversuch" beschrieben.

Bei der Bestimmung der *Kugeleindruckhärte HB* wird eine Stahlkugel mit einem Durchmesser von 5 mm durch eine Prüfkraft F_m in eine Kunststoffoberfläche gedrückt und nach 30 s die Eindringtiefe h_1 unter Last abgelesen. Aus der Tiefe des Eindrucks wird seine Oberfläche und aus dem Verhältnis von Prüfkraft zu Oberfläche die Härte berechnet. ■

Die Eindringtiefe h soll zwischen 0,15 und 0,35 mm liegen. Wenn das nicht der Fall ist, ist von den vier möglichen Prüfkräften F_m = 49, 132, 358 und 961 N eine größere oder kleinere zu wählen, sodass der Messwert im definierten Intervall liegt. Wenn dies bei zwei oder mehr Prüfkräften der Fall ist, muss die größtmögliche Prüfkraft gewählt werden.

Die Kraftaufbringung erfolgt über einen Hebel, an dessen Ende Massestücke angebracht werden können, die über die Hebelübersetzung die genannten Prüfkräfte erzeugen. Da der Hebel und auch andere Teile des Prüfgeräts durch die wirkenden Prüfkräfte verformt werden können, ist bei der Berechnung der Härte aus der Eindringtiefe die sogenannte *Prüfgeräteaufbiegung* h_2 zu berücksichtigen, die kraftabhängig und in der Norm tabelliert ist.

Über die reduzierte Prüfkraft F_r

$$F_r = F_m \cdot \frac{\alpha}{(h - h_r) + \alpha} \tag{7.13}$$

wird die *Kugeleindruckhärte HB* berechnet. In die Berechnung der reduzierten Prüfkraft F_r gehen gemäß Formel 7.13 die Prüfkraft F_m, die Eindringtiefe h nach Korrektur der Aufbiegung $h = h_1 - h_2$, die reduzierte Eindringtiefe $h_r = 0{,}25\,\text{mm}$ und die Konstanten $\alpha = 0{,}21\,\text{mm}$ ein.

$$HB = \frac{F_r}{\pi d h_r} \tag{7.14}$$

In Formel 7.14 ist d der Durchmesser des kugelförmigen Eindringkörpers. Vor der Prüfung wird eine Vorlast $F_0 = 9{,}8$ N aufgebracht, um den Kontakt sicherzustellen und das Messgerät spielfrei zu machen. Der dadurch erzeugte Eindruck der Tiefe h_0 wird bei der Auswertung nicht berücksichtigt.

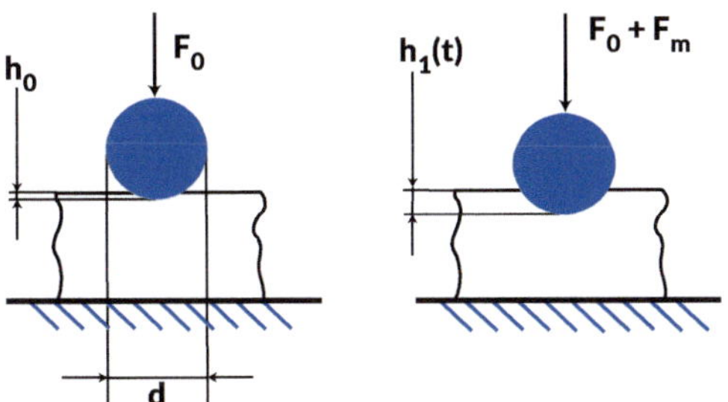

Bild 7.18
Messprinzip bei der Bestimmung der Kugeldruckhärte, links Wirkung der Vorlast F_0, rechts Wirkung von Vorlast und Prüfkraft F_m (Eindringtiefe übertrieben dargestellt)

Wegen des in Abschnitt 7.1.6.1 zur Form des Probekörpers Geschriebenen, müssen Härteeindrücke bei dieser Prüfung 10 mm vom Rand und voneinander entfernt sein und die Probe sollte mindestens 4 mm dick sein.

Direkt nach Aufbringen der Last kann man beobachten, wie die Eindringtiefe erst schnell und dann immer langsamer zunimmt. Der Verlauf der Funktion „Eindringtiefe über Zeit" $h_1(t)$ hat eine exponentielle Form und entspricht damit dem zeitlichen Verlauf der beobachteten Verlängerung eines Probekörpers beim Kriechen, vgl. Abschnitt 7.1.7, und dem in Abschnitt 7.3.2 modellhaft beschriebenen Verhalten.

Die Eindringtiefe ist daher nach 30 s abzulesen, wenn sich ihr Wert nicht mehr bzw. nicht mehr deutlich ändert.

7.1.6.3 Shore-Härte

Die Shore-Härtebestimmung mit einem Durometer wird seit 2021 in ISO 48-4 „Elastomere oder thermoplastische Elastomere - Bestimmung der Härte - Teil 4: Eindringhärte durch Durometer-Verfahren (Shore-Härte)" beschrieben. Sie ersetzt die 2021 zurückgezogene ISO 7619-1.

Es existiert ebenfalls die ISO 868 „Kunststoffe und Hartgummi - Bestimmung der Eindruckhärte mit einem Durometer (Shore-Härte)",[7] in der die gleichen Verfahren

[7] ISO 868 wird vom Arbeitsausschuss FNK-AA 102.1 „Mechanische Eigenschaften und Probekörperherstellung" im DIN-Normenausschuss Kunststoffe vertreten. Dies ist z. B. auch an der Normbezeichnung „Kunststoffe und Hartgummi - ..." erkennbar. Für ISO 48 hingegen ist der Arbeitsausschuss NA062-04-34AA „Prüfung der physikalischen Eigenschaften von Kautschuk und Elastomeren" im DIN-Normenausschuss Materialprüfung (NMP) verantwortlich. Letzterer kümmert sich offensichtlich um Kautschuk und Elastomere. Er ist mit anderen Personen besetzt als der Ausschuss für ISO 868, vertritt eine andere Industrie und auch andere Sichtweisen auf den Zweck und die Anwendung der beschriebenen Prüfung. So wird eine Prüfung schließlich zweimal leicht unterschiedlich beschrieben.

mit geringfügigen Unterschieden beschrieben werden. Letztere wird von Unternehmen im Bereich der Thermoplast- und Duromerverarbeitung angewendet.

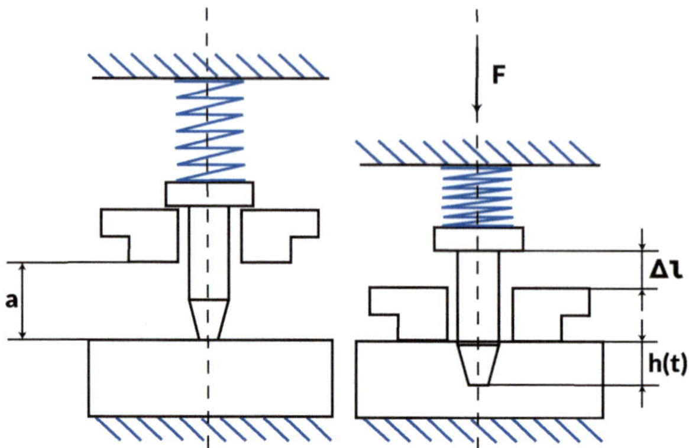

Bild 7.19 Messprinzip bei der Bestimmung der Shore-Härte

Das Messprinzip bei der Bestimmung der Shore-Härte besteht darin, einen Eindringkörper, vgl. Bild 7.20, durch eine z. B. über eine Feder erzeugte Kraft in einen Probekörper hineinzudrücken, die Eindringtiefe zu messen und diese in einen Härtewert umzuwandeln.

Die Kraftaufbringung über eine Masse, die mit ihrer Gewichtskraft auf einen Eindringkörper wirkt, ist ebenfalls möglich. Geräte mit Feder haben den Vorteil, dass sie auch über Kopf und mobil eingesetzt werden können.

Die maximale Federkraft F_{max} ist nach ISO 868 bei einer Härteanzeige von 100 bei Shore A $F_{max,A} = 8{,}055\,\mathrm{N}$ und bei Shore D $F_{max,D} = 44{,}5\,\mathrm{N}$. Damit ist die Maximalkraft bei Shore D knapp 22-mal geringer als die Maximalkraft bei der Bestimmung der Kugeleindruckhärte. Die projizierten Flächen der Eindringkörper bei größter Eindringtiefe unterscheiden sich bei den drei Verfahren nicht so stark. Daher ist die Flächenpressung bei der Kugeleindruckhärte deutlich größer als bei Shore D und insbesondere als bei Shore A. Daher werden die Verfahren Shore A und Shore D bei den weicheren Thermoplasten und Elastomeren angewendet.

Die Probe liegt auf einer ebenen Unterlage, der Eindringkörper wird über einen Hebel zusammen mit dem ihn umgebenden Druckfuß zum Probekörper bewegt. In dem Moment, indem der Eindringkörper auf der Probe aufsetzt, hat der Druckfuß einen Abstand a von der Probe und die Feder ist noch nicht gespannt, vgl. Bild 7.19. Der Anzeigewert auf der Skala ist null. Durch eine von Beginn an zügige, aber stoßfreie Bewegung wird der Druckfuß auf die Probenoberfläche gedrückt. Wenn der Eindringkörper überhaupt nicht eindringt, wird auf der Skala der Wert 100 abgelesen. Dringt der mit der Federkraft belastete Eindringkörper in die Probe ein, wird abhängig von der Eindringtiefe $h(t)$ ein Wert zwischen null und 100 abgelesen. Da die Eindringtiefe in den weichen viskoelastischen Materialien schnell einem Grenzwert entgegenstrebt, vgl. Abschnitt 7.3.2.6, wird die Eindringtiefe nach 15 s abgelesen.

Die Eindringkörper für Shore A- und Shore D-Härte unterscheiden sich in der Form der Spitze, vgl. Bild 7.20. Im Fall der Shore A-Härte hat der Kegel einen etwas größeren Öffnungswinkel und ist tatsächlich ein Kegelstumpf, um in die weichen Werkstoffe nicht zu tief einzudringen, während er im Fall der Shore D-Härte für die härteren Werkstoffe spitzer ist und damit leichter in diese eindringen kann.

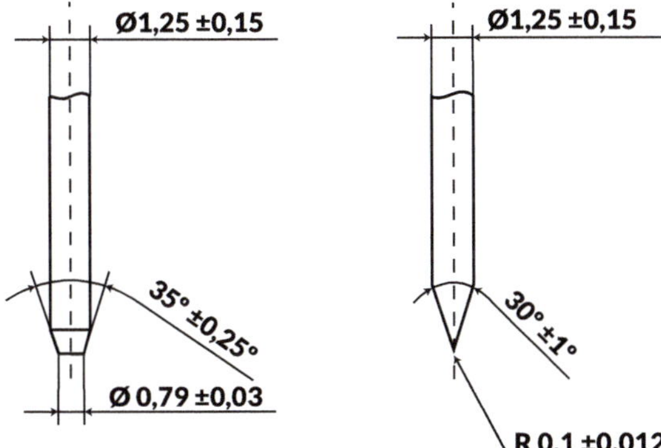

Bild 7.20
Eindringkörper für Härteprüfungen nach Shore A (links) und Shore D (rechts) nach DIN ISO 868

7.1.7 Bestimmung des Kriechverhaltens

Der Kriechversuch für Kunststoffwerkstoffe wird in ISO 899 „Kunststoffe - Bestimmung des Kriechverhaltens" in Teil 1 für den Zeitstand-Zugversuch und in Teil 2 für den Zeitstand-Biegeversuch bei Drei-Punkt-Belastung beschrieben.

Prüfverfahren beim *Zeitstand-Zugversuch*

Beim Zeitstand-Zugversuch wird ein Zugprobekörper durch eine konstante Kraft belastet und seine Längenänderung gemessen.

Die Kraft muss über lange Zeiten konstant sein. Dies wird im einfachsten Fall durch Massestücke realisiert, deren Gewichtskraft auf den Probekörper wirkt. Die Verlängerung wird nach verschiedenen Zeiten gemessen, die erst kurze Abstände und dann zunehmend größere Abstände voneinander aufweisen. Meist wird bis zu einer Zeit von 1000 h gemessen.

Alle weiteren Anforderungen an den Versuch entsprechen denen im Zugversuch nach ISO 527, vgl. Abschnitt 7.1.4. Dies gilt insbesondere für den Probekörper, die Dimensionsermittlung, die Konditionierung und die Ermittlung der Kennwerte.

Der zentrale Begriff ist der des Kriechens. Hierbei wird nicht zwischen den elastischen, viskosen und retardierend elastischen Anteilen unterschieden, vgl. Abschnitt 7.3.2.7. Insbesondere wird Kriechen nicht mit einer plastischen Verformung gleichgesetzt, wie dies bei Metallen oft geschieht.

Kriechen ist die zeitliche Zunahme der Dehnung, wenn eine konstante Kraft wirkt.

Nach ISO 899 sollen Dehnungen vorzugsweise bei folgenden Zeiten ermittelt werden:

- 1, 3, 6, 12 und 30 min
- 1, 2, 5, 10, 20, 50, 100, 200, 500, 1000 h usw.

Für Vergleichszwecke, und dies ist der eigentliche Sinn von Werkstoffprüfnormen, können 1000 h bzw. knapp 42 Tage eine ausreichend große Zeit sein. Für wissenschaftliche Untersuchungen und fundierte Aussagen sollte die maximale Messzeit wesentlich größer sein und eher im Bereich von mehr als einem Jahr liegen [4]. In der CAMPUS-Datenbank werden Kriechdaten von einigen Herstellern für Zeiten bis zu 100 000 h bzw. 417 Tage angegeben.

Wie im Zugversuch wird zur Berechnung der *Kriechdehnung bei Zugbeanspruchung* ε_t gemäß Formel 7.15 die Längenänderung $\Delta L(t)$ auf die Messlänge L_0 zu Beginn des Versuchs bezogen, vgl. Bild 7.21:

$$\varepsilon_t = \varepsilon(t) = \frac{\Delta L(t)}{L_0} = \frac{L(t) - L_0}{L_0} \tag{7.15}$$

Die Spannung σ wird vorgegeben und ergibt sich gemäß Formel 7.16 aus der Gewichtskraft F des Massestücks sowie dem Probenquerschnitt A_0 zu Beginn des Versuchs. Sie wird daher in ISO 899 *Anfangsspannung* genannt. Die Kraft F kann auch über elektrisch, pneumatisch oder hydraulisch betriebene Kolben erzeugt werden.

$$\sigma = \frac{F}{A_0} \tag{7.16}$$

Da sich die wirkende Kraft im Verlauf der Zeit nicht ändert, handelt es sich um eine *statische Belastung*. Weil die Querschnittsfläche im Lauf der Zeit kleiner wird, nimmt die Spannung allerdings mit zunehmender Zeit zu.

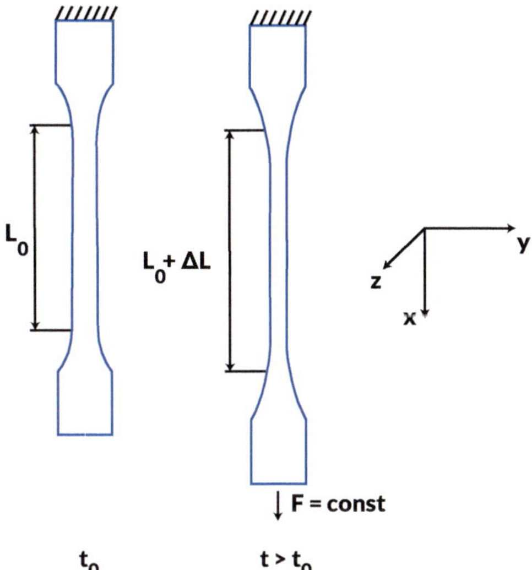

Bild 7.21
Schematisches Prüfverfahren beim Zeitstand-Zugversuch

Die Ergebnisse des Zeitstand-Zugversuchs sind in Bild 7.22 dargestellt. Die Kurven durch die Messpunkte der Dehnung bei bestimmten Zeiten werden *Kriechkurven* genannt. Als Parameter an Kriechkurven wird die spezifizierte Spannung genannt, wobei die vorgegebenen Temperaturen und relativen Feuchten ebenfalls angegeben werden müssen. Links in Bild 7.22 wird die Kriechdehnung bei Zugbeanspruchung linear über der Zeit aufgetragen, rechts logarithmisch. Im einfachsten Fall ist die Kriechdehnung eine lineare Funktion der Spannung, ist also doppelt so groß, wenn die Spannung doppelt so groß ist, vgl. Abschnitt 7.3.1.5. Der senkrechte Verlauf der Kriechdehnung im linken Teil von Bild 7.22 ist auf die spontan elastische Verformung zurückzuführen und nicht Teil des Kriechens im engeren Sinn.

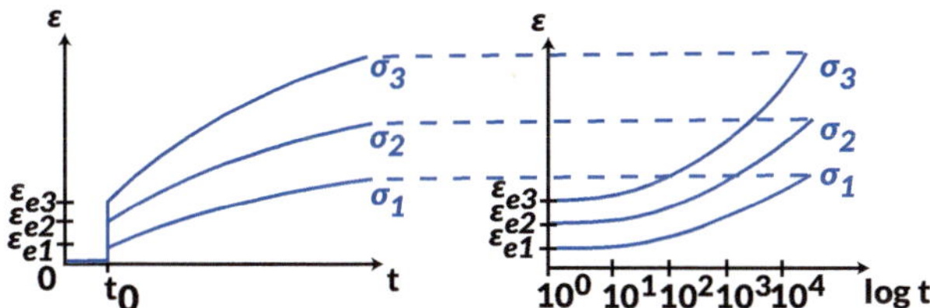

Bild 7.22 Kriechkurven: Dehnung als Funktion der Zeit für spezifizierte Spannungen bei vorgegebenen Bedingungen von Temperatur und relativer Feuchte, links linear und rechts logarithmisch über der Zeit aufgetragen

Kriechkurven werden oft als *isochrone Spannungs-Dehnungs-Kurven* dargestellt, vgl. Bild 7.23, oben rechts, und sind so auch in Datenbanken wie CAMPUS hinterlegt. Eine weitere Möglichkeit der Darstellung sind *Zeitstandschaubilder*,[8] vgl. Bild 7.23, unten links.

Isochrone Spannungs-Dehnungs-Kurven zeigen, wie die Dehnung zu einem bestimmten Zeitpunkt von der Spannung abhängt.[9] Zeitstandschaubilder dagegen zeigen, bei welchen Spannungen und Zeiten vorgegebene Dehnungen erreicht werden. Dies kann auch die Bruchdehnung sein. In diesem Fall heißt das Zeitstandschaubild *Bruchkennlinie*. Die Bruchkennlinie erlaubt die Vorhersage der Bruchzeiten bei beliebigen Spannungen.

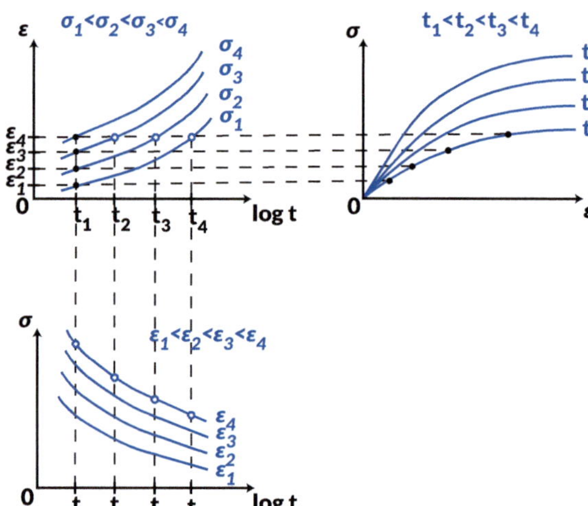

Bild 7.23
Darstellungen von Kriechergebnissen als Kriechkurven (oben links), isochrone Spannungs-Dehnungs-Kurven (oben rechts) und Zeitstandschaubilder (unten links)

Die drei verschiedenen Darstellungen in Bild 7.23 ergeben sich durch die durch Punkte und gestrichelte Linien beschriebene Umsortierung der Tripel der zusammengehörigen Messwerte σ, ε und t.

- Kriechkurven: $\varepsilon = f(t) \text{mit} \, \sigma = const. = \sigma_1, \sigma_2, \sigma_3, \ldots$
- Isochrone Spannungs-Dehnungs-Kurven: $\sigma = f(\varepsilon) \text{mit} \, t = const. = t_1, t_2, t_3, \ldots$
- Zeitstandschaubilder: $\sigma = f(t) \text{mit} \, \varepsilon = const. = \varepsilon_1, \varepsilon_2, \varepsilon_3, \ldots$

Da sich das Verhältnis von Spannung und Dehnung im Lauf der Zeit ändert, wird die Proportionalitätskonstante, der E-Modul, als eine Funktion der Zeit betrachtet, vgl. Formel 7.17. Dies erlaubt weiterhin mit einfachen elastischen Modellen wie dem Hook'schen Gesetz Produkte auslegen zu können.

---

8) Der Begriff „Zeitstandschaubild" kommt aus der Welt der Metalle und wird in ISO 899 nicht erwähnt.

9) Dazu müssten x- und y-Achse strenggenommen vertauscht sein. Es wird aber die aus dem quasistatischen Zugversuch bekannte Darstellung Spannung als Funktion der Dehnung gewählt.

Der *Zug-Kriechmodul* E_t wird definiert als Anfangsspannung σ dividiert durch die Kriechdehnung bei Zugbeanspruchung ε_t als Funktion der Zeit *t*.

$$E_t = \frac{\sigma}{\varepsilon_t} = \frac{\sigma}{\varepsilon(t)} = \frac{F \cdot L_0}{A_0 \cdot \Delta L(t)} \tag{7.17}$$

Oft wird auch der Index „c" für „creep", also Kriechen, verwendet. Die Auftragung des Kriechmoduls als Funktion der Zeit bei verschiedenen Spannungen wird *Kriechmodul-Zeit-Kurve* genannt, vgl. Bild 7.24.

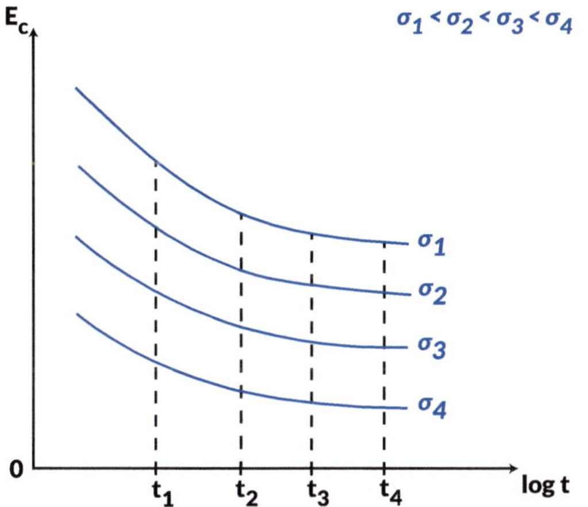

Bild 7.24
Kriechmodul als Funktion der Zeit bei verschiedenen Spannungen

Der Kriechmodul nimmt mit zunehmender Beanspruchung, also Spannung ab. Der Kriechmodul ist eine Funktion der Spannung und nicht konstant. Das Materialverhalten ist daher nicht linear. Aus diesem Grund streben die einzelnen Kurven des Kriechmoduls bei verschiedenen Beanspruchungen für sehr klein werdende Zeiten, also den quasistatischen Fall auch nicht dem gleichen Grenzwert entgegen.

Es ist auch üblich, den Kehrwert des E-Moduls, die sogenannte *Nachgiebigkeit* zu verwenden. Aus dem Kriechmodul E_t ergibt sich die *Kriechnachgiebigkeit* J_t nach Formel 7.18:

$$J_t = \frac{\varepsilon_t}{\sigma} = \frac{\varepsilon(t)}{\sigma} = \frac{1}{E_t} \tag{7.18}$$

7.1.8 Bestimmung der Schlagbiegeeigenschaften

Der Schlagbiegeversuch für Kunststoffwerkstoffe wird in ISO 179 „Kunststoffe - Bestimmung der Charpy-Schlageigenschaften" in Teil 1 für die nicht instrumentierte und in Teil 2 für die instrumentierte Schlagzähigkeitsprüfung beschrieben.

In ISO 180 wird die vor allem in den USA bevorzugte Bestimmung der Izod-Schlagzähigkeit beschrieben.

Prüfverfahren beim *Schlagbiegeversuch*

Bei der Bestimmung der *Charpy-Schlageigenschaften* wird ein prismatischer Probekörper als waagerecht liegender Biegebalken gelagert und durch einen einzelnen Schlag eines Hammers wie im Drei-Punkt-Biegeversuch mit einer hohen, nominell konstanten Geschwindigkeit belastet, vgl. Bild 7.25 oben.

Bei der Bestimmung der *Izod-Schlageigenschaften* wird ein prismatischer Probekörper als senkrecht stehender Biegebalken am unteren Ende eingespannt und durch einen einzelnen Schlag eines Hammers mit einer hohen, nominell konstanten Geschwindigkeit belastet, vgl. Bild 7.25 unten.

Enthält der Probekörper eine *Kerbe*, spricht man vom *Kerbschlagbiegeversuch*. Die Kerbe wird auf der Seite des Probekörpers angeordnet, auf der Zugspannungen auftreten. Dies ist beim Versuch nach Charpy die dem Auftreffpunkt des Hammers gegenüberliegenden Seite, vgl. Bild 7.25 oben, beim Versuch nach Izod die Seite, auf der der Hammer auftrifft.

Bei dem Probekörper handelt es sich üblicherweise um den Mittelteil des Zug- bzw. Vielzweckprobekörpers.

Die Messgröße ist die Energie, die zum Bruch des Probekörpers benötigt wird. Festgestellt wird außerdem die Art des Bruchs (*Versagensart*). ■

Es werden folgende Ergebnisgrößen definiert:

- Als *Charpy-Schlagzähigkeit* a_{cU} von ungekerbten Probekörpern wird die beim Bruch des Probekörpers aufgenommene *Schlagarbeit*, die auf die Anfangsquerschnittsfläche des Probekörpers bezogen wird, definiert.
- Als Charpy-Schlagzähigkeit a_{cN} von gekerbten Probekörpern, oft verkürzt zu *Charpy-Kerbschlagzähigkeit*, wird die beim Bruch des Probekörpers aufgenommene Schlagarbeit, die auf die Anfangsquerschnittsfläche des Probekörpers am Ort der Kerbe bezogen wird, definiert. Der Index *N* steht abhängig von der Art der Kerbe für *A*, *B* oder *C*, vgl. Bild 7.28.
- Die *Izod-Schlagzähigkeit* a_{iU} und die *Izod-Kerbschlagzähigkeit* a_{iN} werden genauso definiert.

Die *Zähigkeit* ist der Widerstand gegen Risswachstum.[10] ■

[10] Daher sollte im Zugversuch bei der Deformation für Dehnungen größer als die Streckdehnung nicht von einem *zähen* Verhalten oder zähen Werkstoff, sondern von *duktilen* Werkstoffen gesprochen werden, vgl. Abschnitt 7.3.1.7. „Zähe“ Schmelzen werden als hochviskose Schmelzen bezeichnet.

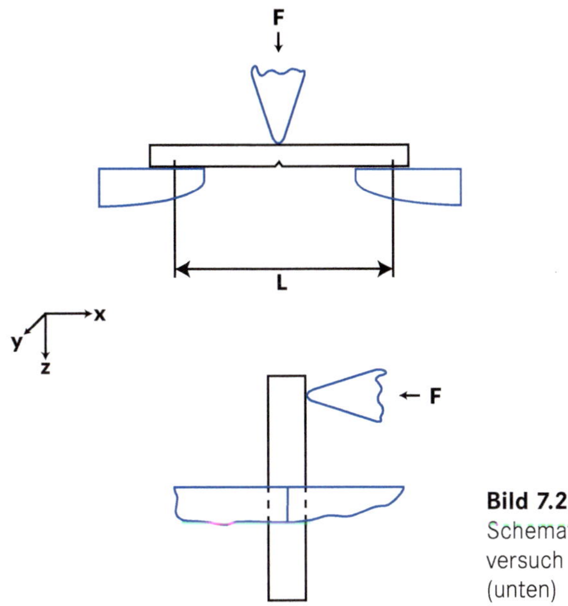

Bild 7.25
Schematisches Prüfverfahren beim Schlagversuch nach Charpy (oben) und nach Izod (unten)

Die beim Bruch des Probekörpers aufgenommene Schlagarbeit ergibt sich aus der Differenz der potenziellen Energie des Hammers vor und nach dem Versuch, vgl. Bild 7.26. Diese wiederum ergibt sich aus den Höhen h_0 vor und h_1 nach dem Versuch oder alternativ aus den Winkeln α_0 vor und α_1 nach dem Versuch.

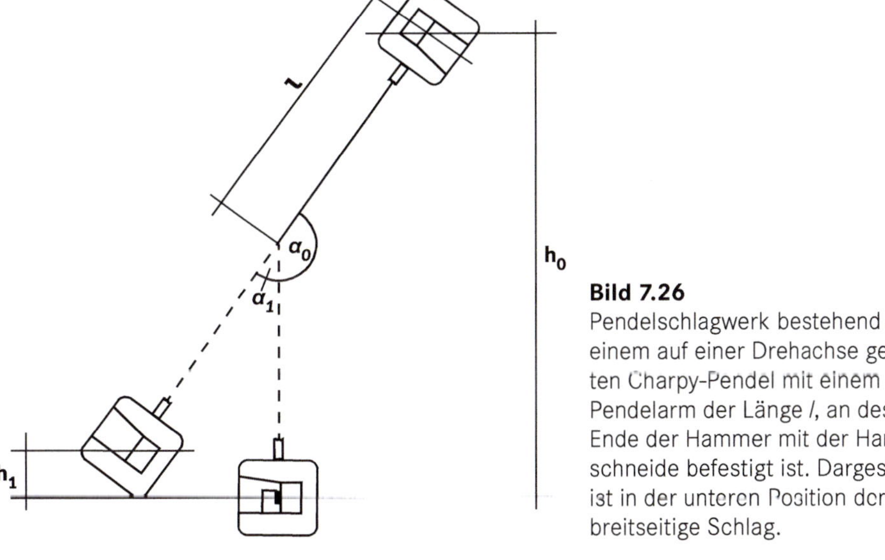

Bild 7.26
Pendelschlagwerk bestehend aus einem auf einer Drehachse gelagerten Charpy-Pendel mit einem Pendelarm der Länge *l*, an dessen Ende der Hammer mit der Hammerschneide befestigt ist. Dargestellt ist in der unteren Position der breitseitige Schlag.

Bei der Versuchsdurchführung wird sowohl bei den Versuchen nach Charpy wie auch nach Izod zwischen *schmalseitigem Schlag* und *breitseitigem Schlag* unterschieden, vgl. Bild 7.27. Der schmalseitige Schlag auf ungekerbte oder mit Kerbart A versehene Probekörper ist dabei das bevorzugte Verfahren, während der breitseitige Schlag vor allem zum Prüfen von Oberflächendefekten geeignet ist. Für den Versuch stehen Pendel mit verschiedenen Massen zur Verfügung, die in der gleichen Höhe h_0 verschiedene potenzielle Energien aufweisen. Die unterschiedlichen potenziellen Energien werden *Arbeitsvermögen des Pendels* genannt. Es gibt Pendelschlagwerke mit Pendeln, deren Arbeitsvermögen zwischen 0,5 und 50 J beträgt. Pendel mit Arbeitsvermögen bis 4 J werden für unverstärkte Thermoplaste und Duromere verwendet. Für verstärkte Thermoplaste und langfaserverstärkte Kunststoffe werden die höheren Arbeitsvermögen benötigt.

Wegen der Forderung der hohen, nominell konstanten Geschwindigkeit beim Schlag ist immer das zulässige Pendel mit dem höchsten Arbeitsvermögen zu verwenden. Zulässig ist ein Pendel, wenn beim Schlag 10–80 % des Arbeitsvermögens als *Schlagarbeit* von der Probe aufgenommen werden.

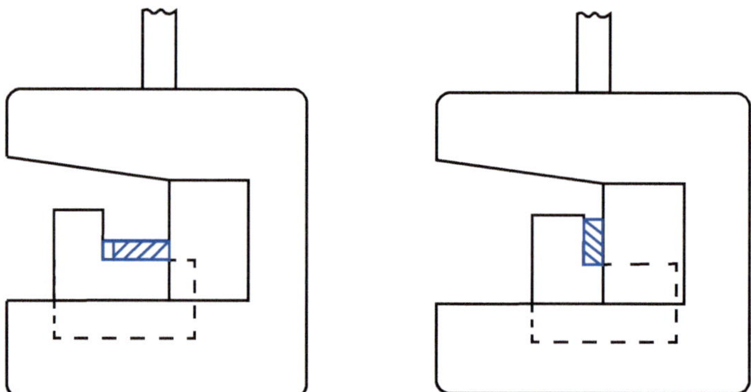

Bild 7.27 Probekörper (schraffiert dargestellt) und Hammer beim schmalseitigen Schlag (links) und breitseitigen Schlag (rechts). Der Probekörper links ist gekerbt, die Kerbe liegt auf der gegenüberliegenden Seite vom Auftreffpunkt der Hammerschneide. Die Lagerung des Probekörpers ist im Bereich, der durch den Hammer verdeckt wird, gestrichelt eingezeichnet.

Beim Schlagbiegeversuch kann dann eine sogenannte *Schlagzähigkeit* berechnet werden, wenn die Probe bricht, denn dann wird die eingebrachte Energie für Risswachstum verwendet. Zwei andere Fälle kommen vor:

- Der Probekörper bricht nicht, wird aber elastisch oder auch zum Teil bleibend deformiert und wird durch den Schlag oft in die Richtung bewegt, aus der das Pendel kam. Das Pendel federt mehr oder weniger stark zurück.
- Der Probekörper bricht nicht und wird soweit deformiert, dass er vom Pendel durch die Auflager zur anderen Seite gezogen wird. Das Pendel schwingt mehr oder weniger stark weiter.

In beiden Fällen entsteht kein Riss. Der Widerstand gegen Risswachstum ist somit scheinbar unendlich hoch. Die Angabe eines Zahlenwerts für die Schlagzähigkeit ist dann weder möglich noch sinnvoll.

In den beiden genannten Fällen werden Kerben in die Probekörper eingebracht, um mit den vorhandenen Pendeln einen Bruch herbeizuführen und eine Kerbschlagzähigkeit zu ermitteln.

Dabei wird bevorzugt Kerbart *A* verwendet, vgl. Bild 7.28, diese weist einen mittleren *Kerbgrundradius* von 0,25 mm auf, vgl. Tabelle 7.9. Die Kerbe wird mit einer geforderten Tiefe von 2 mm eingebracht, die sogenannte *Restbreite* b_N *am Kerbgrund* beträgt (8,0 ± 0,2) mm. Bricht der Probekörper nicht, wird Kerbart *C* mit dem kleineren Kerbgrundradius verwendet. Wird die ermittelte Schlagarbeit zu klein, wird Kerbart *C* verwendet.

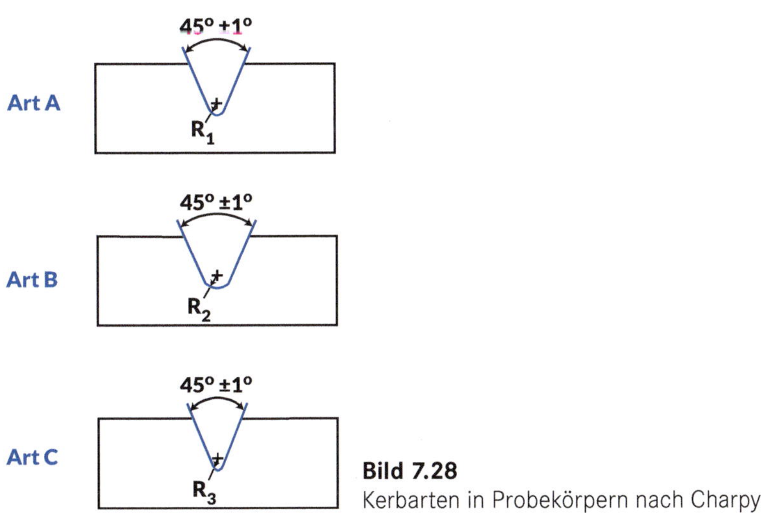

Bild 7.28
Kerbarten in Probekörpern nach Charpy

Tabelle 7.9 Kenngrößen für die Prüfungen nach Charpy an gekerbten Probekörpern

Prüfverfahren-Bezeichnung	Kerbart	Kerbgrundradius R_N in mm
ISO 179-1/1eA	A	0,25 ± 0,05
ISO 179-1/1eB	B	1,00 ± 0,05
ISO 179-1/1eC	C	0,10 ± 0,02

In der Prüfverfahrenbezeichnung steht der Buchstabe „e" für „edgewise" bzw. schmalseitig.

Der Kerbradius beeinflusst die ermittelte Schlagzähigkeit. Untersuchungen [5, 6] zeigen, dass mit kleinerem Kerbgrundradius die Energie für Risswachstum ebenfalls kleiner wird, vgl. Bild 7.29.

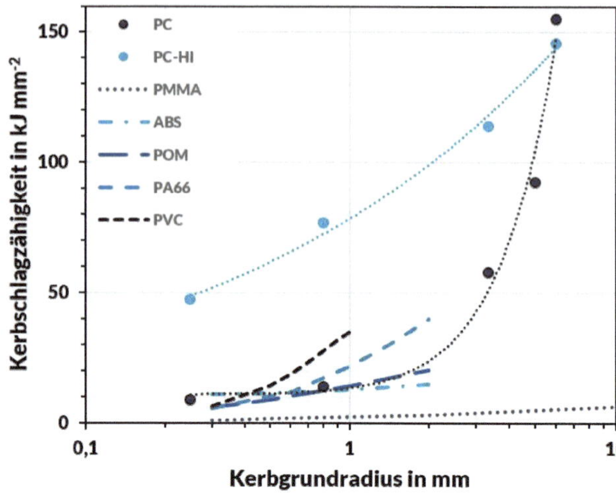

Bild 7.29
Einfluss des Kerbgrundradius auf die Kerbschlagzähigkeit, Daten in Linien aus [5], Daten in Symbolen aus [6]

Die Anhängigkeit der Schlagarbeit vom Kerbgrundradius ist dabei für jeden Kunststoff anders:

- Spröde, amorphe Thermoplaste wie PMMA benötigen wenig Energie bis zum Bruch. Diese steigt nur leicht mit größer werdendem Kerbgrundradius.
- Teilkristalline und sehr polare amorphe Thermoplaste wie PA66, POM und PVC benötigen bei gleichem Kerbgrundradius höhere Energien als spröde Thermoplaste. Die Schlagzähigkeit steigt schnell mit zunehmendem Kerbgrundradius.
- Innere Weichmachung, die über den Einbau von Butadienblöcken in Co- oder Terpolymeren wie in PS-HI und ABS erreicht wird, führt auch zu einer Erhöhung der Schlagzähigkeit gegenüber dem Homopolymer.

Durch die Bestimmung der Kerbschlagzähigkeit mit den drei in ISO 179 vorgegebenen Kerbarten kann für Kunststoffe die Kerbempfindlichkeit ermittelt werden.

Einen ersten Überblick gibt auch der Vergleich von Schlagzähigkeit und Kerbschlagzähigkeit, vgl. Tabelle 7.10, sowie die als Verhältnis beider berechnete Kerbempfindlichkeit mit Daten aus CAMPUS.

Tabelle 7.10 Schlagzähigkeit, Kerbschlagzähigkeit und Kerbempfindlichkeit bei 23 °C von verschiedenen Kunststoffen

Kunststoff	Schlagzähigkeit a_{cU} in kJ/mm²	Kerbschlagzähigkeit a_{cA} in kJ/mm²	Kerbempfindlichkeit a_{cA}/a_{cU} in %
Polypropylen mit Füll- und Verstärkungsstoffen			
PP	100	10	10
PP+M20 (Talkum)	40	3,5	9
PP+20 (Kreide)	40	3,5	9
PP+GF20	55	20	36
Amorphe Thermoplaste			
PS	21,5	2,8	13
SAN	19	2,5	13
ABS	120	20	17
PMMA	25	2,9	12
PVC-U	80	3,2	4
Polyamid 6 mit Glas- und Carbonfasern			
PA6+GF30	85	19	22
PA6+CF30	85	15	18
Duromere			
PF-Harz	8,5	2,9	34
UF-Harz	6,3	1,3	21
MF-Harz	4,3	1,8	42
UP-Harz	11	3	27
EP-Harz	22	1,5	7

■ 7.2 Verhalten der Kunststoffe

7.2.1 Verhalten im Zugversuch

Spröde Kunststoffwerkstoffe wie einige amorphe Thermoplaste und alle Duromere brechen im Zugversuch im Normalklima bei kleinen Dehnungen, während teilkristalline Thermoplaste oft eine Streckgrenze aufweisen und bis zu großen Bruchdehnungen verformt werden können. Große Bruchdehnungen werden dann erreicht, wenn Einschnürungen vorkommen wie in Polypropylen und Polyamiden, vgl. Bild 7.30.

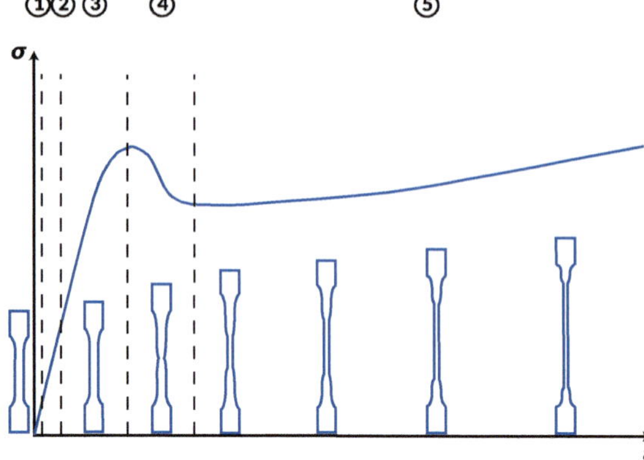

Bild 7.30
Zugdeformationsverhalten für duktile Thermoplaste [7, 8] bei der Auftragung von technischer Spannung über technischer Dehnung

Es werden die folgenden Bereiche im Zugversuch unterschieden [7, 8]:

- ① $\varepsilon < 0{,}1\,\%$, linear-elastische oder nichtlinear-elastische, reversible Deformation, Energieelastizität
- ② $\varepsilon < 0{,}5\,\%$, linear-viskoelastische, reversible Deformation, Entropieelastizität, Deformation ist abhängig von Zeit und Temperatur, Verknüpfungen des Molekülverbands durch z. B. Verschlaufungen oder kristalline Lamellen bleiben erhalten
- ③ $\varepsilon > 0{,}5\,\%$, nichtlinear-viskoelastische, irreversible Deformation, Deformation ist abhängig von Zeit, Temperatur und Last, Verknüpfungen des Molekülverbands werden gelöst
- ④ Einschnürbereich, Bildung nur oberhalb kritischer Dehngeschwindigkeit, ansonsten wie ⑤[11]
- ⑤ plastische, irreversible Deformation, Deformation ist abhängig von Zeit, Temperatur und Belastung, molekulare Gleit- und Deformationsprozesse bis zum Bruch
  - in amorphen Thermoplasten
    - Schubspannungsfließzonenbildung (*Scherverformung*)
    - Normalspannungsfließzonenbildung (*Craze*)[12]

[11] Der Abfall der technischen Spannung ist darauf zurückzuführen, dass wegen der Einschnürung, also einer lokalen Querschnittsverkleinerung, weniger Kraft zur weiteren Deformation in diesem Bereich aufgewendet werden muss. Für die Berechnung der technischen Spannung wird aber der größere Anfangsquerschnitt verwendet. Die technische Spannung erscheint kleiner. Die wahre Spannung zeigt im Allgemeinen keinen Abfall. Zudem handelt es sich bei Einschnürungen um plastische Deformationen, bei denen mechanische Energie als Wärme dissipiert wird und zu einer Temperaturerhöhung im Probekörper und genauer an der Stelle der Einschnürung führt. Bei höheren Temperaturen verhalten sich Kunststoffe nachgiebiger, vgl. Abschnitt 7.2.2.

[12] Crazes sind Vakuolen, in denen Fibrillen mit hochorientierten Molekülen den Leerraum überbrücken. Genauer betrachtet bilden sich Crazes unter hydrostatischem, allseitigem Zug. Normalspannungen führen aber wegen der Querkontraktionszahlen, die in Kunststoffen typischerweise 0,35 betragen, zu einer Volumenvergrößerung. Somit bilden sich Crazes auch bei Normalspannungszuständen.

- in teilkristallinen Thermoplasten
  - homogene (reversible) oder inhomogene (irreversible) Verformung von Sphärolithen
  - Mikrorisse in amorphen Bereichen zwischen Sphärolithen (*Weißbruch* insbesondere in Polypropylen)
  - Deformation der amorphen Bereiche zwischen Lamellen
  - Auflösen von Lamellen in sogenannte Faltungsblöcke, die wie die Lamellen durch *Tie-Moleküle* zusammengehalten werden, ohne Umorientierung der Lamellen
  - Auflösen von Lamellen zu sogenannten Makrofibrillen mit Drehung der Lamellen z. B. in Polyethylen

Diese schon recht komplexen Prozesse gelten für einachsige Beanspruchungen und sind vom konkreten Werkstoff mit seinen Additiven, Füll- und Verstärkungsstoffen sowie Temperatur und Zeit bzw. Belastungsgeschwindigkeit abhängig.

7.2.2 Temperaturabhängigkeit des mechanischen Verhaltens

Um das temperaturabhängige mechanische Verhalten der Kunststoffe zu ermitteln und darzustellen, werden meist die Ergebnisse von Torsionsschwingversuchen herangezogen. Der Vorteil dieser Versuche gegenüber Zugversuchen bei verschiedenen Temperaturen ist, dass nur ein Probekörper benötigt wird, die Messung weniger Zeit beansprucht und Messwerte auch noch bei höheren Temperaturen erhalten werden. Als Messergebnis erhält man den Real- und den Imaginärteil des komplexen Schubmoduls, die Speichermodul und Verlustmodul genannt werden. Dargestellt wird üblicherweise der Speichermodul, der dann vereinfacht nur Schubmodul genannt wird.

In Bild 7.31 ist der Schubmodul als Funktion der Temperatur für sieben kommerziell erhältliche Kunststoffe dargestellt:

- drei amorphe Thermoplaste: Polymethylmethacrylat (PMMA), Polycarbonat (PC) und Polyethersulfon (PESU)
- zwei teilkristalline Thermoplaste: Polyamid 6 (PA 6) und Polybutylenterephthalat (PBT)
- ein thermoplastisches Elastomer: thermoplastisches Polyurethanelastomer (TPU)
- ein Duromer: Phenol-Formaldehyd Harz mit Füllstoffen (PF31)

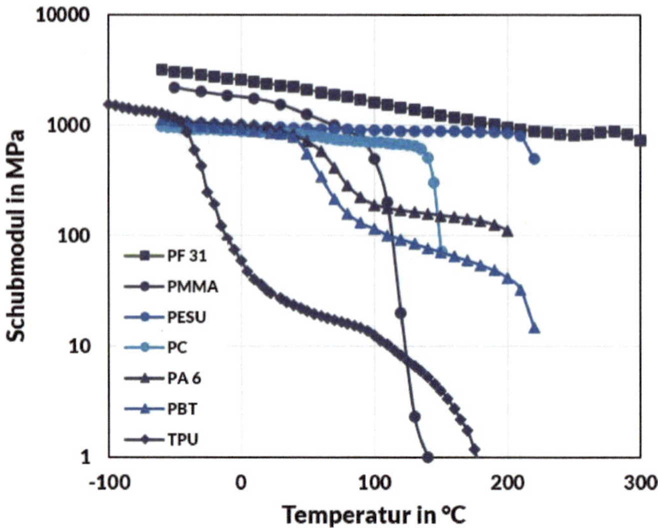

Bild 7.31 Gemessene Schubmoduln als Funktion der Temperatur für verschiedene Kunststoffe

Es ist zu erkennen, dass der Schubmodul für alle gezeigten Werkstoffe bei niedrigen Temperaturen Werte zwischen 1000–3000 MPa annimmt. Bei steigenden Temperaturen sinkt der Schubmodul. Bei dem Duromer Phenol-Formaldehyd Harz setzt sich dies bis 300 °C kontinuierlich fort. Alle anderen Werkstoffe zeigen in einem gewissen Temperaturbereich einen Abfall. Bei den amorphen Thermoplasten gehen die Schubmoduln mit steigenden Temperaturen in einem über ca. 40 °C ausgedehnten Temperaturbereich gegen sehr kleine Werte. Bei den teilkristallinen Thermoplasten wird in diesem Temperaturbereich bei Erhöhung der Temperatur um ca. 50 °C ein niedrigeres Niveau des Schubmoduls angenommen. Ein weiterer Abfall zu deutlich kleineren Werten findet bei noch höheren Temperaturen statt. Das thermoplastische Elastomer zeigt die Charakteristik eines teilkristallinen Thermoplasten, allerdings findet der starke Abfall des Schubmoduls hier bei Temperaturen kleiner als 0 °C statt.

Die charakteristischen Unterschiede in den Kurven des Schubmoduls über der Temperatur dienen zur Unterteilung der Kunststoffe in typischerweise vier Gruppen:

- amorphe Thermoplaste, vgl. Bild 7.32
- teilkristalline Thermoplaste, vgl. Bild 7.33
- Elastomere, vgl. Bild 7.34
- Duromere, vgl. Bild 7.35

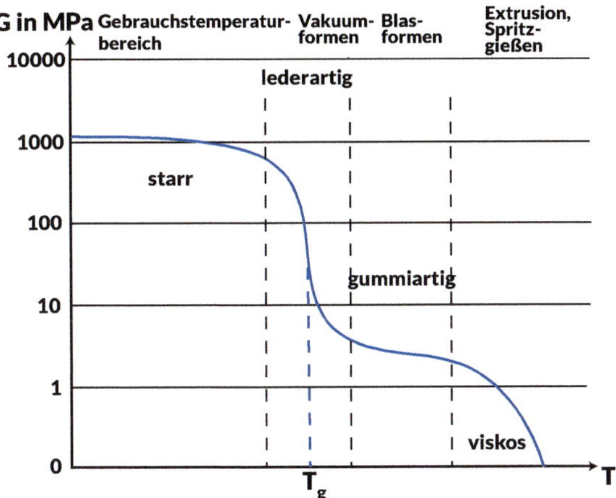

Bild 7.32 Schubmodul über Temperatur für amorphe Thermoplaste

In Bild 7.32 ist der idealisierte temperaturabhängige Schubmodul für amorphe Thermoplaste dargestellt. Der Abfall des Schubmoduls auf ungefähr 1 % seines Ursprungswertes erfolgt während des Erwärmens beim Überschreiten der Glastemperatur. Für Temperaturen kleiner als die Glastemperatur sind Konformationsänderungen nicht möglich, der Kunststoff verhält sich energieelastisch und somit annähernd wie ein starrer Festkörper. In diesem Temperaturbereich werden amorphe Thermoplaste angewendet, die Glastemperatur liegt somit deutlich oberhalb der Raumtemperatur. Bei technischen Thermoplasten liegt die Glastemperatur ungefähr zwischen 100–150 °C, bei Hochleitungsthermoplasten oberhalb von 200 °C. Das Verhalten im Temperaturbereich des Glasübergangs wird aus historischen Gründen lederartig genannt. Bei Temperaturen oberhalb der Glastemperatur sind Konformationsänderungen möglich, der Kunststoff verhält sich entropieelastisch und kann als sehr weicher Festkörper mit geringen Kräften im Thermoformverfahren verformt werden. Meist wird die Kraft durch den Luftdruck aufgebracht, indem das Volumen zwischen Form und Halbzeug (meist eine Platte oder dickere Folie) evakuiert wird. Daher auch der Begriff Vakuumformen. Bei metallischen Werkstoffen spricht man beim prinzipiell gleichen Verfahren vom Tiefziehen. Beim Tiefziehen wird die Kraft allerdings nicht durch Luftdruck, sondern einen Druckstempel aufgebracht. Bei noch größeren Temperaturen sinkt der Schubmodul weiter. In diesem Temperaturbereich kann das Blasformverfahren angewendet werden. Bei weiter steigenden Temperaturen lösen sich die Verschlaufungen, die zum Hervorrufen des entropieelastischen Verhaltens als physikalische Vernetzungsstellen notwendig sind, vollständig und die Moleküle können aneinander abgleiten. Der Werkstoff liegt als viskose Schmelze vor, die z. B. durch Spritzgießen oder Extrudieren verarbeitet werden kann.

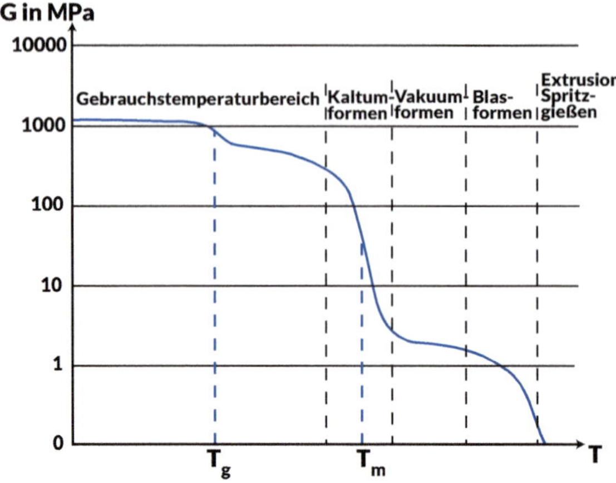

Bild 7.33
Schubmodul über Temperatur für teilkristalline Thermoplaste

Teilkristalline Thermoplaste, vgl. Bild 7.33, weisen neben der Glastemperatur eine weitere Temperatur auf, bei der beim Erwärmen der Schubmodul auf ungefähr 1 % seines Wertes oberhalb der Glastemperatur abnimmt. Bei dieser Temperatur schmelzen die kristallinen Bereiche. Es gibt somit drei Temperaturbereiche mit annähernd konstantem Modul: unterhalb der Glastemperatur, zwischen Glas- und Schmelztemperatur sowie oberhalb der Schmelztemperatur. Der Sprung im Modul beim Glasübergang ist meist nicht stark ausgeprägt, da je nach Kunststoff zwischen 30–80 % kristallin sind und die Kristalle wie physikalische Vernetzungsstellen wirken. Daher liegt der Gebrauchstemperaturbereich unterhalb der Schmelztemperatur. Im Schmelzbereich sind Verformungen möglich, die Kaltverformung genannt werden. Bei noch höheren Temperaturen folgen wie beim amorphen Thermoplasten der gummiartige Bereich mit der Möglichkeit zum Vakuumformen, der viskose Bereich mit sich lösenden Verschlaufungen und der Möglichkeit zum Blasformen sowie der Bereich, in dem unverschlaufte Schmelze vorliegt und Spritzgieß- sowie Extrusionsverfahren zur Anwendung kommen.

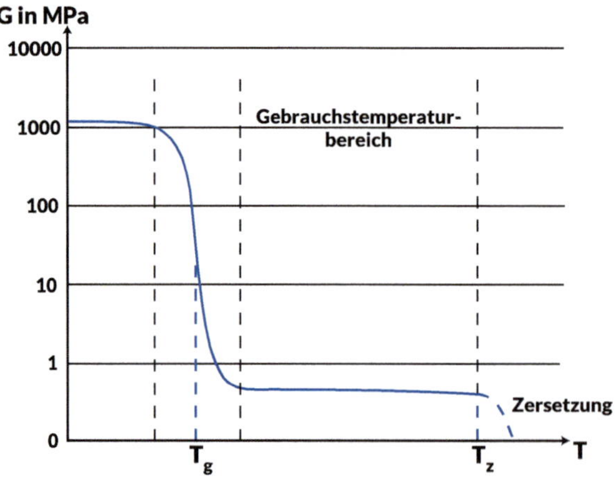

Bild 7.34
Schubmodul über Temperatur für Elastomere

Elastomere, vgl. Bild 7.34, und Duromere, vgl. Bild 7.35, weisen beide prinzipiell eine Glastemperatur mit einem Abfall des Moduls am Glasübergang auf. Die Größe des Modulunterschieds im Glasübergangsbereich hängt allerdings von den Bewegungsmöglichkeiten zwischen den chemischen Vernetzungsstellen ab. Diese sind bei Elastomeren deutlich größer als bei Duromere. Daher ist die Moduländerung bei Elastomeren beim Erwärmen auf ein Tausendstel des Wertes unterhalb der Glastemperatur. Dieser gummielastische Bereich ist der Anwendungstemperaturbereich. Sind Duromere besonders eng vernetzt, können die Molekülteile zwischen den chemischen Vernetzungsstellen nicht viele und keine großen Bewegungen durchführen. Daher ist die Modulstufe am Glasübergang nicht sehr ausgeprägt oder auch gar nicht vorhanden. Im teilvernetzten Zustand ist in Duromeren eine Modulstufe erkennbar, deren Höhe mit fortschreitender Vernetzung abnimmt.

Sowohl Elastomere wie Duromere können wegen der chemischen Vernetzung nicht schmelzen. Es gibt eine Temperatur, bei der Elastomere und Duromere anfangen, chemisch abzubauen, die sogenannte Zersetzungstemperatur. Da Bauteile aus Elastomeren und Duromeren unabhängig von ihrer Größe wegen der vielen Vernetzungsstellen über kovalente Bindungen letztlich aus einem Molekül bestehen, wird der chemische Abbau erst beim Lösen vieler kovalenter Bindung bemerkbar.

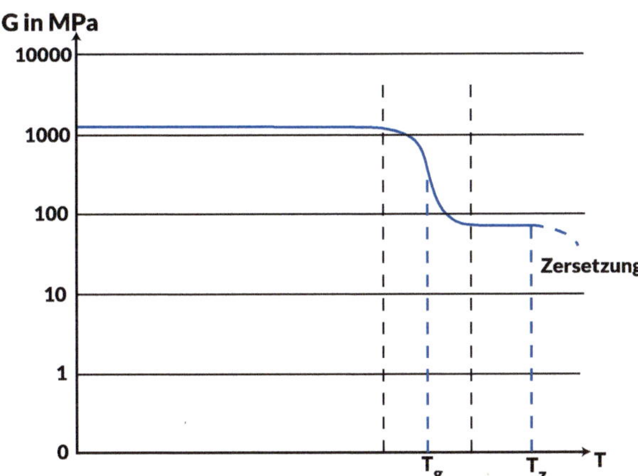

Bild 7.35
Schubmodul über Temperatur für Duromere

Außer beim Schubmodul wird die Temperaturabhängigkeit auch im Spannungs-Dehnungs-Diagramm, das im Zugversuch ermittelt wird, sichtbar, vgl. Bild 7.36. Deutlich ändern sich die Spannungs-Dehnungs-Kurven und die abgeleiteten Kennwerte mit der Temperatur bei sonst gleichen Prüfbedingungen. Bei niedrigen Temperaturen sind Steifigkeit und Festigkeit hoch. Sie sinken mit zunehmender Temperatur. Deutlich ist auch die große Änderung im Bereich der Glastemperatur zu erkennen, die für Polyamid 6 im luftfeuchten Zustand etwa 28 °C [7] beträgt. Hier nicht dargestellt, aber oft bei größeren Dehnungen zu beobachten, ist auch ein

Übergang von sprödem Versagen bei niedrigen Temperaturen zu sehr duktilem Verhalten bei Temperaturen oberhalb der Glastemperatur.

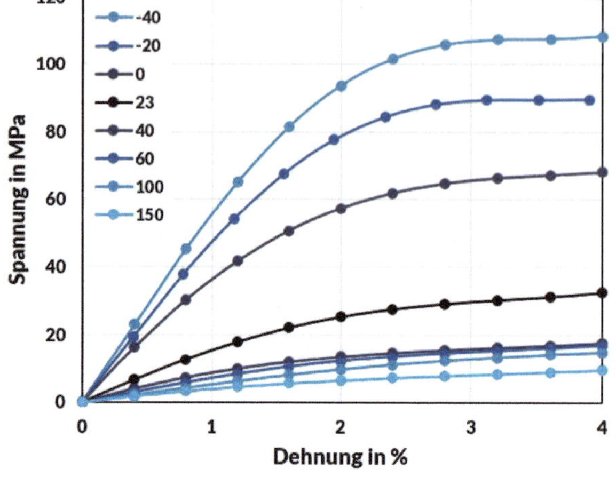

Bild 7.36
Spannungs-Dehnungs-Diagramm für luftfeuchtes PA 6 (Ultramid B3S) bei verschiedenen Temperaturen (CAMPUS)

7.2.3 Zeitabhängigkeit des mechanischen Verhaltens

Das viskoelastische Verhalten der Kunststoffe zeigt sich darin, dass die Reaktion auf eine äußere Belastung zeitabhängig ist. Bei einer statischen Belastung ist die Verzerrung eine Funktion der Zeit und bei einer Belastung, die sich mit der Zeit ändert, hängt die Verzerrung von der Belastungsgeschwindigkeit ab.

Statische Belastungen über lange Zeiten bis zu vielen Tausend Stunden werden im Zeitstand-Zugversuch realisiert, vgl. Abschnitt 7.1.7. In Bild 7.37 sind die aus solchen Zeitstand-Zugversuchen resultierenden Kriechkurven von luftfeuchtem Polyamid 6 bei 23 °C und verschiedenen statischen Beanspruchungen von 4 bis 25 MPa auf Basis von isochronen Spannungs-Dehnungs-Diagrammen für Ultramid B3K aus CAMPUS dargestellt.[13] Die Dehnung nimmt offenbar bei allen Beanspruchungen bis zu Zeiten von ca. 10 000 h schnell und danach langsam, aber kontinuierlich mit der Zeit zu und erreicht Werte von ca. 1 bis 12 %. Außerdem ist für Spannungen von 15,5, 20,1 und 25 MPa leicht zu erkennen, dass Dehnung und Spannungen nicht linear zusammenhängen, denn bei Erhöhung der Spannung um etwa den gleichen Wert steigt die Dehnung nicht im gleichen Maße. Dies wird in Abschnitt 7.2.5 aufgegriffen.

[13] Durch Wahl dieser Datenbasis können alle Bilder von Leser*innen selber erstellt und nachvollzogen werden. Dafür wird in Kauf genommen, dass die Daten wenige Stützstellen von Anpassfunktionen an die ursprünglichen Messdaten sind. Aus diesem Grund scheint der Verlauf der Dehnung über der Zeit in Bild 7.37 für Zeiten größer als 10 000 h linear zu sein. Tatsächlich handelt es sich um die lineare Interpolation zwischen den Stützstellen bei 10 000 und 100 000 h.

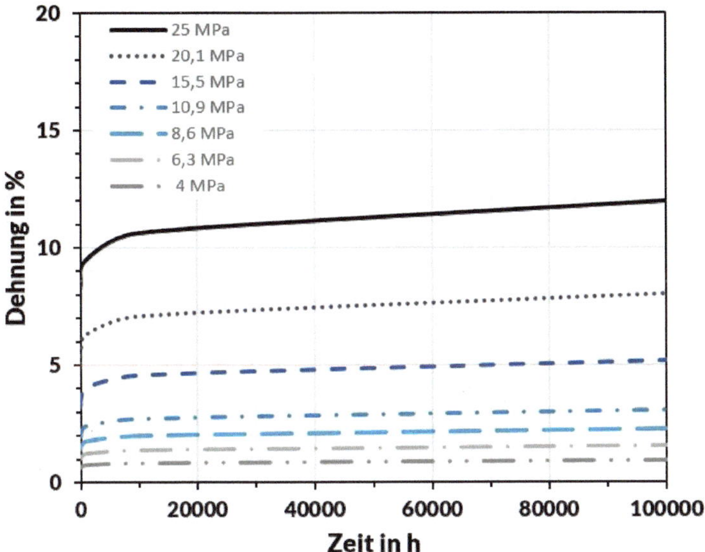

Bild 7.37 Kriechkurven von luftfeuchtem Polyamid 6 (Ultramid B3K) bei 23 °C und verschiedenen statischen Beanspruchungen

In Bild 7.38 sind die gleichen Kriechkurven wie in Bild 7.37 über dem Logarithmus der Zeit aufgetragen.

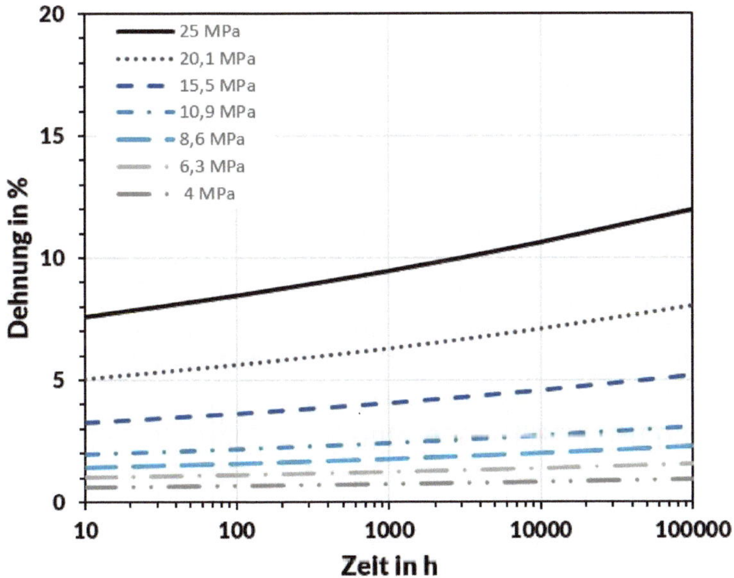

Bild 7.38 Kriechkurven von luftfeuchtem Polyamid 6 (Ultramid B3K) bei 23 °C und verschiedenen statischen Beanspruchungen über dem Logarithmus der Zeit aufgetragen

Wie in Formel 7.17 angegeben, wird aus den Kriechkurven der Zug-Kriechmodul oder kurz Kriechmodul abgeleitet, vgl. Bild 7.39.[14] Die Steifigkeit des Polyamid 6 sinkt mit zunehmender Zeit und ist von der Belastung abhängig. Der Kriechmodul sinkt mit zunehmender Beanspruchung und ist nicht konstant, wie es im linearelastischen Fall sein sollte. Der im Zugversuch nach ISO 527 ermittelte Zug-E-Modul für luftfeuchtes Polyamid 6 bei 23 °C beträgt 1000 MPa. Dies ist ebenfalls ein Hinweis auf nicht lineares Verhalten im Zeitstand-Zugversuch bei Spannungen größer gleich 5 MPa. Offenbar ist der Kunststoff bei lang andauernden statischen Lasten deutlich nachgiebiger als bei kurzzeitig einwirkenden Belastungen.

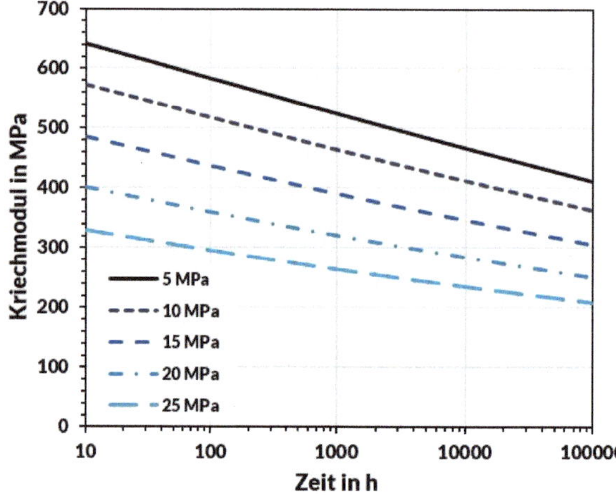

Bild 7.39
Kriechmodul als Funktion der Zeit für luftfeuchtes Polyamid 6 (Ultramid B3K) bei 23 °C und verschiedenen statischen Beanspruchungen

Der Kehrwert des Kriechmoduls, die Kriechnachgiebigkeit, ist in Bild 7.40 dargestellt.

Die Zeitabhängigkeit bei kurzzeitig einwirkenden Lasten wird bei einer Variation der Belastungsgeschwindigkeit deutlich.

In Bild 7.41 ist ein Spannungs-Dehnungs-Diagramm für ein teilkristallines Polyoxymethylencopolymer (POM-C) bei vier verschiedenen Traversengeschwindigkeiten gezeigt. Die Geschwindigkeit von 1 mm/min entspricht im Zugversuch nach ISO 527 der Prüfgeschwindigkeit bei der Bestimmung des E-Moduls und die Geschwindigkeit von 50 mm/min der Geschwindigkeit von ca. 0,3 % Dehnung bis zum Bruch. Es ist zu erkennen, dass die Spannung im Maximum, also die Festigkeit, und die Steigung der Kurve bei kleinen Dehnungen, also die Steifigkeit, des Kunststoffs mit zunehmender Prüfgeschwindigkeit steigen.

[14] Die Kriechmoduldaten entstammen demselben Datensatz in CAMPUS. Die Spannungswerte sind aber andere als in den übrigen Diagrammen, weil die Daten durch Interpolation ermittelt wurden.

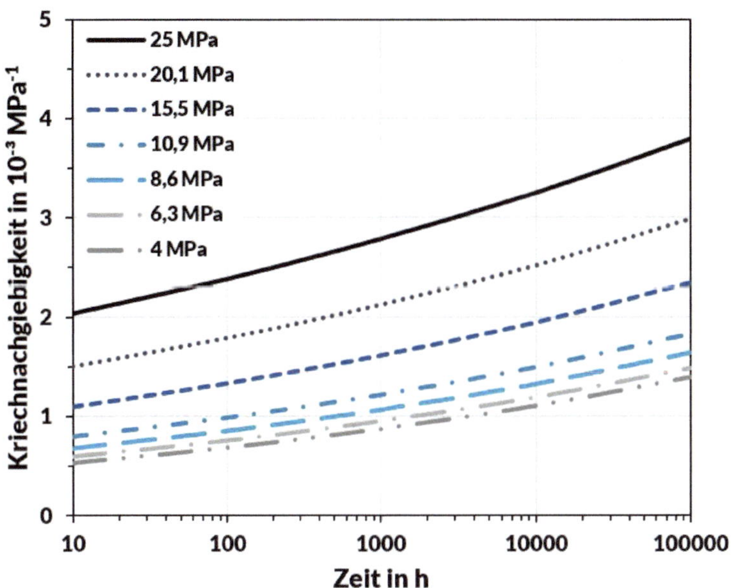

Bild 7.40 Kriechnachgiebigkeit als Funktion der Zeit für luftfeuchtes Polyamid 6 (Ultramid B3K) bei 23 °C und verschiedenen statischen Beanspruchungen

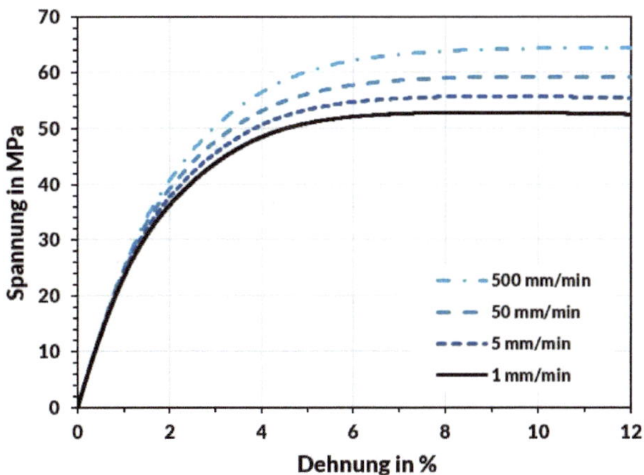

Bild 7.41 Technisches Spannungs-Dehnungs-Diagramm für POM-C bei vier verschiedenen Traversengeschwindigkeiten

In Bild 7.42 ist ein Spannungs-Dehnungs-Diagramm für ein teilkristallines Polyethylen mit ultrahoher Molmasse (PE-UHMW) dargestellt. Auch hier ist das gleiche Verhalten wie beim Polyoxymethylencopolymer zu erkennen, wobei die Unterschiede in den Spannungswerten beim PE-UHMW deutlich größer sind.

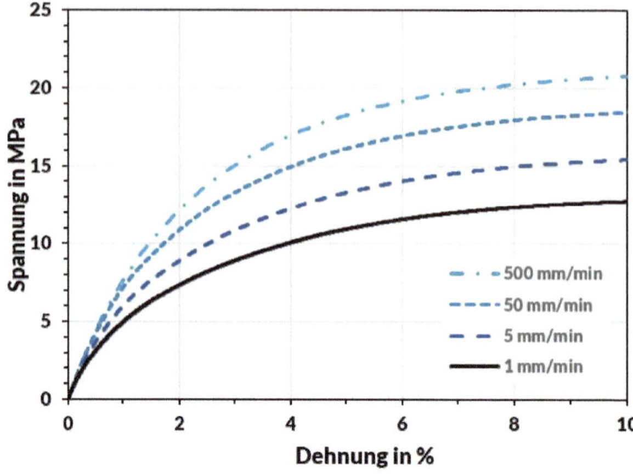

Bild 7.42
Technisches Spannungs-Dehnungs-Diagramm für PE-UHMW bei vier verschiedenen Traversengeschwindigkeiten

POM-C und PE-UHMW sind beide teilkristallin, wodurch bei der Prüftemperatur von 23 °C die Ketten in den Kristallen fixiert werden. Nur die Beweglichkeit in den amorphen Bereichen trägt bei 23 °C und bei den hier gezeigten Dehnungen bis zur Streckgrenze zum Deformationsverhalten bei. Beim PE-UHMW wird die Beweglichkeit durch die aufgrund der hohen Molmasse große Zahl von Verschlaufungen noch weiter eingeschränkt.

Amorphe Thermoplaste zeigen die Abhängigkeit von der Geschwindigkeit daher noch ausgeprägter, vgl. Bild 7.43. Dabei ist zu berücksichtigen, dass die in Bild 7.43 gezeigten Ergebnisse bei sehr hohen, konstanten Dehnraten in einem Schnellzerreißversuch erzeugt worden sind [9]. Die Traversengeschwindigkeit bei der Messung der in Bild 7.41 und Bild 7.42 dargestellten Ergebnisse entsprechen wahren Anfangsdehnraten von 0,1 bei 500 mm/min und 0,0002 bei 1 mm/min.

In Bild 7.43 erkennt man die Geschwindigkeitsabhängigkeit der Spannungs-Dehnungs-Kurven für Messungen bei Raumtemperatur und die Temperaturabhängigkeit bei einer konstanten Dehnrate von 1001/s. Außerdem ist zu erkennen, dass eine Messung bei einer Dehnrate von 1001/s und einer Temperatur von 80 °C bis ungefähr zu der wahren Dehnung von 0,2 zu sehr ähnlichen Ergebnissen führt wie eine quasistatisch durchgeführte Messung bei Raumtemperatur. Hierin zeigt sich sehr deutlich die Gültigkeit des empirischen Zeit-Temperatur-Superpositionsprinzips.

Es wird durch die in Bild 7.43 dargestellten Ergebnisse zudem gezeigt, dass das Zeit-Temperatur-Superpositionsprinzip zumindest in diesem Fall auch aus dem linear-elastischen in den plastischen Bereich übertragbar ist.

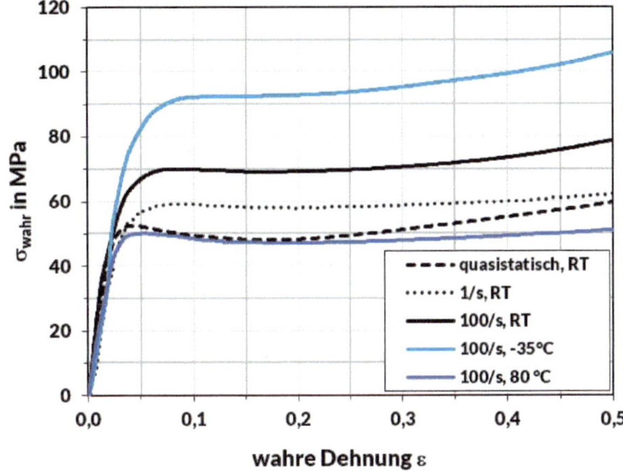

Bild 7.43
Wahre Spannung über wahrer Dehnung für verschiedene Dehnraten und Temperaturen für ein PC+ABS (Bayblend T65XF) [9]

7.2.4 Feuchteabhängigkeit des mechanischen Verhaltens

Es ist bekannt, dass einige Kunststoffe Wasser[15] und andere Medien aufnehmen können. Deswegen gibt es die Anforderungen an die Klimate für Konditionierung und Prüfung, vgl. Abschnitt 7.1.2. Unpolare Polymere nehmen weniger Wasser auf als polare, vgl. Tabelle 7.11.

Tabelle 7.11 Sättigungskonzentration für Wasser in verschiedenen Kunststoffen

Kunststoff	Konditionierung	
	Feucht Masseanteil in %	Nass Masseanteil in %
PA6	2,5–3,5 [10] 3,0–4,2 [2]	9–10 [10] 9–11 [2]
PA66	2,5–3,1 [10] 3,4–3,8 [2]	4,7–5,3 [10] 7,5–9 [2]
PA11	1,1 [2]	1,6–1,8 [2]
PA12	1,0 [2]	1,5 [2]
PC	0,15 [2]	0,36–0,59 [2] 0,34 [11]
POM-C	k. A.	0,63–1,63 [2]
PMMA	k. A.	1,87 [11]
PE	< 0,1 [2]	< 0,1 [2]

„Feucht" bezeichnet den Gleichgewichtszustand nach ausreichend langer Lagerung im Normalklima, während „nass" den Zustand nach ausreichend langer Lagerung in destilliertem Wasser meint, vgl. Abschnitt 7.1.2.

[15] Gemeint sind Moleküle, die einzeln, d. h. gelöst im Kunststoff vorliegen.

Die in Tabelle 7.11 aufgeführte Sättigungskonzentration ist der Wert des Gleichgewichtszustands, der abhängig von den Konditionierbedingungen nach unterschiedlich langer Zeit erreicht wird. Für eine Lagerung einer 4 mm dicken Probe aus Polyamid 66 in Wasser mit einer Temperatur von 100 °C vergehen mehr als vier Tage und bei einer Wassertemperatur von 25 °C mehr als 200 Tage, bis der Gleichgewichtszustand erreicht wird [12], vgl. Bild 7.44. Da es sich um einen Diffusionsvorgang handelt, ist die temperaturabhängige Diffusionskonstante der entscheidende Stoffwert für die Berechnung der Wasserkonzentration als Funktion der Zeit, während die Sättigungskonzentration nicht stark von der Temperatur von Wasser und Probe abhängt.

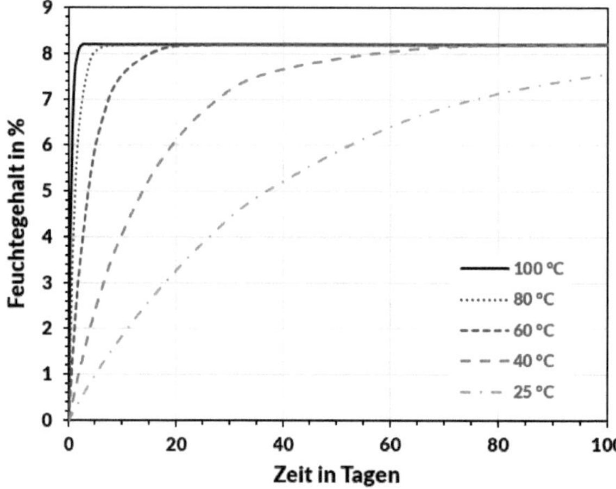

Bild 7.44 Berechneter Feuchtegehalt als Funktion der Zeit für Polyamid 66 bei Lagerung in Wasser mit verschiedenen Temperaturen [12]

Die Aufnahme von Wasser kann mehrere Effekte zur Folge haben:

- Durch die Aufnahme von Wasser vergrößern sich Masse und Volumen (*Quellung*) des Probekörpers oder Bauteils, was z. B. Auswirkungen auf Maßtoleranzen hat.
- Da Wassermoleküle im Kunststoff wie Weichmacher wirken, vgl. Abschnitt 2.7, werden alle weiteren Werkstoffeigenschaften durch die Aufnahmen von Wasser ebenfalls beeinflusst. Festigkeit und Steifigkeit werden bei Aufnahme von Wasser typischerweise kleiner.
- Die Wasseraufnahme kann über die Steigerung der Beweglichkeit der Ketten in den amorphen Bereichen auch zu einer Nachkristallisation führen, was Festigkeit und Steifigkeit steigern kann [2].

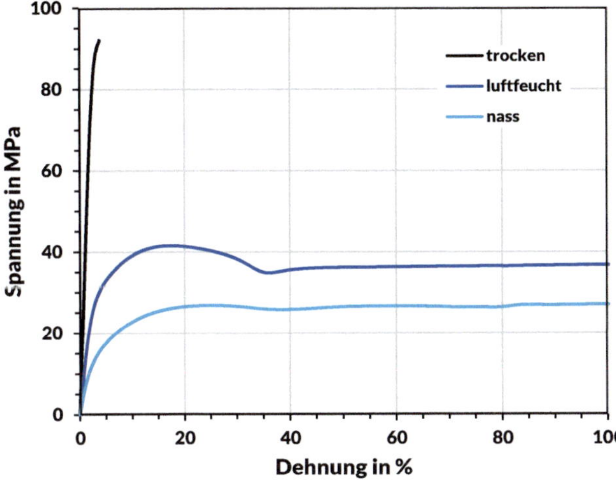

Bild 7.45
Spannungs-Dehnungs-Diagramm für trockenes,[16] luftfeuchtes und nasses Polyamid 6 (Ultramid B3S) bei 23 °C und 50 % relativer Luftfeuchte

In Bild 7.45 sind Spannungs-Dehnungs-Kurven für trockenes, luftfeuchtes und nasses Polyamid 6 (Ultramid B3S) bei 23 °C und 50 % relativer Luftfeuchte dargestellt. Während trockenes Polyamid 6 bei 4 % Dehnung seine Zugfestigkeit erreicht und bei 10 % Dehnung bricht, sinken E-Modul und Zugfestigkeit, vgl. Bild 7.46, für luftfeuchtes und nochmal mehr für nasses Polyamid 6. Der Werkstoff wird im Vergleich zum trockenen Zustand sehr duktil und erreicht Bruchdehnungen von mehr als 200 %.

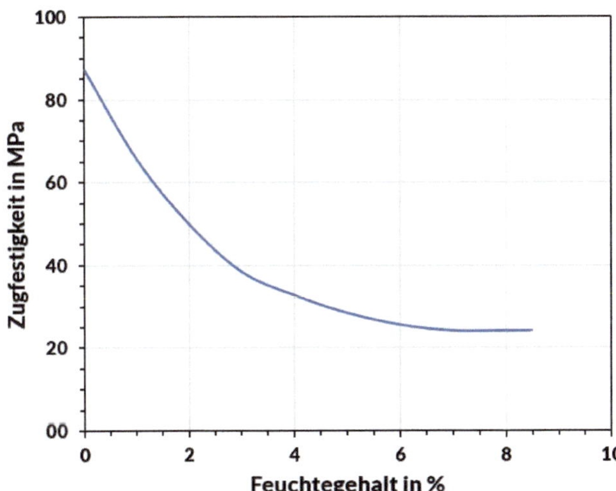

Bild 7.46
Zugfestigkeit als Funktion des Feuchtegehalts für Polyamid 6 (Ultramid B3S) bei 23 °C [13]

[16] Dargestellt sind nur die Werte bis zur Streckgrenze. Trockenes Ultramid B2S hat eine Bruchdehnung von 10 %.

Wird der E-Modul über der Temperatur aufgetragen, vgl. Bild 7.47, erkennt man den typischen stufenförmigen Abfall bei der Glastemperatur. Diese liegt für trockenes Polyamid 6 bei ca. 65 °C[17] und für luftfeuchtes bei ca. 25 °C. Eine Verschiebung der Glastemperatur zu kleineren Temperaturen mit zunehmender Wasserkonzentration kennzeichnet die Weichmachung durch Wasser. Liegt die Glastemperatur im Anwendungstemperaturbereich, muss von sich stark ändernden Eigenschaften und Kennwerten bei geringen Temperaturänderungen ausgegangen werden.

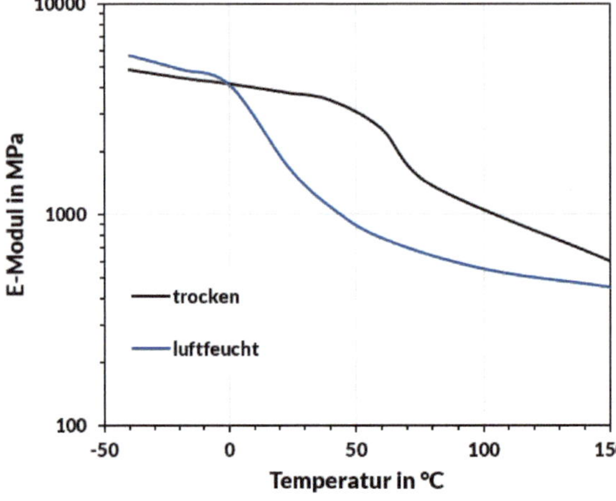

Bild 7.47
E-Modul als Funktion der Temperatur für trockenes und luftfeuchtes Polyamid 6 (Ultramid B3S) [13]

7.2.5 Der Übergang vom linearen zum nicht-linearen Verhalten

Im Zusammenhang mit dem Verhalten von duktilen Thermoplasten im Zugversuch, vgl. Bild 7.30, ist nicht-lineares Verhalten bereits diskutiert worden. Der Übergang von linear-elastischem Verhalten zu linear-viskoelastischen Verhalten kann nach [7] aus Zugversuchen bestimmt werden, indem die kleinste Spannung ermittelt wird, bei der die Spannungs-Dehnungs-Kurve um z. B. 1 % vom linearen Verlauf abweicht.

Aus Kriechkurven wie in Bild 7.37 kann der Übergang zwischen linear-viskoelastischem und nichtlinear-viskoelastischem Verhalten bestimmt werden. Entweder ebenfalls über die Ermittlung der Abweichung vom linearen Verlauf im isochronen Spanungs-Dehnungs-Diagramm [7] oder über die Nachgiebigkeit. Eine Ermittlung der Abweichung vom linearen Verlauf im isochronen Spannungs-Dehnungs-Diagramm setzt genügend Messwerte, also letztlich eigene Messungen, voraus. Bei

[17] Der Wert von 65 °C stimmt nicht mit dem in CAMPUS angegebenen Wert von 60 °C überein, weil beide Werte mit unterschiedlichen Messmethoden ermittelt worden sind.

wenigen Stützstellen in CAMPUS-Daten lässt sich diese Methode nicht anwenden. Eine Methode unter Nutzung der Kriechnachgiebigkeit hingegen schon.

Die Nachgiebigkeit, vgl. Bild 7.40, ist definitionsgemäß wie der E-Modul konstant, wenn Spannung und Dehnung proportional sind und es sich somit um lineares Verhalten handelt, vgl. Formel 7.18. Wenn also bei einer Steigerung der Spannung die Nachgiebigkeit unverändert bleibt, handelt es sich um linear-viskoelastisches Verhalten, vgl. Bild 7.48.

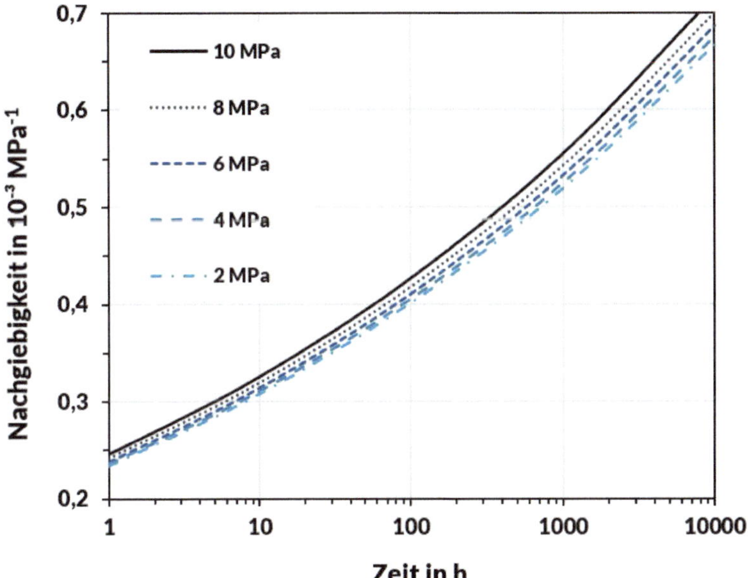

Bild 7.48 Nachgiebigkeit von Polyoxymethylen (Ultraform H4320) im Zeitstand-Zugversuch bei 23 °C

Das Vorgehen zur Bestimmung des Übergangs vom linearen zum nicht linearen Verhalten gliedert sich in die folgenden Schritte:

- Berechnung der Kriechnachgiebigkeit aus den Kriechdehnungen nach Abziehen des spontan-elastischen Anteils,
- Festlegung einer Toleranz für erlaubte Abweichungen der Werte der Nachgiebigkeit bei zwei verschiedenen Spannungen und gleicher Zeit und
- Ermittlung der kleinsten Spannung, bei der die Toleranz überschritten wird.

Wird als Toleranz eine Abweichung um 5 % vom Wert bei der kleinsten Spannung von 2 MPa festgelegt, ergibt sich, dass die kleinste Spannung, bei der diese Toleranz erreicht wird, 8 MPa beträgt. Bei einer Spannung von 10 MPa ist die Abweichung bereits größer. Also liegt der Übergang von linearem zu nicht linearem Verhalten für diesen Werkstoff zwischen 8–10 MPa. In Tabelle 7.12 sind Daten für die Übergangsspannungen aus [7] und die aus der Kriechnachgiebigkeit ermittelten Werte zusammengetragen.

Tabelle 7.12 Spannungswerte für die Übergänge von linear-elastischen zu linear-viskoelastischen (σ_{le}) und vom linear-viskoelastischem zu nichtlinear-viskoelastischem (σ_{lve}) Werkstoffverhalten sowie die Streckgrenze σ_S.

Werkstoff	σ_{le} in MPa nach [7]	σ_{lve} in MPa nach [7]	σ_{lve} in MPa aus CAMPUS-Daten und Kriechnachgiebigkeit	σ_S in MPa nach [7]
PP	1,5	2,5	k. A.	35
PA 66 lf.	3	5	< 5,3 (Ultramid A3K)	50
PBT	3	5	< 4 (Ultradur B 2550)	55
POM	5	7	< 6 (Hostaform C9021) < 8 (Ultraform H4320)	65
A	5		k. A.	45
PC	7	11	k. A.	63
SAN	7	10	k. A.	71 (Bruch)

In [7] wird der Übergang vom linear-viskoelastischem zum nichtlinear-viskoelastischem (σ_{lve}) Werkstoffverhalten durch Bestimmen der Abweichung vom linearen Verlauf im isochronen Spannungs-Dehnungs-Diagramm ermittelt.

Zunächst ist ersichtlich, dass die zur Dimensionierung von Bauteilen herangezogenen Werte deutlich größer sind als die Spannungen, bei denen linear-elastisches und linear-viskoelastisches Verhalten ineinander und in nichtlineares Verhalten übergehen. Konstrukteur*innen sollten sich immer der Tatsache bewusst sein, dass mit elastischen Werkstoffmodellen dimensioniert wird, obwohl sich die Werkstoffe in der Regel bereits nicht linear verhalten.

Die mit zwei verschiedenen Methoden ermittelten Werte für den Übergang von linear-viskoelastischen zu nichtlinear-viskoelastischem Verhalten stimmen gut überein.

Dabei können die Spannungswerte innerhalb einer Werkstofffamilie stark streuen, wie aus Tabelle 7.13 für verschiedene Polyamid 6-Typen ersichtlich wird.

Tabelle 7.13 Spannungswerte für den Übergang von linear-viskoelastischem zu nichtlinear-viskoelastischem (σ_{lve}) Werkstoffverhalten für luftfeuchtes Polyamid 6 bei 23 °C

Polyamid 6-Typen	σ_{lve} in MPa
Akulon® F223-D	< 2
Orgalloy® RS 6000 NAT	< 3,95
Ultramid® B3S	< 6,6
Zytel® 7335F NC010	5,4
Ultramid® B3K	6,3

Der Übergang von linear-viskoelastischem zu nichtlinear-viskoelastischem Werkstoffverhalten hängt vom Konditionierungszustand ab, vgl. Tabelle 7.14, was durch den weichmachenden Effekt von Wasser in Polyamiden erklärbar ist.

Tabelle 7.14 Spannungswerte für den Übergang von linear-viskoelastischem zu nichtlinear-viskoelastischem (σ_{lve}) Werkstoffverhalten für unterschiedlich konditioniertes Polyamid 6 bei 23 °C

Polyamid 6-Typ	Luftfeucht σ_{lve} in MPa	Trocken σ_{lve} in MPa
Akulon® F223-D	< 2	15

■ 7.3 Mechanische Werkstoffmodelle

Das mechanische Verhalten von Kunststoffen ist, wie in Abschnitt 7.2 dargestellt, komplex, vgl. Bild 7.49. Werkstoffmodelle müssen dieses komplexe Verhalten so einfach wie möglich und so genau wie nötig abbilden können. Dabei geht es darum, das Werkstoffverhalten einerseits anhand von phänomenologischen Modellen zu verstehen und andererseits Modelle in Simulationsprogrammen zielführend nutzen zu können.

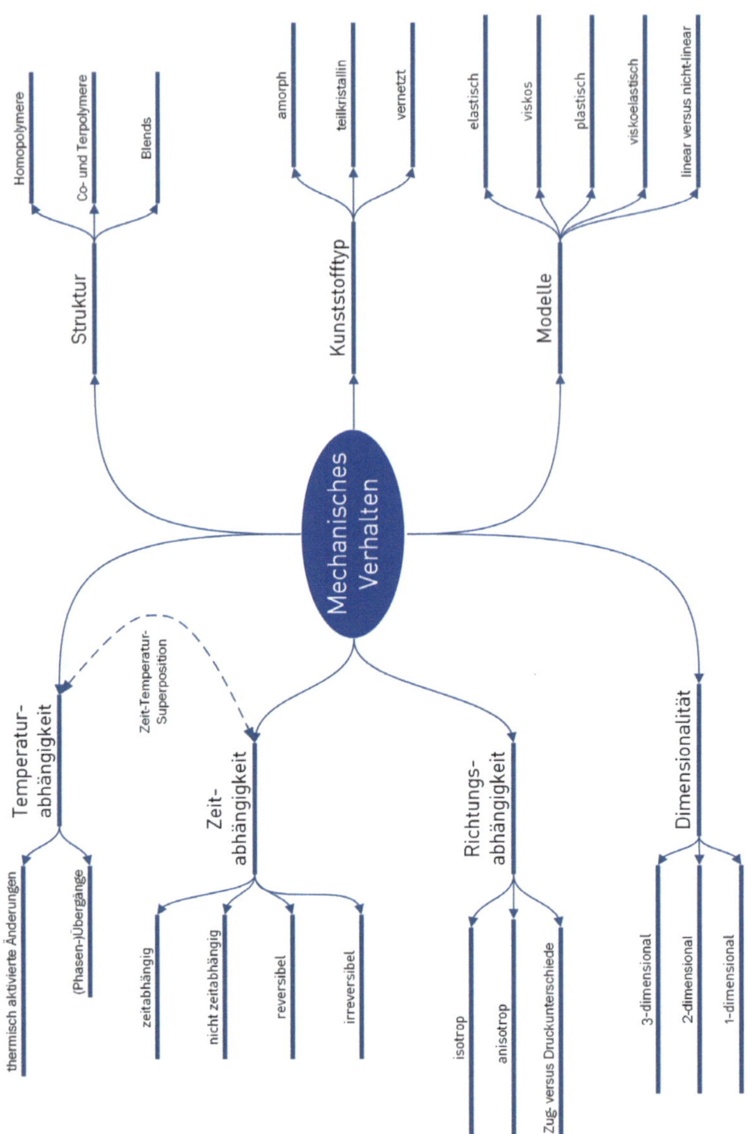

Bild 7.49 Komplexes mechanisches Verhalten von Kunststoffen

7.3.1 Begriffe und Konzepte der Mechanik

In der Kunststofftechnik wird vom viskoelastischen Verhalten der Kunststoffwerkstoffe gesprochen, womit gemeint ist, dass Kunststoffe wie Festkörper mit einer elastischen Deformation auf Kräfte reagieren, gleichzeitig aber auch wie viskose Flüssigkeiten fließen, also keine feste Form annehmen. Die Begriffe *Verformung* und *Deformation* haben dabei die gleiche Bedeutung. Welches Verhalten dominiert, hängt bei Kunststoffen von der Temperatur und der Zeit ab,[18] über die eine äußere Kraft wirkt. Zwar verändern auch andere Materialien unter Last über längere Zeiten ihre Form, dies wird bei allen Materialien *Kriechen* (engl. creep) genannt, allerdings geschieht dies bei Kunststoffen aufgrund von Konformationsänderungen, also Molekülbewegungen. Es ist zum Teil reversibel und zudem besonders stark ausgeprägt. Bei Metallen beruht Kriechen bei niedrigen Temperaturen und Kräften auf Versetzungsbewegungen und bei höheren Temperaturen auf thermisch aktivierten Gefügeänderungen (Diffusionskriechen) und ist nicht reversibel, es entstehen bleibende Deformationen.

Material und _Werkstoff_

Beide Begriffe hören sich zunächst ähnlich an. Ingenieur*innen verwenden den Begriff Werkstoff bevorzugt, weil daraus Werkstücke gefertigt werden können, während Naturwissenschaftler*innen allgemein von Materialien sprechen. In ähnlicher Weise soll auch hier verfahren werden: Wenn etwas allgemein betrachtet wird, wird von Materialien gesprochen, wenn es um Feststoffe geht, aus denen Produkte entstehen sollen, wird das Wort Werkstoff benutzt. ■

Um das Verhalten von Körpern unter der Wirkung von Kräften zu erklären, nutzt man die Mechanik.

Ein *Körper* kann ein Bauteil oder ein Probekörper sein. Allgemein spricht man in der Physik von einem Körper, wenn ein Volumen, also ein Raumbereich, mit Masse gefüllt ist, unabhängig vom Aggregatzustand der Masse. Diese Definition schließt Flüssigkeiten, Gase und Festkörper ein. Sollen wie in der Technik nur *Festkörper* gemeint sein, wird die Definition um eine klare Begrenzung für das Volumen ergänzt. ■

Während im Studium der Ingenieurwissenschaften im ersten Semester die Wirkung von Kräften auf starre, also nicht deformierbare Festkörper, meist in Form von Stäben und Tragwerken, betrachtet wird, geht es im zweiten Semester um Verformungen von Festkörpern, die durch einwirkende Kräfte hervorgerufen werden. Die einfachste Methode dazu liefert die Elastizitätstheorie.

[18] Ebenso bestimmen Weichmachung (Feuchte) und Molekülorientierungen, ob bei einer bestimmten Temperatur und Geschwindigkeit eher elastisches oder eher viskoses Verhalten überwiegt.

7.3.1.1 Spannungen

In der Elastostatik werden zunächst aus von außen wirkenden Kräften F die inneren, flächenbezogenen Kräfte, die *Spannungen*, abgeleitet, vgl. Bild 7.50. Es können mehrere Kräfte F_1 bis F_i am Körper angreifen. Die inneren Beanspruchungen können durch Schneiden des Körpers ermittelt werden, es entsteht die Schnittfläche A. Im Punkt P der Schnittfläche wirkt auf die sehr kleine Fläche ΔA die aus den von außen angreifenden Kräften resultierende Kraft ΔF. Für eine immer kleiner werdende Fläche geht die Kraft ΔF in die Spannung t über. Diese Spannung kann in einen Anteil senkrecht zur Schnittfläche in Richtung des Normalenvektors n, die Normalspannung σ, und den in der Schnittfläche liegenden Anteil, die Schubspannung τ, zerlegt werden.

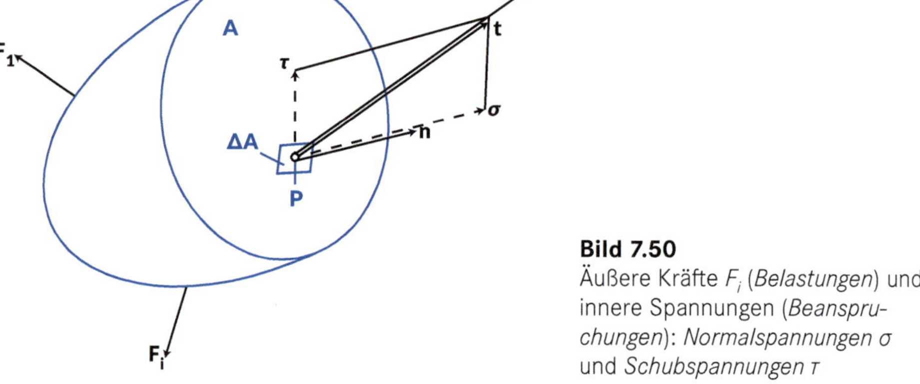

Bild 7.50
Äußere Kräfte F_i (*Belastungen*) und innere Spannungen (*Beanspruchungen*): *Normalspannungen* σ und *Schubspannungen* τ

Allgemeiner, über die Mechanik hinaus, kann man sagen, dass jede äußere Belastung zu einer inneren Beanspruchung führt. So können Wärmeeinträge bei hohen Temperaturen, UV-Strahlung durch lange Anwendung im Freien, Medieneinflüsse durch Kontakt zu Wasser, Ölen, Fetten oder auch Reinigungsmitteln als äußere Belastungen ebenfalls zu inneren Beanspruchungen führen, die meist in einer chemischen Reaktion, einer Abbaureaktion, und in der Folge zur Versprödung führen.

Es wird zwischen *Normalspannungen* σ und *Schubspannungen* τ unterschieden und bei einer Normalspannung abhängig vom Vorzeichen zwischen einer *Zugspannung* (+) und einer *Druckspannung* (-).

7.3.1.2 Verzerrungen

Nach den Spannungen und allgemeiner dem durch einen Tensor ausgedrückten *Spannungszustand* wird in der Elastostatik als Nächstes der *Verzerrungszustand* eingeführt. Verzerrungen bestehen aus *Dehnungen* und *Gleitungen* und lassen sich aus den *Verschiebungen* u aller Punkte P, Q, R und S eines Körpers unter der Einwirkung äußerer Kräfte berechnen. Gleitungen werden auch *Scherungen* genannt und sind identisch mit der Änderung von Winkeln: Unter Scherung wird aus einem Rechteck ein Parallelogramm, hier das Parallelogramm mit den Ecken P', Q', R' und S'. Aus rechten Winkeln werden Winkel ungleich 90°.

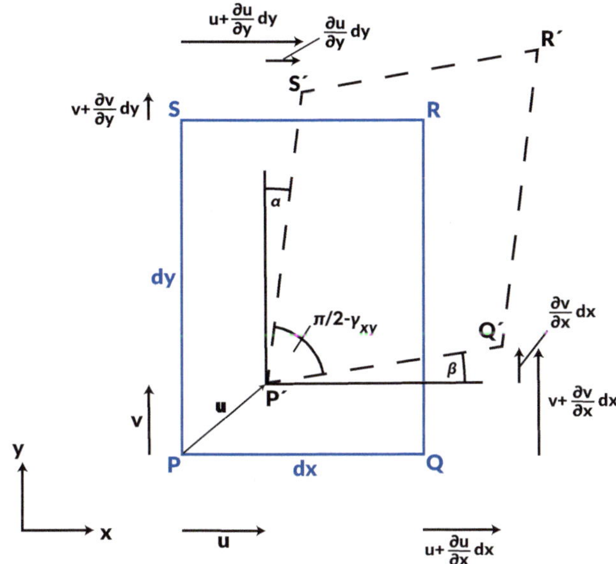

Bild 7.51 Deformation von Körpern als Verzerrung bestehend aus Dehnung und Gleitung (Scherung)

7.3.1.3 Annahme kleiner Deformationen

Bei der Herleitung der Gleichungen für die Verzerrung wird oft die Annahme kleiner Deformationen gemacht,[19] also kleiner Scherungen und kleiner Dehnungen. Durch diese Annahme können die Winkelfunktionen sin α und tan α näherungsweise mit ihrem Argument, dem Winkel α, gleichgesetzt werden und es können Terme, in denen höhere Potenzen der Dehnung vorkommen, näherungsweise gleich null gesetzt werden. Dadurch vereinfachen sich die Gleichungen stark. Als kleine Deformation gelten mathematisch Winkel und Dehnungen, die wesentlich kleiner als eins sind, vgl. Formel 7.19.

$$\alpha \ll 1 \text{und} \, \varepsilon \ll 1 \tag{7.19}$$

In der praktischen Anwendung ist die Frage, was genau sehr klein ist, schwieriger zu beantworten. Da in der Technik Abweichungen zum Teil bei 1 % liegen dürfen – meist soll es aber genauer sein – wäre eine mögliche maximale Dehnung $\varepsilon = 0{,}01$

[19] Das ist allerdings nur ein Weg. Man kann auch Verzerrungsmaße für große Deformationen definieren, die sich über Grenzwertbetrachtungen in die für kleine Deformationen überführen lassen.

bzw. 1 %. Der E-Modul wird bei Dehnungen zwischen 0,05 und 0,25 % bestimmt. Dies wäre somit noch konsistent.

Betrachtet man die Grenzwerte für Dehnungen, bis zu denen typischerweise Bauteile ausgelegt werden, so sieht man:

- Für Stahl beträgt die sogenannte proportionale Dehnung, also die maximale Dehnung, bei der Spannung und Dehnung in der Werkstoffprüfung proportional sind und damit linear-elastisches Verhalten angenommen wird, ca. 1–2 %.
- Bei Duroplasten und amorphen Thermoplasten, also spröde versagenden Werkstoffen, beträgt die Bruchdehnung ca. 2–5 %.
- Bei duktilen Thermoplasten beträgt die Streckdehnung bis zu ca. 15 %.

Bei allen Werkstoffen wird somit die Annahme von sehr kleinen Dehnungen $\varepsilon \ll 1$ zur Ableitung der Gleichungen in der praktischen Anwendung nicht erfüllt. Bei Kunststoffen ist die Abweichung besonders hoch. Hieran erkannt man, dass die Elastostatik gut für erste Näherungen und Abschätzungen geeignet ist, bei großen Deformationen, wie sie insbesondere bei Elastomeren (Reifen von Fahrzeugen, Dichtungen, ...) und beim Tiefziehen bzw. Thermoformen auftreten, aber zu großen Fehlern führt.

7.3.1.4 Stoffgesetz

Um aus Spannungen Verzerrungen berechnen zu können, benötigt man *Stoffgesetze*, die die beiden Größen Spannungstensor und Verzerrungstensor verknüpfen. Das einfachste, das auch der Elastostatik im eindimensionalen Fall zugrunde liegt, ist das sogenannte *Hook'sche Gesetz*, siehe auch Abschnitt 7.3.2. Das *Hook'sche Gesetz* beschreibt linear-elastisches Werkstoffverhalten.

7.3.1.5 Linearität

Gleichungen wie das Hook'sche Gesetz werden in der Mathematik als lineare Gleichung bezeichnet, weil zwei Bedingungen erfüllt werden:

$$f(x+y)=f(x)+f(y)$$

$$f(a\cdot x)=a\cdot f(x) \tag{7.20}$$

Wenn eine lineare Beziehung zwischen Spannungen und Verzerrungen wie in Formel 7.20 definiert vorliegt, spricht man von *physikalisch linear*.

Wenn die Verzerrungen und Verschiebungen als klein angenommen werden können, siehe Formel 7.19 und Text dort, dann spricht man von *geometrisch linear*.

Die Linearität von Spannung und Dehnung hat nichts mit dem zeitlichen Verlauf einer Deformation zu tun. Wenn sich z. B. beim Kriechen bei konstanter äußerer Kraft die Dehnung im Lauf der Zeit erst schnell und dann immer langsamer vergrößert, vgl. Bild 7.22, handelt es sich trotzdem um lineares Verhalten, wenn Formel 7.20 erfüllt wird, also z. B. eine doppelt so große Kraft zu einer doppelt so großen Dehnung führt.

Aus Experimenten weiß man, dass Kunststoffe sich bis zu einer Spannung von 4 bis 10-MPa linear-viskoelastisch verhalten, vgl. Abschnitt 7.2.5. Die Grenzdehnung für linear-elastisches Verhalten liegt bei ca. 0,1 %, vgl. Abschnitt 7.2.1, und damit bei den Dehnungen, die für die Bestimmung des E-Moduls (Dehnungen von 0,05 bis 0,25 %) vorgegeben werden.

7.3.1.6 Annahmen in der Elastostatik

In der Elastostatik werden zur Vereinfachung der Gleichungen und der Darstellung neben der Annahme der *Linearität* und *Elastizität*, beide Annahmen sind durch das Stoffgesetz vorgegeben, weitere Annahmen getroffen:

- Körper werden als *Kontinuum* angenommen, es gibt also keine Hohlräume oder Poren (*Kontinuumsmechanik*). Bei Spritzgussteilen können aber auch schon mal Lunker (Hohlräume) auftreten und bei Schädigung treten Mikrorisse auf, die im Fall von Normalspannungsfließzonen *Crazes* genannt werden. Letzteres wird in Plastizitätstheorien und der Schädigungsmechanik berücksichtigt.
- *Homogenität:* Es wird angenommen, dass die Körper *homogen* sind, dass also an jedem Ort die gleichen Eigenschaften gelten. Im Fall der Elastostatik werden die Eigenschaften durch die Moduln E-Modul und Schubmodul, die Querkontraktionszahl oder auch den thermischen Ausdehnungskoeffizienten wiedergegeben. Bei verstärkten oder gefüllten Kunststoffen, in denen z. B. Glasfasern oder Kreidepartikel enthalten sind, ist dies nicht der Fall. Hier wird dann aus den Eigenschaften der einzelnen Bestandteile über Mischungsregeln die Eigenschaft eines virtuellen, *homogenisierten* Werkstoffs abgeleitet (*Homogenisierung*).
- *Isotropie:* Es wird angenommen, dass die Eigenschaften an jedem Ort in alle Raumrichtung gleich sind. Im Fall isotroper Materialien benötigt man zwei unabhängige Elastizitätskonstanten zur Beschreibung des Verhaltens. Das Gegenteil von Isotropie wird *Anisotropie* oder anisotropes Verhalten genannt. Hiervon gibt es zwei spezielle, technisch relevante Arten:
  - *Transversal isotrop:* Kunststofffasern (PET-Fasern), Kohlenstofffasern und Aramidfasern zeigen einen höheren E-Modul in Richtung der Fasern als quer (transversal) zur Faserrichtung. Genauer: In jeder Ebene senkrecht (transversal) zur Faserrichtung ist der E-Modul in alle Richtungen gleich, also isotrop. Es wird von transversal-isotropem Verhalten gesprochen. Dies tritt auch bei

Faser-Kunststoff-Verbunden auf, bei denen alle Fasern in eine Richtung orientiert sind, in einer Ebene senkrecht zu dieser Richtung aber ungeordnet oder auf einem hexagonalen Gitter angeordnet sind.

Das Verhalten transversal-isotroper Materialien lässt sich mit fünf unabhängigen Elastizitätskonstanten beschreiben.

- *Orthotrop:* Einige Metalle (Gallium), Oxide und Sulfide bilden *orthorhombische* Kristalle, die eine Elementarzelle in Form eines Quaders mit rechten Winkeln zwischen den Achsen und drei unterschiedlichen Kantenlängen besitzen. Polymere wie Polyethylen bilden ebenfalls orthorhombische Kristalle. Holz zeigt ebenfalls eine orthotrope Symmetrie: Die Eigenschaften in Richtung des Stamms in radialer Richtung (Jahresringe) und in tangentialer Richtung sind unterschiedlich. Technisch relevanter für die Kunststofftechnik sind die Faser-Kunststoff-Verbunde, bei denen alle Fasern in eine Richtung orientiert und in der Ebene senkrecht dazu auf einem rechteckigen Gitter angeordnet sind. Oder Folien, die einen höheren E-Modul in Produktionsrichtung (engl. machine direction, MD) der Folie aufweisen als quer zur Produktionsrichtung (engl. transversal direction, TD), weil bei der Produktion Moleküle in Produktionsrichtung orientiert werden. In Dickenrichtung der Folie gibt es wegen der Abkühlung im Produktionsprozess eine Schichtstruktur und damit andere Eigenschaften als in der Breitenrichtung.

  Für die Beschreibung von orthotropen Materialien werden neun unabhängige Elastizitätskonstanten benötigt.

7.3.1.7 Begriffe zur Beschreibung des Materialverhaltens

Zur Beschreibung des Materialverhaltens werden Begriffe wie fest, steif, zäh, duktil usw. bzw. die entsprechenden Substantive Festigkeit, Steifigkeit, Zähigkeit bzw. Duktilität verwendet.

Die Definitionen aus den Normen und dem Gebiet der Mechanik sollen hier übersichtlich zusammengefasst werden.

Die *Festigkeit* ist die höchste zulässige Beanspruchung, deren Überschreitung bei spröden Werkstoffen zum Bruch und bei duktilen Werkstoffen zu unzulässig großen Verformungen führt.

Die Definition ist unabhängig von der Beanspruchungsart. Kennwerte sind z. B. die im Zugversuch ermittelte Bruch- oder Streckspannung.

Ein Werkstoff verhält sich *spröde*, wenn die zulässige Belastbarkeit durch den Eintritt des Bruchs gegeben ist.

Bei spröden Werkstoffen fehlt der Bereich bleibender Verformung mehr oder weniger. Die maximal bis zum Bruch erreichbaren Dehnungen sind oft klein. Ein Werkstoff ist entweder spröde oder duktil.

Die *Steifigkeit* eines Werkstoffs kennzeichnet den Widerstand gegen eine reversible Verformung bzw. elastische Deformation unter äußerer Belastung.

Diese Definition der Steifigkeit unterscheidet sich von dem üblicherweise in der Mechanik benutzten Begriff, weil aus Sicht der Mechanik auch die Geometrie eines Bauteils zu dessen Steifigkeit beiträgt.

Die *Nachgiebigkeit* eines Werkstoffs ist das Vermögen zu eine reversiblen Verformung bzw. elastischen Deformation unter äußerer Belastung.

Die Nachgiebigkeit ist der Kehrwert des Elastizitätsmoduls. Wenn ein Werkstoff nicht steif ist, ist er somit nachgiebig und nicht weich.

Die *Duktilität* bezeichnet das Vermögen eines Werkstoffs zu bleibender Verformung. Dieses wird durch den Bruch begrenzt

Duktile Werkstoffe werden beim Tiefziehen bzw. Thermoformen benötigt.

Mit *Zähigkeit* wird der Widerstand eines Werkstoffs gegen Bruch bezeichnet.

Zum einen wird der Begriff verwendet, wenn duktile Werkstoffe sich bis zu großen Dehnungen verformen lassen, ein Bruch daher erst bei hohen Dehnungen eintritt und die am Werkstoff geleistete Deformationsarbeit groß ist. Zum anderen wird der Begriff verwendet, wenn im Schlagbiegeversuch viel Energie bis zum Bruch vom Probekörper aufgenommen wird. Die mechanischen Beanspruchungen und molekularen Umlagerungen sind dabei deutlich unterschiedlich.

Die *Härte* eines Werkstoffs kennzeichnet den Widerstand gegen das Eindringen eines starren Körpers in ihn.

Wenn ein Werkstoff nicht hart ist, ist er weich. Die Härteprüfung ist bei aller Einfachheit des Prüfverfahrens aus mechanischer Sicht ein komplexer Vorgang mit dreidimensionalen Spannungen und Verzerrungen sowie überlagerten Spannungszuständen aus z. B. einer Druckbeanspruchung direkt unter dem Eindringkörper und biaxialem Zug in der Gegend seiner Flanken. Wie bei den Begriffen zäh und duktil sollte daher auch hier ein deutlicher Unterschied zwischen den Begriffen fest und hart gemacht werden. Davon unbenommen verhalten sich feste und steife Werkstoffe auch eher hart.

Weitere Begriffe zur Beschreibung von Werkstoffen beziehen sich auf räumliche und zeitliche Änderungen in ihnen und werden identisch oder ähnlich auch in der Kontinuumsmechanik und Thermodynamik verwendet.

Ein Werkstoff oder Volumen ist *homogen* bezüglich einer oder mehrerer Eigenschaften $E = f(x, y, z)$, wenn die Eigenschaft oder Eigenschaften an jedem Ort im Werkstoff oder Volumen den gleichen Wert aufweisen: $E = const.$ ■

Eine Eigenschaft oder ein Zustand ist *stationär*, wenn sich die Eigenschaft oder der Zustand zeitlich nicht ändert. Dann ist $E = f(t) = const.$ ■

Rate* und *Geschwindigkeit

Die Begriffe Rate und Geschwindigkeit werden oft synonym verwendet, weil beide eine Änderung mit der Zeit beschreiben. Üblich ist aber die Unterscheidung anhand der Einheit und genauer, ob im Zähler eine Einheit genannt wird oder nicht:

Rate: 1/s

Geschwindigkeit: m/s

Beispiele für Raten sind:

- Geburtenrate: Zahl der geborenen Personen pro Jahr
- Dehnrate: Dehnungsinkrement pro Zeitinkrement
- Abtastrate: Zahl der Erfassungen eines Messwerts pro Zeiteinheit
- Keimbildungsrate: Zahl der pro Zeiteinheit entstehenden Kristallisationskeime ■

7.3.2 Phänomenologische Beschreibung des Materialverhaltens

Um sich den für Berechnungen benötigten Stoffgesetzen anzunähern und das Verhalten der Materialien beschreiben und erklären zu können, verwendet man Modelle, die aus drei grundsätzlich verschiedenen Komponenten bestehen: die elastische Feder, der viskose Dämpfer und das plastische Reibelement.

Dies sind stark vereinfachte Modelle, die z. B. nicht berücksichtigen, dass Körper beschleunigt werden, wenn eine konstante Geschwindigkeit oder ein definierter Ort erreicht werden soll. Zudem handelt es sich lediglich um eine eindimensionale Betrachtung. Die Modelle sind idealisiert und werden deshalb auch z. B. *ideal* plastisches Modell genannt.

7.3.2.1 Ideal linear-elastisches Verhalten

Elastisch

Das Verhalten eines Materials wird elastisch genannt, wenn sich die Deformation eines Körpers aus diesem Material aufgrund einer wirkenden Kraft vollständig zurückbildet, wenn die Kraft nicht mehr wirkt.

Der Körper nimmt seine ursprüngliche Form wieder an. Es handelt sich um eine reversible Deformation. Die zur Deformation notwendige Energie wird vollständig zurückgewonnen, der Deformationsprozess ist *reversibel*.

Deformation und Rückdeformation hängen nur von der Kraft, nicht aber von der Zeit ab. Ein elastisches Verhalten ist nicht zeitabhängig

Um nicht zeitabhängiges, reversibles, also linear-elastisches Verhalten zu beschreiben, wird eine Feder mit einer konstanten Federsteifigkeit verwendet, vgl. Bild 7.52.[20]

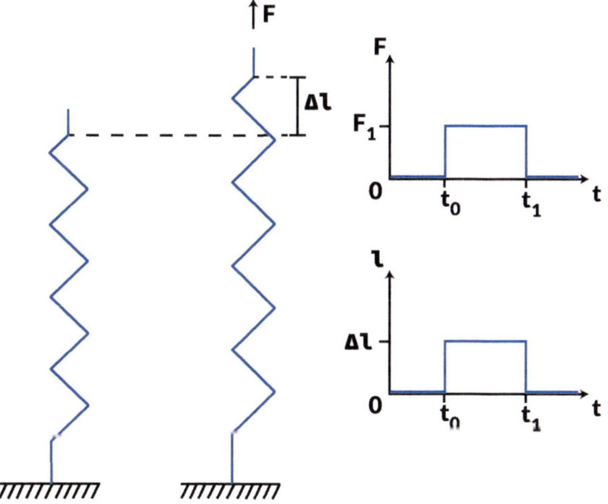

Bild 7.52 Federmodell für linear-elastisches Verhalten

[20] Zur Beschreibung der nicht linearen Elastizität wird entsprechend eine Feder verwendet, bei der die Steifigkeit von der Deformation abhängt. Vergleiche die Aussagen zu physikalisch linearem Verhalten, Formel 7.20.

Die auf die Feder wirkende Kraft ist null, steigt zum Zeitpunkt t_0 ohne Zeitverzug auf den konstanten Wert F_1 und sinkt zum Zeitpunkt t_1 wieder auf null. Die Verlängerung der Feder zeigt genau denselben Verlauf und steigt von null auf den Wert Δl, wobei Kraft F_1 und Verlängerung Δl linear voneinander abhängen. Die Änderung der Verlängerung erfolgt zu den Zeiten t_0 und t_1, idealisiert betrachtet und ohne jeden Zeitverzug, also instantan bzw. spontan.

Ideal linear-elastisches Verhalten liegt vor, wenn die Änderungen von Spannung und Dehnung zu den Zeiten t_0 und t_1 instantan, spontan bzw. sofort erfolgen. Alle drei Begriffe meinen das gleiche Verhalten.

Das Verhalten wird mathematisch durch das *Hook'sche Gesetz* beschrieben, wobei Kräfte und Verlängerungen durch Spannungen und Dehnungen ersetzt werden.

$$\sigma = E \cdot \varepsilon \tag{7.21}$$

Hierbei bezeichnet E den E-Modul, eine Konstante, die typisch für einen Werkstoff ist und im einachsigen Zugversuch ermittelt wird. Bei Formel 7.21 handelt es sich um eine Geradengleichung mit Steigung E und Achsenabschnitt null.

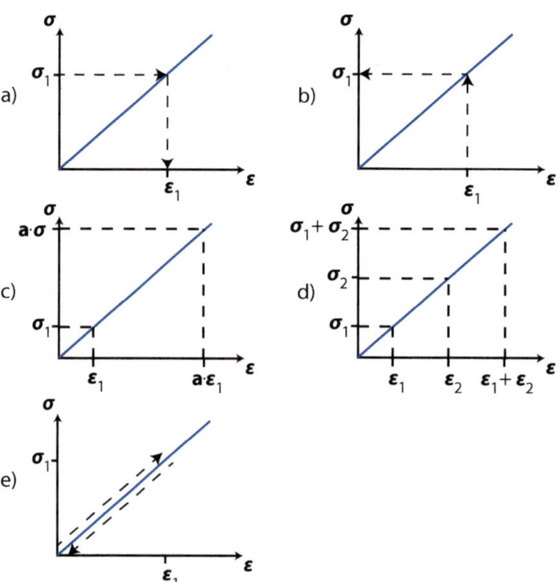

Bild 7.53 Linear elastischen Verhaltens (Hook'sches Gesetz) im Spannungs-Dehnungs-Diagramm

Man sieht in Bild 7.53 a)–e):

a) Wird ein Spannungswert vorgegeben, gibt es sofort einen entsprechenden Dehnungswert. Man sagt auch, dass die Dehnung spontan einer Spannungsänderung folgt und spricht von *spontan-elastischem* Verhalten.

b) Dies gilt auch umgekehrt: Eine aufgeprägte Dehnung ruft sofort eine Spannung hervor. Der Zusammenhang zwischen Spannung und Dehnung ist umkehrbar eindeutig.

c) Wird die Spannung a-mal so hoch, wird auch die Dehnung a-mal so hoch und umgekehrt. Einen solchen Zusammenhang nennt man Proportionalität, E ist die Proportionalitätskonstante.

d) Wirkt erst eine Spannung und kommt dann noch eine andere hinzu, addieren sich die Dehnungen. Welche Spannung zuerst gewirkt hat, ist unerheblich (Kommutativgesetz bzw. *Boltzmann'sches Superpositionsprinzip*).

e) Wird die Spannung von null auf einen definierten Wert gesteigert und dann wieder auf null gesenkt, steigt auch die Dehnung von null auf einen über den E-Modul gegebenen Wert und sinkt danach wieder auf null. Es wird wieder der Ausgangszustand erreicht. Solch ein Verhalten nennt man *reversibel*. Die Begriffe elastisch und reversibel sind somit Synonyme.

7.3.2.2 Ideal linear-viskoses Verhalten

Viskos

Das Verhalten eines Materials wird viskos genannt, wenn der Körper (insbesondere Flüssigkeiten aber auch Festkörper und Gase) unter Einwirkung einer Kraft stetig seine Form verändert und die neue Form beibehält, wenn die Kraft nicht mehr wirkt.

Hier ist ein Körper im Sinn der Physik gemeint und nicht ein Festkörper im Sinn der Technik, vgl. Abschnitt 7.3.1.

Die Formänderung erfolgt umso schneller, je größer die wirkende Kraft ist. Die Geschwindigkeit der Veränderung und nicht die Veränderung selber ist abhängig von der Kraft.

Je länger die Kraft einwirkt und umso größer sie ist, desto größer ist die bleibende Verformung. Das Verhalten ist *zeitabhängig*.

Die Form ändert sich und die zur Verformung notwendige Energie wird nicht zurückgewonnen, sondern in Wärme umgewandelt. Der Deformationsprozess ist *irreversibel*.

Viskoses Verhalten wird insbesondere bei der Beschreibung des *Fließens* von Flüssigkeiten und Kunststoffschmelzen vorausgesetzt.

Um ein zeitabhängiges, irreversibles, also viskoses Verhalten zu modellieren, wird ein Dämpfer verwendet, vgl. Bild 7.54.

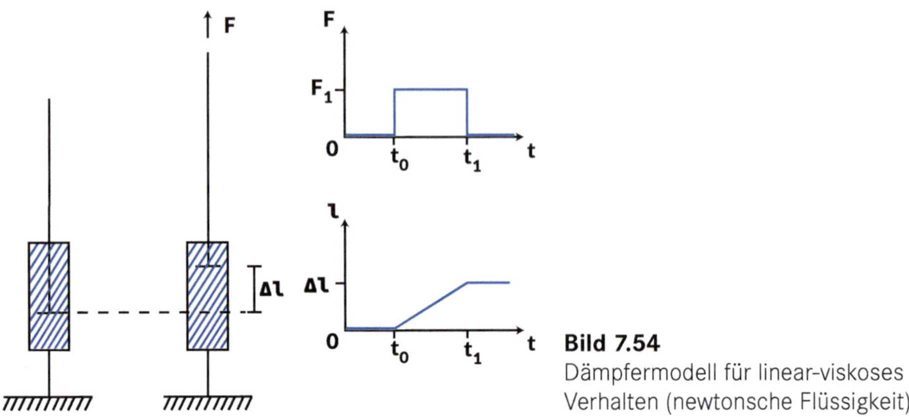

Bild 7.54
Dämpfermodell für linear-viskoses Verhalten (newtonsche Flüssigkeit)

Der Dämpfer besteht aus einem Stempel, der sich in einem mit einer Flüssigkeit gefüllten Kolben beliebig weit bewegen kann. Dabei leistet die Flüssigkeit einen Widerstand, für die Bewegung wird eine Kraft benötigt. Wenn eine Kraft zum Zeitpunkt t_0 plötzlich von null auf den konstanten Wert F_1 ansteigt, beginnt der Stempel, sich zu bewegen. Weil die Kraft zur Überwindung des Widerstands der Flüssigkeit benötigt wird, ist die Geschwindigkeit der Stempelbewegung umso größer, je größer die Kraft ist. Sinkt zum Zeitpunkt t_1 die Kraft wieder auf den Wert null, ist bis dahin die Verschiebung Δl erreicht worden, die nun, da keine Kraft mehr eine Bewegung hervorruft, erhalten bleibt, vgl. Bild 7.54. Im Spannungs-Dehnungs-Diagramm, in dem der zeitliche Ablauf nicht abgebildet wird, ergibt sich ein Zusammenhang wie in Bild 7.55 gezeigt.

Ersetzen wir Kräfte durch Spannungen und die Gesamtverschiebung durch viele differenzielle Verschiebungen, für die zu jedem Zeitpunkt eine Dehnung berechnet werden kann, vgl. Bild 7.51, ergibt sich die Formel 7.22:

$$\sigma = \eta_T \cdot \dot{\varepsilon} \qquad (7.22)$$

Der Widerstand der Flüssigkeit gegen Fließen wird *Viskosität* η genannt, die Geschwindigkeit der Bewegung wird durch die Deformationsrate gegeben. In der Rheologie wird bei der Herleitung dieses Zusammenhangs üblicherweise die Scherung eines Rechtecks zu einem Parallelogramm herangezogen, weshalb in Formel 7.23 die Schubspannung τ und die Scherrate $\dot{\gamma}$ die relevanten Größen sind.

$$\tau = \eta \cdot \dot{\gamma} \qquad (7.23)$$

Wird aber das Dämpfermodell unter einachsigem Zug betrachtet, ergibt sich eine Normalspannung σ und eine Dehnrate $\dot{\varepsilon}$. Die Viskosität unter Zug, die nicht identisch ist mit der Viskosität unter Scherung (unabhängige Tensorkomponenten im dreidimensionalen Fall), wird zur Unterscheidung *Trouton-Viskosität* η_T genannt.

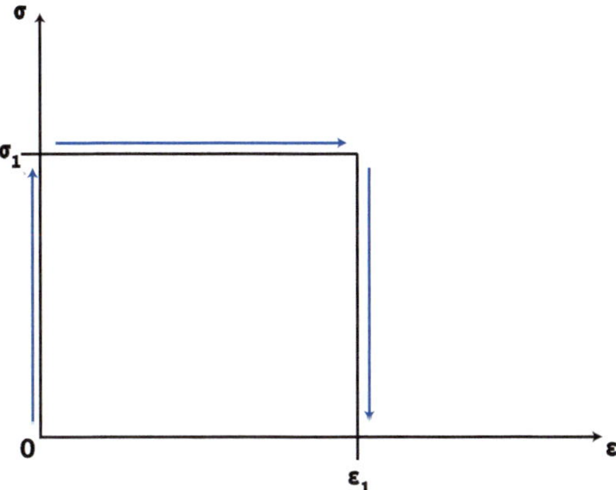

Bild 7.55 Linear-viskoses Verhalten im Spannungs-Dehnungs-Diagramm

7.3.2.3 Ideal plastisches Verhalten

Plastisch

Das Verhalten eines Werkstoffs wird plastisch genannt, wenn sich ein Körper aus diesem Werkstoff bei Überschreitung einer bestimmten Kraft deformiert und die Deformation sich nicht zurückbildet, wenn die Kraft nicht mehr wirkt.

Es gibt eine *bleibende Deformation*, der Körper hat eine neue Form. Die zur plastischen Deformation benötigte mechanische Energie wird in Wärme umgewandelt, der Prozess ist *irreversibel*.

Eine ideale plastische Deformation ist im Modell der Reibung bis zum Erreichen der Haftreibungskraft nicht *zeitabhängig*, danach schon, vgl. Bild 7.57.

Um plastisches Verhalten zu beschreiben, wird ein Reibelement verwendet, siehe Bild 7.56.

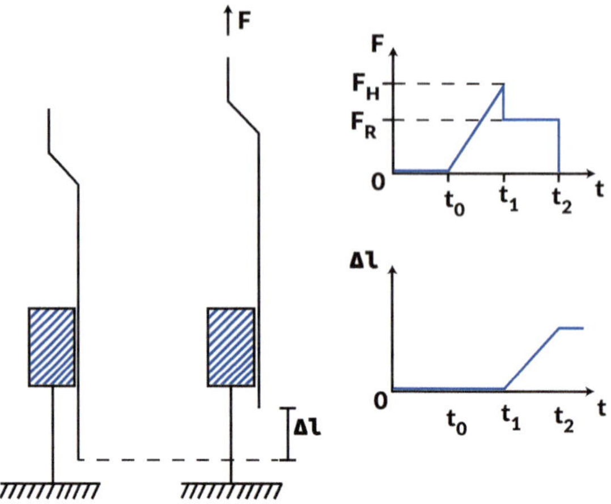

Bild 7.56
Reibmodell für plastisches Verhalten (*coulombsche Reibung*)

Reibung besteht dabei aus Haftreibung und Gleitreibung. Der Körper haftet am Reibpartner und bewegt sich nicht, auch wenn ab dem Zeitpunkt t_0 eine immer größer werdende Kraft F wirkt. Erst zum Ztpunkt t_1, wenn die Haftreibungskraft F_H erreicht wird, beginnt der Körper sich zu bewegen bzw. an dem Reibpartner entlangzugleiten. An dieser Stelle wird in der Tribologie von Gleiten gesprochen, was nicht mit der Gleitung aus Abschnitt 7.3.1 identisch ist. Für das Gleiten wird üblicherweise eine Kraft benötigt, mit der die im Vergleich zur Haftreibung kleinere Reibkraft F_R ($F_R < F_H$) überwunden wird. Das Gleiten geschieht gegen den Widerstand der Reibkraft. Je größer die wirkende Kraft ist, desto schneller findet das Gleiten statt und die Gleitgeschwindigkeit (Steigung der Gerade zwischen t_1 und t_2) ist höher. Nimmt zum Zeitpunkt t_2 die Kraft auf null ab, bleibt eine Verschiebung Δl erhalten, vgl. Bild 7.56.

Während beim elastischen Körper und der viskosen Flüssigkeit eine Materialkonstante zur Beschreibung des einachsigen Verhaltens ausreicht, werden hier zwei Konstanten benötigt, weil zwei unterschiedliche Vorgänge betrachtet werden: Haften und Gleiten.

Die Plastizitätstheorie in der Mechanik betrachtet zunächst üblicherweise nur den ersten Vorgang, die Überwindung der Haftung. Dieser ist offenbar nicht von der Zeit, sondern nur von der kritischen Kraft abhängig. Dieser Punkt heißt in der Werkstoffkunde der Metalle Fließgrenze und die entsprechende Beanspruchung *Fließspannung*, bei den Kunststoffen wird von *Streckgrenze* gesprochen. Die Verwendung des Wortes „Fließen“ ist, da hier von Festkörpern die Rede ist, unglücklich.

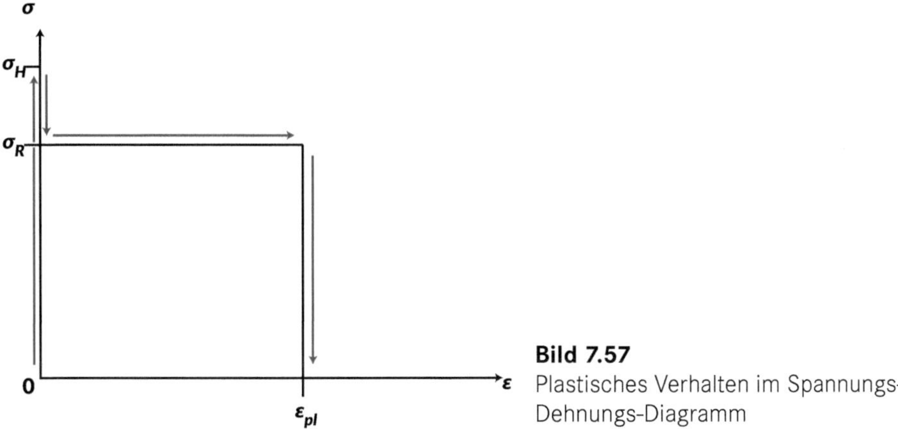

Bild 7.57
Plastisches Verhalten im Spannungs-Dehnungs-Diagramm

Werden Kräfte durch Spannungen und die Gesamtverschiebung durch viele differenzielle Verschiebungen, für die zu jedem Zeitpunkt eine Dehnung berechnet werden kann, ersetzt, ergibt sich das Spannungs-Dehnungs-Diagramm nach Bild 7.57, in dem die Zeit nicht mehr explizit enthalten ist.

Wird die Beschreibung der Vorgänge in Bild 7.56 auf Bild 7.57 übertragen, ist Folgendes zu erkennen:

- Bei Dehnung null steigt die Spannung erst auf σ_H und sinkt dann auf σ_R. Der Zusammenhang zwischen Dehnung und Spannung ist nicht eindeutig.
- Wird die Spannung σ_H erreicht, stellt sich sofort eine Dehnung ein. Dieser Vorgang ist spontan bzw. zeitunabhängig. Die Dehnung hängt nicht von der Spannung σ_H ab.
- Bei der Spannung $\sigma_R < \sigma_H$ wird die Dehnung stetig größer, es gibt sehr viele Dehnungen und nicht nur eine. Der Zusammenhang zwischen Spannung und Dehnung ist nicht eindeutig.
- Die plastische Deformation im engeren Sinn der Plastizitätstheorie, bei der nur die Überwindung der Haftreibung betrachtet wird, ist nicht linear.

Wird die Zeit wieder explizit betrachtet, ergibt sich weiter, vgl. Bild 7.58:

- Es gibt eine bleibende, plastische Dehnung ε_{pl}, die von der Zeit *t* und über die konstante Rate $\dot{\varepsilon}$ von der Spannung σ_R abhängt.
- Der Zusammenhang zwischen Spannung σ_R und Dehnrate $\dot{\varepsilon}$ ist linear. Damit ist es auch der Zusammenhang zwischen plastischer Dehnung ε_{pl} und Spannung σ_R.

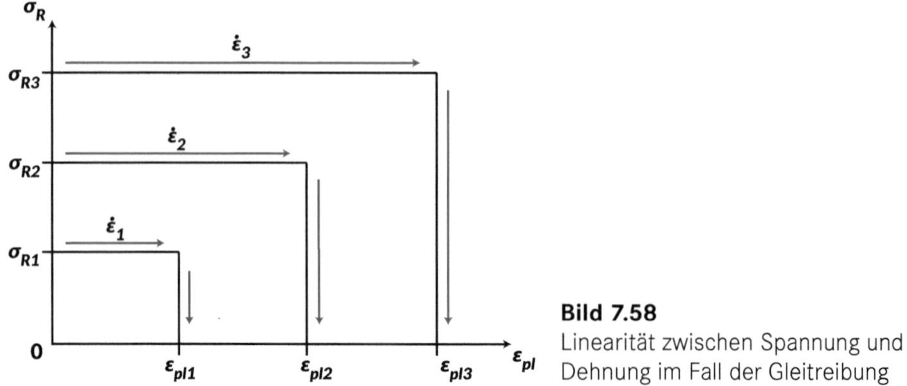

Bild 7.58
Linearität zwischen Spannung und Dehnung im Fall der Gleitreibung

7.3.2.4 Vergleich viskoser und plastischer Deformation

Der Vergleich zwischen viskosen und plastischen Verhalten ergibt die Gemeinsamkeiten, dass

- beide Deformationsarten eine *bleibende Verformung* hervorrufen, die von der Zeit und linear von der wirkenden Kraft abhängt,
- die dafür eingesetzte Energie in Wärme umgewandelt wird, der Vorgang damit *irreversibel* ist und
- dass die Vorgänge des Fließens und des Gleitens *zeitabhängig* sind.

Der Unterschied besteht in der für die Überwindung der Haftreibung notwendigen kritischen Kraft, während Fließen sofort beim Vorhandensein einer beliebig kleinen Kraft beginnt.

Während das viskose Fließen in der Rheologie zur Beschreibung von Flüssigkeiten verwendet wird, wurde die ideal-plastische Deformation für die Beschreibung von Festkörpern (Metallen) entwickelt. Man kann die Begriffe also klar trennen, je nachdem ob Flüssigkeiten oder Festkörper betrachtet werden. Man sollte z. B. bei der Diskussion von Spannungs-Dehnungs-Diagrammen daher nicht vom Fließen nach Erreichen der Streckgrenze sprechen, sondern von plastischer Deformation. Allerdings muss für eine plastische Deformation bei Kunststoffen keine besondere Spannung überwunden werden, insbesondere tritt eine bleibende Deformation anders als bei Metallen bereits für Spannungen kleiner als die Streckspannung auf. Daher rührt auch die Benennung des mechanischen Verhaltens von Kunststoffen als viskoelastisches Verhalten.

7.3.2.5 Maxwell-Modell zur Beschreibung der Relaxation

Einfache phänomenologische Modelle zur Beschreibung des linear-viskoelastischen Verhaltens von Kunststoffen enthalten Federn nach Abschnitt 7.3.2.1 und Dämpfer nach Abschnitt 7.3.2.2.

Eine Reihenschaltung aus einer Feder und einem Dämpfer, vgl. Bild 7.59, wird *Maxwell-Modell* genannt.

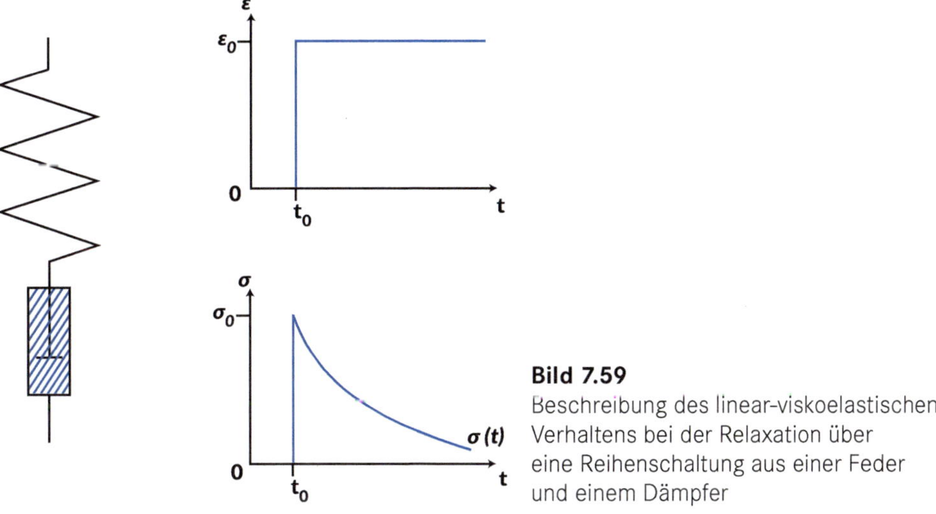

Bild 7.59
Beschreibung des linear-viskoelastischen Verhaltens bei der Relaxation über eine Reihenschaltung aus einer Feder und einem Dämpfer

Wenn auf die Reihenschaltung von Feder und Dämpfer zum Zeitpunkt t_0 eine der Dehnung ε_0 entsprechende Verlängerung aufgeprägt wird, wird dadurch die Feder spontan verlängert, während der Dämpfer noch unverändert bleibt. Die gesamte aufgeprägte Dehnung wird also durch die Verlängerung der Feder realisiert. Die ausgelenkte Feder erzeugt nun eine Kraft, die der Spannung σ_0 entspricht. Im ersten, auf t_0 folgenden, sehr klein gedachten Zeitschritt Δt_1 wird der Dämpfer durch die von der Feder ausgeübte Kraft verlängert. Nach Abschnitt 7.3.2.2 gilt, dass die Geschwindigkeit der Verlängerung proportional zur wirkenden Kraft ist. Im nächsten Zeitschritt Δt_2 ist die Verlängerung der Feder und damit die von ihr ausgebübte Kraft und damit wiederum die Geschwindigkeit der Verlängerung des Dämpfers kleiner als zuvor. Alle drei Größen werden im Lauf der Zeit kleiner. Dies geschieht aber für gleich große Zeitschritte immer langsamer. Für sehr große Zeiten strebt die Kraft der Feder asymptotisch gegen null. Die Kurve für die Spannung als Funktion der Zeit, die der Federkraft als Funktion der Zeit entspricht, hat damit die in Bild 7.59 gezeigte exponentielle Form. Dies lässt sich auch über eine mathematische Betrachtung zeigen.

Gegeben ist für Zeiten größer als t_0 die Gesamtdehnung ε_0, die sich zu jedem Zeitpunkt aus der Dehnung der Feder ε_e und der Dehnung des Dämpfers ε_v zusammensetzt

$$\varepsilon_0 = \varepsilon_e + \varepsilon_v \tag{7.24}$$

während gemäß Formel 7.25 in der Feder und im Dämpfer die gleiche Spannung wirkt

$$\sigma_e = \sigma_v = \sigma(t) \tag{7.25}$$

Durch Umstellen des Hook'schen Gesetzes in Formel 7.21 nach der Dehnung und Ableiten der Gleichung nach der Zeit, durch Umstellen des Stoffgesetztes für viskoses Verhalten in Formel 7.22 nach der Dehngeschwindigkeit und Einsetzen beider so erhaltenen Gleichungen in die ebenfalls nach der Zeit abgeleiteten Formel 7.24 für die Gesamtdehnung erhält man Formel 7.26:

$$\dot{\varepsilon}_0 = \frac{\dot{\sigma}}{E} + \frac{\sigma}{\eta_T} \quad \text{mit}\, \dot{\varepsilon}_0 = 0, \text{da}\, \varepsilon_0 = const \tag{7.26}$$

und daraus Formel 7.27:

$$\dot{\sigma} = -\frac{1}{\tau} \cdot \sigma \quad \text{mit}\, \tau = \frac{\eta}{E} \tag{7.27}$$

Der Parameter τ heißt *Relaxationszeit*. Durch Integration mit der Integrationskonstanten $\sigma(t_0) = \sigma_0$ erhält man

$$\sigma(t) = \sigma_0 \cdot e^{\frac{-(t-t_0)}{\tau}} \tag{7.28}$$

Die Exponentialfunktion nach Formel 7.28 ergibt genau die in Bild 7.59 gezeigte Kurvenform für den Spannungsverlauf. Die Spannung fällt umso schneller auf kleinere Werte ab, je kleiner die Relaxationszeit τ ist.

Die *Relaxationszeit* τ ist in der Physik die Zeit, in der ein System nach einer Änderung von äußeren Kräften einen neuen Gleichgewichtszustands erreicht. Der Vorgang wird *Relaxation* genannt. Das Erreichen wird durch innere Widerstände (hier z. B. die Reibung im Dämpfer) verzögert.

Mathematisch betrachtet ist die Relaxationszeit τ die Zeit, in der die *e*-Funktion auf den *e*-ten Teil abgefallen ist. Bei einer stetigen und streng monotonen[21] Funktion, die alle Werte zwischen unendlich und null annehmen kann, ist die Relaxationszeit τ ein guter Parameter, um die Kurvenform zu beschrieben. ■

Die Relaxationszeit $\tau = \eta / E$ wird dann klein, wenn der Widerstand des Dämpfers η klein oder der E-Modul der Feder E groß ist. Die Relaxation erfolgt also dann schnell, wenn der Dämpfer sich leicht und damit schnell verlängern lässt oder die

[21] „Streng monotone Funktion" $y = f(x)$ bedeutet in der Mathematik, dass y mit größer (kleiner) werdendem x ebenfalls größer (kleiner) wird. Es gibt bei solch einer Funktion kein Maximum oder andere ausgezeichnete Werte, die die Funktion charakterisieren.

durch die Feder ausgeübte Kraft groß ist und daher den Dämpfer schnell verlängert.

Da die Spannung die Größe ist, die relaxiert, spricht man von einer *Spannungsrelaxation*. Diese ist in der Praxis z.B. dort relevant, wo Spannungen über lange Zeiträume wirken sollen wie die Vorspannung bei einer *Schraubverbindung*. Wird eine Schraube angezogen, bildet sich im Schraubenschaft eine Zugspannung aus, die bei Kunststoffschrauben relaxieren kann. Dadurch verringern sich Kraftschluss und Reibung im Gewinde und die Schraube kann sich lösen.

7.3.2.6 Kelvin-Voigt-Modell zur Beschreibung der Retardation

Eine Parallelschaltung aus einer Feder und einem Dämpfer, vgl. Bild 7.60, wird Kelvin-Voigt-Modell[22] genannt.

In diesem Modell verhindert der Dämpfer die spontane Längung der Feder beim Aufprägen einer Spannung σ_0 zum Zeitpunkt t_0. Zum Zeitpunkt t_0 ist die Dehnung trotz wirkender Spannung null. Allerdings wird der Dämpfer mit großer Geschwindigkeit verlängert, da die gesamte zur Spannung σ_0 äquivalente, von außen aufgeprägte Kraft auf ihn und die parallel angeordnete Feder wirkt. Da die Feder in gleichem Maße wie der Dämpfer verlängert wird, baut sie mit zunehmender Verlängerung eine größer werdende Federkraft auf, die der von außen aufgeprägten Kraft entgegenwirkt. Die Kraft auf den Dämpfer nimmt daher ab und in der Folge verlängert er sich mit kleiner werdender Geschwindigkeit. Für sehr große Zeiten strebt die Verlängerung von Feder und Dämpfer asymptotisch gegen einen Grenzwert, welcher der Dehnung ε_{∞}. entspricht. Die Kurve für die Dehnung $\varepsilon(t)$ als Funktion der Zeit, die der Verlängerung von Feder und Dämpfer als Funktion der Zeit entspricht, hat damit die in Bild 7.60 gezeigte exponentielle Form.

Für das Kelvin-Voigt-Modell sind die Dehnungen der beiden parallel geschalteten Elemente Feder und Dämpfer gleich,

$$\varepsilon_e = \varepsilon_v = \varepsilon(t) \tag{7.29}$$

während die Spannungen an den beiden Elementen sich zur konstanten aufgeprägten Spannung addieren, vgl. Formel 7.29 und Formel 7.30.

$$\sigma_0 = \sigma_e + \sigma_v \tag{7.30}$$

Für das Kelvin-Voigt-Modell mit aufgeprägter, konstanter Spannung erhält man gemäß Formel 7.31 als Lösung der sich ergebenden Differenzialgleichung

$$\varepsilon(t) = \varepsilon_0 \cdot \left(1 - e^{\frac{-(t-t_0)}{\tau}}\right) \tag{7.31}$$

[22] Beim „i" in Voigt handelt es sich um ein Dehnungs-i. Der Name wird gesprochen wie „Vogt".

Für die Relaxationszeit $\tau = \eta / E$ gilt das bei der Relaxation Geschriebene.

Die *Retardation* (lat. retardatio, Verzögerung) beschreibt im Kelvin-Voigt-Modell eine sich verzögert einstellende elastische Verformung. Elastisch, also reversibel, ist die Verformung, weil die gespannte Feder beim Wegfall der von außen aufgeprägten Kraft auf den Dämpfer wirkt und dessen Verlängerung auf null zurückgeht. Dies geschieht ebenfalls verzögert, aber vollständig.

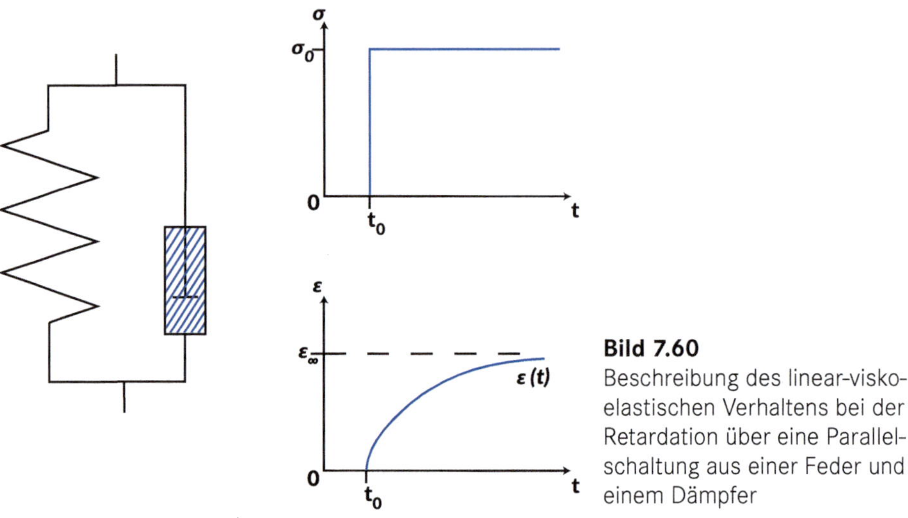

Bild 7.60
Beschreibung des linear-viskoelastischen Verhaltens bei der Retardation über eine Parallelschaltung aus einer Feder und einem Dämpfer

7.3.2.7 Burgers- oder Vier-Parameter-Modell

Sowohl das Maxwell- als auch das Kelvin-Voigt-Modell sind zu einfach, um das Verhalten von realen Kunststoffen qualitativ richtig zu beschreiben. Die Kombination beider zum sogenannten Burgers- oder Vier-Parameter-Modell, vgl. Bild 7.61, ist dazu geeignet. Die vier Parameter sind die Federkonstanten der zwei Federn und die Viskositäten der zwei Dämpfer im Modell. Die Dehnungen der drei in Reihe geschalteten Anteile von elastischer Feder ε_e, viskosem Dämpfer ε_v und retardierendem Kelvin-Voigt-Element ε_r addieren sich gemäß Formel 7.32 zur Gesamtdehnung ε_{ges}:

$$\varepsilon_{ges} = \varepsilon_e + \varepsilon_v + \varepsilon_r \qquad (7.32)$$

Für Zeiten zwischen t_0 und t_1 wird die Gesamtdehnung als Funktion der Zeit gegeben durch:

$$\varepsilon_{ges}(t) = \frac{\sigma_0}{E_1} + \eta_1 \cdot (t - t_0) + \varepsilon_{r,\infty} \cdot \left(1 - e^{\frac{-(t-t_0)}{\tau_r}}\right) \qquad (7.33)$$

mit $\tau_r = \eta_2 / E_2$ und $\varepsilon_{r,\infty} = \sigma_0 / E_2$.

Für Zeiten $t > t_1$ wird die Gesamtdehnung als Funktion der Zeit gegeben durch:

$$\varepsilon_{ges}(t) = 0 + \eta_1 \cdot (t_1 - t_0) + \varepsilon_r(t_1) \cdot e^{\frac{-(t-t_1)}{\tau_r}} \qquad (7.34)$$

Nach Formel 7.33 nehmen die Dehnungen der Feder spontan und die des retardierenden Elements verzögert zu. Sie sind reversibel, denn beide gehen nach Formel 7.34 auf null zurück, wenn für $t > t_1$ keine Spannung wirkt. Die Dehnung des viskosen Dämpfers nimmt nach Formel 7.33 linear mit der Zeit zu und bleibt nach Formel 7.34 für $t > t_1$ erhalten. Es handelt sich um eine bleibende Deformation. Oft wird daher auch von einer plastischen Deformation gesprochen, wobei der Prozess zur Erzeugung der bleibenden Deformation durch den Dämpfer ein anderer ist als bei einem plastischen Verformungsvorgang, vgl. Abschnitt 7.3.2.4. Alle drei Dehnungsanteile und daher auch die Gesamtdehnung sind lineare Funktionen der Spannung: Für jeden Zeitpunkt gilt, dass die Dehnungen proportional zur Spannung sind, also z. B. bei Verdopplung der Spannung ebenfalls doppelt so groß sind.

Im Unterschied zum Kelvin-Voigt-Modell, vgl. Bild 7.60, bei dem für $t \to \infty$ der konstante Endwert ε_∞ angestrebt wird oder, anders ausgedrückt, die Asymptote eine Parallele zur x-Achse ist (die gestrichelte Linie in Bild 7.60), ist die Asymptote beim Burgers-Modell eine Gerade mit der Steigung η_1 des viskosen Anteils, vgl. Bild 7.61. Die bleibende Deformation nimmt nach dem Burgers-Modell mit konstanter Geschwindigkeit immer weiter zu, solange die Spannung σ_0 wirkt. Das Kelvin Voigt-Modell beschreibt daher das Verhalten von Duromeren qualitativ korrekt, während das Burgers-Modell das Verhalten von Thermoplasten wiedergibt. Der Parameter η_1 kann direkt aus den Versuchen durch Anpassen einer Geraden an die Kurve für sehr große Zeiten von einigen Monaten und mehr ermittelt werden [4]. Bei Versuchen über diese großen Zeiten spricht man von Kriechexperimenten, vgl. Abschnitt 7.1.7.

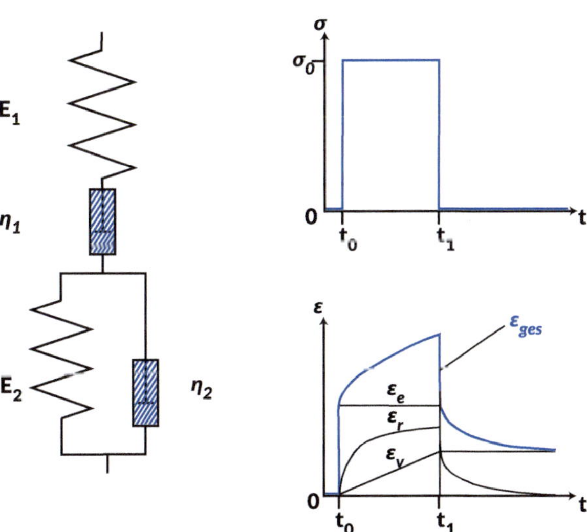

Bild 7.61
Burgers- oder Vier-Parameter-Modell und das dadurch abgebildete mechanische Verhalten

7.3.3 Molekulare Begründung der Elastizität in Kunststoffen

7.3.3.1 Energieelastizität

Bei Temperaturen kleiner als ihre Glastemperatur weisen amorphe Thermoplaste[23] bei sonst gleichen Versuchsbedingungen eine höhere Steifigkeit und geringere Bruchdehnung bzw. Streckdehnung auf als bei Temperaturen oberhalb der Glastemperatur, vgl. Abschnitt 7.2.2. Der Grund dafür ist, dass bei Temperaturen keiner als die Glastemperatur kaum Konformationsänderungen und insbesondere keine *kooperativen Kettenbewegungen* möglich sind.[24] Wirkt eine Kraft auf den Kunststoff und die Polymermoleküle in ihm, können die Moleküle nicht ihre Gestalt ändern. Eine Verlängerung einer Molekülkette unter Zug ist nur möglich, wenn die kovalenten Bindungen länger oder die Bindungswinkel zwischen Kohlenstoffatomen größer als der Tetraederwinkel werden, vgl. Bild 7.62. Beide, Bindungsabstand a_0 und Bindungswinkel α_0, ergeben sich aus Gleichgewichtsbetrachtungen:

- Beim Bindungsabstand ist das ein Gleichgewicht zwischen anziehenden und abstoßenden Kräften bzw. zwischen Elektronen und Kernen in den kovalent gebundenen Atomen, vgl. Abschnitt 2.4.1. Im Gleichgewichtsabstand haben die kovalent gebundenen Atome eine minimale Bindungsenergie, vgl. Tabelle 2.11.
- Der Tetraederwinkel ergibt sich, wenn die Elektronen in der äußersten Schale des Kohlenstoffatoms den größtmöglichen Abstand voneinander aufweisen, d.h., sie sind im Gleichgewicht bezüglich der abstoßenden elektrostatischen Kräfte der anderen Elektronen. Die Anordnung der Elektronen in sp^3-Hybridorbitalen und somit in einem Tetraeder führt zu einer minimalen Energie des Atoms.

Eine Verlängerung der Bindungsabstände und eine Vergrößerung der Bindungswinkel führen zu einer Erhöhung der potenziellen Energie der Polymermoleküle. Wie gespannte Federn wirken die längeren Bindungen a_1 und größeren Bindungswinkel α_1 der äußeren Kraft F entgegen.

---

[23] Dies gilt auch für die amorphen Bereiche in teilkristallinen Thermoplasten und die beweglichen Molekülabschnitte in Elastomeren und Duromeren.

[24] Tatsächlich sind solche Bewegungen nur äußerst unwahrscheinlich und Änderungen damit langsam. Dass sie vorkommen sieht man z.B. an Dichteerhöhungen und fortschreitender Kristallisation im Zuge einer physikalischen Alterung.

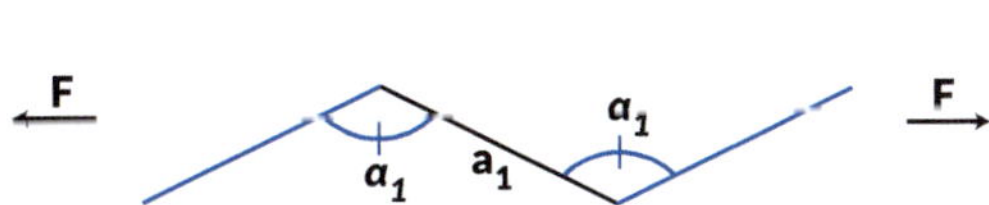

Bild 7.62
Energieelastizität als Folge der Erhöhung der potenziellen Energie in Polymermolekülen durch eine Streckung von Bindungslängen und -winkeln im gestreckten Zustand (unten) gegenüber dem Gleichgewichtszustand ohne Krafteinwirkung (oben)

Wirkt die äußere Kraft *F* nicht mehr, nehmen die Moleküle wieder den Gleichgewichtszustand ohne Last ein und geben alle in ihnen während der Lasteinwirkung gespeicherte Energie vollständig ab. Der Vorgang ist reversibel und damit ein elastischer Verformungsvorgang. Weil die Abnahme der Bindungsenergie die rücktreibende Kraft ist, wird der Prozess *Energieelastizität* genannt.

Nun sind in amorphen Thermoplasten und in den amorphen Bereichen der teilkristallinen Thermoplaste die Polymermoleküle als statistische Knäul ineinander verschlungen und bilden den sogenannten *Spaghettihaufen*, vgl. Abschnitt 2.5.1. Greift an solch einen Spaghettihaufen eine Kraft an, resultiert die Reaktionskraft und damit die Steifigkeit des Werkstoffs auch aus der Vergrößerung von Gleichgewichtsabständen der Nebenvalenzbindungen.

Da die Kräfte bzw. Bindungsenergien in den Nebenvalenzbindungen deutlich kleiner als in den Hauptvalenzbindungen sind und im Wesentlichen die Nebenvalenzbindung zum Widerstand gegen die Wirkung einer äußeren Kraft beitragen, sind Steifigkeit und Festigkeit von Polymerwerkstoffen deutlich kleiner als von Metallen.

7.3.3.2 Entropieelastizität

Bei Temperaturen größer als die Glastemperatur wirkt ein anderer Mechanismus bei äußeren Belastungen. Bei diesen Temperaturen sind Konformationsänderungen und kooperative Kettenbewegungen möglich. Durch Drehungen um viele kovalente Bindungen in den Hauptketten der Polymermoleküle, vgl. Abschnitt 2.2.2 und Bild 2.12, können Moleküle ihre Gestalt ändern. Aus einem Spaghettihaufen wird so ein in die Länge gestreckter Spaghettihaufen, vgl. Bild 7.63.

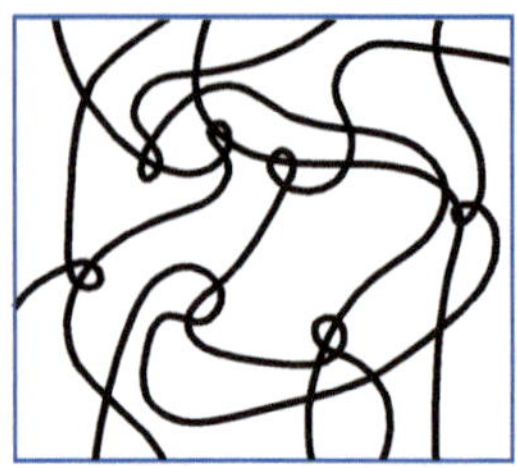

Bild 7.63
Entropieelastizität als Folge der Abnahme der Entropie durch Konformationsänderung bei der Deformation des Spaghettihaufens (oben) zum „gestreckten" Spaghettihaufen (unten)

In gestreckten Ketten kommt die *trans*-Anordnung von benachbarten Kohlenstoffatomen in der Hauptkette, vgl. Abschnitt 2.2.2 und Bild 2.16, häufiger vor als die *gauche-minus-* oder *gauche-plus*-Anordnung. Das bedeutet, dass die drei möglichen Minima der potenziellen Energie nicht mehr mit der Wahrscheinlichkeit eingenommen werden, die in der Thermodynamik z. B. durch die Boltzmann-Verteilung für jede Temperatur berechnet werden kann. Das wiederum bedeutet, dass die Entropie niedriger ist als bei einer gleichmäßigen Verteilung der Zustände. Vereinfacht ausgedrückt, steigt durch die Streckung die Ordnung der Ketten, wodurch die Entropie als Maß für die Unordnung sinkt. Nun strebt ein abgeschlossenes System das Maximum der Entropie in ihm an. Wenn die äußere Kraft nicht mehr wirkt, werden die Polymermoleküle wieder den ungeordneten Zustand des statistischen Knäuels bzw. Spaghettihaufens anstreben, wodurch die Streckung wieder abnimmt. Auch dieser Vorgang der Streckung und Rückverformung zum statistischen Knäuel ist reversibel und damit ein elastischer Vorgang.

Weil die Zunahme der Entropie die rücktreibende Kraft ist, wird der Prozess *Entropieelastizität* genannt.

7.3.4 Zeit-Temperatur-Superpositionsprinzip

Aus Experimenten zum mechanischen Verhalten, vgl. Abschnitt 7.2, ist bekannt, dass die Erhöhung der Temperatur auf die mechanischen Eigenschaften den gleichen Effekt hat wie eine Verlängerung der Zeit der Lasteinwirkung.

Dies lässt sich verstehen, wenn die Bewegungsvorgänge betrachtet werden, die bei der Deformation unter mechanischer Last auftreten. Bewegung in Polymeren beruht auf Konformationsänderungen bis hin zur Reptation vollständiger Moleküle.

Konformationsänderungen ergeben sich aus Drehungen um kovalente Bindungen in den Hauptketten der Polymermoleküle, vgl. Abschnitt 2.2.2 und Bild 2.12. Wegen der unterschiedlichen Abstände der Wasserstoffatome in den beiden *gauche*-Anordnungen und der *trans*-Anordnung wirken unterschiedlich große elektrostatische Kräfte zwischen den Atomen. Damit sind die Energien der *gauche*-Zustände und des *trans*-Zustands unterschiedlich, vgl. Bild 2.12. Um von einer *gauche-minus*-Anordnung in die energetisch günstigere *trans*-Anordnung zu wechseln, muss aber zunächst die Aktivierungsenergie aufgebracht werden, die der Differenz zwischen dem Minimum bei -120 oder 0° und dem Maximum bei -60° Drehwinkel entspricht. Ist diese Energie aufgebracht und der Drehwinkel von -60° erreicht, wird bei der weiteren Drehung vom Energiemaximum zum neuen Energieminimum wieder Energie frei.

Aus der Thermodynamik ist bekannt, dass der Wechsel zwischen zwei Zuständen, die ein System einnehmen kann, von der Energiedifferenz ΔE zwischen den Zuständen abhängt. Die Energie ΔE wird bei der thermodynamischen Betrachtung dabei von der Wärme im System aufgebracht. Die Wärmemenge ist proportional zur Temperatur T, die ein System aufweist. Der Proportionalitätsfaktor ist die Boltzmann-Konstante k_B. Die Wahrscheinlichkeit P für einen Wechsel zwischen den Zuständen ergibt sich aus dem Verhältnis von benötigter Energie ΔE und zur Verfügung stehender Energie $k_B T$ für den Wechsel (*Boltzmann-Statistik*):

$$P \propto e^{\left(\frac{-\Delta E}{k_B \cdot T}\right)} \tag{7.35}$$

Man spricht wegen der Temperaturabhängigkeit der Rotation um eine kovalente Bindung von einem *thermisch aktivierten Prozess*, die *e*-Funktion in Formel 7.35 wird *Boltzmann-Faktor* genannt. Dies ist auch von chemischen Reaktionen bekannt, bei denen die Arrhenius-Gleichung für die Reaktionsgeschwindigkeit der Formel 7.35 entspricht.

Die Energiedifferenz ΔE ist die Aktivierungsenergie E_A, vgl. Formel 7.36. Diese ist für einen Wechsel von der *trans*-Anordnung zu einer *gauche*-Anordnung größer als für einen Wechsel in die umgekehrte Richtung:

$$\Delta E = E_A \quad \text{mit}\, E_{A,g \to t} < E_{A,t \to g} \tag{7.36}$$

Es gibt also auch immer wieder Drehungen in die *gauche*-Anordnung, diese sind allerdings nicht so wahrscheinlich wie Drehungen aus einer *gauche*- in die *trans*-Anordnung. Polymerketten sind auch ohne äußere Einwirkung nicht in Ruhe, sondern führen ständig Drehungen um kovalente Bindungen aus.

Wirkt nun auf den Spaghettihaufen eine äußere Kraft, kommt zu der thermischen Aktivierung der Drehungen noch eine Komponente hinzu [14]. Dazu wird einerseits angenommen, dass die Kraft im homogenen, isotropen Körper zu einer Spannung führt (Elastostatik) und dass andererseits wegen der Spannung auf die diskreten Atome eine Kraft wirkt. Diese wirkt parallel zu der von außen einwirkenden Kraft. Dadurch steigt die Wahrscheinlichkeit für Drehungen, bei denen Atome in Richtung des Kraftflusses gedreht werden. Dies bewirkt in der Summe Konformationsänderungen, die zu einer Verlängerung des Spaghettihaufens in Richtung der wirkenden Kraft führt.

Ein Vorgang, bei dem ein System von einem Gleichgewichtszustand aufgrund einer Störung (Änderung von Kraft, Temperatur, Feuchte, ...) in einen neuen Gleichgewichtszustand übergeht, wird *Relaxation* genannt.

Hier ist das System der Spaghettihaufen, der von dem Zustand „undeformierter Spaghettihaufen ohne äußere Kraft" in den Zustand „verlängerter Spaghettihaufen wegen von außen wirkender Kraft" übergeht.

Durch die Boltzmann-Statistik können Wahrscheinlichkeiten für den Aufenthalt von Atomen in bestimmten Zuständen, hier die *gauche-* und *trans-*Anordnungen, und für den Übergang zwischen diesen Zuständen berechnet werden. Dabei bedeutet eine hohe Wahrscheinlichkeit für eine Änderung, dass die Änderung in kurzer Zeit abläuft. Wie bei der Arrhenius-Gleichung[25] für die Reaktionsgeschwindigkeit gibt die Boltzmann-Statistik also die Geschwindigkeit der Änderung beim Wirken einer äußeren Kraft wieder. Da die Kraft eine Verlängerung bzw. die Spannung eine Dehnung hervorruft, entspricht die Geschwindigkeit der Änderung der Dehnrate.

Die Übergangswahrscheinlichkeit kann alle Werte zwischen null und eins annehmen, die Dehnrate sehr kleine oder sehr große, positive Werte. In jedem Fall verstreicht eine gewisse Zeit, bis ein neuer Gleichgewichtszustand erreicht wird. Dies ist die Begründung der Thermodynamik für das viskoelastische Verhalten der Kunststoffe.[26] Da der Boltzmann-Faktor auf einer Exponentialfunktion basiert, ist eine vernünftige Größe zur Beschreibung der Geschwindigkeit der Annäherung an den neuen Zustand die *Relaxationszeit*, siehe Abschnitt 7.3.2.5.

Die *Dehnrate* $\dot{\varepsilon}$ ist über den Boltzmann-Faktor aus Formel 7.35 mit der Temperatur verknüpft.

$$\dot{\varepsilon} \propto e^{\left(\frac{-\Delta E}{k_B \cdot T}\right)} \qquad (7.37)$$

[25] Weitere Beispiele für die Anwendung der Boltzmann-Statistik sind die barometrische Höhenformel für den Luftdruck als Funktion der Höhe und die Dampfdruckkurve für den Sättigungsdampfdruck als Funktion der Verdampfungsenthalpie.

[26] Bemerkung 1: Auch die rein elastischen Verformungen von Metallen und Kunststoffen verlaufen nach den Regeln der Boltzmann-Statistik, nur geschieht dies offensichtlich wesentlich schneller als die viskoelastische Deformation der Kunststoffe.
Bemerkung 2: In Abschnitt 7.3.2.6 wird der Begriff „Retardation" als eine sich verzögert einstellende elastische Verformung eingeführt. Aus der Sicht dieses Abschnitts handelt es sich dabei ganz allgemein um eine Relaxation. „Retardation" ist also eher als Beschreibung einer Beobachtung zu verstehen, „Relaxation" als Konzept zu ihrer Erklärung.

Wird die Temperatur T größer, wird auch die Dehnrate größer. Bei höheren Temperaturen laufen die Konformationsänderungen also schneller ab.

Um einen neuen Gleichgewichtszustand zu erreichen, kann man also entweder bei einer definierten Temperatur T_1 die Zeit t_1 oder bei einer höheren Temperatur T_2 die kürzere Zeit t_2 abwarten.

Die beobachtete Tatsache, dass höhere Temperaturen den gleichen Effekt haben wie längere Zeiten, wird *Zeit-Temperatur-Superpositionsprinzip* genannt.

Die Anwendung des Zeit-Temperatur-Superpositionsprinzips besteht darin, dass z.B. Kriechexperimente und Alterungsexperimente verkürzt werden können, wenn die Temperatur gesteigert wird. Dies gilt allerdings nur, wenn die Relaxationsvorgänge unverändert bleiben, also in Formel 7.37 die Energiedifferenz ΔE konstant ist.

In der Rheologie und bei Kriechversuchen wird das Zeit-Temperatur-Superpositionsprinzip konkret genutzt. In Bild 7.64 ist dazu der Kehrwert des Elastizitätsmoduls, die Kriechnachgiebigkeit $J(t,T)$, über dem Logarithmus der Zeit t für die zwei Temperaturen T_0 und T_1 aufgetragen. Wie man in Versuchen feststellt, wird die Kriechnachgiebigkeit mit zunehmender Zeit größer, vgl. Bild 7.39. Eine Verringerung der Temperatur von T_0 auf T führt dazu, dass die Kriechnachgiebigkeit bei gleicher Zeit t kleiner ist. Die gesamte Kurve ist für kleinere Temperaturen zu größeren Zeiten verschoben. Die Form der Kurve bleibt gleich, weil die zugrunde liegenden Relaxationsvorgänge die gleichen sind.[27]

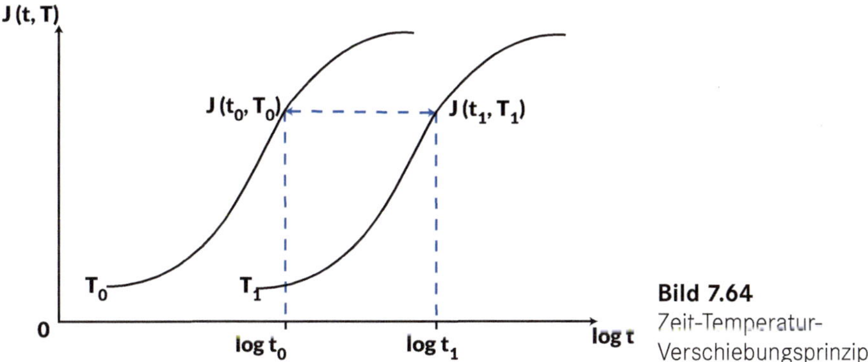

Bild 7.64 Zeit-Temperatur-Verschiebungsprinzip

[27] Der Plural wird hier benutzt, weil die Drehung um eine Bindung ein Relaxationsvorgang ist und die Drehung von mehreren Wiederholeinheiten um zwei Bindungen (*Kurbelwellenbewegung*, vgl. Abschnitt 2.5.2) ein anderer. Verschiedene Relaxationsvorgänge haben auch verschiedene Aktivierungsenergien. Im Ganzen gibt es sehr viele Relaxationsvorgänge und damit ein Relaxationszeitspektrum.

Der Abstand log a_T zwischen den beiden Kurven auf der Zeitachse wird *Verschiebungsfunktion* oder *Verschiebungsfaktor* genannt.

$$\log a_T = \log t_0 - \log t_1. \tag{7.38}$$

Die Verschiebungsfunktion drückt aus, dass log a_T eine Funktion der Temperatur ist, vgl. Formel 7.38 und Formel 7.39. Der Begriff Verschiebungsfaktor rührt daher, dass eine Summe von Logarithmen gleich dem Logarithmus des Produkts der Argumente der Logarithmen ist.

$$\log t_0 - \log t_1 = \log \frac{t_0}{t_1} \tag{7.39}$$

Wenn bei einer Temperatur T_1 dieselbe Dehnung ε_1 erhalten werden soll wie bei einer anderen Temperatur T_0, muss das Produkt aus Versuchszeit t und Dehnrate ε in beiden Fällen gleich sein, vgl. Formel 7.40.

$$\dot{\varepsilon}_0 \cdot t_0 = \dot{\varepsilon}_1 \cdot t_1 \tag{7.40}$$

Durch Einsetzung von Formel 7.37 und Logarithmieren ergibt sich Formel 7.41:

$$\log a_T = \log \frac{t_0}{t_1} = \log \frac{e^{\frac{-\Delta E}{k_B \cdot T_1}}}{e^{\frac{-\Delta E}{k_B \cdot T_0}}} = \frac{-\Delta E}{k_B} \cdot \left(\frac{1}{T_1} - \frac{1}{T_0} \right) \tag{7.41}$$

Die Konstante $(-\Delta E)/k_B$ kann an einer beliebigen Stelle in Bild 7.64 ermittelt werden und gilt voraussetzungsgemäß wegen identischer Kurvenform an jeder anderen Stelle. Mit dieser Kenntnis können experimentelle Daten, die bei verschiedenen Temperaturen T in einem Zeitbereich von t_{min} bis t_{max} ermittelt wurden, zu einer Kurve bei einer Referenztemperatur T_0 zusammengesetzt werden, die einen wesentlich größeren Zeitbereich überstreicht, als für die Experimente zur Verfügung gestanden hat, vgl. Bild 7.65.

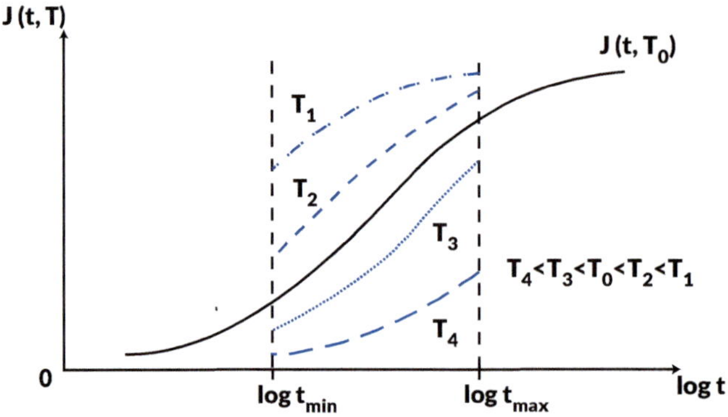

Bild 7.65 Anwendung des Zeit-Temperatur-Verschiebungsprinzips

7.3.5 Einfluss verarbeitungsbedingter Eigenspannungen auf mechanische Kennwerte

Probekörper werden in den meisten Fällen in der Werkstoffprüfung durch Spritzgießen hergestellt. Insbesondere beim Spritzgießen hat die Herstellung einen Einfluss auf die Morphologie und damit die mechanischen Eigenschaften, vgl. Abschnitt 4.4 und Abschnitt 4.5. Spritzgegossene Probekörper weisen in der Regel inhomogene und anisotrope Eigenschaften auf. Durch die Beschreibung der Verfahren für die Herstellung von Probekörpern in Normen soll zumindest sichergestellt werden, dass die Verarbeitung immer gleich verläuft und damit letztlich die Vergleichbarkeit von Prüfergebnissen gewährleistet wird, vgl. Abschnitt 7.1.1.

In spritzgegossenen Formteilen bildet sich eine charakteristische Eigenspannungsverteilung aus, vgl. Bild 7.66 [15].

Eigenspannungen sind Spannungen, die ohne das Einwirken äußerer Belastungen in einem Festkörper existieren. In jeder Schnittfläche ist das Integral über alle Eigenspannungen null. ■

Zur Herleitung dieser Eigenspannungsverteilung wird das Formteil als Platte angenommen und über die Formteildicke S gedanklich in zur Oberfläche parallele Schichten unterteilt. Nach dem Formfüllvorgang bildet sich eine Temperaturverteilung $T = f(y)$ in dem Formteil aus. An der Werkzeugwand hat die Schmelze deren Temperatur T_W angenommen, in der Mitte ist die Temperatur höher, vgl. Bild 7.66 oben. Könnten die gedachten Schichten beim Abkühlen auf Raumtemperatur unabhängig voreinander kontrahieren, ergäben sich unterschiedliche Schichtlängen, vgl. Bild 7.66 Mitte. Da die gedachten Schichten in der Realität zusammenhängen, behindern sich die Schichten gegenseitig bei der Kontraktion und üben dabei wechselseitig Kräfte aufeinander aus. Die innerste Schicht mit dem größten Kontraktionspotenzial wird von den angrenzenden Schichten durch Zugkräfte an einer großen Kontraktion wie im Fall der unverbundenen Schichten gehindert. Im tatsächlich kontinuierlichen Kunststoff kommt es daher zu einer Verteilung von Spannungen wie in Bild 7.66 unten gezeigt.

Auf die in der Werkstoffprüfung ermittelten Kennwerte hat das Vorhandensein von Eigenspannungen bei einer Betrachtung im rein linear-elastischen Fall keine Auswirkungen, im linear viskoelastischen Fall und im nichtlinear-elastischen Fall hingegen schon. Da Eigenspannungen Werte über 10 MPa annehmen können [7], ist diese Betrachtung relevant.

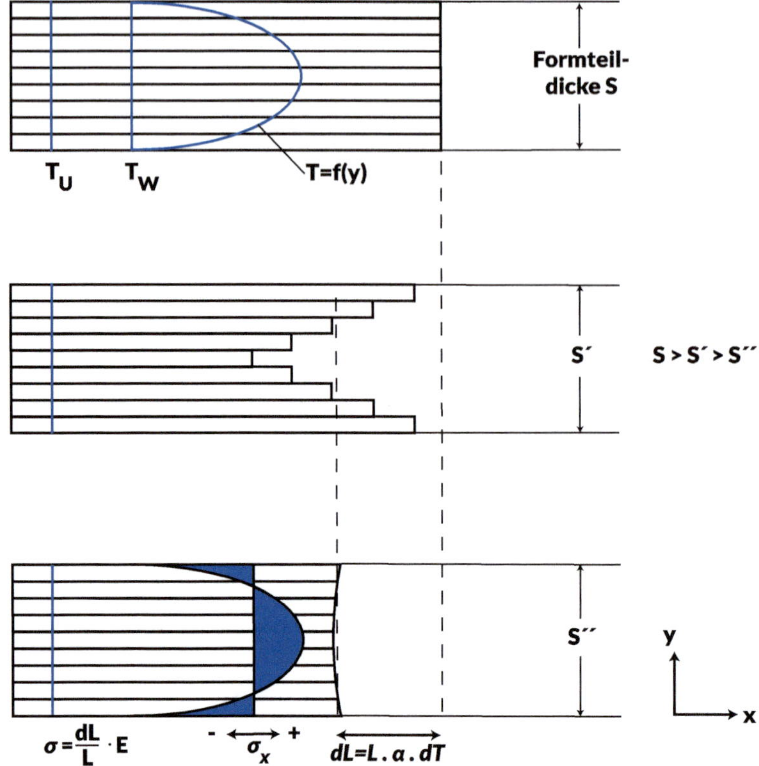

Bild 7.66 Schwindung und Eigenspannungen in spritzgegossenen Formteilen [15]

Der Zug-E-Modul im Fall von Eigenspannungen und linear-elastischem Werkstoffverhalten

Die durch den Spritzgießprozess in einen Probekörper eingebrachten Eigenspannungen wirken zusätzlich zu den im Zugversuch erzeugten Spannungen. Sie erzeugen zusätzliche Dehnungen, die im elastischen Fall proportional zu den Spannungen sind. Eigenspannung heben sich in jeder Schnittebene auf. Wegen der Proportionalität von Spannung und Dehnung gilt dies auch für die Dehnungen.

Auf die Bestimmung des E-Moduls haben Eigenspannungen im elastischen Fall keinen Einfluss.

Der Zug-E-Modul im Fall von Eigenspannungen und nichtlinear-elastischem Werkstoffverhalten

Die durch die Eigenspannungen erzeugten Dehnungen sind wegen der Nichtlinearität nicht mehr proportional zu den Eigenspannungen. In der Mitte und an den Oberflächen des Probekörpers, wo die Druckspannung am Rand bzw. die Zugspannung in der Mitte maximal sind, sind die Unterschiede von Stauchung und

Dehnung verglichen mit dem linear-elastischen Fall am größten. Wären die Unterschiede zum elastischen Fall im Druckbereich genauso groß wie im Zugbereich, würden sie sich wieder aufheben und es gäbe keinen zusätzlichen Dehnungsanteil. Da in Kunststoffen aber die *Zug-Druck-Asymmetrie* existiert, ist dies nicht der Fall. Die durch Zugeigenspannungen verursachten Dehnungen sind größer als die durch Druckeigenspannungen erzeugten Stauchungen. Der Probekörper ist stärker gedehnt als ohne Eigenspannungen. Die Spannungs-Dehnungs-Kurve erscheint dadurch flacher, der E-Modul ist scheinbar kleiner als ohne Eigenspannungen.

Im nichtlinear-elastischen Fall beeinflussen Eigenspannungen den Wert des Zugmoduls.

Der Biege-E-Modul im Fall von Eigenspannungen

Im Biegeversuch ist die relevante Spannung die an der Unterseite des Probekörpers. Im Fall von Eigenspannungen im Probekörper liegen an der Unterseite maximal große Druckeigenspannungen vor. Die resultierende Biegespannung ist dadurch kleiner, als sie es ohne Eigenspannungen wäre. Auch die Randfaserdehnung ist dann kleiner, als sie es ohne Eigenspannungen wäre. Bei gleicher Kraftaufbringung wie im Fall ohne Eigenspannungen wird mit Eigenspannungen eine geringere Durchbiegung erreicht. Der Werkstoff ist scheinbar biegesteifer.

Eigenspannungen lassen Werkstoffe im Biegeversuch steifer erscheinen. Das ist unabhängig davon, ob man ein linear-elastisches oder ein nichtlinear-elastisches Werkstoffverhalten annimmt.

Quellen

[1] Tucker C.L. III. Fundamentals of Fiber Orientation. Description, Measurement and Prediction. München: Carl Hanser Verlag, 2022. ISBN 978-1-56990-875-4.

[2] Ehrenstein G.W. und Pongratz S. Beständigkeit von Kunststoffen. München: Hanser Verlag, 2007. ISBN 9783446218512.

[3] Baur E., Brinkmann S., Osswald T.A., Rudolph N. und Schmachtenberg E. Saechtling Kunststoff Taschenbuch. 31. Auflage. München: Carl Hanser Verlag, 2013. ISBN 9783446434424.

[4] Dallner C. und Ehrenstein G.W. Thermische Einsatzgrenzen von Kunststoffen. Teil I: Kriechverhalten unter statischer Belastung. Zeitschrift Kunststofftechnik, 2006, 2(3), 1–32. Verfügbar unter: *https://www.kunststoffe.de/forschung-und-entwicklung/zeitschrift-kunststofftechnik*

[5] Flexman E.A. Verhalten von Polyamid 66 bei Schlagbeanspruchung. Kunststoffe, 1979(69), 172–174.

[6] Cho K., Yang J., Il B., Chan K. und Park E. Notch sensitivity of polycarbonate and toughened polycarbonate. Journal of Applied Polymer Science, 2003, 89(11), 3115–3121. ISSN 00218995. Verfügbar unter: doi:10.1002/app.12502

[7] Ehrenstein G.W. Polymer-Werkstoffe. Struktur, Eigenschaften, Anwendung. 3. Aufl., München: Carl Hanser Verlag, 2011. ISBN 3446122838.

[8] Grellmann W. und Seidler S., Hrsg. Kunststoffprüfung. 3., aktualisierte Auflage. München: Carl Hanser Verlag, 2015. ISBN 9783446443907.

[9] FAT Forschungsvereinigung Automobiltechnik e. V. Verbesserung der Crashsimulation von Kunststoffbauteilen durch Einbinden von Morphologiedaten aus der Spritzgießsimulation. Berlin, 2011. FAT - Schriftenreihe.

[10] Elsner P., Eyerer P., Hirth T. und Domininghaus H., Hrsg. DOMININGHAUS - Kunststoffe. Eigenschaften und Anwendungen. 8., bearb. Aufl. 2012. Berlin, Heidelberg: Springer Berlin Heidelberg, 2013. VDI-Buch. ISBN 9783642161735.

[11] DIN EN ISO 62 2008 Kunststoffe - Bestimmung der Wasseraufnahme.

[12] Ishak Z. A. M. und Berry J. P. Hygrothermal aging studies of short carbon fiber reinforced nylon 6.6 [online]. Journal of Applied Polymer Science, 1994, 51(13), 2145-2155. ISSN 00218995. Verfügbar unter: doi:10.1002/app.1994.070511306

[13] BASF SE. Ultramid® (PA) - Hauptbroschüre.

[14] Rösler J., Harders H. und Bäker M. Mechanisches Verhalten der Werkstoffe. 6., aktualisierte Auflage. Wiesbaden: Springer Vieweg, 2019. Springer eBook Collection. ISBN 9783658268022.

[15] Stitz S. Analyse der Formteilbildung beim Spritzgiessen von Plastomeren als Grundlage für die Prozesssteuerung. Dissertation. Aachen, 1973.

A Kurzzeichen für Kunststoffe

Tabelle A.1 Kurzzeichen für Kunststoffe nach ISO 1043-1:2016

Kurz- zeichen	Polymername	Homopolymer (H), Copolymer (C), Gattungsname (G), Duromer (D)
AB	Acrylnitril-Butadien-Kunststoff	C
ABAK	Acrylnitril-Butadien-Acrylat-Kunststoff; bevorzugtes Kurzzeichen für ABA	C
ABS	Acrylnitril-Butadien-Styrol-Kunststoff	C
ACS	Acrylnitril-(chloriertes Polyethylen)-Styrol-Kunststoff; bevorzugtes Kurzzeichen für ACPES	C
AEPDS	Acrylnitril-(Ethylen-Propylen-Dien)-Styrol-Kunststoff; bevorzugtes Kurzzeichen für AEPDMS	C
AMMA	Acrylnitril-Methylmethacrylat-Kunststoff	C
ASA	Acrylnitril-Styrol-Acrylat-Kunststoff	C
CA	Celluloseacetat	
CAB	Celluloseacetatbutyrat	
CAP	Celluloseacetatpropionat	
CEF	Cellulose-Formaldehyd-Harz	D
CF	Cresol-Formaldehyd-Harz	D
CMC	Carboxymethylcellulose	
CN	Cellulosenitrat	
COC	Cycloolefincopolymer	C, G
CP	Cellulosepropionat	
CTA	Cellulosetriacetat	
EAA	Ethylen-Acrylsäure-Kunststoff	C
EBAK	Ethylen-Butylacrylat-Kunststoff; bevorzugtes Kurzzeichen für EBA	C
EC	Ethylcellulose	G
EEAK	Ethylen-Ethylacrylat-Kunststoff; bevorzugtes Kurzzeichen für EEA	C

Kurz-zeichen	Polymername	Homopolymer (H), Copolymer (C), Gattungsname (G), Duromer (D)
EMA	Ethylen-Methacrylsäure-Kunststoff	C
EP	Epoxidharz	G, D
E/P	Ethylen-Propylen-Kunststoff; bevorzugtes Kurzzeichen für EPM	C
ETFE	Ethylen-Tetrafluorethylen-Kunststoff	C
EVAC	Ethylen-Vinylacetat-Kunststoff; bevorzugtes Kurzzeichen für EVA	C
EVOH	Ethylen-Vinylalkohol-Kunststoff	C
FEP	Perfluor (Ethylen-Propylen)-Kunststoff; bevorzugtes Kurzzeichen für PFEP	C
FF	Furan-Formaldehyd-Harz	D
HBV	Poly(3-hydroxybutyrat)-co-(3-hydroxyvalerat)	
LCP	Flüssigkristallpolymer (Liquid-Crystal-Polymer)	G
MABS	Methylmethacrylat-Acrylnitril-Butadien-Styrol-Kunststoff	C
MBS	Methylmethacrylat-Butadien-Styrol-Kunststoff	C
MC	Methylcellulose	
MF	Melamin-Formaldehyd-Harz	D
MP	Melamin-Phenol-Harz	D
MSAN	α-Methylstyrol-Acrylnitril-Kunststoff	C
PA	Polyamid	G
PAA	Polyacrylsäure	H
PAEK	Polyaryletherketon	G
PAI	Polyamidimid	G
PAK	Polyacrylat	G
PAN	Polyacrylnitril	H
PAR	Polyarylat	G
PARA	Polyarylamid	G
PB	Polybuten	H
PBAK	Polybutylacrylat	H
PBD	1,2-Polybutadien	H
PBN	Polybutylennaphthalat	C
PBS	Polybutylensuccinat	
PBSA	Polybutylensuccinatadipat	
PBT	Polybutylenterephthalat	C
PC	Polycarbonat	G
PCCE	Polycyclohexylendimethylencyclohexandicarboxylat	C

Kurz-zeichen	Polymername	Homopolymer (H), Copolymer (C), Gattungsname (G), Duromer (D)
PCO	Polycycloolefin	
PCL	Polycaprolacton	H
PCT	Polycyclohexylendimethylenterephthalat	C
PCTFE	Polychlortrifluorethylen	H
PDAP	Polydiallylphthalat	
PDCPD	Polydicyclopentadien	H
PE	Polyethylen	H
PEC	Polyestercarbonat	G
PEEK	Polyetheretherketon	G
PEEST	Polyetherester	G
PEI	Polyetherimid	G
PEK	Polyetherketon	G
PEN	Polyethylennaphthalat	C
PEOX	Polyethylenoxid	H
PES	Polyethylensuccinat	C
PESTUR	Polyesterurethan	C, G
PESU	Polyethersulfon	G
PET	Polyethylenterephthalat	C
PEUR	Polyetherurethan	G
PF	Phenol-Formaldehyd-Harz	D
PFA	Perfluoralkoxyalkankunststoff	C
PHA	Polyhydroxyalkanoat	G
PHB	Poly(3-hydroxybutyrat)	G
PI	Polyimid	G
PIB	Polyisobuten	H
PIR	Polyisocyanurat	G
PK	Polyketon	G
PLA	Polylactonsäure	G
PMI	Polymethacrylimid	H
PMMA	Polymethylmethacrylat	H
PMMI	Poly-*N*-Methylmethacrylimid	H
PMP	Poly-4-methylpenten-(1)	H
PMS	Poly-α-methylstyrol	H
POM	Polyoxymethylen (Polyacetal, Polyformaldehyd)	H
PP	Polypropylen	H

Kurz-zeichen	Polymername	Homopolymer (H), Copolymer (C), Gattungsname (G), Duromer (D)
PPE	Polyphenylenether	H
PPOX	Polypropylenoxid	H
PPS	Polyphenylensulfid	H
PPSU	Polyphenylensulfon	H
PS	Polystyrol	H
PSU	Polysulfon	G
PTFE	Polytetrafluorethylen	H
PTT	Polytrimethylenterephthalat	C
PUR	Polyurethan	G
PVAC	Polyvinylacetat	H
PVAL	Polyvinylalkohol; bevorzugtes Kurzzeichen für PVOH	H
PVB	Polyvinylbutyral	H
PVC	Polyvinylchlorid	H
PVDC	Polyvinylidenchlorid	H
PVDF	Polyvinylidenfluorid	H
PVF	Polyvinylfluorid	H
PVFM	Polyvinylformal	H
PVK	Poly-*N*-vinylcarbazol	H
PVP	Poly-*N*-vinylpyrrolidon	H
SAN	Styrol-Acrylnitril-Kunststoff	C
SB	Styrol-Butadien-Kunststoff	C
SI	Siliconkunststoff	G
SMAH	Styrol-Maleinsäureanhydrid-Kunststoff; bevorzugtes Kurzzeichen für S/MA oder SMA	C
SMS	Styrol-α-methylstyrol-Kunststoff	C
UF	Urea-Formaldehyd-Harz	D
UP	Ungesättigtes Polyesterharz	D, G
VCE	Vinylchlorid-Ethylen-Kunststoff	C
VCE-MAK	Vinylchlorid-Ethylen-Methylacrylat-Kunststoff; bevorzugtes Kurzzeichen für VCEMA	C
VCEVAC	Vinylchlorid-Ethylen-Vinylacetat-Kunststoff	C
VCMAK	Vinylchlorid-Methylacrylat-Kunststoff; bevorzugtes Kurzzeichen für VCMA	C
VCMMA	Vinylchlorid-Methylmethacrylat-Kunststoff	C
VCOAK	Vinylchlorid-Octylacrylat-Kunststoff; bevorzugtes Kurzzeichen für VCOA	C

Kurz- zeichen	Polymername	Homopolymer (H), Copolymer (C), Gattungsname (G), Duromer (D)
VCVAC	Vinylchlorid-Vinylacetat-Kunststoff	C
VCVDC	Vinylchlorid-Vinylidenchlorid-Kunststoff	C
VE	Vinylesterharz	G

Co-, Ter- und Quarterpolymere werden in ISO 1043 alle Copolymer genannt, ihre Namen enden auf „Kunststoff", Namen von Duromeren enden auf „Harz", Elastomere sind in der ISO 1043 nicht aufgeführt.

Index

A

B

L

M

N

O

P

Q

R

S

T

U